中1
FIRST GRADE OF JUNIOR HIGH SCHOOL
数
学
コ
マ
送
り
教
室

東進ハイスクール中等部・東進中学NET 編著
沖田一希 監修

東進ブックス

はじめに

みなさんこんにちは。
本書担当講師の
ミズクです。
ミズク先生

本書では，彼らネコやイヌでもわかるくらいやさしく「**コマ送り**」で中学数学を教えます。誰でも絶対わかるように説明しますから，安心してついてきてくださいね。

ネコを
ニャめてんニョ？
イヌでも
わかるワン？
ニャン吉
ワン太

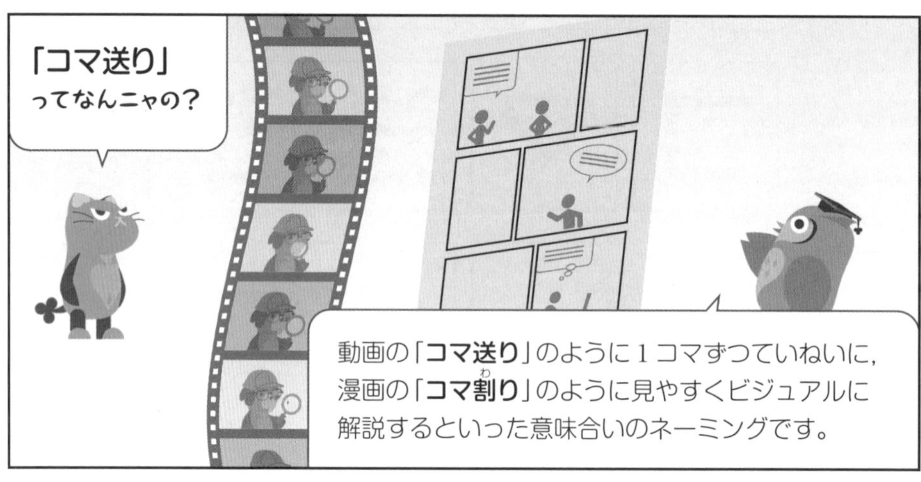
「コマ送り」
ってなんニャの？

動画の「**コマ送り**」のように１コマずつていねいに，漫画の「**コマ割り**」のように見やすくビジュアルに解説するといった意味合いのネーミングです。

例えば，次の野球の１シーンを見てください。この１コマだけでは，アウトかセーフか*よくわからないですよね。

野球では
こういうシーンが
多いんです

今のは
セーフワン！
いや
アウトニャ！

これを，「**コマ送り**」で見るとどうなるでしょうか？

*走者が先に１塁ベースを踏めばセーフだが，１塁手が先にボールを取ればアウトという状況。

ワン太くんが１塁に
走ってきます。

１塁にボールが
飛んできました。

どっちが先か，
微妙（びみょう）なタイミングですが，

ワン太くんの足が
先にベースを踏み，

パフッ

その後，ニャン吉くんが
ボールを取るので，

スパッ

これは「セーフ」です！

セーフ!!

この例のように，
どんなにわかりづらいことでも，
１コマずつ「コマ送り」で見れば，
誰でも絶対にわかるんですよ。

やっぱりセーフだワン
わかりたくなかったニャ…

こうしたコンセプトで
何年もかけて制作されたのが
本書『コマ送り教室』なんです。

コマ送り
つくるの大変なんですよ

キャラクター紹介

ミズク先生

先生

▶ミミズク*界の実力講師。「数学嫌いを０（ぜろ）にする」を座右の銘（ざゆうのめい）として，元気に優しく日々教鞭をとる。

ニャン吉（きち）

生徒

▶ちょっとオマセで短気なネコ。数学は苦手。難しい問題やワン太の天然ボケにはすぐ腹が立つ。

ワン太（た）

生徒

▶のんびりとマイペースなイヌ。まちがいや失敗を何も気にしない無我の境地を極めている。

*ミミズクはフクロウの一種で，頭に羽角（うかく）（耳のように見える羽の束）がついているものを指す。フクロウはふつう羽角がない。

本書の使い方

本書の使い方はとても簡単！
「1コマずつ読んでいく」だけです。
読むだけでいいワン？

…でも「コマ送り」だから
めっちゃ時間が
かかりそうだニャ…

…と思われるかもしれませんが，
実は全くの「逆」なんですよ。

例えば，
何か食べるときを
イメージしてください。

あまりかまずに
一気に食べると，
体の中で，なかなか
消化されませんよね。

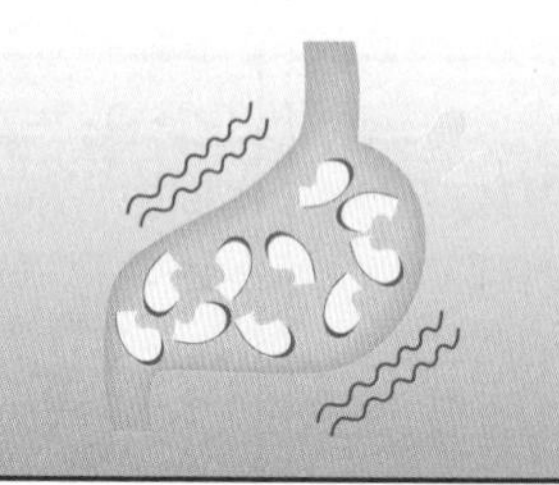

一方，よくかんで，
食べ物を細かくして
から少しずつ食べると，
消化しやすくなります。

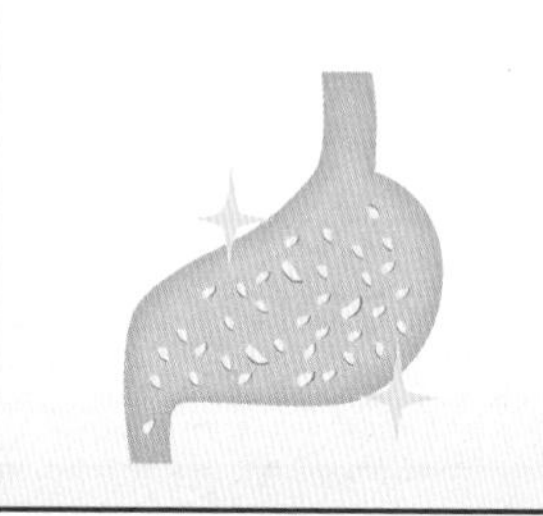

これと同じように，多くの数学の
教科書や参考書は，よくまとまって
はいるのですが，一度に多くの情報
が入ってくる紙面だったり，難しい
表現で書かれていたりするので，
消化には相当の時間がかかります。

一方，本書は，スモールステップで，
1コマずつ，わかりやすく説明する
ので，**とても消化がいい**んですね。
がんばれば，**1日***で**1冊全部読み
終える**ことも可能なくらいです。

1日で全部読めるニャ!?

*およそ6～12時間程度（ただし個人差があります）。

次のページ(P.6〜7)を見てください。
中学3年間で学ぶ数学の系統図(全体像)が載っていますよね。

本書の授業では，この系統図のうち，中1で学ぶ内容を全7章(Chapter 1〜7)に分けて授業をします。

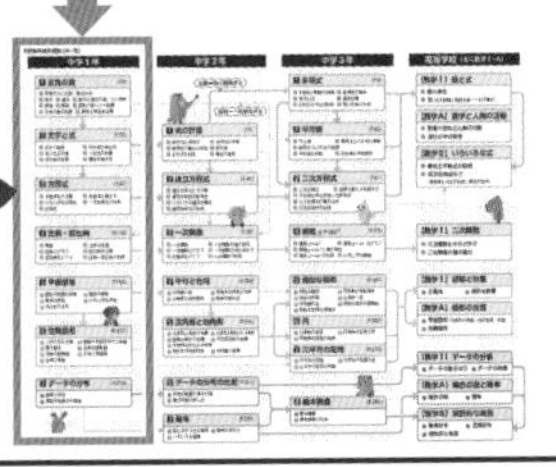

授業の中で，重要なポイントにはこの「POINTマーク」がついていますので，

超重要
POINT

これがあるところは絶対に覚えましょう。
※覚えないと痛い目にあいます!

ほかにも，以下のようなマークが時々出てきます。
それぞれの意味を覚えて，読み方の参考にしてください。

法則
▶大事な法則。中学でも高校でもずっと使うので，確実に覚えておきましょう。

基礎
▶小学校で習った基礎的な事項。忘れていたら復習しておきましょう。

考えて
▶しっかり考えてほしいところ。すぐに答えを求めず，まずは自分の頭で考えましょう。

じっくり見て
▶じっくり見て理解してほしいところ。読み飛ばさず，じっくり見てください。

計算
▶しっかりと自分で計算してほしいところ。余裕があれば，ノートや紙に書いて計算しましょう。

▶要注意のところ。注意深く見て，しっかり理解しましょう。

なお，各章の最後には，高校入試の良問を掲載した**【実戦演習】**があります。
実際の試験ではどんな問題が出るのか，確認しておきましょう。

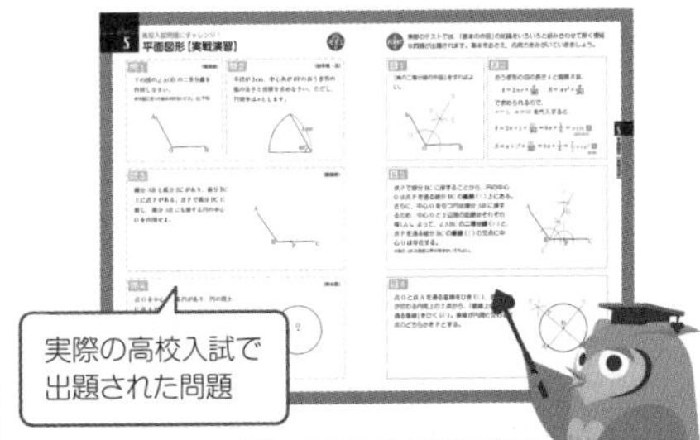
平面図形【実戦演習】
実際の高校入試で出題された問題

本書を読み終えれば，中1で学ぶ**教科書の内容はほぼ完璧**になります。
学校の予習・復習にも最適ですから，ぜひ本書をマスターして，数学を得意科目にしてくださいね。

ニャ〜い
がんばるワン

➊数学学習内容系統図（中・高）

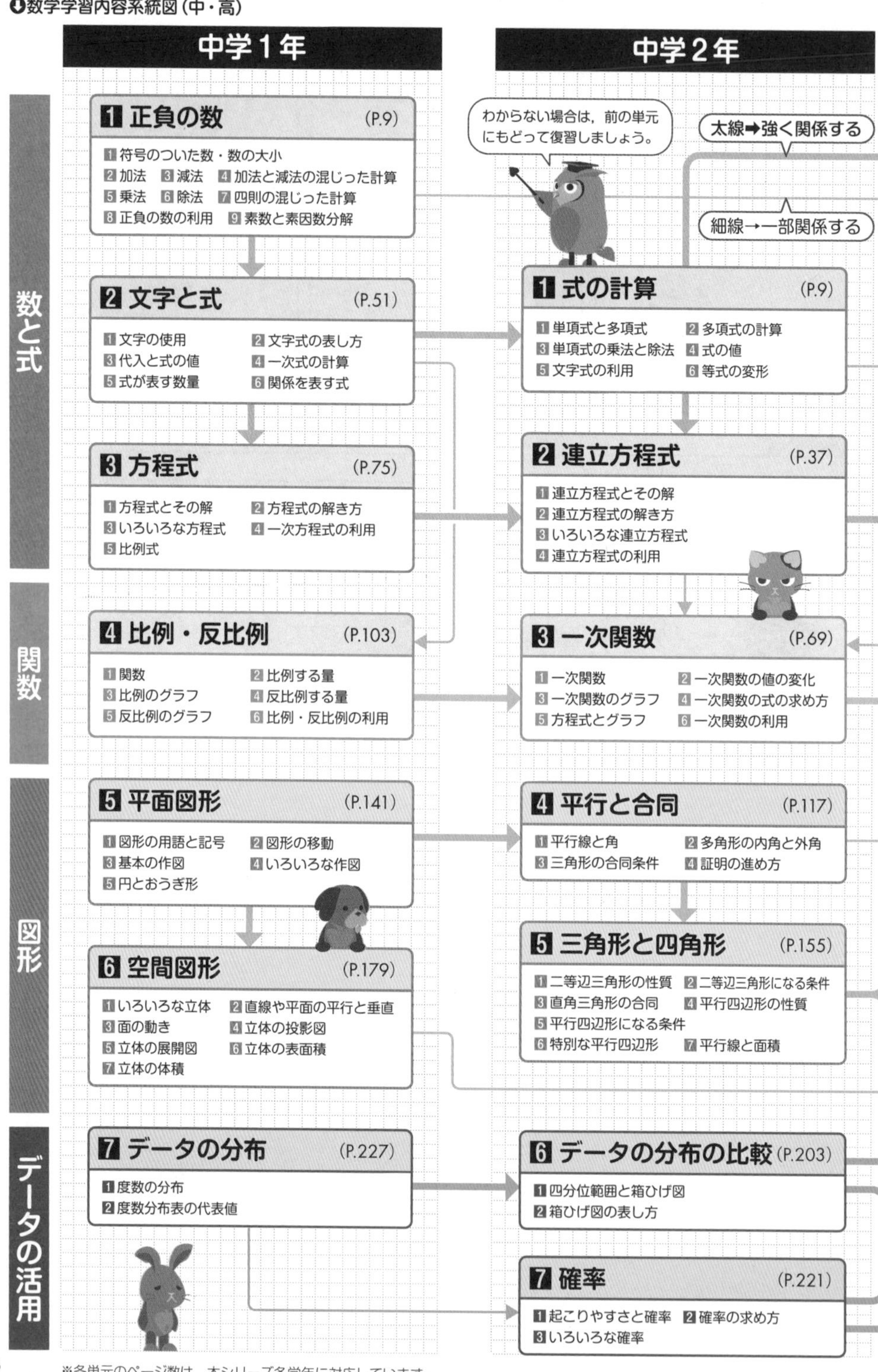
中学１年
中学２年
数と式
関数
図形
データの活用
わからない場合は，前の単元にもどって復習しましょう。
太線➡強く関係する
細線→一部関係する
1 正負の数 (P.9)
1 符号のついた数・数の大小
2 加法 3 減法 4 加法と減法の混じった計算
5 乗法 6 除法 7 四則の混じった計算
8 正負の数の利用 9 素数と素因数分解
2 文字と式 (P.51)
1 文字の使用 2 文字式の表し方
3 代入と式の値 4 一次式の計算
5 式が表す数量 6 関係を表す式
3 方程式 (P.75)
1 方程式とその解 2 方程式の解き方
3 いろいろな方程式 4 一次方程式の利用
5 比例式
4 比例・反比例 (P.103)
1 関数 2 比例する量
3 比例のグラフ 4 反比例する量
5 反比例のグラフ 6 比例・反比例の利用
5 平面図形 (P.141)
1 図形の用語と記号 2 図形の移動
3 基本の作図 4 いろいろな作図
5 円とおうぎ形
6 空間図形 (P.179)
1 いろいろな立体 2 直線や平面の平行と垂直
3 面の動き 4 立体の投影図
5 立体の展開図 6 立体の表面積
7 立体の体積
7 データの分布 (P.227)
1 度数の分布
2 度数分布表の代表値
1 式の計算 (P.9)
1 単項式と多項式 2 多項式の計算
3 単項式の乗法と除法 4 式の値
5 文字式の利用 6 等式の変形
2 連立方程式 (P.37)
1 連立方程式とその解
2 連立方程式の解き方
3 いろいろな連立方程式
4 連立方程式の利用
3 一次関数 (P.69)
1 一次関数 2 一次関数の値の変化
3 一次関数のグラフ 4 一次関数の式の求め方
5 方程式とグラフ 6 一次関数の利用
4 平行と合同 (P.117)
1 平行線と角 2 多角形の内角と外角
3 三角形の合同条件 4 証明の進め方
5 三角形と四角形 (P.155)
1 二等辺三角形の性質 2 二等辺三角形になる条件
3 直角三角形の合同 4 平行四辺形の性質
5 平行四辺形になる条件
6 特別な平行四辺形 7 平行線と面積
6 データの分布の比較 (P.203)
1 四分位範囲と箱ひげ図
2 箱ひげ図の表し方
7 確率 (P.221)
1 起こりやすさと確率 2 確率の求め方
3 いろいろな確率

※各単元のページ数は，本シリーズ各学年に対応しています。

中学3年

1 多項式 (P.9)

1 多項式と単項式の乗除　2 多項式の乗法
3 乗法公式　4 因数分解
5 公式を利用する因数分解　6 式の計算の利用

2 平方根 (P.41)

1 平方根　2 根号をふくむ式の乗除
3 根号をふくむ式の加減
4 平方根の利用　5 近似値と有効数字

3 二次方程式 (P.75)

1 二次方程式　2 因数分解による解き方
3 平方根の考えを使った解き方
4 二次方程式の解の公式
5 二次方程式の利用

4 関数 $y=ax^2$ (P.105)

1 関数 $y=ax^2$　2 関数 $y=ax^2$ のグラフ
3 関数 $y=ax^2$ の値の変化
4 関数 $y=ax^2$ の利用　5 いろいろな関数

5 相似な図形 (P.141)

1 相似な図形　2 三角形の相似条件
3 相似の利用　4 三角形と比
5 平行線と比　6 相似な図形の面積比
7 相似な立体の体積比

6 円 (P.187)

1 円周角の定理　2 円周角の定理の逆
3 円周角の定理の利用

7 三平方の定理 (P.213)

1 三平方の定理　2 三平方の定理の逆
3 三平方の定理の利用

8 標本調査 (P.241)

1 標本調査
2 標本調査の利用

高等学校（主に数学Ⅰ・A）

【数学Ⅰ】数と式

● 数と集合
● 式（式の展開と因数分解／一次不等式）

【数学A】数学と人間の活動

● 数量や図形と人間の活動
● 遊びの中の数学

【数学Ⅱ】いろいろな式

● 等式と不等式の証明
● 高次方程式など
（複素数と二次方程式／高次方程式）

【数学Ⅰ】二次関数

● 二次関数とそのグラフ
● 二次関数の値の変化

【数学Ⅰ】図形と計量

● 三角比　● 図形の計量

【数学A】図形の性質

● 平面図形（三角形の性質／円の性質／作図）
● 空間図形

【数学Ⅰ】データの分析

● データの散らばり　● データの相関

【数学A】場合の数と確率

● 場合の数　● 確率

【数学B】統計的な推測

● 確率分布　● 正規分布
● 統計的な推測

もくじ

中学１年（【2021年度】新学習指導要領対応）

数と式

1 正負の数

2 文字と式

3 方程式

CONTENTS

関数

4 比例・反比例

図形

5 平面図形

6 空間図形

データの活用

7 データの分布

中1 数と式

Chapter 1

正負の数

この単元の位置づけ

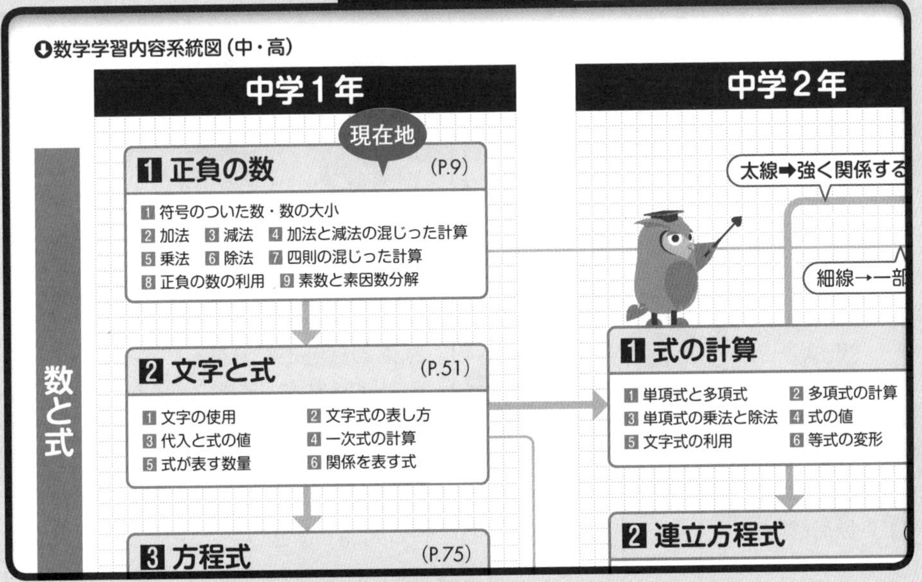
数学学習内容系統図（中・高）
中学1年
中学2年
現在地
1 正負の数 (P.9)
1 符号のついた数・数の大小
2 加法 3 減法 4 加法と減法の混じった計算
5 乗法 6 除法 7 四則の混じった計算
8 正負の数の利用 9 素数と素因数分解
2 文字と式 (P.51)
1 文字の使用 2 文字式の表し方
3 代入と式の値 4 一次式の計算
5 式が表す数量 6 関係を表す式
3 方程式 (P.75)
数と式
太線➡強く関係する
細線→一部
1 式の計算
1 単項式と多項式 2 多項式の計算
3 単項式の乗法と除法 4 式の値
5 文字式の利用 6 等式の変形
2 連立方程式

具体的な数を扱う「算数」の世界から，抽象的（ちゅうしょう）な概念（がいねん）を扱う「数学」の世界へいざ出発！　小学校で整数，小数，分数を学びましたが，中学では数をマイナス（－）の符号がついた「負（ふ）の数」にまで拡張（かくちょう）します。「－2大きい」などといった表現にはじめはとまどうかもしれませんが，数の概念の理解を深めると共に，最終的には自由に四則計算ができるようになりましょう。

I 符号のついた数・数の大小

問1 （符号のついた数）

下の数直線で，次の(1)〜(4)の数に対応する点をしるしなさい。

(1) -3　　(2) $+2$　　(3) $+3.5$　　(4) $-\dfrac{3}{2}$

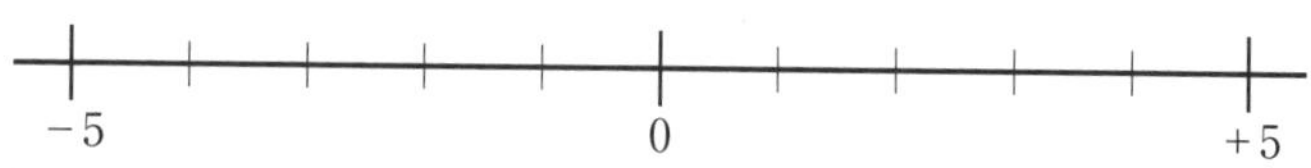

−5
0
+5

さあ，始めましょう。
本書の授業は基本的に最初に問題が出ますので，答えを一緒に考えながら，数学の力をつけていきましょうね。

ニャ〜…
ワン!

「数直線」って何ニャ?

横にのびた１本の直線に目盛りをふって，数を「目で見える」ように表したものです。

0を原点として，

原点

0

※原点…基準となる（0となる）点のこと。

原点の左右に同じ間隔で目盛りをふったのが，問１の数直線です。

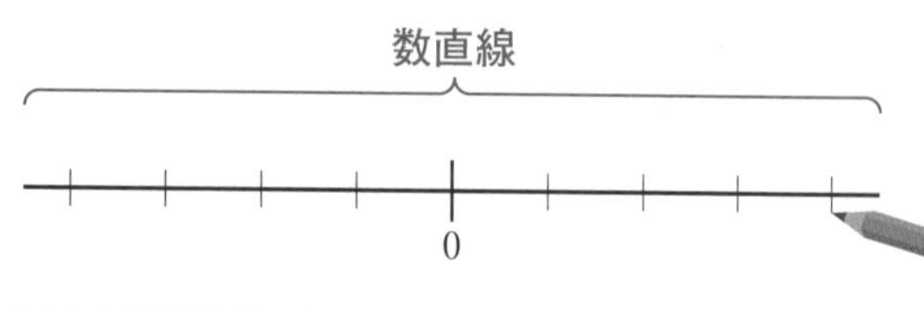

数直線
0

※左右の長さや目盛りの間隔に決まりはなく，左右に無限に続くと考える。

数直線で数の大小を表すことができます。
右に行くほど大きい数になり，
左に行くほど小さい数になります。
まずはこれをしっかりおさえましょう。

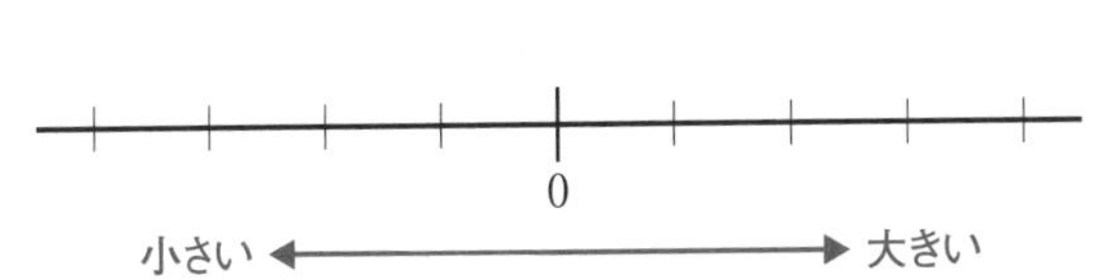
0
小さい
大きい

……ふぁ!?
0より小さい数
なんてあるニャ?

!?

鋭い質問ですね！
そう，0より小さい数が
実はあるんです！

0より大きい数を「**正の数**(せいのすう)」といい，
+1, +2, +3, …のように，+(プラス)という
「**正の符号**(せいのふごう)」をつけて表します。

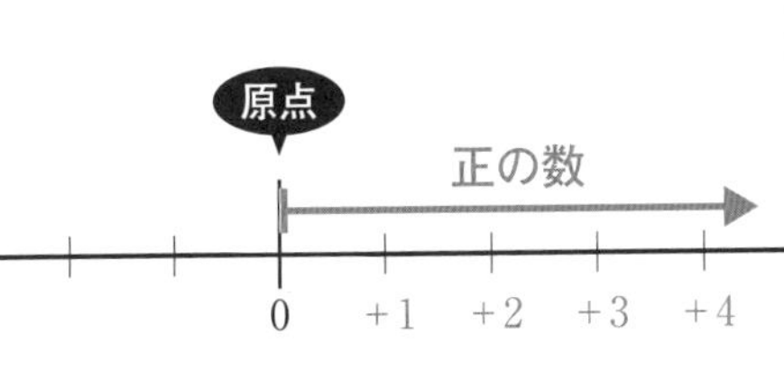
原点
正の数
0
+1
+2
+3
+4

※正の符号（+）は省略される場合もあります。

正の数のうち，（小数や分数ではなく）
整数(せいすう)であるものを
正の整数または**自然数**(しぜんすう)といいます。

※整数…0（ゼロ）から順に1ずつ増やす（または1ずつ減らす）ことによってできる数。

0 +1 +2 +3 +4

正の整数（=自然数）

0より小さい数を「**負の数**(ふのすう)」といい，
−1, −2, −3, …のように，−(マイナス)という
「**負の符号**(ふのふごう)」をつけて表します。

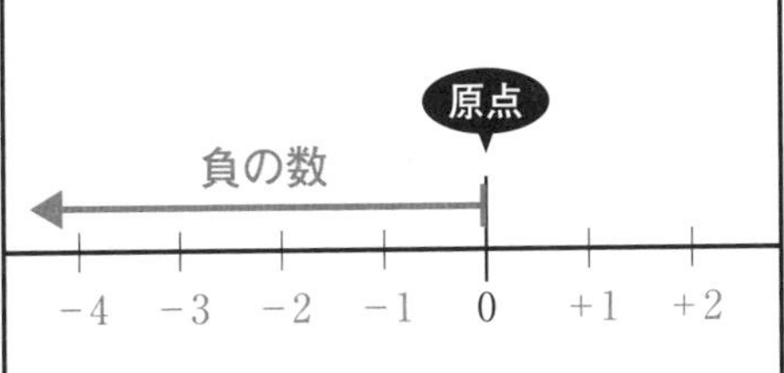
原点
負の数
−4
−3
−2
−1
0
+1
+2

負の数のうち，（小数や分数ではなく）
整数であるものを
負の整数といいます。

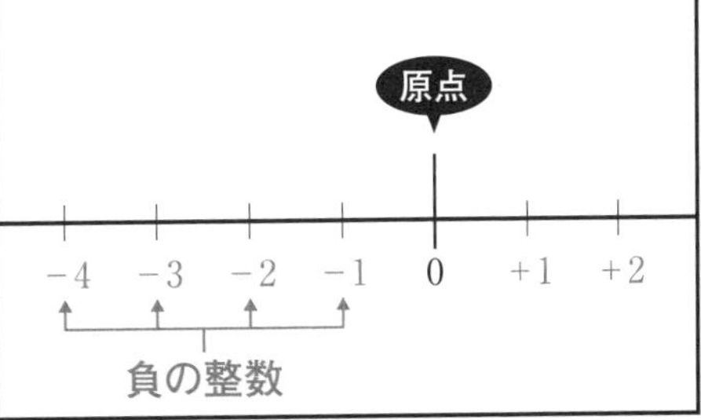
原点
−4
−3
−2
−1
0
+1
+2
負の整数

数の名称と意味

POINT

小学校の算数では「**正の数**」**だけ**を扱ってきたのですが，
中学数学からは 0 より小さい「**負の数**」を扱います。
まずは数の名称と意味をしっかり区別しておきましょう。

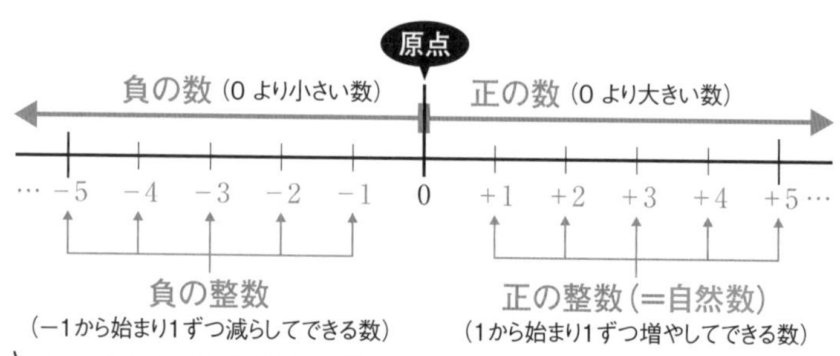
原点
負の数（0 より小さい数）
正の数（0 より大きい数）
… −5 −4 −3 −2 −1 0 +1 +2 +3 +4 +5 …
負の整数
（−1から始まり1ずつ減らしてできる数）
正の整数（＝自然数）
（1から始まり1ずつ増やしてできる数）

整数
（「負の整数」と「0」と「正の整数」すべてのこと）

(1)の問題を考えましょう。
−3 は「負の数（整数）」ですから，
数直線に点をしるすと
下図のようになります。

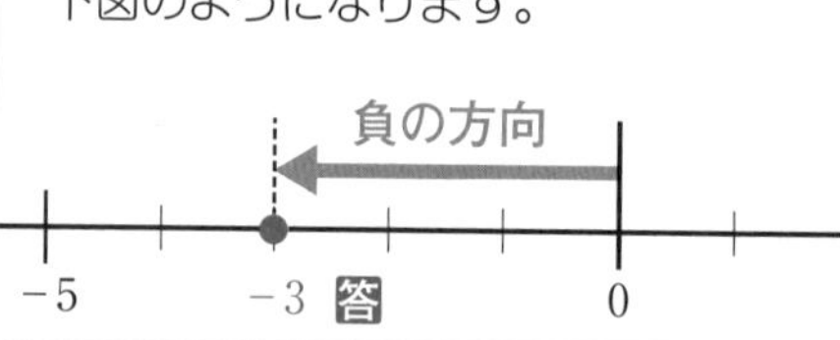
負の方向
−5
−3 答
0

(2)を考えましょう。
+2 は「正の数（整数）」ですから，
下図のようになります。

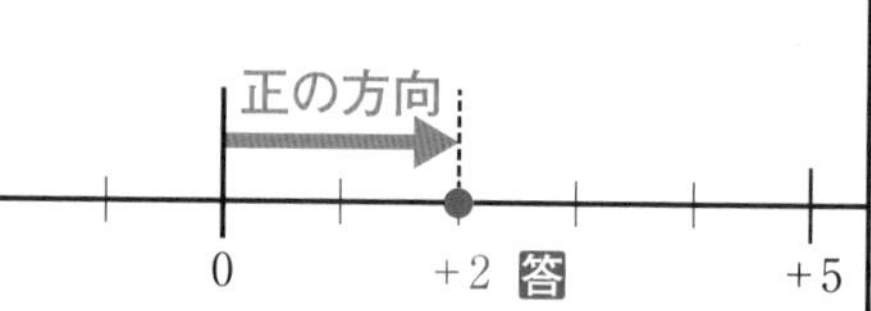
正の方向
0
+2 答
+5

(3)の +3.5 は「**小数**」ですが，
整数ではない数も
数直線上に表すことができます。

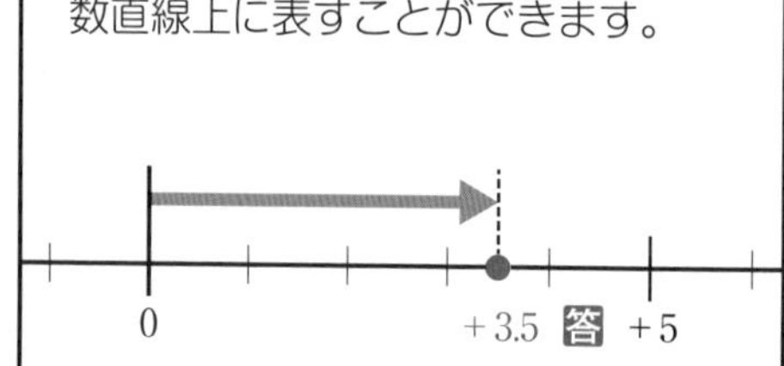
0
+3.5 答
+5

(4)の $-\frac{3}{2}$ は「**分数**」ですね。
帯分数*で表すと $-1\frac{1}{2}$ なので，
小数で表すと −1.5 になります。

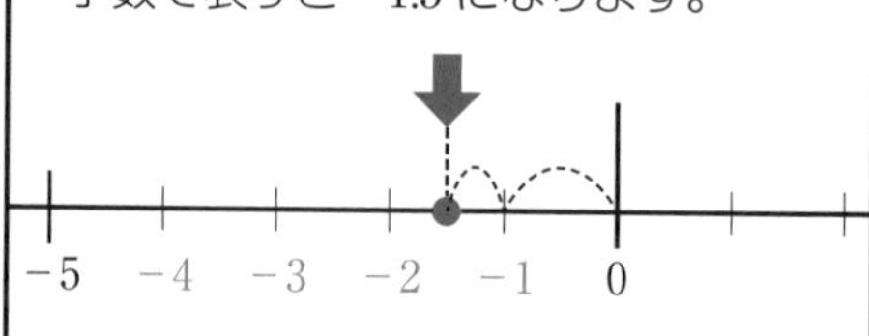
−5 −4 −3 −2 −1 0

*帯分数…整数と分数（分子が分母より小さい分数）でできている数。⇔ 仮分数（分子が分母より大きい分数）

このように，小数と同じく分数も数直線上に表すことができます。

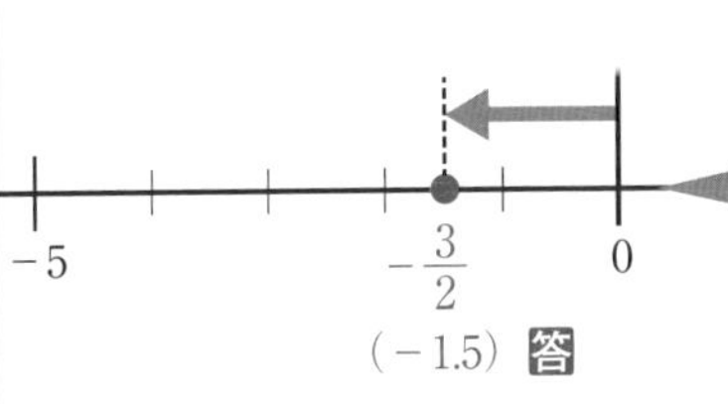
−5
$-\frac{3}{2}$
(−1.5) 答
0

数直線は，整数，小数，分数など，**あらゆる数が一直線に並んだもの**だと考えましょう。

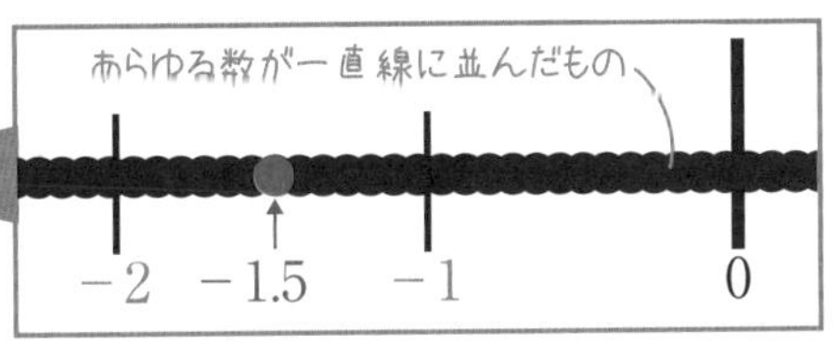
拡大
あらゆる数が一直線に並んだもの
−2
−1.5
−1
0

問2 （数の大小）

次の数の大小を，不等号を使って表しなさい。

(1)　+2，−3.5

(2)　$-0.5,\ -\frac{2}{5},\ -1$

「不等号(ふとうごう)」って何ニャ？
学校に行かないことだワン！
それは「不登校(ふとうこう)」！

数と数の間に置いて，どちらが大きいのかを表す ＜ や ＞ などの記号を「不等号(ふとうごう)」といいます。

$$2 < 3$$

不等号

$$3 > 2$$

不等号

※不等号にはほかにも「以上，以下」を表す ≧ や ≦ がある。

「2 ＜ 3」は「2 小(しょう)なり 3」と読み，「2 は 3 より**小さい**」ことを表します。

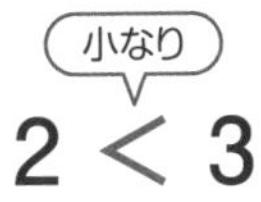
小なり

$$2 < 3$$

「3 ＞ 2」は「3 大(だい)なり 2」と読み，「3 は 2 より**大きい**」ことを表します。

大なり

$$3 > 2$$

※「2 ＜ 3」と「3 ＞ 2」は同じことを表している。

POINT 数の大小

「数の大小」は，はじめは「数直線」で考えましょう。
数直線では，**右に行くほど大きい数，左に行くほど小さい数**になります。

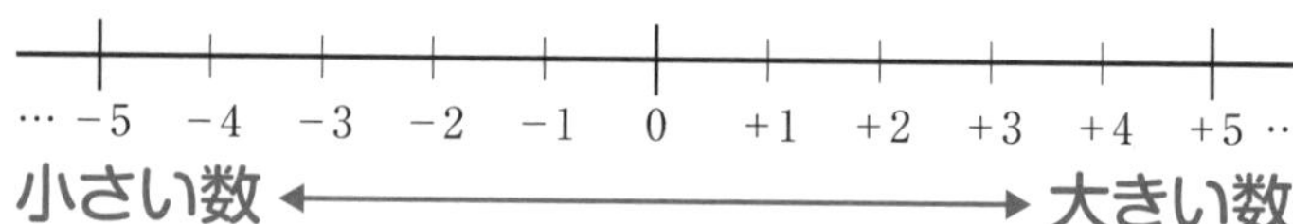
… −5 −4 −3 −2 −1 0 +1 +2 +3 +4 +5 …
小さい数
大きい数

(1)の数を数直線にしるしましょう。

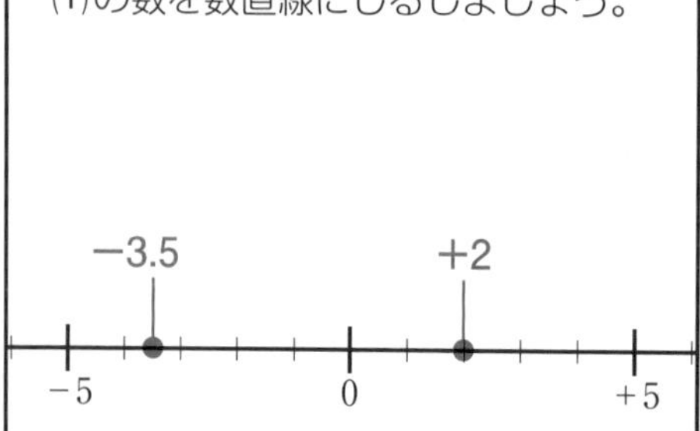
−3.5
+2
−5
0
+5

右にある方が大きい数なので，答えは

$$-3.5 < +2$$ 答

となります。　※「$+2 > -3.5$」でも正解。

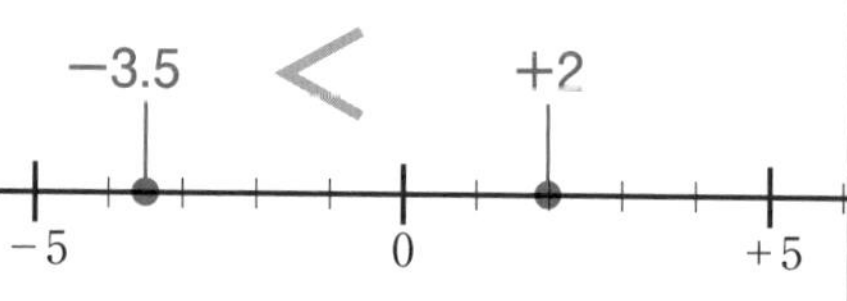
−3.5
<
+2
−5
0
+5

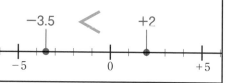

(2)は「負の数」どうしの大小を考える問題ですが，ここで「絶対値（ぜったいち）」を学びましょう。

絶対値
ぜったいち？

「絶対値」というのは，数直線上における**「原点（0）からの距離」**のことです。

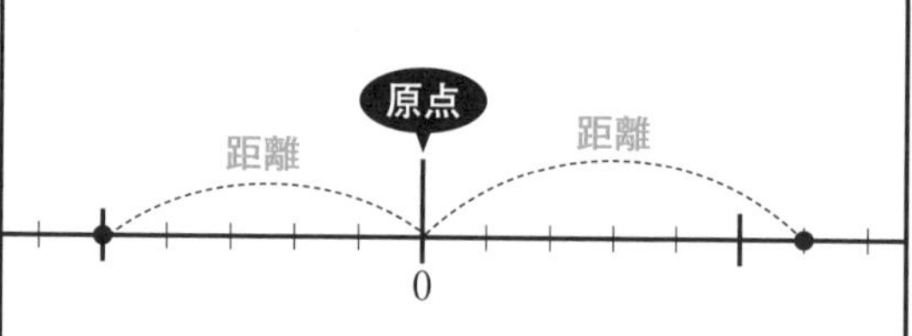
原点
距離
距離
0

例えば，
+5 の原点からの距離は 5 です。
だから，絶対値は 5 になります。

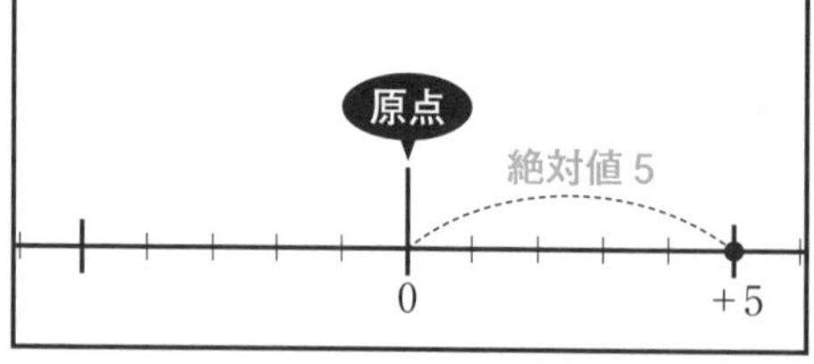
原点
絶対値 5
0
+5

−5 の原点からの距離も 5 です。
だから，絶対値は 5 になります。
※「原点からの距離」なので，+ か − かは関係ない。

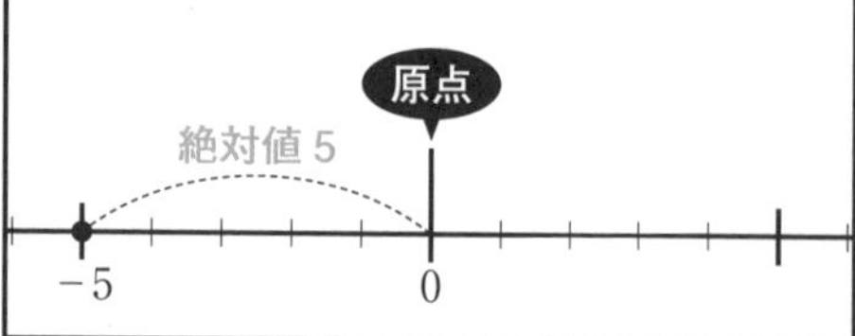
原点
絶対値 5
−5
0

これをふまえて，(2)を考えましょう。
-0.5 の絶対値は 0.5

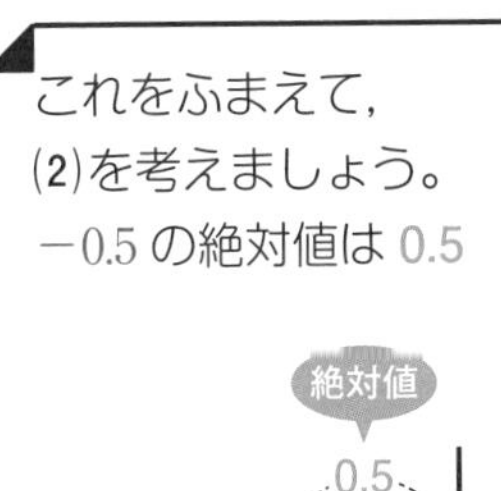
絶対値
0.5
−1
−0.5
0

$-\frac{2}{5}$ $(=-0.4)$ の絶対値は $\frac{2}{5}$

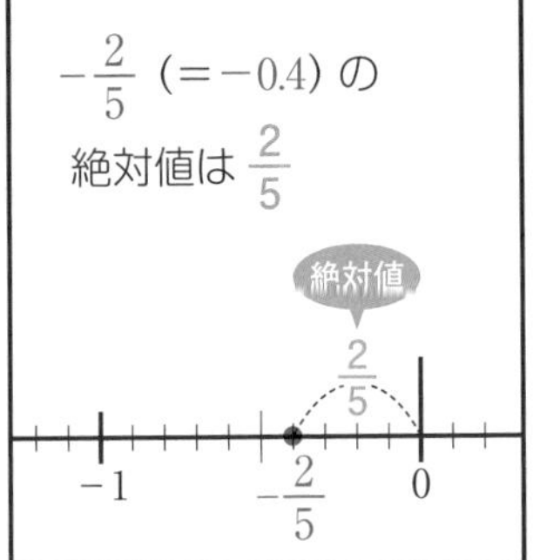
絶対値
2/5
−1
−2/5
0

-1 の絶対値は 1

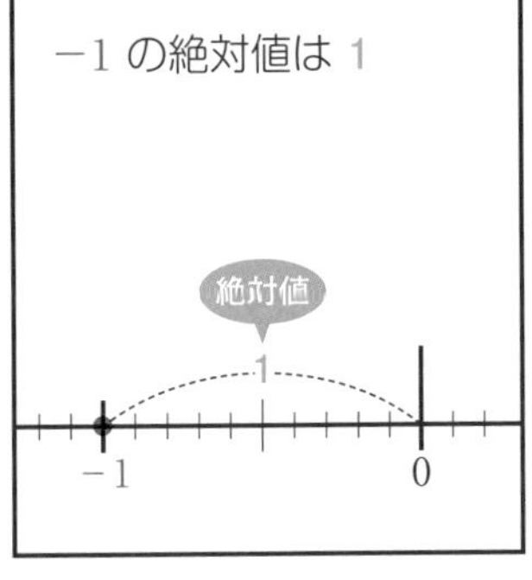
絶対値
1
−1
0

このように，数直線上に点をとることができますね。
左に行くほど（原点から離れるほど）絶対値は大きくなります。

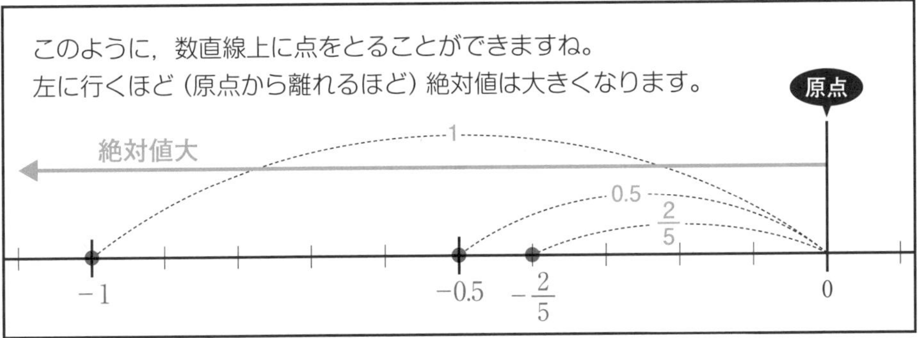
原点
絶対値大
1
0.5
2/5
−1
−0.5
−2/5
0

つまり，「負の数」では，
絶対値が大きいほど小さい数になるんです。

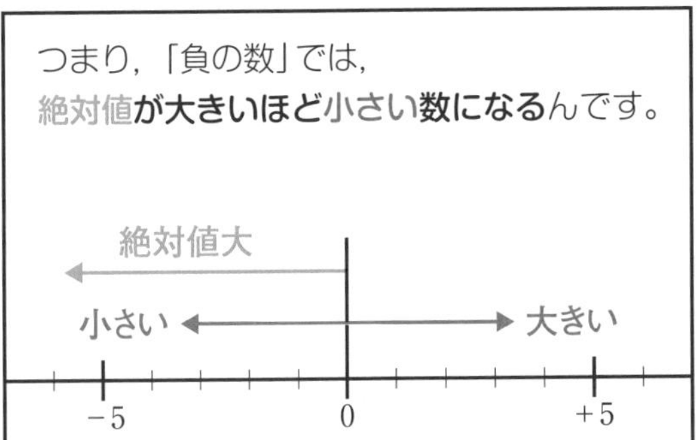
絶対値大
小さい
大きい
−5
0
+5

よって，答えは

$$-1 < -0.5 < -\frac{2}{5}$$ 答

となります。

別解 $-\frac{2}{5} > -0.5 > -1$

※不等号の向きは全部同じにして，
小さい順か大きい順に並べること。

負の数は，「（絶対値が）**大きくなれば大きくなるほど小さくなる数**」なんですね！

「なぞなぞ」
みたいだニャ…

数直線上では，数は左に行くほど小さい。負の数は，絶対値が大きいほど小さい。
この2点に注意しましょうね！

END

2 加法

問 1 **(同符号の数の加法)**

次の計算をしなさい。

(1) $(+3)+(+5)$

(2) $(-2)+(-4)$

「たし算」のことを「**加法**(かほう)」ともいい，加法の結果を「**和**(わ)」といいます。

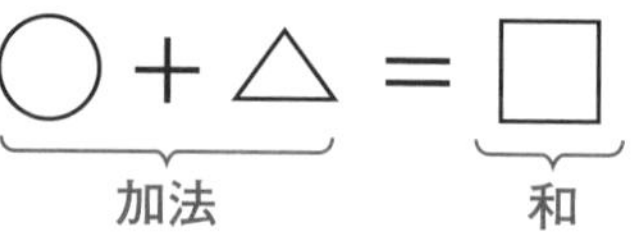
○＋△＝□
加法
和

なんで数に（　）がついてるニャ？

中学数学（正負の数）では，数が「**正の数**」なのか「**負の数**」なのかをはっきりと表すんですよ。

つまり，3＋5 という計算でも，3 は正の数の＋3 なんだよ，5 は正の数の＋5 なんだよと，はっきりと表すわけです。

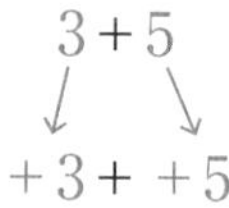
3+5
+3+ +5

でも，そうすると，

$+3+\ +5$ ←わかりづらい

というように，加法の記号（＋）と正の符号（＋）が並んでしまい，わかりづらくなりますよね。

※ ＋には，数について「正の数」を表す性質と，「加法」を表す性質があるので，混在するとまぎらわしい。

そこで，

$(+3)+(+5)$

のように，それぞれの数に（　）をつけて，はっきり区別してるんです。

ニャるほど…

負の数でも同じように，

$-2+\ -4$

というように，加法の記号（＋）と負の符号（－）が並ぶとまぎらわしいので，

それぞれの数に（　）をつけて

$(-2)+(-4)$

というように，はっきり区別して表すんです。

※ －には，数について「負の数」を表す性質と，「減法」を表す性質がある。「＋とは反対の性質がある」と考えるとよい。

では，**問 1** を考えましょう。
まずは「**同符号**」の数の
加法です。

加法は「数直線」で考えましょう。
正の数をたすときは正の方向に進み，
負の数をたすときは負の方向に進みます。

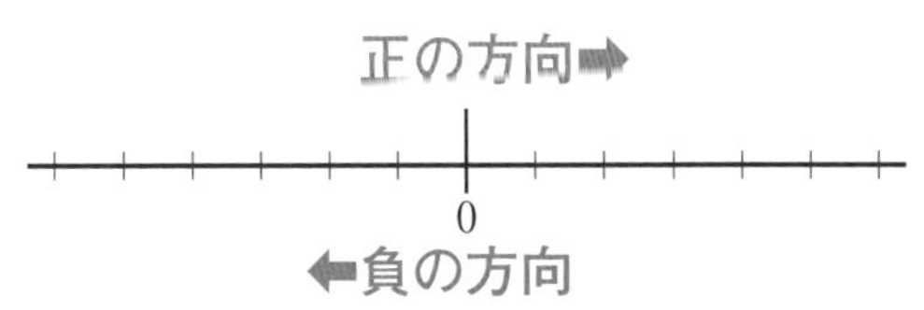
正の方向
0
負の方向

(1) $(+3)+(+5)$

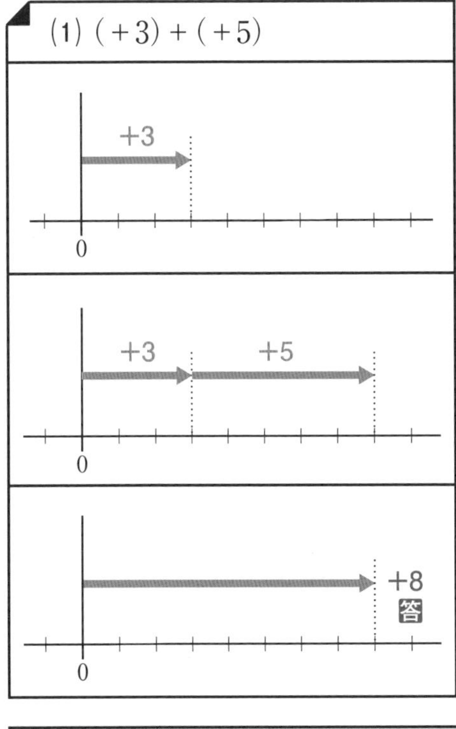
+3
0
+3
+5
0
+8
答
0

(2) $(-2)+(-4)$

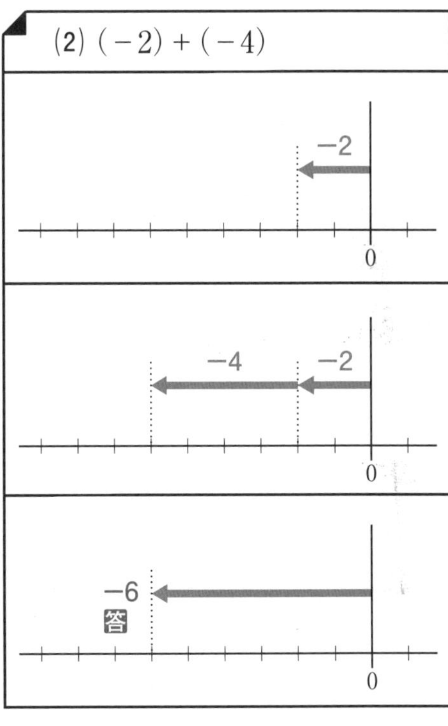
−2
0
−4
−2
0
−6
答
0

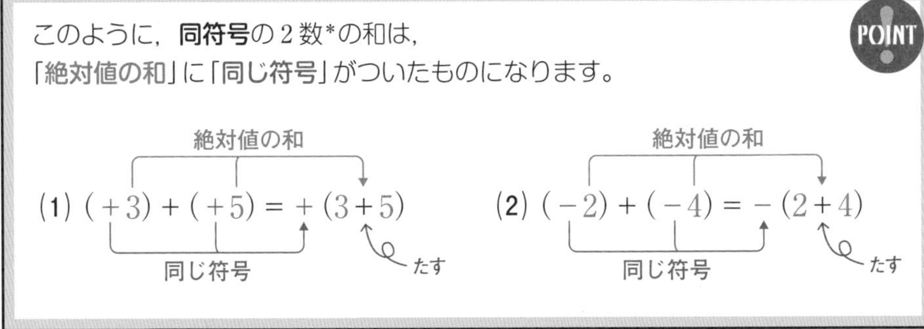

このように，**同符号**の 2 数*の和は，
「**絶対値の和**」に「**同じ符号**」がついたものになります。

(1) $(+3)+(+5)=+(3+5)$

(2) $(-2)+(-4)=-(2+4)$

POINT
絶対値の和
同じ符号
たす
絶対値の和
同じ符号
たす

*2 数…2 つの数のこと。数学ではほかにも，2 つの直線を「2 直線」，2 つの角を「2 角」などと表す場合がある。

問2 （異符号の数の加法）

次の計算をしなさい。

(1) $(-6)+(+9)$

(2) $(+7)+(-13)$

今度は，符号が異なる「**異符号**（いふごう）」の数の加法をやってみましょう。

$$(-\bigcirc)+(+\triangle)$$

異符号

(1) $(-6)+(+9)$

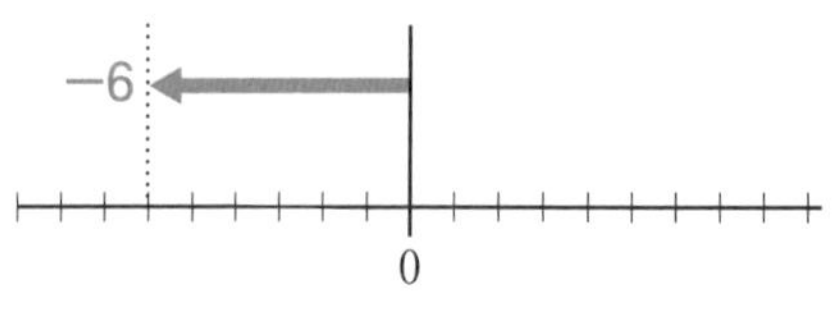

−6
0

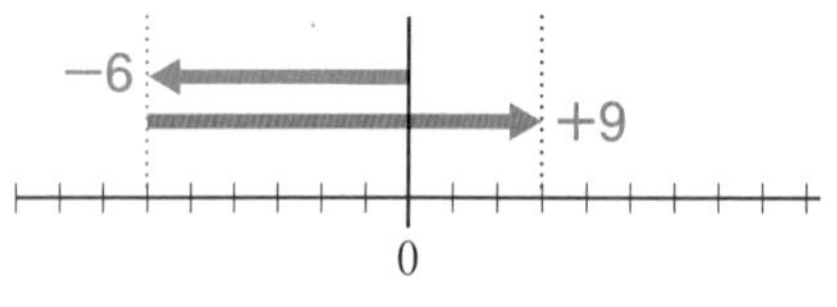

−6
+9
0

0になる ※逆方向の矢印は消し合う。

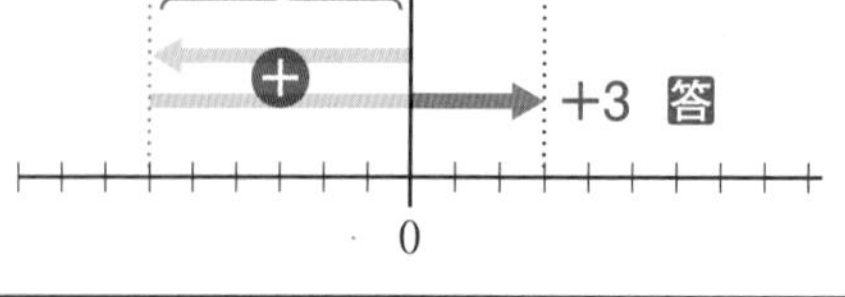

+3 答
0

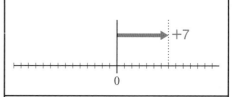

(2) $(+7)+(-13)$

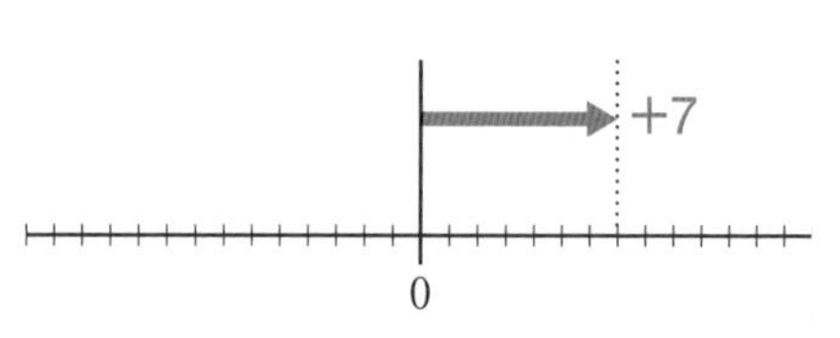

+7
0

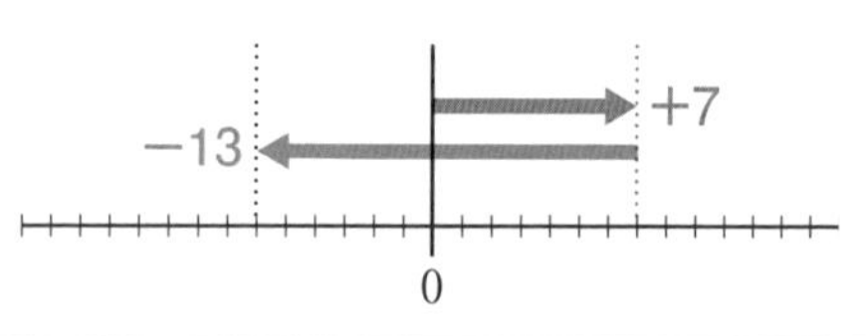

+7
−13
0

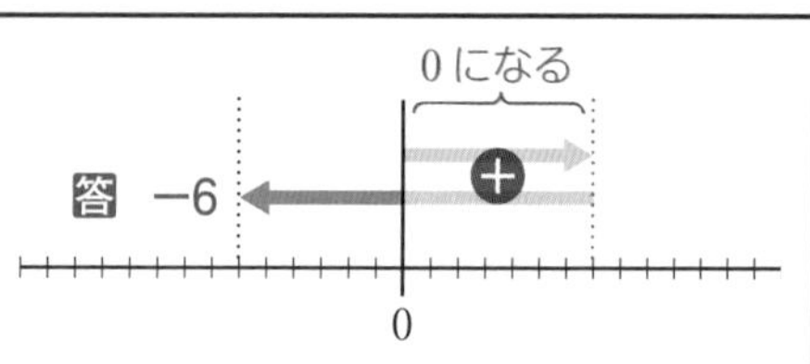

0になる
答 −6
0

POINT

このように，**異符号**の2数の和は，
「**絶対値の差**（絶対値の大きい方から絶対値の小さい方をひいた数）」に
「**絶対値の大きい方の符号**」がついたものになります。*

絶対値の差

(1) $(-6)+(+9)=+(9-6)$

絶対値の大きい方の符号

絶対値の差

(2) $(+7)+(-13)=-(13-7)$

絶対値の大きい方の符号

*絶対値の等しい正の数と負の数の和は0になる。例 $(+6)+(-6)=0$

問3（加法の交換法則と結合法則）

次の計算をしなさい。

$(+14)+(-9)+(-14)+(+3)$

加法では，たし合わせる順序を自由に入れかえても，その和は変わりません。

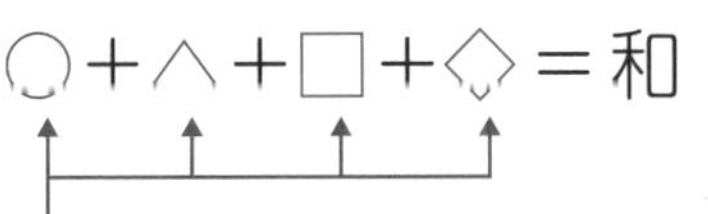
○＋△＋□＋◇＝和

ココは自由に入れかえていいし，どんな順番でたし合わせてもいい。

加法では**交換法則**（こうかんほうそく）と**結合法則**（けつごうほうそく）が成り立つためです。

〈加法の交換法則〉 位置は自由に交換して OK！

$a+b=b+a$

〈加法の結合法則〉 どこから先に計算しても OK！

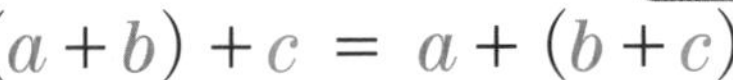
この法則は小学校でも習いましたよね
法則

$(a+b)+c=a+(b+c)$

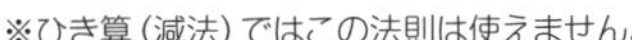

※ひき算（減法）ではこの法則は使えません。

「負の数」があっても，これは同じです。つまり，加法では**「計算しやすいように数を入れかえる」**という工夫が大切になります。

問3では，$(+14)$ と (-14) に注目！ $(+14)+(-14)=0$ なので，これが消えれば計算が簡単になりますよね。そこで，加法の交換法則を使います。

$(+14)+(-9)+(-14)+(+3)$ 〈交換法則〉

$=(+14)+(-14)+(-9)+(+3)$

$=0+(-9)+(+3)$

$=-(9-3)$ 「絶対値の大きい方の符号」が「絶対値の差」についたもの（異符号の数の和）

$=-6$ **答**

（+14）と（−14）をたすと 0 になるニャ？
お互いを消し合う感じかニャ？
そう，絶対値の等しい正の数と負の数の和は 0 になるんです。

加法の式では交換法則や結合法則が使えるので，計算を「簡単」にするという工夫が大事です。覚えておきましょう。

自由に入れかえていいニョね…
END

3 減法

問 1 (正の数をひく場合)

次の計算をしなさい。

$$(+5)-(+3)$$

「ひき算」のことを「**減法**(げんぽう)」といい,
減法の結果を「**差**(さ)」といいます。

○ − △ = □
減法　差

今回のポイントは,
「正の数をひく」ことと「負の数をたす」ことは同じであるという点です。

正の数をひく = 負の数をたす

$$(+5)-(+3)=(+5)+(-3)$$

…ふぁ!?
どうという意味ニャ?
これを見てください。

(+5) − (+3)　【正の数をひく】

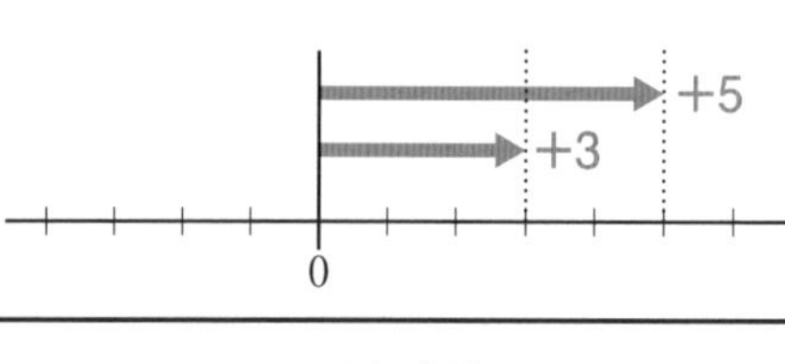
+5
+3
0

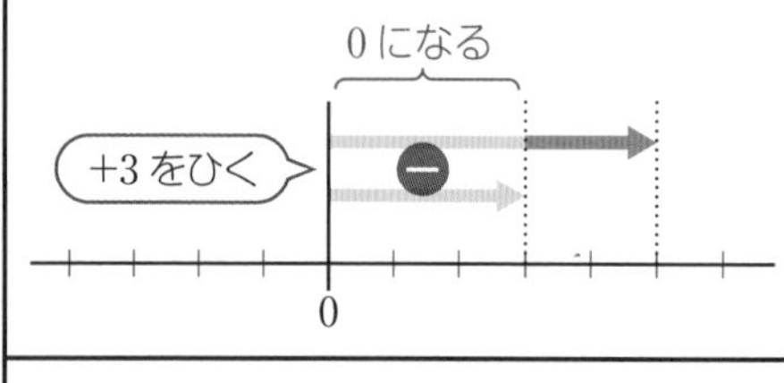
0 になる
+3 をひく
0

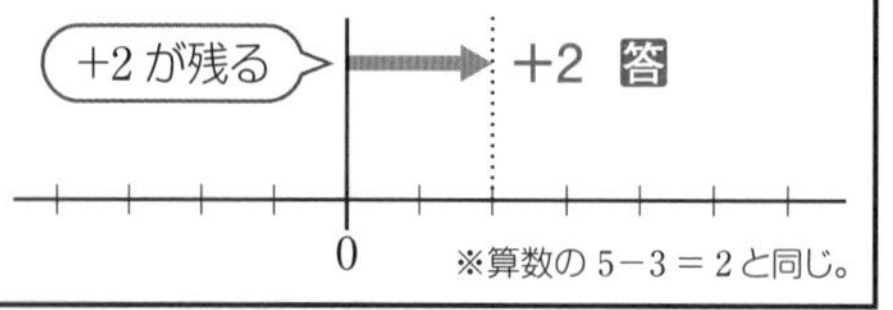
+2 が残る
+2 答
0

※算数の 5−3 = 2 と同じ。

(+5) + (−3)　【負の数をたす】

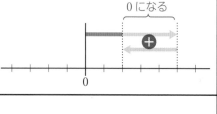

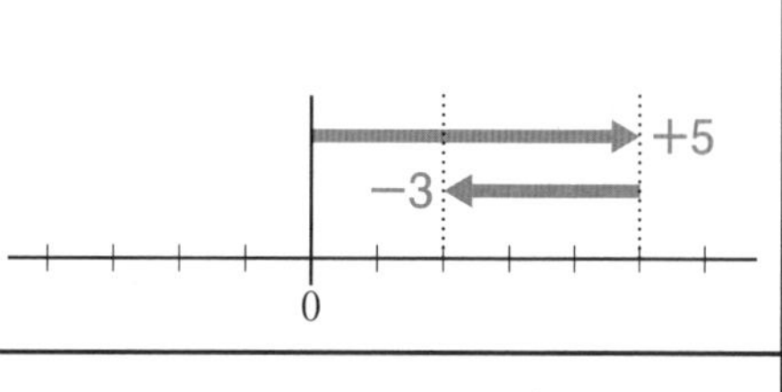
+5
−3
0
0 になる

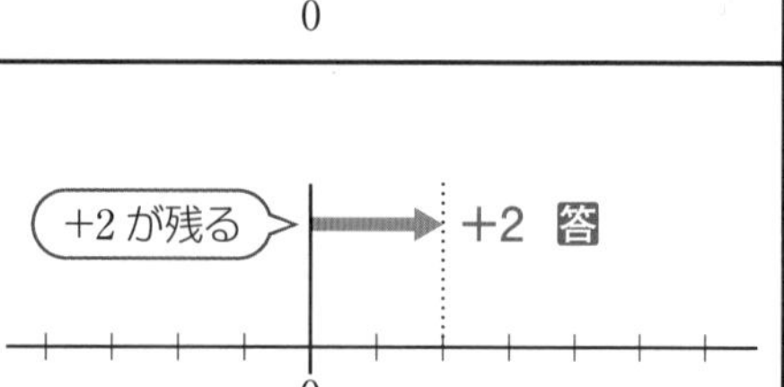
0
+2 が残る
+2 答
0

※同じ方向の 2 つの矢印をたすと矢印は合わさってのびるが,逆方向の 2 つの矢印をたすとお互いを消し合う。

このように，
「+3 をひく」のと
「−3 をたす」のは
同じ結果になるんです。

「負の数をたす」というのは，
変なアイテムを取ったら
ライフが減るみたいな
感じニャ!?
−3
+
Down
ゲームだとそういう
感じですかね。

問2 (負の数をひく場合)

次の計算をしなさい。

$$(+2)-(-3)$$

負の数をひく…？
どういう意味ニャ…??

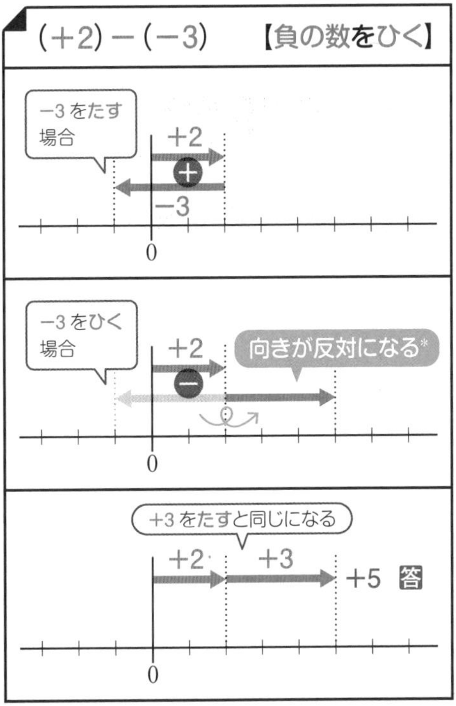

「負の数をひく」は，「正の数をたす」
と比べながら考えましょう。

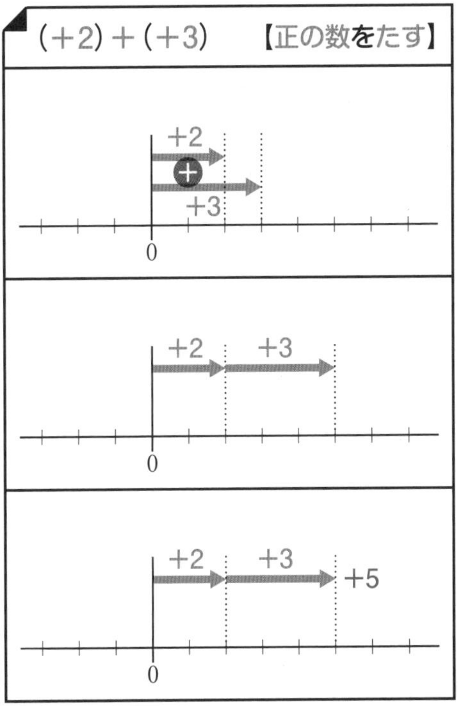

(+2)+(+3) 【正の数をたす】	(+2)−(−3) 【負の数をひく】
+2 ⊕ +3 / 0	−3 をたす場合 / +2 ⊕ −3 / 0
+2 +3 / 0	−3 をひく場合 / +2 ⊖ / 向きが反対になる* / 0
+2 +3 +5 / 0	+3 をたすと同じになる / +2 +3 +5 答 / 0

＊負の数は，「たす」場合は負の方向に進むが，「ひく」場合は向きが反対になって正の方向に進む。

このように，
「負の数をひく」ことと「正の数をたす」ことは同じであるといえるんです。

負の数をひく ＝ 正の数をたす

$$(+2)-(-3)=(+2)+(+3)$$

基本的に，マイナス（−）は，プラス（＋）の「**反対の性質**」をもつと覚えましょう。

反対の性質

反対の性質？
どういう意味ニャ？
たす場合はこっち向き
ひく場合はこっち向き
反対になる

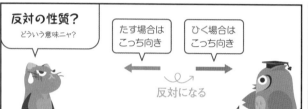

つまり，減法（ひく）の場合は，数直線上の矢印が「たす」場合の反対になると考えてください。

実は，**問1**も**問2**と同じように考えることができます。
負の数から負の数をひく場合も同じです。

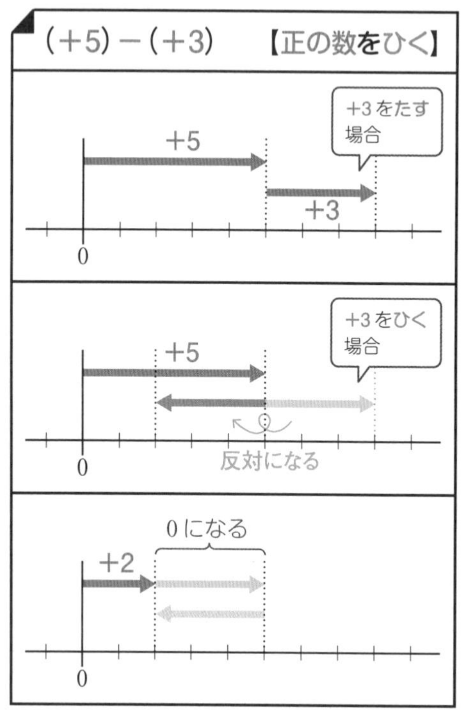

(+5) − (+3)
【正の数をひく】
+3をたす場合
+5
+3
0
+3をひく場合
+5
反対になる
0
0になる
+2
0

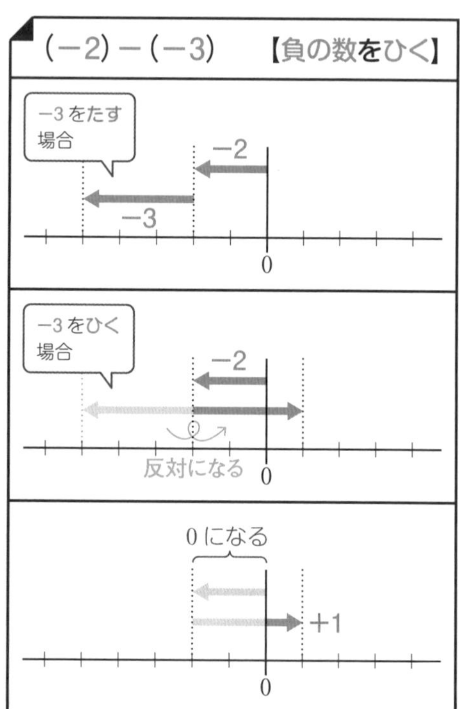

(−2) − (−3)
【負の数をひく】
−3をたす場合
−2
−3
0
−3をひく場合
−2
反対になる
0
0になる
+1
0

イヤなことが減る（負の数をひく）
＝イイことが増える（正の数をたす）
という感じニャ？
なるほど，そういうふうに*
イメージしてもいいですね。

いろいろいいましたが，
とにかく，ここで覚えてほしいのは，
「減法」はすべて「加法」になおして
計算すると，わかりやすくて便利だよ，
ということです。

全部加法になおすニャ？

POINT 「減法」は「加法」になおして計算する!

※正負の数をひくことは，その数の符号を変えてたすことと同じである。

$$(+a)-(+b)$$

↓符号を変えてたす

$$=(+a)+(-b)$$

$$(+a)-(-b)$$

↓符号を変えてたす

$$=(+a)+(+b)$$

※たされる数の符号がどちらでも同じ。

－(＋ は ＜正の数をひく

＋(－ に ＜負の数をたす

するニョね…

＋と－を入れかえるニャ

－(－ は ＜負の数をひく

＋(＋ に ＜正の数をたす

するワン!

－を両方＋に変えるワン

そのとおりです！
減法を加法になおす
計算をたくさんやって
早く慣れましょうね！

例題

(1) $(-4)-(+7)$
$=(-4)+(-7)$
$=-(4+7)$
$=-11$ 答

(2) $(-10)-(-3)$
$=(-10)+(+3)$
$=-(10-3)$
$=-7$ 答

(3) $0-(-3)$
$=0+(+3)$
$=+3$ 答

(4) $0-(+5)$
$=0+(-5)$
$=-5$ 答

END

*イイことが減る（正の数をひく）＝イヤなことが増える（負の数をたす）とイメージしてもよい。

4 加法と減法の混じった計算

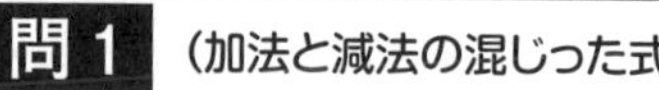

問 1 （加法と減法の混じった式）

次の計算をしなさい。

$$(-3)+(+6)+(-8)-(-4)$$

…＋と－が混じってニャい？
どうやって解くニャ!?

加法と減法の混じった計算は，
深く考えるよりも，とにかく
「かっこをはずして計算する」
と覚えてください。

かっこをはずす？
どうやってはずすニャ？

それはカンタンだワン！

こうすれば
はずれるワン！

(−3) + (+6) + (−
MONO

消してる
だけニャ!!

ここはとにかく，この
「かっこのはずし方」
を覚えてください。
「習うより慣れよ」
ですからね！

ニャめてんニョ?

POINT

かっこのはずし方

$a+(+b)=a+b$　　　$a-(+b)=a-b$

$a-(-b)=a+b$　　　$a+(-b)=a-b$

同符号なら ＋　　　**異符号**なら －

問 1 を考えましょう。
かっこをはずすときは，
同符号なら＋に，
異符号なら－になります。

$(-3)+(+6)+(-8)-(-4)$

同符号　異符号　同符号

$=(-3)+(+6)+(-8)+(+4)$

かっこをはずしたあとは，
同符号の数どうしでまとめて
計算します。

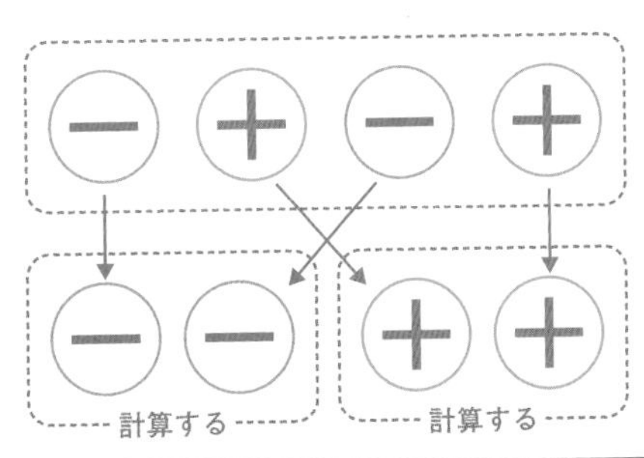

計算する
計算する

つまり，**加法の交換法則・結合法則**(☞P.19)を使って，
同符号どうしでまとめるわけですね。

$=-3+6-8+4$

加法の交換法則
$a+b=b+a$

$=-3-8+6+4$

加法の結合法則
$(a+b)+c=a+(b+c)$

$=-(3+8)+(6+4)$

$=-11+10$

$=-1$ 答

※同符号どうしでまとめるときは，かっこを使う。

…加法？
「減法」も入ってニャい？

$-3+6-8+4$

減法？

すばらしい質問です！
説明しましょう。

問 1 のかっこをはずしたあとの式は，

$=-3+6-8+4$

$=(-3)+(+6)+(-8)+(+4)$

加法だけ

と，**「加法だけの式」になおして考える**
ことができますよね。

つまり，

$-3+6-8+4$

の－は減法の記号ではなく
負の符号であり，全体としては
「加法だけの式」であると
考えられるから，
加法の交換法則・結合法則が
使えるわけです。

この＋・－は
正負の符号
だったニョね…

ちなみに，「**加法だけの式**」では，

$(-3)+(+6)+(-8)+(+4)$

「**かっこ**」と「**加法の記号＋**」が**省略される**ことが多いのですが，

$(-3)+(+6)+(-8)+(+4)$

「加法だけの式」として考えたときの，この（かっこ）と加法の記号＋以外の部分（-3, $+6$, -8, $+4$）を，「**項**」というんです。

POINT

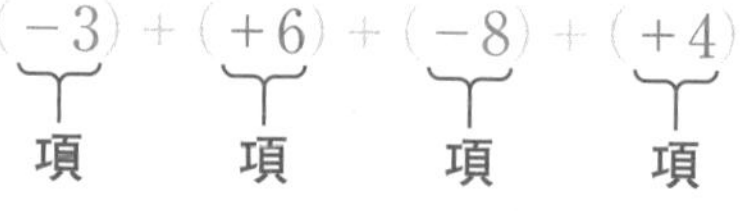

(−3) + (+6) + (−8) + (+4)
項
項
項
項

項
こう?

項はこう書くワン!!
こう
項
ダジャレかニャ!?
それがいいたいだけニャ?

また，項の正負に注目して，$+6$, $+4$ を「**正の項**」，-3, -8 を「**負の項**」という場合もあります。

$(-3)+(+6)+(-8)+(+4)$

負の項　正の項　負の項　正の項

なお，**問 1** の式のように，1 つでも減法の記号－など*がある式は「加法だけの式」ではないので，「項」とはいいません。これ注意しましょう。

$(-3)+(+6)+(-8)-(+4)$

~~項~~　~~項~~　~~項~~　~~項~~

では，最後に，加法と減法の混じった計算を解く手順をまとめましょう。

*減法の記号（－）だけでなく，このあと学ぶ乗法の記号（×）や除法の記号（÷）をふくむ式にも「項」はない。

加法と減法の混じった計算を解く手順

❶ かっこをはずす（同符号なら＋，異符号なら－）

$a+(+b)=a+b$　　$a-(+b)=a-b$

$a-(-b)=a+b$　　$a+(-b)=a-b$

❷ 同符号どうし（正の項，負の項）でまとめて計算する

※加法の交換法則・結合法則をうまく使い，できるだけ簡単な計算になるよう工夫する。

要するに，かっこをはずしたら
「項」だけ残るから，この「項」を同符号どうしで
まとめればいい，ってことニャ？

$$(-3)+(+6)+(-8)-(-4)$$

$$=\underbrace{(-3)}_{\text{項}}+\underbrace{(+6)}_{\text{項}}+\underbrace{(-8)}_{\text{項}}+\underbrace{(+4)}_{\text{項}}$$

まさにそのとおりです！
符号のミスには注意しましょうね。

「項」は，「数学」において超重要な用語です。今後もたくさん出てきますから，しっかり理解しておきましょうね。

さあ，加法と減法の混じった計算をやりました。この計算に「小数」や「分数」が出てきても，計算の手順は同じですから，あわてる必要はありません。

❶かっこをはずす
❷同符号どうしでまとめて計算する

という手順でやってください。

慣れないうちは
＋や－の符号などで
ミスをしがちですが，
たくさん数をこなしていれば
必ずできるようになります。
がんばりましょう！

ほんとニャ…？
END

5 乗法

問 1（同符号の数の乗法）

次の計算をしなさい。

(1) $(+2)\times(+3)$

(2) $(-2)\times(-3)$

「かけ算」のことを「**乗法**（じょうほう）」ともいい，乗法の結果を「**積**（せき）」といいます。

○ × △ ＝ □

乗法　積

乗法の積のポイントは，
「同符号」の数の積は（＋）に，
「異符号」の数の積は（－）に
なるということです。

同符号
正の数 (＋)×(＋)＝(＋)
負の数 (－)×(－)＝(＋)

異符号
(＋)×(－)＝(－)
(－)×(＋)＝(－)

同符号の数の乗法は，絶対値の積に正の符号をつける。 POINT

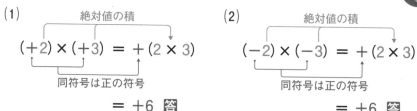

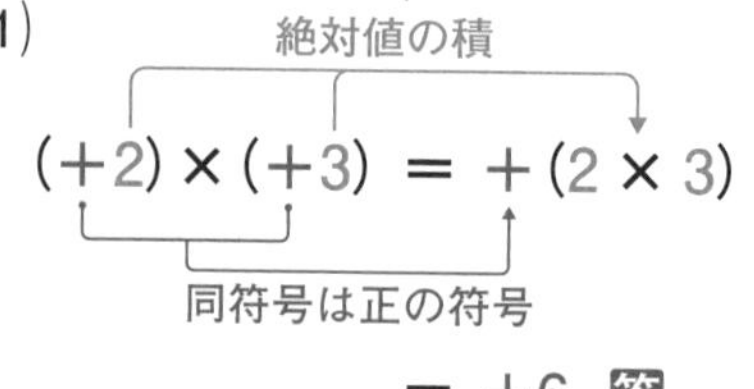

(1)
絶対値の積
(+2) × (+3) ＝ +(2 × 3)
同符号は正の符号
＝ +6 答

(2)
絶対値の積
(−2) × (−3) ＝ +(2 × 3)
同符号は正の符号
＝ +6 答

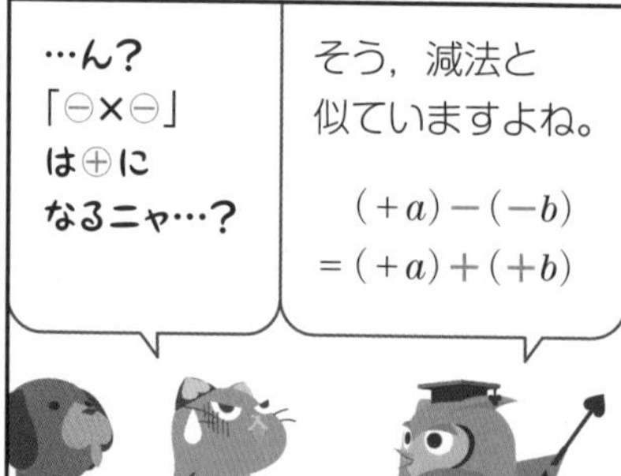

…ん？
「⊖×⊖」
は⊕に
なるニャ…？
そう，減法と
似ていますよね。
(+a)−(−b)
=(+a)+(+b)

(2)は，かける数（−3）に − がついているので，−2 を**反対向き**に 3 倍するというイメージになるんです。

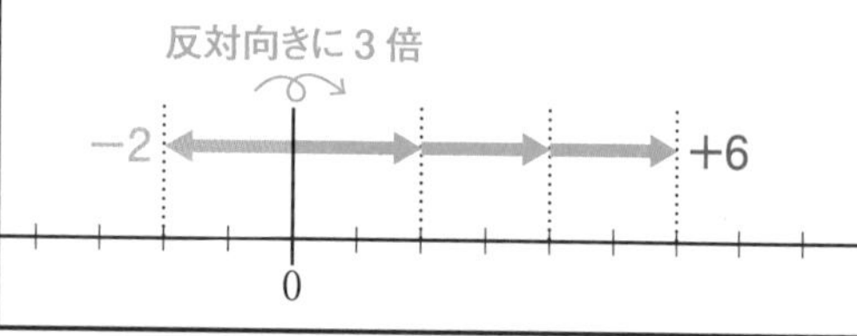

反対向きに 3 倍
−2
+6
0

問2 (異符号の数の乗法)

次の計算をしなさい。

(1) $(-2)\times(+3)$

(2) $(+2)\times(-3)$

「⊖×⊕」と「⊕×⊖」は
異符号の数の乗法だから，
積は⊖になるニャ？
そのとおり正解！

異符号の数の乗法は，絶対値の積に負の符号をつける。

POINT

(1)

絶対値の積

$(-2)\times(+3)=-(2\times3)$

異符号は負の符号

$=-6$ 答

(2)

絶対値の積

$(+2)\times(-3)=-(2\times3)$

異符号は負の符号

$=-6$ 答

小学校では，正の符号＋が**省略された**，正の数どうしのかけ算をやっていたわけですが，

$(+2)\times(+3)$

↓

$(+2)\times(+3)$

↓

2×3

中学からは正の数だけでなく負の数も扱(あつか)いますから，とにかく「符号」に注意しながら計算しましょうね。

ニャるほど…

問3 (乗法の交換法則と結合法則)

次の計算をしなさい。

$(-2)\times(-3)\times5\times(-7)$

乗法では，かけ合わせる順序を自由に入れかえても，その積は変わりません。

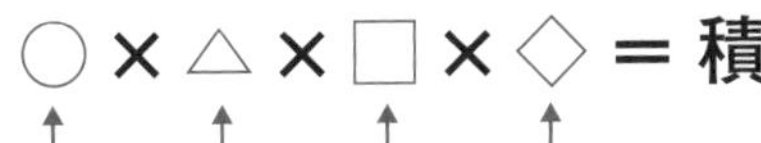
○×△×□×◇＝積

ココは自由に入れかえていいし，
どんな順番でかけ合わせてもいい。

〈乗法の交換法則〉 位置は自由に交換して OK！

$$a \times b = b \times a$$

〈乗法の結合法則〉 どこから先に計算しても OK！

$$(a \times b) \times c = a \times (b \times c)$$

乗法では（加法と同様に），「交換法則」と「結合法則」が成り立つからです。

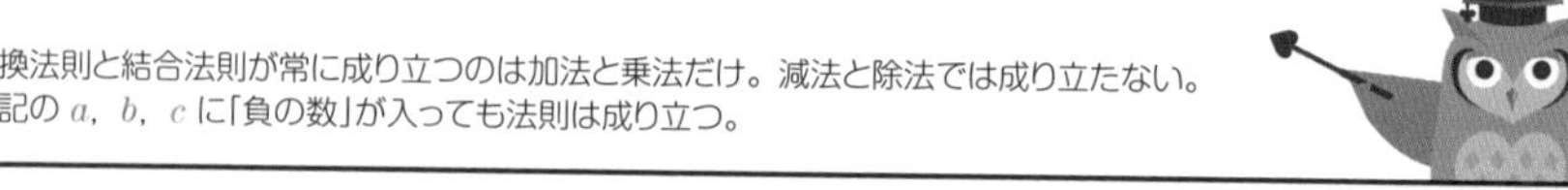

※交換法則と結合法則が常に成り立つのは加法と乗法だけ。減法と除法では成り立たない。
※上記の a，b，c に「負の数」が入っても法則は成り立つ。

つまり，乗法では**計算しやすいように順序を入れかえて工夫すること**が大切になります。

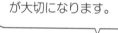

ニャるほど…

問３では，
(−2) と 5 に注目！
(−2) ×5 = −10
なので，計算がわかりやすくなりますよね。

$(-2)\times(-3)\times5\times(-7)$

交換法則

$=(-2)\times5\times(-3)\times(-7)$

結合法則

$=\{(-2)\times5\}\times\{(-3)\times(-7)\}$

$=(-10)\times21$

$=-210$ 答

計算

ちなみに，乗法の積の符号が＋になるか−になるかは，「負の数」の数によって決まります。計算ミスのないよう，注意しましょう。

POINT

積の符号の決まり方

乗法の積の符号は，かけ合わせる負の数がいくつあるかによって決まる。

- **負の数が奇数個**（1, 3, 5, 7, 9, …個）→ −
- **負の数が偶数個**（2, 4, 6, 8, 10, …個）→ ＋

問4 (累乗の計算)

次の計算をしなさい。

(1) $2^3 - 4^2$

(2) $(-2)^3 \times 3^2$

カンタンだワン!
23－42＝－19
…数字が全部大きくニャい?

同じ数をくり返しかけたものを「**累乗**」といい，数の右肩に小さく書いた数を「**指数**」といいます。

累乗 (2 の 3 乗)

2^3 ← 指数

「指数」は同じ数を**かけ合わせる回数**を示しています。

2の3乗 $2^3 = 2 \times 2 \times 2$　　4の2乗 $4^2 = 4 \times 4$

※「2 乗」は「にじょう」または「じじょう」と読む。

(1)を計算しましょう。

$2^3 - 4^2$

$= (2 \times 2 \times 2) - (4 \times 4)$

$= 8 - 16$

$= -8$ 答

(2)のように，累乗と乗法の混じった計算では，**累乗を先に**計算しましょう。

$(-2)^3 \times 3^2$

$= \{(-2) \times (-2) \times (-2)\} \times 3^2$

$= -8 \times (3 \times 3)$

$= -72$ 答

ちなみに，負の数では，指数が( )の右肩についている場合，計算がちがってきます。注意しましょう。

－(の)「2」の 2 乗

$-2^2 = -(2 \times 2) = -4$

$(-2)^2 = (-2) \times (-2) = 4$

「−2」の 2 乗

ちがいに注意

乗法では，
累乗もふくめて，
符号が＋か－かに
注意しましょうね。

END

【参考】2 乗を「平方」，3 乗を「立方」ということもある。(例) cm^2＝平方センチメートル，cm^3＝立方センチメートル

6 除法

問 1 (同符号の数の除法)

次の計算をしなさい。

(1) $(+8) \div (+4)$

(2) $(-8) \div (-4)$

「わり算」のことを「**除法**(じょほう)」ともいい，除法の結果を「**商**(しょう)」といいます。

$$\bigcirc \div \triangle = \square$$

除法　商

除法の商のポイントは，
「同符号」の数の商は（ ＋ ）に，
「異符号」の数の商は（ － ）に
なるということです。

同符号
正の数 $(+) \div (+) = (+)$
負の数 $(-) \div (-) = (+)$

異符号
$(+) \div (-) = (-)$
$(-) \div (+) = (-)$

これって…
乗法の積と同じニャ!?
そのとおりなんです！

答えが＋になるか
－になるかは，
除法も乗法と同じ
法則なんですね。
⊖×⊖＝⊕
と同じように，
⊖÷⊖＝⊕
となるニョね…？

POINT

同符号の数の除法は，絶対値の商に正の符号をつける。

(1)

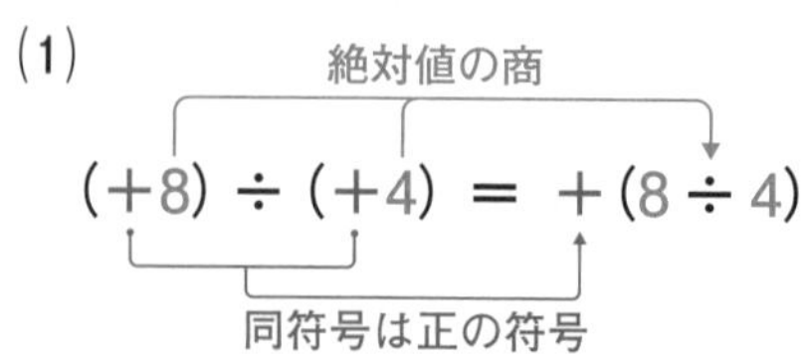

絶対値の商
同符号は正の符号

$(+8) \div (+4) = +(8 \div 4)$

$= +2$ **答**

(2)

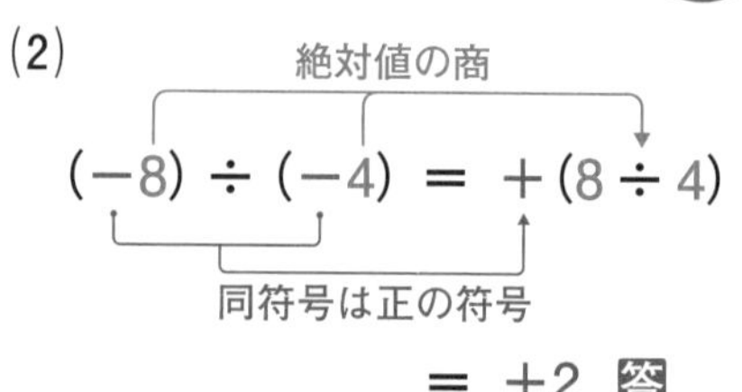

絶対値の商
同符号は正の符号

$(-8) \div (-4) = +(8 \div 4)$

$= +2$ **答**

問2 （異符号の数の除法）

次の計算をしなさい。

(1) $(+8) \div (-4)$

(2) $(-8) \div (+4)$

今度は「異符号」の数の除法ですね。
異符号の数の商は（ － ）になることに注意して，計算しましょう。
簡単ですよね。

異符号の数の除法は，絶対値の商に負の符号をつける。

POINT

(1) 絶対値の商

$(+8) \div (-4) = -(8 \div 4)$

異符号は負の符号

$= -2$ 答

(2) 絶対値の商

$(-8) \div (+4) = -(8 \div 4)$

異符号は負の符号

$= -2$ 答

問3 （逆数の求め方）

次の数の逆数を求めなさい。

(1) $\dfrac{2}{3}$　　(2) 5　　(3) -4

ふぁ!?
「逆数」って何ニャ？
初めて聞いたニャ!

!?
「逆」になった
数ワン？

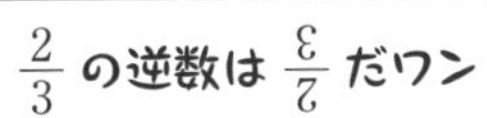
$\frac{2}{3}$ の逆数は $\frac{\varepsilon}{2}$ だワン

絶対ちがうニャ!

MEMO 逆数（ぎゃくすう）

2つの数の積が1になるとき，一方の数を，他方の数の「逆数」という。

□×△＝1
逆数

え～と…
例えば(1)の問題。
$\frac{2}{3}$ に何をかければ
1になりますか？

(1) $\frac{2}{3} \times \frac{3}{2} = 1$

ですから,

$\frac{2}{3}$ の逆数は $\frac{3}{2}$ ですね。
答

このように,**分数**の場合,逆数は
「**分母と分子を入れかえた数**」になります。
(符号は同じ)

$$\frac{2}{3} \times \frac{3}{2} = 1$$

(分母3と分子3が逆数)

(2) $5 \times \frac{1}{5} = 1$

なので,
5 の逆数は $\frac{1}{5}$ です。
答

(3) $(-4) \times \left(-\frac{1}{4}\right) = 1$

なので,
-4 の逆数は $-\frac{1}{4}$ ですね。
答

※負の数の逆数は負の数になる。

このように,**整数**の場合,
逆数は $\frac{1}{\text{整数}}$ という分数になります。
(符号は同じ)

(-4) 分数に直す

$$\left(-\frac{4}{1}\right) \times \left(-\frac{1}{4}\right) = 1$$

(逆数)

ここで,次の計算を見てください。

$4 \div 5 = \frac{4}{5}$　　$4 \times \frac{1}{5} = \frac{4}{5}$

2 つの式は同じ答えになりますね。
赤数字の部分は「逆数」です。
つまり,次のことがいえるんです。

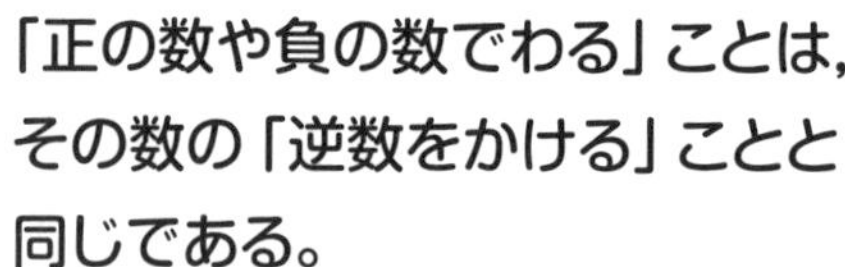

「正の数や負の数でわる」ことは,その数の「逆数をかける」ことと同じである。

POINT

どういうこと?

このポイントは,
「**分数**の除法」のとき,
特に役立つんですね。
ちょっと
やってみましょう。

【注意】0 はどんな数とでも積は 0 となって 1 にはならないため,**0 の逆数はない。**

問4 （乗法と除法の混じった式の計算）

次の計算をしなさい。

$$10 \div \left(-\frac{15}{2}\right) \times (-18)$$

まずはこの，

$$\div\left(-\frac{15}{2}\right)$$

の部分に注目。
分数の除法ですね。
これを逆数の乗法に直すと，
計算しやすくなるんです。

$$\left(-\frac{15}{2}\right) \times \left(-\frac{2}{15}\right) = 1$$

なので，

$\left(-\frac{15}{2}\right)$ の逆数は $\left(-\frac{2}{15}\right)$ です。

分数の除法を逆数の乗法にします。

$$\div\left(-\frac{15}{2}\right) \Rightarrow \times\left(-\frac{2}{15}\right)$$

では，これで計算してみましょう。

計算

$$10 \div \left(-\frac{15}{2}\right) \times (-18)$$

分数の除法を「逆数」の乗法に変える

$$= 10 \times \left(-\frac{2}{15}\right) \times (-18)$$

(−) が 2 つ（偶数個）の積の符号は（+）

$$= +\left(10 \times \frac{2}{15} \times 18\right)$$

約分する

$$= +\left(\overset{2}{\cancel{10}} \times \frac{2}{\underset{\underset{1}{\cancel{3}}}{\cancel{15}}} \times \overset{6}{\cancel{18}}\right)$$

$$= +(2 \times 2 \times 6)$$

$$= 24$$ **答**

↑式の頭の正の符号（+）は省いてよい（つけてもよい）

このように，「3 数以上」の乗除や「分数」の除法では，逆数を使うと計算がしやすくなります。
乗法だけの式にすると，
「交換法則」や「結合法則」が
使えますからね。

基本的に，除法は「逆数の乗法」になおして計算することが多いので，
このやり方はしっかりと
覚えておきましょう。

逆数の乗法ね…

END

7 四則の混じった計算

問1 (四則・累乗の混じった式)

次の計算をしなさい。

(1) $-5+18\div(-3)$

(2) $(-16+9)\times 4$

(3) $(-9+3)^2\div(-4)\times 5-20$

ニャンか…
何をどこから
やればいいか
わからんニャ！

実は，計算には
「正しい順序」が
あるんですよ。

加法 ＋　減法 －

乗法 ×　除法 ÷

この４つをまとめて
「四則（しそく）」といいます。

（かっこ）　累乗

この四則に，**（かっこ）**や
累乗が混じってきたとき，
どういう順番で計算する
のでしょうか？

ということで，
計算の優先順位を
ランキング形式で
発表しましょう！

POINT

計算の優先順位

【第１位】（かっこ）　←かっこが最優先！

【第２位】累乗

【第３位】乗法 ×　除法 ÷　←**左にある方から**計算する

【第４位】加法 ＋　減法 －　←**左にある方から**計算する

…え!?
かっこや累乗の方
が「四則」よりも
先ニャの？
かっこ強っ!!

そうなんです！
乗法・除法は
加法・減法より
先ですからね。

では，この順番を意識して
問題を解いていきましょう。
乗法と除法，加法と減法は
同じ優先順位ですが，
「**左にある方から**計算する」
のが原則ですよ。

(1) $-5+18\div(-3)$

除法が先

$=-5+(-6)$

次に加法

$=-11$ 答

(2) $(-16+9)\times 4$

(かっこ)は最優先!

$=(-7)\times 4$

次に乗法

$=-28$ 答

(3) $(-9+3)^2\div(-4)\times 5-20$

(かっこ)は最優先!

$=(-6)^2\div(-4)\times 5-20$

次に累乗

$=36\div(-4)\times 5-20$

乗法・除法は左にある方から

$=(-9)\times 5-20$

乗法は減法より先

$=(-45)-20$

減法

$=-65$ 答

計算
＋
－
×
÷

乗法・除法と加法・減法は
「左から」計算しないとダメニャ？
そう，左から計算しないと
答えがちがってしまうんです。

例えば，(3)に出てきた

$$36\div(-4)\times 5=-45$$

を右の乗法から計算すると

$$36\div(-20)=-\frac{9}{5}$$

と答えがちがってしまいますよね。
「左から」が原則なんです。

問2 (分配法則を利用した計算)

次の計算をしなさい。

$$\left(\frac{1}{6}+\frac{2}{5}\right)\times 30$$

分数の計算…
ニャンか
めんどくさい
ニャー…
…というときに
小学校で習った
「分配法則(ぶんぱいほうそく)」が
役に立つ場合が
あるんです！

法則

分配法則

基礎

$$c \times (a+b) = c \times a + c \times b$$

※ a, b, c は正の数でも負の数でも成り立つ。

※「$-b$」の場合→ $c \times (a-b) = c \times a + c \times (-b)$

正確に表すと→ $a+(-b)$ ←加法の記号＋と（　）が省略されている!

$(a+b) \times c = a \times c + b \times c$　c は右側でも同じ

上記のような関係を「**分配法則**」といいます。これが利用できると，計算を簡単にする工夫ができるんです。

例えば，**問２**は，かっこの中を先に計算すると，分数を通分して計算することになるので，めんどうですよね。でも，**分配法則**を使うと，次のように計算を簡単にできるんです。

$$\left(\frac{1}{6}+\frac{2}{5}\right) \times 30$$

$$\left(\frac{1}{6}+\frac{2}{5}\right) \times 30$$

分配法則でかっこをはずす

$$= \frac{1}{6} \times 30 + \frac{2}{5} \times 30$$

約分する

$$= \frac{1}{\cancel{6}_1} \times \cancel{30}^5 + \frac{2}{\cancel{5}_1} \times \cancel{30}^6$$

$$= 1 \times 5 + 2 \times 6$$

$$= 5 + 12$$

$$= 17$$ 答

今回は，$\times 30$ が，かっこ内の分母 6 と 5 の両方で約分できるという共通点に注目して，分配法則を使いました。

ふ〜ん…

計算を工夫するには，こういう鋭い視点が大事なんですよ。

ニャンか難しそうだニャ…何度も練習しなきゃいけないニャ〜

問3 **(分配法則の逆を利用した計算)**

次の計算をしなさい。

(1) $(-12)\times14+(-12)\times6$

(2) 998×7

(1)では，分配法則の「逆」を使って考えると，計算しやすくなります。

$$c\times(a+b)=c\times a+c\times b$$

逆

(1)の式は，分配法則の

$$c\times a+c\times b$$

の部分と同じ形なので，これを

$$c\times(a+b)$$

という形に変えて，計算できます。

(1) $(-12)\times14+(-12)\times6$

$=(-12)\times(14+6)$

$=(-12)\times20$

$=-240$ 答

(2)では，ふつうの乗法を分配法則の形にして計算を簡単にすることができます。
998 は，

$$998=1000-2$$

と考えるんです。
すると，暗算でも解けるようになるんですよ。

(2) 998×7

$=(1000-2)\times7$

$=1000\times7-2\times7$

$=7000-14$

$=6986$ 答

あ，めっちゃ簡単に計算できるニャ…!!

このように，分配法則をうまく利用すると，**計算しやすくなる**んですね。

いつでも分配法則が使えるわけではありませんが，利用できる形をしっかり身につければ，飛躍的に計算力が高まりますよ。

END

8 正負の数の利用

問1 (平均と仮平均)

右のグラフは，ある中1男子A～Eの5人のハンドボール投げの記録を表しています。10mの記録を基準にして，5人の平均を求めなさい。

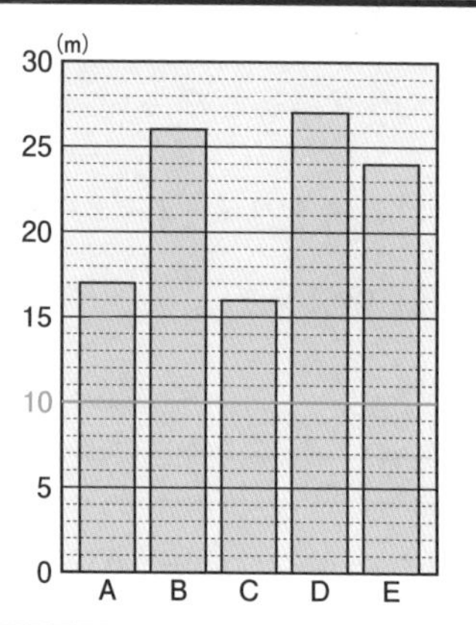

(m)
30
25
20
15
10
5
0
A
B
C
D
E

小学校で学びましたが，平均の求め方は，

（合計）÷（個数）

でしたね。

平均

グラフを読み取ると，5人の記録はこうなります。

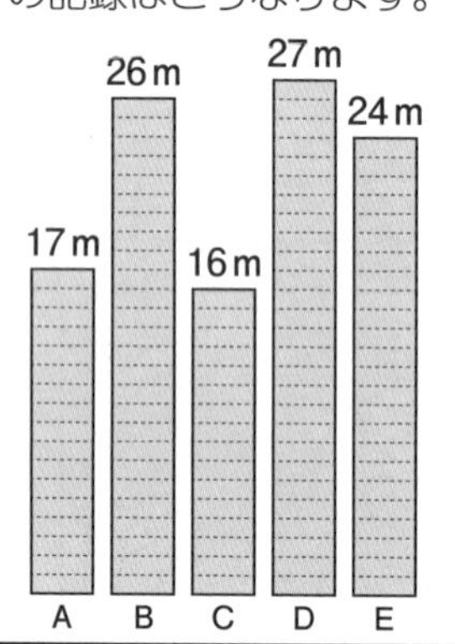

17m
26m
16m
27m
24m
A
B
C
D
E

全部を合わせた合計は，

17＋26＋16＋27＋24

＝110（m）

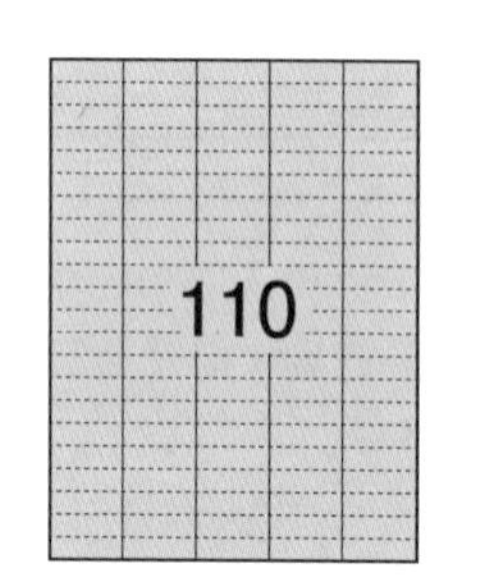

110

これを5（人）でわると平均が求められます。

110÷5＝22（m）

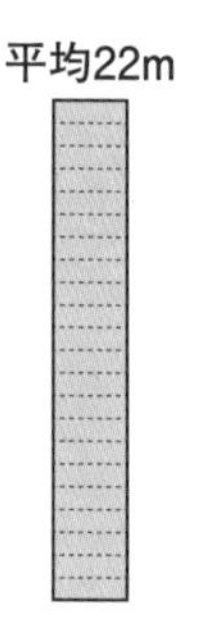

平均22m

問1 では，10mを**基準にして**5人の平均を求めるので，まずは**基準となる 10m からいくつずつ多いか**を求めます。

※各記録から基準の10mをひいて計算してもOKです。

A：17−10＝7

B：26−10＝16

C：16−10＝6

D：27−10＝17

E：24−10＝14

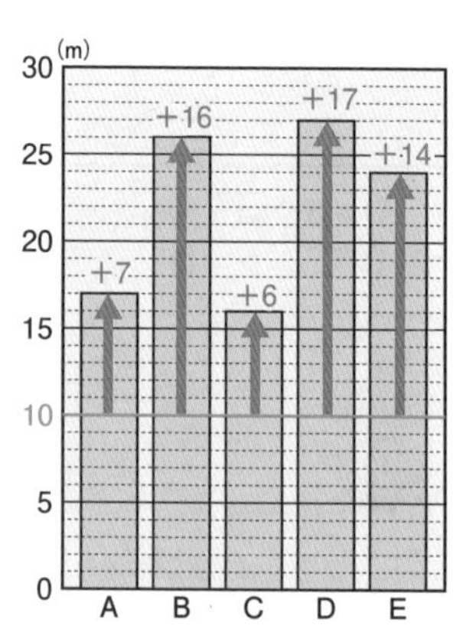

(m)
30
25
20
15
10
5
0
+7
+16
+6
+17
+14
A
B
C
D
E

これが，基準の 10 m より多い部分ですね。

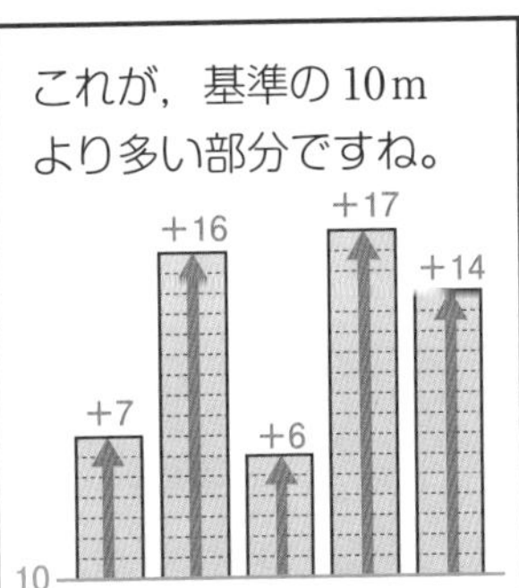

+7
+16
+6
+17
+14
10

これらを合計すると，

7 + 16 + 6 + 17 + 14
= 60 (m)

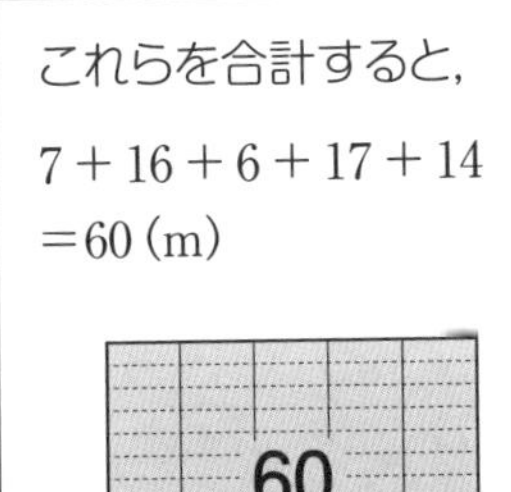

60

5 人で合計 60 m 分，基準より多いということですね。

これを 5 (人) でわった平均は，
60 ÷ 5 = 12 (m)

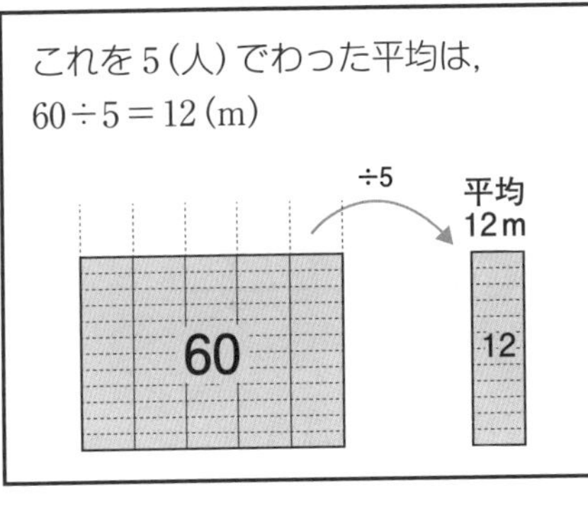

÷5
平均
12 m
60
12

1 人あたり平均 12 m，基準より多いということですから，これを基準にした 10 m にたします。

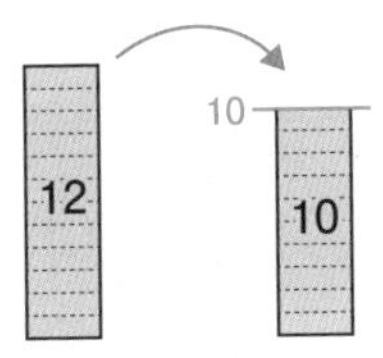

12
10
10

10 + 12 = 22
ということで，
求める平均は，
22 m になります。

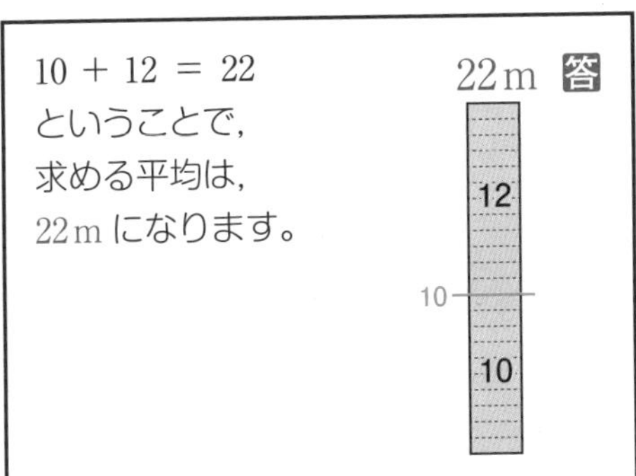

22 m 答
12
10
10

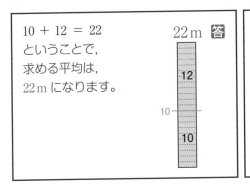

問 1 では「10 m」を基準にしましたが，このような，仮に平均とする基準値のことを「**仮平均**」といいます。

仮平均

※仮平均はどの数にしてもかまわないが，**全体の真ん中くらいの「きりのいい数」**にすると計算しやすい。

仮平均（かりひらひとし）？ 誰ワン？
何を聞いてるニャ？
「**かりへいきん**」と読みます。
人名ではありません。

正負の数を利用した「仮平均」を使いこなせるようになると，面倒な平均の計算が速く楽になります。いろいろな問題を通してマスターしておきましょう。

ニャるほど…
END

9 素数と素因数分解

今回はまずはじめに，
「**素数**」について
説明しましょう。

素数？
「○の素の数」ワン？
「素数」は「**そすう**」
と読みます。

正の整数を「自然数」ともいいますが，
今回は1より大きい自然数（2，3，4，5…）に注目してください。

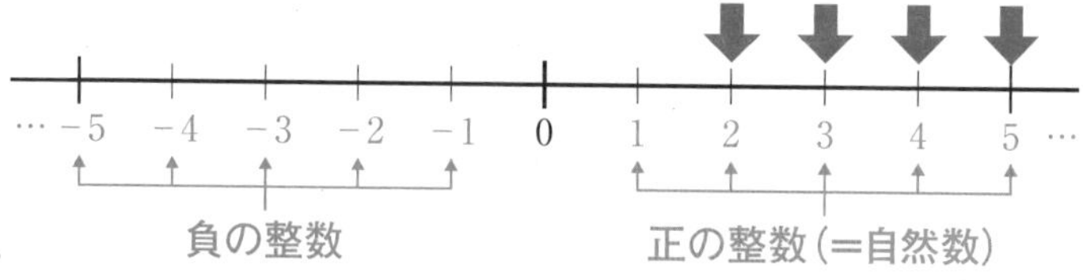
…−5 −4 −3 −2 −1 0 1 2 3 4 5…
負の整数
正の整数（＝自然数）

POINT

1より大きい**自然数**のうち，**約数**※が1と自分自身の**2つ**しかないものを「素数」といいます。2，3，5，7，11…と**無限**に存在します。

⚠ 1は素数ではないので注意。

素数

※約数…整数 a が整数 b でわり切れるとき，b を a の約数という。

例えば，4の約数は，
1，自分自身（＝4），2
の**3つ**がありますよね。
よって，4は素数ではありません。

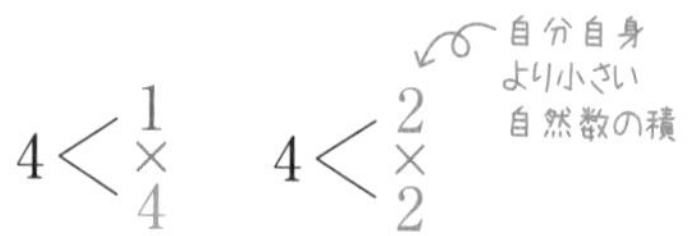
4＜1×4　4＜2×2
自分自身
より小さい
自然数の積

一方，2や3や5の約数は，
1と自分自身の**2つ**しかありません。*
こういう自然数を「素数」というんです。

2＜1×2　3＜1×3　5＜1×5

＊素数には，「自分自身より小さい自然数の積で表せない」という特徴もある。

素数は無限に存在しますが，
1 から 30 までの自然数では，素数は 10 個あります。まずはこの 10 個をしっかり覚えておきましょう。

	自然数	約数	
	1	1	
素数	2	1, 2	約数が 2 つ
素数	3	1, 3	約数が 2 つ
	4	1, 2, 4	
素数	5	1, 5	約数が 2 つ
	6	1, 2, 3, 6	
素数	7	1, 7	約数が 2 つ
	8	1, 2, 4, 8	
	9	1, 3, 9	
	10	1, 2, 5, 10	
素数	11	1, 11	約数が 2 つ
	12	1, 2, 3, 4, 6, 12	
素数	13	1, 13	約数が 2 つ
	14	1, 2, 7, 14	
	15	1, 3, 5, 15	
	16	1, 2, 4, 8, 16	
素数	17	1, 17	約数が 2 つ
	18	1, 2, 3, 6, 9, 18	
素数	19	1, 19	約数が 2 つ
	20	1, 2, 4, 5, 10, 20	
	21	1, 3, 7, 21	
	22	1, 2, 11, 22	
素数	23	1, 23	約数が 2 つ
	24	1, 2, 3, 4, 6, 8, 12, 24	
	25	1, 5, 25	
	26	1, 2, 13, 26	
	27	1, 3, 9, 27	
	28	1, 2, 4, 7, 14, 28	
素数	29	1, 29	約数が 2 つ
	30	1, 2, 3, 5, 6, 10, 15, 30	

※2 を除いて，素数はすべて「奇数」。

要するに「約数が２つ」の自然数を「素数」というわけニャ？

そのとおり。
1 は「約数が 2 つ」ではないから，素数ではないんですよ。

そして，ここから大切な用語が連続で出てきますよ。
よく聞いてください！

例えば，4 は 1×4 や 2×2 と表すことができましたよね。

$$4 < \begin{matrix}1\\ \times\\ 4\end{matrix} \qquad 4 < \begin{matrix}2\\ \times\\ 2\end{matrix}$$

(4＝1×4)　　(4＝2×2)

これは，4 という自然数が，**自然数の積**で表された形です。

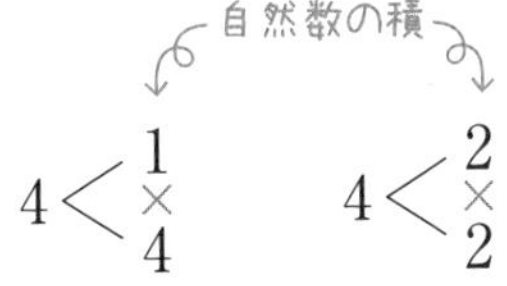
自然数の積

$$4 < \begin{matrix}1\\ \times\\ 4\end{matrix} \qquad 4 < \begin{matrix}2\\ \times\\ 2\end{matrix}$$

このように，自然数が「いくつかの自然数の積」の形で表されるとき，その１つ１つの数を，もとの自然数の**因数**（いんすう）というんです。

もとの自然数 → $4 < 1 \times 4$（自然数の積）
1 ←因数
4 ←因数

もとの自然数 → $4 < 2 \times 2$（自然数の積）
2 ←因数
2 ←因数

因数

因数は，２つの場合も，３つ以上の場合も，いろいろとありますが，

例

$24 < 2 \times 12$
2 ←因数
12 ←因数

$24 < 2 \times 3 \times 4$
2 ←因数
3 ←因数
4 ←因数

$24 < 4 \times 6$
4 ←因数
6 ←因数

因数の中でも，**素数である因数**のことを「**素因数**（そいんすう）」といいます。

$24 < 2 \times 12$
2 ←素因数
12 ←因数

$24 < 2 \times 3 \times 4$
2 ←素因数
3 ←素因数
4 ←因数

$24 < 4 \times 6$
4 ←因数
6 ←因数

素因数

そして，自然数を素因数**だけの積**に分解することを「**素因数分解**（そいんすうぶんかい）」というんです。

$24 < 2 \times 2 \times 2 \times 3$（素因数だけの積）
2 ←素因数
2 ←素因数
2 ←素因数
3 ←素因数

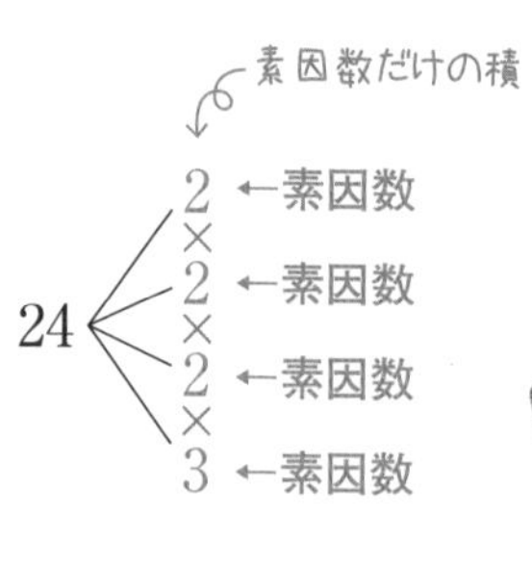

素因数分解

…ふぁ!?
次々と新しいことばが
出てくるニャ!
ネコをニャめてんニョ?

ゆっくりでいいので，
しっかりと理解しながら
ついてきてくださいね。

問1 （素因数分解①）

42 の素因数分解を，右のように表します。□にあてはまる数を入れなさい。また，42 をその素因数の積の形で表しなさい。

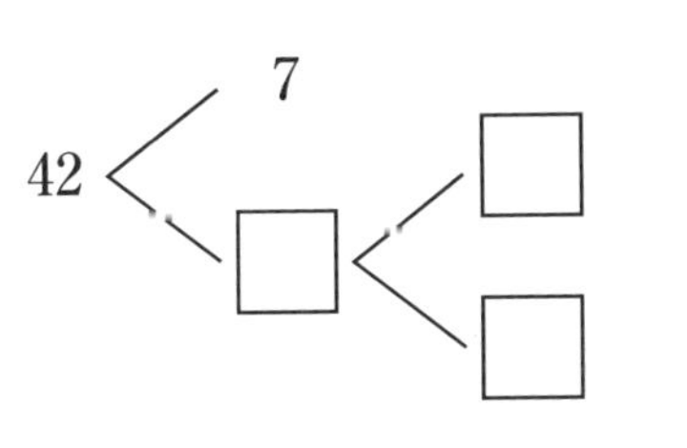

7
42

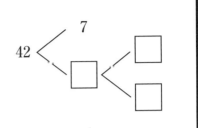

問 1 を考えましょう。
7×□＝42 なので，
□にあてはまる数は 6 ですね。

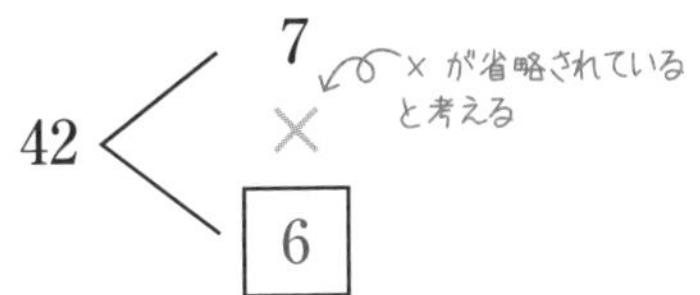

7
42
6
× が省略されていると考える

6＝2×3 とすると，
すべて素因数になりますね。

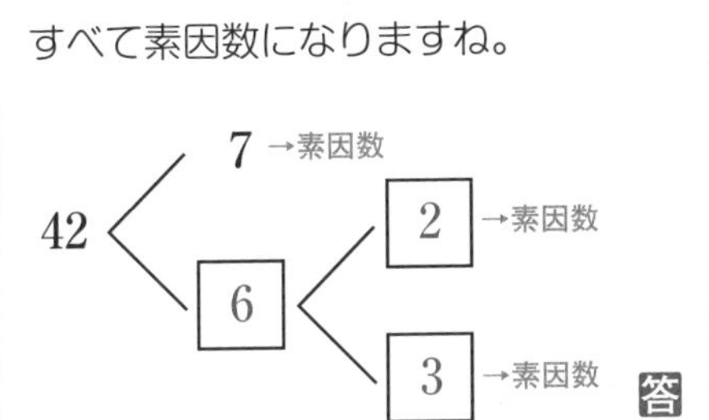

7 →素因数
42
6
2 →素因数
3 →素因数
答

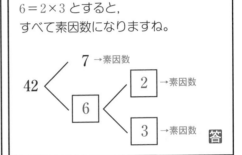

これより，42 を素因数の積で表すと，答えは

$$42 = 2 \times 3 \times 7$$ 答

となります。
この形が素因数分解での答えとなるので，覚えておきましょう。

ちなみに，素因数分解は，どんな順序で行っても必ず同じ結果になります。確認してみましょう。

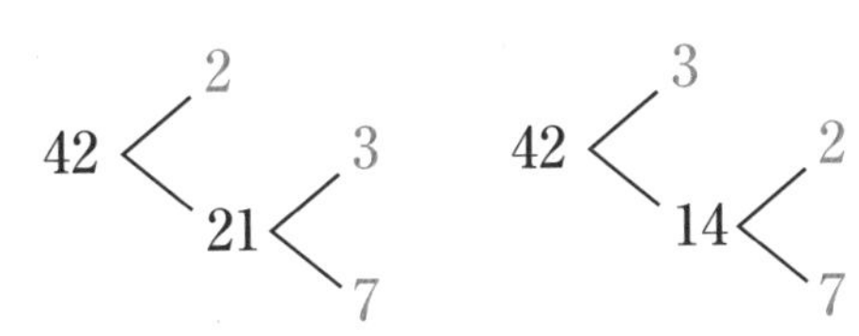

42
2
21
3
7
42
3
14
2
7

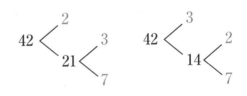

問2 （素因数分解②）

次の数を素因数分解しなさい。

(1) 231

(2) 525

急に数が大きくなったニャ!
どうやんニョこれ?
大きい数を素因数分解するときは，最初に，2 や 3 などの小さい素数でわることができないかを考えましょう。

⑴は，素数の 3 で
われそうですね。
筆算を書いてみます。

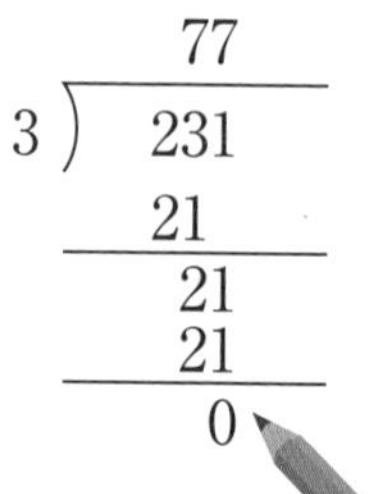

そして，この青い囲み
内に注目してください。

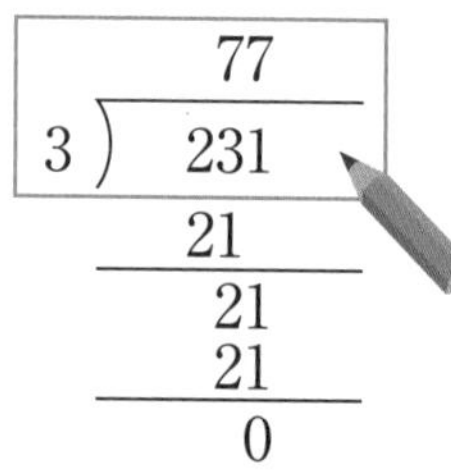

素因数分解を筆算する
ときは，ここを**上下反**
対にしたような形で書
きます。

```
    77
3 ) 231
   ↓
3 ) 231
    77
```

3 は素因数ですが，
77 は素因数では
なさそうですよね。

```
3 ) 231
    77
```

そこで，77 はどのよう
な素数でわれるかを考
えます。

```
3 ) 231
? )  77
```

2→3→5→7 …と小さい
素数の順に，われるか
どうかを考えます。

77 は 7 でわれますね。
$77 \div 7 = 11$ なので，
このように書きます。

```
3 ) 231
7 )  77
     11
```

3，7，11 はすべて素因数で，
全部かけ合わせると
231 になります。

```
3 ) 231
7 )  77
     11
```

よって，⑴の答えは，

$231 = 3 \times 7 \times 11$ 答※

なお，このような計算の仕方は，
すだれを垂れ下げたような形をしているので，
すだれ算ともいいます。

すだれ
すだれ算
似てるかニャ？

※素因数分解の答えは，左から順に小さい素数になるように書くのが基本です。

(2)を考えましょう。
525はどんな素数でわれるでしょうか。

?) 525

2→3→5→7 …の順に，われるかどうかを考えます。

3でわれますね。

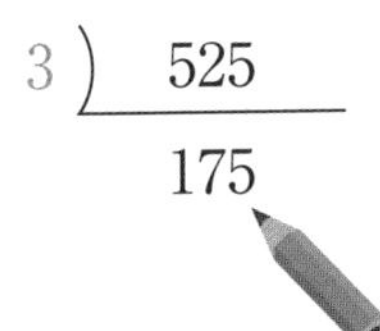
3) 525
175

※5でわってもよいが，なるべく小さい素数でわっていくのが基本。

続いて，175がどんな素数でわれるかを考えましょう。

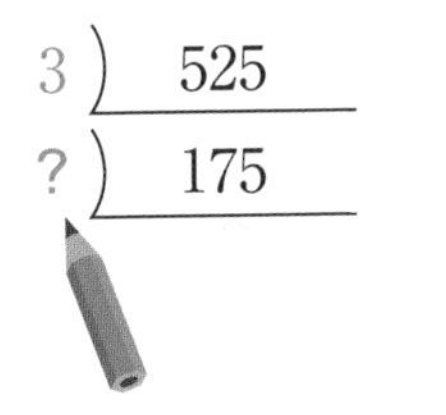
3) 525
?) 175

175は5でわれます。

3) 525
5) 175
35

35も5でわれます。
最後は7という素因数が残りました。

3) 525
5) 175
5) 35
7

3，5，5，7は
すべて素因数で，
全部かけ合わせると
525になります。

3) 525
5) 175
5) 35
7

素因数の5が2つありますね。
素因数分解では，同じ数字の個数は**指数**を使って表します。
よって，(2)の答えは，

$$525 = 3 \times 5^2 \times 7$$ 答

となります。

実は，「素数でない自然数」は，すべて「素数の積」で表すことができるんですね。
つまり，**「素数でない自然数」はすべて素因数分解できる**ということなんです。
覚えておいてください。
※ただし1は除く。

END

高校入試問題にチャレンジ！

正負の数【実戦演習】

考えて

さあ，各章の終わりに「高校入試問題にチャレンジ！」のコーナーがあります。覚えた知識を使って，入試問題を解いてみましょう！

答えは右ページですね

いきなり入試問題!?
ちょっと無理じゃニャい？

問1 次の計算をしなさい。〈秋田県〉

$$7-(-5+3)$$

問2 次の計算をしなさい。〈神奈川県〉

$$-\frac{1}{3}+\frac{3}{8}$$

問3 次の計算をしなさい。〈東京都〉

$$6-9\times\left(-\frac{1}{3}\right)$$

問4 次の計算をしなさい。〈大阪府〉

$$(-9)\div(-3)+5\times(-7)$$

問5 次の計算をしなさい。〈千葉県〉

$$6-(-2)^2\div\frac{4}{9}$$

ヒント

四則（＋－×÷）の混じった計算では，計算の順序がとても大切。
乗除（×÷）よりも，（かっこ）や累乗の方を先に計算しましょう。

公立高校入試の約70%は，中1・中2の学習範囲から出題される基礎的な問題なので，中1の時点でも，解ける問題は意外と多いんですよ。

「入試問題」って難しそうだけど
結構カンタンな問題も出るニョね…。

答1

$$7-(-5+3)$$
$$=7-(-2)$$
$$=7+2$$
$$=9 \quad \text{答}$$

答2

$$-\frac{1}{3}+\frac{3}{8}$$
$$=-\frac{8}{24}+\frac{9}{24}$$

通分

$$=\frac{(-8+9)}{24}$$
$$=\frac{1}{24} \quad \text{答}$$

※通分…分母が異なる2つ以上の分数を，共通な分母の分数になおすこと。分母と分子に同じ数をかけて，各分母を最小公倍数でそろえるのがふつう。

答3

$$6-9\times\left(-\frac{1}{3}\right)$$
$$=6+3$$
$$=9 \quad \text{答}$$

答4

$$(-9)\div(-3)+5\times(-7)$$
$$=3-35$$
$$=-32 \quad \text{答}$$

答5

$$6-(-2)^2\div\frac{4}{9}$$
$$=6-4\div\frac{4}{9}$$
$$=6-4\times\frac{9}{4}$$

分数の除法は逆数の乗法に直す

$$=6-9$$
$$=-3 \quad \text{答}$$

COLUMN-1

マイナスとCelsius（セルシウス）温度

中学数学最初の学習分野「正負の数」は理解できたでしょうか。中学から「負の数」を扱うようになりますが，「明日の最低気温は－14℃」のような感じで，「負の数」自体には小学生の頃から慣れていますよね。ただ，正負の数の「計算」となると，しんどい思いをしている人もいるかもしれません。ここは基本中の基本なので，数直線を利用した理屈を覚えたうえで，反射的に計算できるようになるまで極めてください。

ところで，－14℃の「℃」は，スウェーデンの天文学者アンデルス・セルシウス（1701～44年）によって1742年に考案された温度の単位です。彼の名にちなんで，英語では「℃」を「degree（ディグリー） Celsius（セルシウス）（日本語訳：摂氏（せっし）温度）」といいます。

㈎ It is 20 degrees Celsius.（摂氏20度です。）

現在は，水が氷になる凝固点（ぎょうこてん）を0℃，水が沸騰（ふっとう）する沸点（ふってん）を100℃として定義されていますが，もともとは氷点下の気温を表すのにマイナス（－）をつけなくてもすむようにと，凝固点を100℃，沸点を0℃として定義されていました。

みなさんが見聞きしたものの中で「最も低い温度のもの」は何でしょうか。バナナをこおらせてくぎをうつシーンで有名な「液体窒素（えきたいちっそ）」を思い浮かべる方がいるかもしれません。私たちは生きていくうえで必要なO_2（酸素）を呼吸により体の中に取り込んでいますが，空気に占めるO_2の体積の割合はおよそ2割に過ぎません。空気にふくまれている気体のおよそ8割はN_2（窒素）です。私たちが一番多く触れている気体は，実は窒素なんです。

大学生の頃の私は，実験のために液体窒素を日常的に扱っていました。液体窒素が気体に変わる沸点は－196℃と極めて低いので，ふつうの環境では気体になってしまいます。大学の実験室では，液体窒素が気体になって空気中に逃げてしまわないように，ガラスとガラスの間が真空になっているデュワー瓶（びん）という容器に入れて，－196℃より低い温度で保存しています。

（文：沖田一希）

Chapter 2

文字と式

この単元の位置づけ

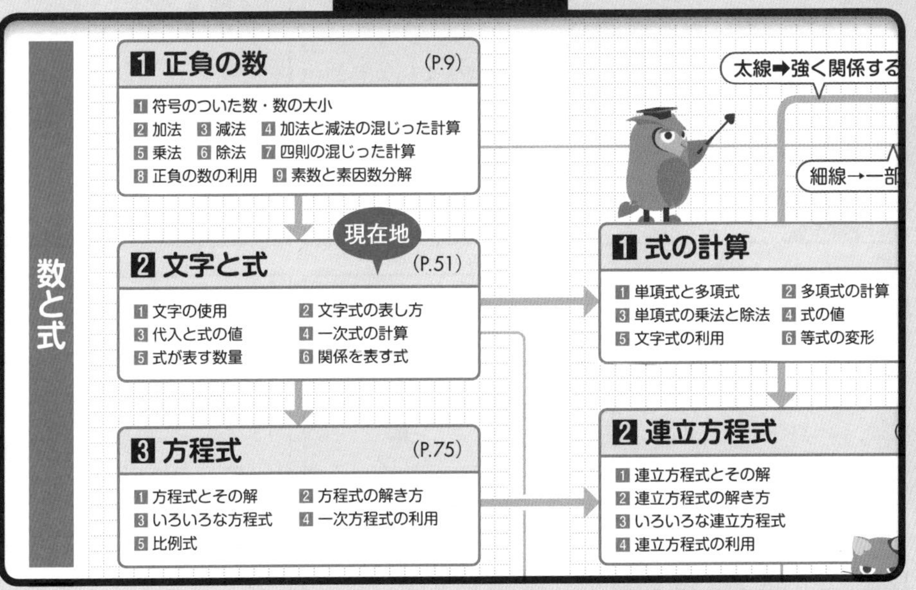
数と式
1 正負の数 (P.9)
1 符号のついた数・数の大小
2 加法 3 減法 4 加法と減法の混じった計算
5 乗法 6 除法 7 四則の混じった計算
8 正負の数の利用 9 素数と素因数分解
現在地
2 文字と式 (P.51)
1 文字の使用 2 文字式の表し方
3 代入と式の値 4 一次式の計算
5 式が表す数量 6 関係を表す式
3 方程式 (P.75)
1 方程式とその解 2 方程式の解き方
3 いろいろな方程式 4 一次方程式の利用
5 比例式
1 式の計算
1 単項式と多項式 2 多項式の計算
3 単項式の乗法と除法 4 式の値
5 文字式の利用 6 等式の変形
2 連立方程式
1 連立方程式とその解
2 連立方程式の解き方
3 いろいろな連立方程式
4 連立方程式の利用

「文字」とは，いろいろな数を入れることができる箱というイメージです。小学校では具体的な数字で式を立ててきましたが，「文字」を使った式を立てることで，1つの事例を一般化（＝広く全体に通用するものとすること）できますし，未知数（＝わからない数のこと）を求めることもできます。文字を使いこなすために，まずは文字式の表し方のルールをしっかりと覚えましょう。

I 文字の使用

問 1 （文字を使った式）

右の図のように，○を並べて正方形をつくっていきます。つくった正方形の個数を x 個とした場合，○の個数はいくつになるか，○の個数を表す式を，文字 x を使って表しなさい。

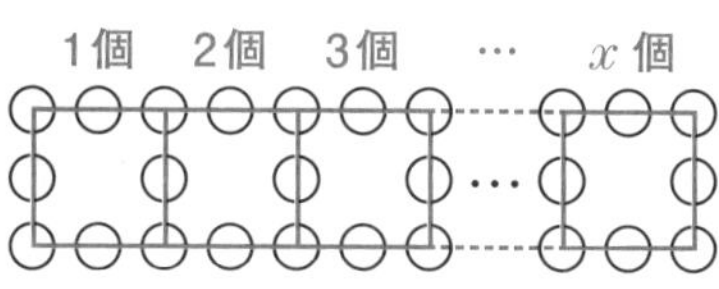

1個
2個
3個
…
x 個
…

…ふぁ!?
x 個？
何いってんのか
わからんニャー！

正方形が1つ増えるごとに，
どのような規則で
○の数が増えていくのか。
まずは，それを調べましょう。

急に難しくなったニャ！

正方形が 1 個のとき，
○は **8 個**ですよね。

正方形が 2 個のとき，
○は **13 個**になります。

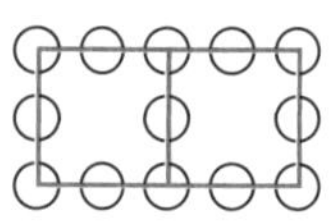

この **5 個**が増えた
わけです。

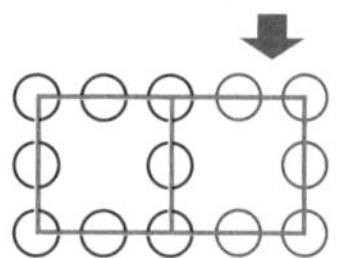

正方形が 3 個のときも，
○は 5 個増えて
18 個になります。

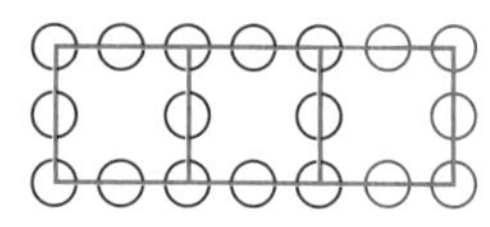

正方形が 4 個のときも，
○は 5 個増えて **23 個**になります。

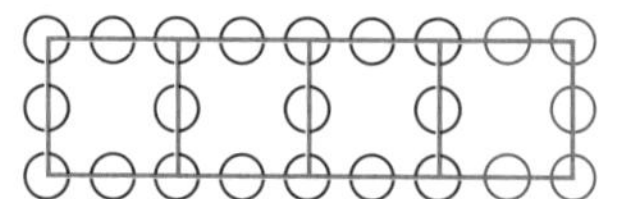

正方形が
1 つ増えると，
○が5個
増えてるニャ。

そうですね。
そういった「規則」
を見つけて，整理
していくんです。

これはつまり，左端にある 3 つの○に，○を 5 個つけたすたびに，正方形が 1 つずつ増えていくということですよね。

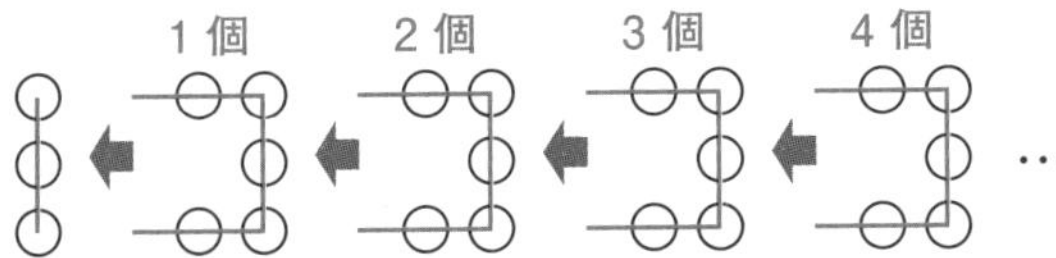

1 個
2 個
3 個
4 個
…

これを式で表すと，

正方形 1 個：
3+5 ＝8 個

正方形 2 個：
3+5+5 ＝13 個

正方形 3 個：
3+5+5+5 ＝18 個 …

つまり，○の個数を表す式をことばの式にすると，

3 ＋ 5 ×（正方形の個数）

と表すことができますね。

問 1 は，
「正方形の個数を x 個とした場合」
の○の個数を表す式なので，
答えは

$(3+5\times x)$ 個 **答**

となります。

※ $3+5\times x$（個）でも可

なんでいちいち x を使うニョ?

怪盗X
ニャの?

文字を使った式にすると，どんな数でもあてはめられて便利なんですよ。

例えば，正方形を
80 個にしたいとき，
○は何個必要
でしょうか？

(3＋5×80)＝403 個 だニャ!

そう！ すぐに答えがわかって便利ですよね。

問 2（**文字を使った式で表すこと①**）

1 個 160 円のメロンパン x 個と，1 個 120 円のカレーパン y 個を買うときの代金を，文字を使った式で表しなさい。

いつもニャン吉に買い物に行かされるからこれはわかるワン!

「パシリ」
だワン
いちいち
いうニャ!

うるさいニャ!

では，考えましょう。
1 個 160 円のメロンパンを x 個買ったとき，代金はいくらですか？

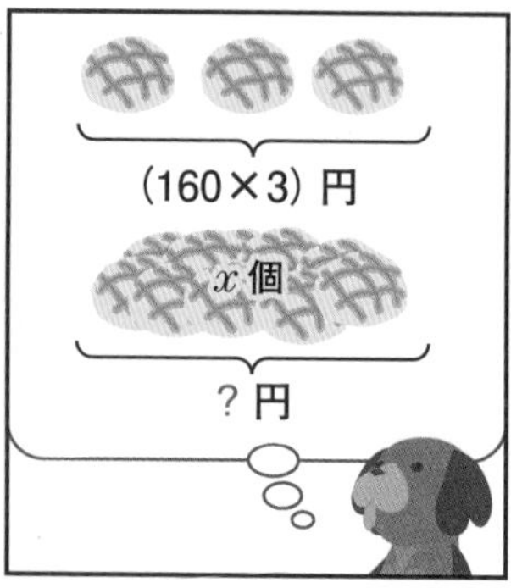

(160×3) 円
x 個
？円

(160×x) 円だワン？
正解！
うわっ！買い物の計算だけはなぜか速いニャ!?

1 個 120 円のカレーパンの代金は，

120×(パンの個数)

なので，カレーパン y 個の代金は，

(120×y) 円

と表せますよね。

y 個

メロンパン x 個の代金とカレーパン y 個の代金をたすと，

$(160\times x+120\times y)$ 円 答

という式になります。

※ $160\times x+120\times y$ (円) という書き方でも可。

このように，よくわからない数(未知数)を x，y などの「文字」にして 1 つの「式」をつくると，

？個

→ x 個

文字をどんな数におきかえても(どんな場合でも)計算できるようになるんです。こういうすごいメリットがあるから，文字を使うわけですね。

ニャるほど…

問 3 **(文字を使った式で表すこと②)**

120 cm のテープから a cm のテープを 3 本切り取ったとき，残っているテープの長さを，文字を使った式で表しなさい。

このような文章題は，文章をしっかり読み，その意味を正しく理解して整理することが大事ですよ。

文章の読解力も大事!!

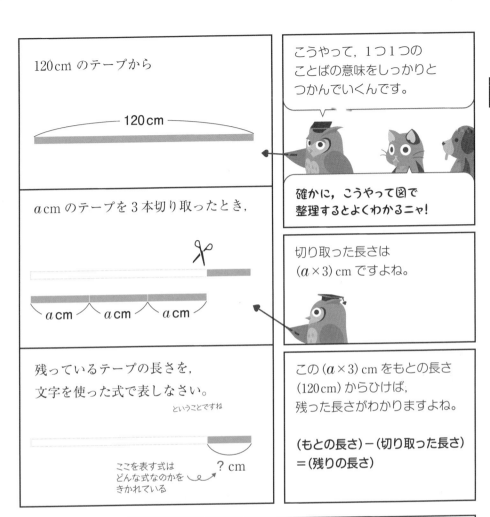

120cm のテープから

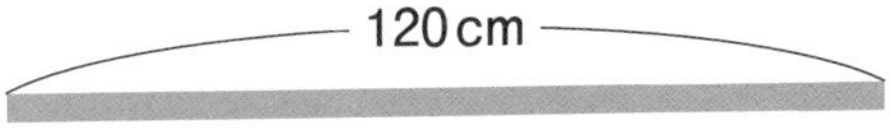

120 cm

こうやって，1つ1つのことばの意味をしっかりとつかんでいくんです。

確かに，こうやって図で整理するとよくわかるニャ!

a cm のテープを 3 本切り取ったとき，

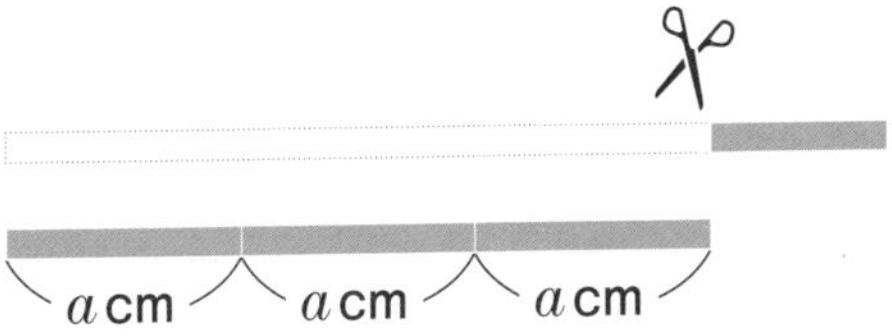

a cm　a cm　a cm

切り取った長さは$(a \times 3)$ cm ですよね。

残っているテープの長さを，文字を使った式で表しなさい。

ということですね

ここを表す式はどんな式なのかをきかれている　? cm

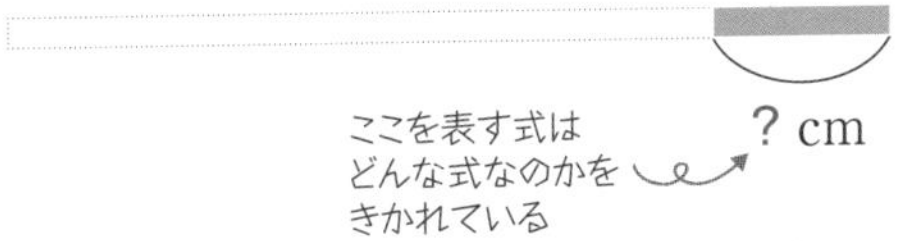

この$(a \times 3)$ cm をもとの長さ(120cm) からひけば，残った長さがわかりますよね。

(もとの長さ) − (切り取った長さ) = (残りの長さ)

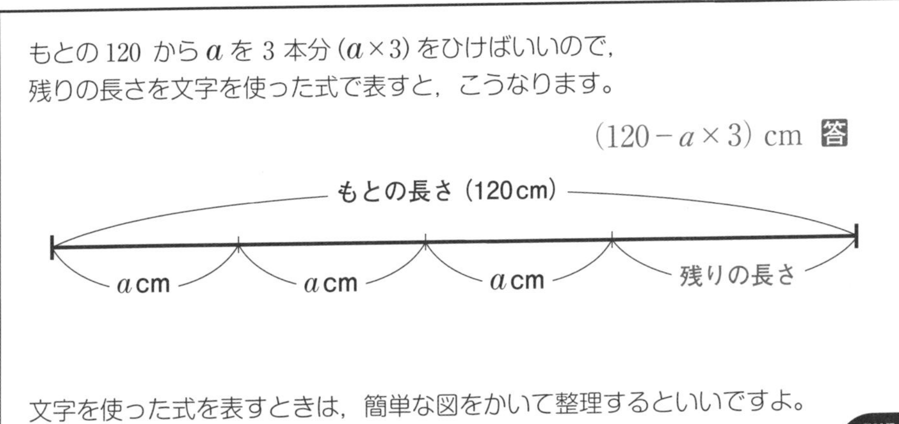

もとの120 から a を 3 本分 $(a \times 3)$ をひけばいいので，
残りの長さを文字を使った式で表すと，こうなります。
$(120 - a \times 3)$ cm 答
もとの長さ (120cm)
a cm
a cm
a cm
残りの長さ

文字を使った式を表すときは，簡単な図をかいて整理するといいですよ。

END

2 文字式の表し方

問1 (文字式の表し方①)

次の式を，文字式の表し方にしたがって表しなさい。

(1) $a\times b$　(2) $y\times 7$　(3) $x\times(-1)$　(4) $b\times c\times a$

(5) $(a+b)\times(-3)$　(6) $x\times x\times y$

文字式の表し方？
どういうことニャ？

$(3+5\times x)$ など，
前回は文字を
使った式（＝文字式）
を学びましたが，

文字式の表し方には
きっちりとした**ルール**があるんです。これは，とにかく
覚えるしかありません！

ルール？

ルール①

文字の混じった乗法では，かけ算の記号×を省く

$$a\times b$$
$$\downarrow$$
$$ab$$

(1)の答

ルール②

文字と数の積では，数を先に書く

$$y\times 7$$
$$\downarrow$$
$$7y$$

(2)の答

ルール③

文字と1（または−1）との積では，1を省略する

$$x\times(-1)$$
$$\downarrow$$
$$-x$$

(3)の答

ルール④

文字はアルファベット順（ABC順）に並べる

$$b\times c\times a$$
$$\downarrow$$
$$abc$$

(4)の答

ルール⑤

（文字＋文字）や（文字−文字）は文字のかたまりとして扱う

$$(a+b)\times(-3)$$
$$\downarrow \text{ ルール②より}$$
$$-3(a+b)$$

(5)の答

ルール⑥

「同じ文字」の積は「（累乗*の）指数」を用いて表す

$$x\times x\times y$$
$$\downarrow$$
$$x^2y$$

(6)の答

*累乗（るいじょう）…同じ数または文字を何回かかけ合わせたもの。x^2，x^3，x^4，…などを総称して「x の累乗」という。

問2 (文字式の表し方②)

次の式を，文字式の表し方にしたがって表しなさい。

(1) $x \div 6$　(2) $x \div y \times a + b$　(3) $(a+8) \div (-7)$

除法の ÷ が出てきたニャ…これも × と同じように省くニャ？

いえ，**省いていいのは乗法の × だけ**ですから，÷ は省けません。

除法のところでやりましたよね。**「正の数や負の数でわる」ことは，その数の「逆数をかける」ことと同じである。**これを利用して，除法は「分数の形」の乗法になおすんです。

$$4 \div 5 = 4 \times \frac{1}{5}$$

ルール⑦

文字の混じった除法では，わり算の記号 ÷ を使わず，「分数の形」の乗法にして書く

$$x \div 6 = x \times \frac{1}{6} = \frac{x}{6}$$

別解 $\frac{1}{6}x$

※分子にわられる数，分母にわる数がくる。　(1)の答

このルール⑦を加えて(2)を表すと，

(2) $x \div y \times a + b$

$$= x \times \frac{1}{y} \times a + b$$

$$= \frac{ax}{y} + b$$

(2)の答

ルール⑧

分子や分母全体につくかっこは省く　※負の符号は分数の前に書く。

$$(a+8) \div (-7)$$

$$= (a+8) \times \left(-\frac{1}{7}\right)$$

$$= -\frac{(a+8)}{7} = -\frac{a+8}{7}$$

別解 $-\frac{1}{7}(a+8)$

(3)の答

文字式は，記号 × と ÷ は使わず，上記のルールで表します。しっかり覚えて早く慣れましょう。

これ全部覚えるニョ…？
END

3 代入と式の値

問1 （代入と式の値）

$x=2,\ y=-3$ のとき，次の式の値を求めなさい。

(1) $3x+y$　　(2) $2x^2-xy-8$

(3) $-\dfrac{12}{x^2}-y^2$

代入？
式の値？
どうういうことニャ？

MEMO **代入**(だいにゅう)**と式**(しき)**の値**(あたい)

文字式で，文字の**代**(か)わりに数を**入**れることを「**代入**」という。代入して計算した結果を「**式の値**」という。

$$x+y=-1$$

（x に 2，y に -3 を代入。-1 が式の値）

まず，(1)を考えましょう。
$x=2,\ y=-3$ ということですから，この数をそのまま文字に**代入**します。

$3x+y$
$=3\times2+(-3)$

…あれ？
$3x$ の x に 2 を代入したら 32 になるワン？

$3x$ は $3\times x$ です。
ここ注意してください！

代入するときの注意点

POINT

❶ ×をつけてから代入する！
（例：$3x\ =\ 3\times x$）

❷ 負の数を代入するときは，
（　）をつける！

$3\times x+y$（x に 2，y に (-3)）

ここに注意して正しく代入できれば，あとはふつうの計算です。

(1) $3x+y$
$=3\times2+(-3)$
$=6-3$
$=3$ 答

(2) $2x^2-xy-8$
$=2\times(x\times x)-x\times y-8$
$=2\times(2\times2)-2\times(-3)-8$
$=2\times4+6-8$
$=8-2$
$=6$ 答

計算

(3) $-\dfrac{12}{x^2}-y^2$

$= -\dfrac{12}{2^2}-(-3)^2$

$= -\dfrac{12}{4}-9$

$= -3-9$

$= -12$ 答

ニャるほど…

負の数を代入するときは，
必ずかっこをつけましょう。
かっこをつけないと，

2×-3　　　3^2

のように，符号が連続し，
わかりづらくて不正確な計算に
なってしまいますからね。

問2 （分数の代入）

$x=\dfrac{1}{3}$ のとき，次の式の値を求めなさい。

(1) $\dfrac{x}{6}$　　(2) $\dfrac{12}{x}$

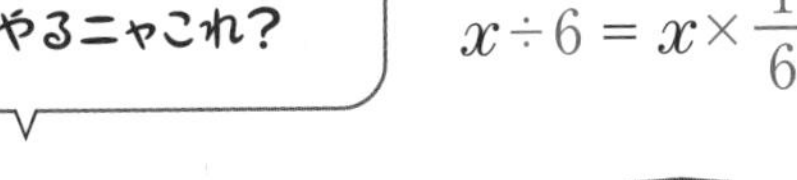
分数を分数に
代入する問題？
どうやるニャこれ？

$x\div6=x\times\dfrac{1}{6}$

「正負の数でわる」=「逆数をかける」
これを利用して，まずは**分数をわり算に直し**，それをさらに**分数のかけ算に直す**んです。

(1) $\dfrac{x}{6}$

$= x\div6$

$= x\times\dfrac{1}{6}$ （代入 $\dfrac{1}{3}$）

$= \dfrac{1}{3}\times\dfrac{1}{6}$

$= \dfrac{1}{18}$ 答

(2) $\dfrac{12}{x}$

$= 12\div x$ （代入 $\dfrac{1}{3}$）

$= 12\div\dfrac{1}{3}$

$= 12\times3$

$= 36$ 答

代入と式の値の計算は，
慣れが必要です。
いくつかの別の解き方
（別解）もありますので，
しっかり練習して
すばやく正確に解ける
ようになりましょう。

END

4 一次式の計算

問1（項と係数）

次の式の項と，文字をふくむ項の係数をいいなさい。

$$-2a+\frac{b}{3}-5$$

ふぁ!?
P.26
「項」は前にやったけど
「係数」って何ニャ?
!?

加法だけの式（＋だけで結ばれた式）になおして考えたときの，

$$\underbrace{(-2a)}_{\text{項}}+\underbrace{\left(+\frac{b}{3}\right)}_{\text{項}}+\underbrace{(-5)}_{\text{項}}$$

この1つ1つの部分（**赤文字部分**）をそれぞれ**項**（こう）というんでしたよね。

ということで，**問1**の式の**項**はこの3つです。

$-2a$，$\frac{b}{3}$，-5 **答**

正の項の＋はふつう省略する

ところで，この

$-2a$，$\frac{b}{3}$ は，

$-2\times a$，$\frac{1}{3}\times b$

ということですよね。

この -2 や $\frac{1}{3}$ は，文字の前に置かれて，**文字に係**（かか）**っている（かけられている）数**です。

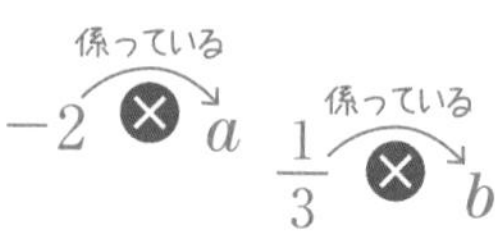

係っている
$-2 \times a$
係っている
$\frac{1}{3} \times b$

このように，**文字に係っている（かけられている）数**のことを「**係数**（けいすう）」というわけです。

係数

問題文にある「文字をふくむ項」とは，

$$\underbrace{-2a}_{\text{項}}+\underbrace{\frac{b}{3}}_{\text{項}}-5$$

a や b（＝文字）をふくむ項ですから，この2つです。

この項の係数を答えればいいので，

$-2a$ の係数は -2 **答**

$\frac{b}{3}$（$=\frac{1}{3}b$）の係数は $\frac{1}{3}$ **答**

となります。

文字に係っている数ニャのね…

問2 （同類項をまとめる）

次の計算をしなさい。

(1) $2x+3x$

(2) $4a+1-3a-9$

(1)の $2x$ と $3x$，(2)の $4a$ と $-3a$ は，文字の部分（x や a）が同じですよね。このように，**文字の部分が全く同じ項**のことを「**同類項**（どうるいこう）」といいます。

同類項

文字式の計算では，「**交換法則**」や「**分配法則（の逆）**」を使って，**同類項を 1 つにまとめる**んです。

法則

〈分配法則〉

$$c\times(a+b)=c\times a+c\times b$$

分配法則の逆

では，実際に計算してみましょう。しっかり見て，計算の仕方を理解してください。

(1) $2x+3x$
$=(2+3)x$ （分配法則の逆）
$=5x$ 答

イメージ

$xx+xxx=xxxxx$

(2) $4a+1-3a-9$
$=4a-3a+1-9$ （交換法則）
$=(4-3)a-8$ （分配法則の逆）
$=a-8$ 答

$5x$ のように，文字が 1 つだけの項（次数が1の項）を**一次の項**といいます。

※項にかけられている文字の数を「次数」という。
※$5x^2$ や $5ab$ の場合は，かけられている文字が 2 つ（次数が 2）の項なので，「二次の項」という。

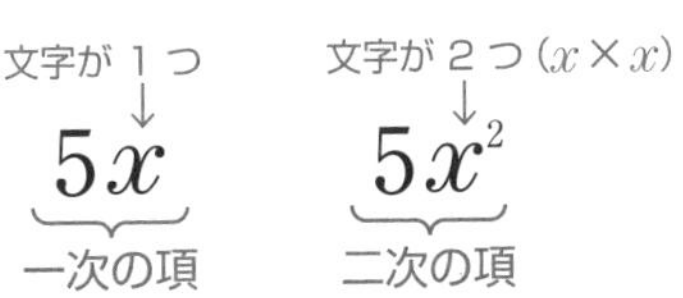
文字が 1 つ
5x
一次の項
文字が 2 つ（x × x）
5x²
二次の項

そして，「**一次の項だけの式**」または「**一次の項と数の項の和で表される式**」を「**一次式**」といいます。

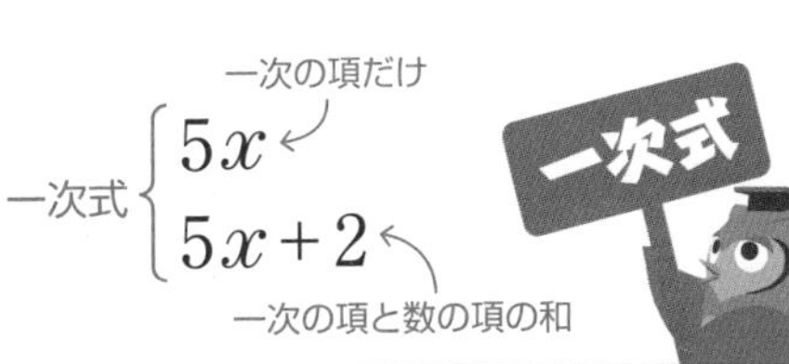
一次の項だけ
一次式
5x
5x+2
一次の項と数の項の和
一次式

問3 （一次式の加法と減法）

次の計算をしなさい。

(1) $(2x-6)+(4x+7)$

(2) $(5x+3)-(8x-1)$

文字式の計算の
ポイントはこれです！
この手順どおりに計算を
進めるのが基本ですよ。

POINT 文字式の計算を解く手順

❶ **かっこをはずす** 〈分配法則など〉

❷ **同類項を集める** 〈交換法則〉

❸ **同類項をまとめる** 〈分配法則の逆〉

※交換法則や分配法則の逆は使わない（使う必要がない）場合もある。
※（文字をふくまない）数は数どうしで計算する。

MEMO かっこのはずしかた

かっこの前が＋のときは，そのままかっこを省く。

$+(a+b)=+a+b$ *

$+(a-b)=+a-b$

$+(-a+b)=-a+b$

$+(-a-b)=-a-b$

かっこの前が－のときは，かっこの中の各項の**符号を変えたもの**を和として表す。

$-(a+b)=-a-b$ *

$-(a-b)=-a+b$

$-(-a+b)=+a-b$

$-(-a-b)=+a+b$

(1) $(2x-6)+(4x+7)$

$= 2x-6+4x+7$ ❶

$= 2x+4x-6+7$ ❷

$= (2+4)x+1$ ❸

$= 6x+1$ 答

(2) $(5x+3)-(8x-1)$

$= 5x+3-8x+1$ ❶

$= 5x-8x+3+1$ ❷

$= (5-8)x+4$ ❸

$= -3x+4$ 答

*分配法則として考える→ $+(a+b)=(+1)\times(a+b)=+a+b$　$-(a+b)=(-1)\times(a+b)=-a-b$

問4 （一次式の乗法と除法）

次の計算をしなさい。

(1) $7(2x-9)$

(2) $12b \div 4$

さあ，今度は一次式の乗法と除法のやり方を覚えましょう。

乗法では，左ページの手順に加えて，最初は係数と文字の間のかけ算の記号 × を書くようにしましょう。

(1) $7(2x-9)$

↓分配法則でかっこをはずす

$= 7\times 2x + 7\times(-9)$

↓乗法，加法の順に計算

$= 14x - 63$ **答**

(2)は除法ですね。
一次式の除法では，
わり算の記号÷を使わず，
（逆数の）**乗法**（分数の形）に
なおすのが基本です。

$$12b \div 4$$
$$= 12b \times \frac{1}{4}$$
$$= 12 \times b \times \frac{1}{4}$$
$$= 12 \times \frac{1}{4} \times b$$
$$= 3b$$ **答**

いきなり分数の形になおして考えてもかまいません。

$$12b \div 4 = \frac{\overset{3}{\cancel{12}}b}{\underset{1}{\cancel{4}}} = 3b$$

係数と文字の間の × はいちいち書かニャいといけないニャ？

いえ，慣れてきたら省いてもいいですよ。

一次式の計算には様々なパターンがあります。
「分配法則」を覚え，「交換法則」で計算を簡単にする工夫を覚え，どんな形の計算でも対応できるようにしておきましょう。

ニャ〜い
END

5 式が表す数量

問 1 （代金とおつり）

1 本 280 円の色鉛筆を x 本買って，1000 円出したときのおつりはいくらですか。文字を使った式で表しなさい。

色鉛筆の代金は，

280 円 × 買った数 (x 本)

ですから，

$280x$ 円

と表すことができますね。

1000 円を出して，

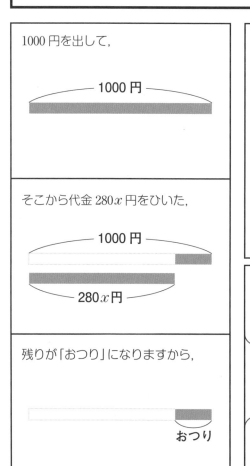

1000 円

そこから代金 $280x$ 円をひいた，

1000 円

$280x$ 円

残りが「おつり」になりますから，

おつり

おつりを文字で表すと，

$(1000-280x)$ 円 答

となります。

$1000-280x$ 円

このように，「文字を使った式」で「数量」を表すことができる，というわけですね。

この x にいろいろな数をあてはめて計算できるようになるニョね？ 前にもやったニャ… (☞P.58)

問2 （速さ・時間・道のり）

200 km の道のりを毎時 x km の速さの車で走ると，何時間かかりますか。文字を使った式で表しなさい。

まずは小学校で習った，「道のり（距離）・速さ・時間」の関係を復習しましょう。

基礎

道のり（距離）
速さ　時間

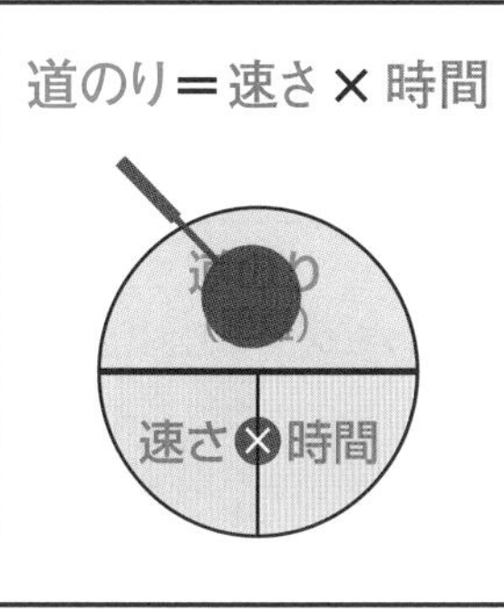
道のり＝速さ × 時間
速さ × 時間

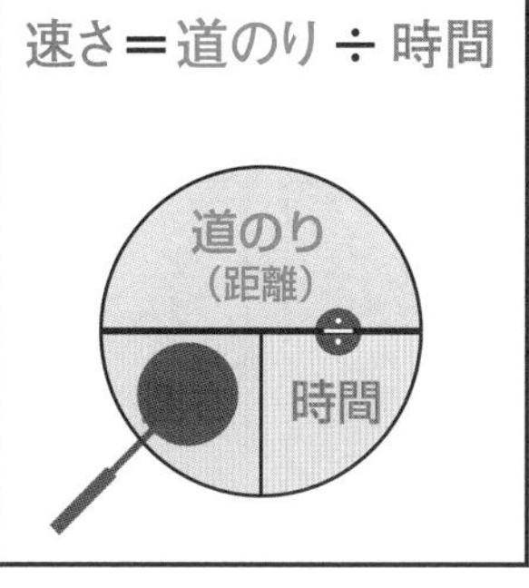
速さ＝道のり ÷ 時間
道のり
（距離）
時間

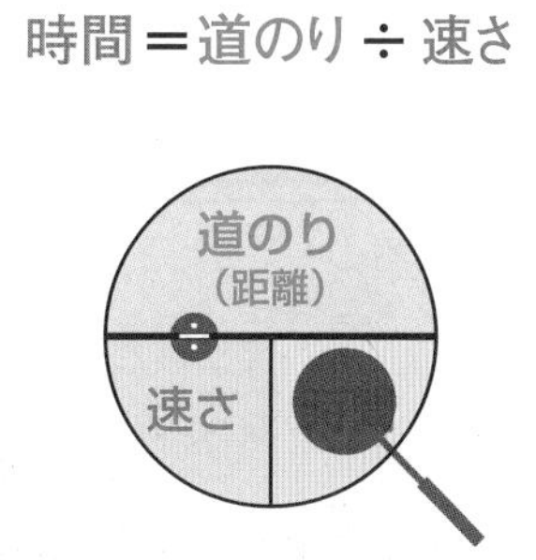
時間＝道のり ÷ 速さ
道のり
（距離）
速さ

あ…求めたいところを隠してやるやつだニャ!
「速さ・時間・距離」*の法則ともいわれます。

問2 では「時間」を求めるので，

時間 ＝ 道のり（200 km） ÷ 速さ（x km/h）

の法則を使って答えを出します。

$$200 \div x = \frac{200}{x}$$ 時間 **答**

※速さ・時間・距離の単位は問題ごとにそれぞれちがうので，答えの単位はまちがえないように注意しましょう。

ちなみに**問2**は，1 時間で x km 走るということなので，この x が何回（何時間）ぶんで 200 km に達しますか，ということでもあります。

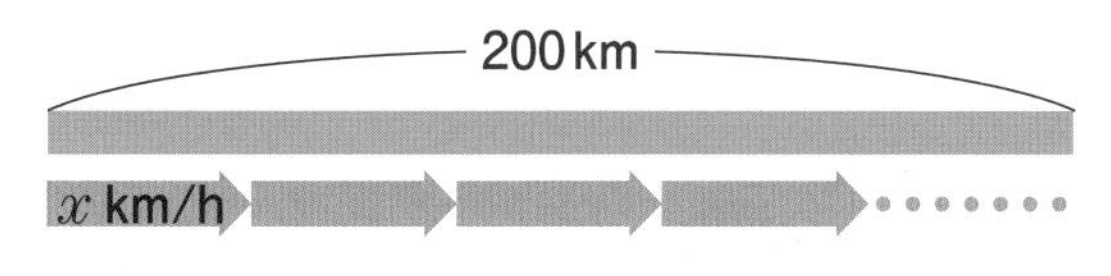
200 km
x km/h

だから，200 を x でわれば答えが出るんですね。

ただ法則や公式を丸暗記するのではなく，こういったイメージをしっかりもっておくと，迷ったりしませんからね。

確かに…

＊「道のはじ（を歩こう）」や「道の下ははじ（恥）」などと覚えても OK!

問3 （文字を使った図形の計量①）

半径 5cm の円について，次の数量を，
それぞれ円周率 π を使って表しなさい。

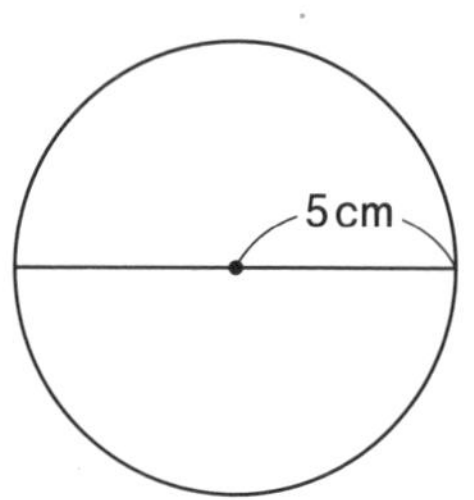
5cm

(1) 円の周の長さ

(2) 円の面積

円の周の長さの，
直径に対する比は，

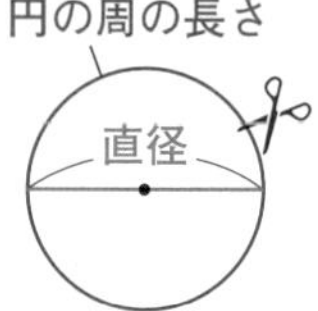
円の周の長さ
直径

※比（比率）…2 つ以上の数量を比較したときの割合。

どんな円でも
常に一定で，

直径

約 3.14 倍となります。

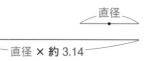

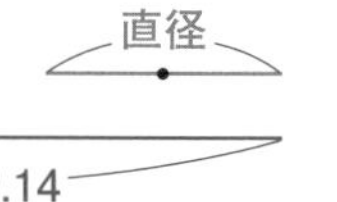
直径
直径 × 約 3.14

この比の値を**円周率**（えんしゅうりつ）といいます。

約 3.14…？
なんで「約」がつくワン？

円周率を正確にいうと，
3.1415926535897932384626433832795028841971693993751058209749445923078164062862089986280348253421170679821480865132823066

長すぎニャ！

…と無限*に続いてしまいます。
ただ，「**約** 3.14」というのも，
正確な数ではないですよね。
そこで，中学数学では，円周率を
1 つのギリシャ文字で表すんです。

*円周率計算の世界記録は，小数点以下 31 兆 4000 億けたである。（2019 年現在）

それが，この π です。
「パイ」と読みます。

パイ
π
円周率
（約 3.14）

小学校では，「円の周の長さ」や「円の面積」を求める公式を学びましたよね。

円の周の長さ ＝ 2 ×（半径）×（円周率）

円の面積 ＝（半径）×（半径）×（円周率）

中学数学では，「半径」も r（アール）という文字*におきかえることで，この公式をよりシンプルに表すんです。

円周と円の面積の公式

円の周の長さ ＝ $2\pi r$（に・パイ・アール）
※$2r$ ＝ 直径

円の面積 ＝ πr^2（パイ・アール・じじょう）

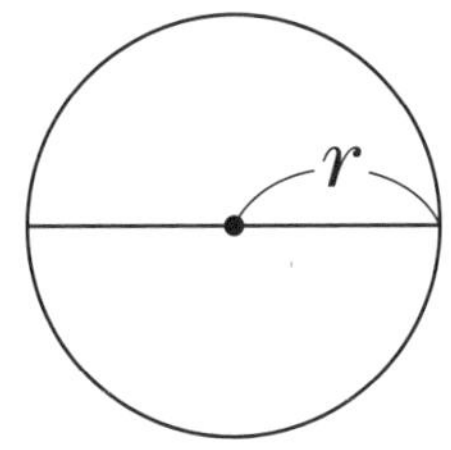
r

(1)も(2)も，r に半径の 5 を代入すれば答えが出ますね。

(1) 円の周の長さ ＝ $2\pi r = 2\times\pi\times5 = 10\pi$ cm 答

(2) 円の面積 ＝ $\pi r^2 = \pi\times5^2 = \pi\times5\times5 = \pi\times25 = 25\pi$ cm^2 答

※π は 1 つの決まった数（約 3.14）を表す文字なので，3.14 におきかえたりせず，文字のまま答えて大丈夫です。
また，$2\pi r$ などの積の中では，**数とほかの文字の間**に書きます。

この公式は今後の学習で何度も出てきますので，
ここでしっかり覚えておきましょう。

END

*数学で使う文字の多くは，英単語の頭文字をとっている。例）r＝radius（半径），h＝hour（時間），ℓ＝length（長さ）

6 関係を表す式

問 1 （等式）

次の数量の間の関係を，等式で表しなさい。

(1) 100m のリボンを 1 人に 2m ずつ x 人に配ったら，残りが ym になりました。

(2) a の 5 倍に 1 を加えた数は，b と等しくなりました。

等号(とうごう)（=）を使って数量の関係を表した式を「等式(とうしき)」といいます。

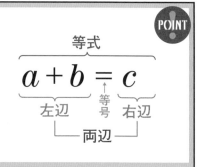

そして，等号の左の部分を「左辺(さへん)」，右の部分を「右辺(うへん)」，左右を合わせて「両辺(りょうへん)」といいます。

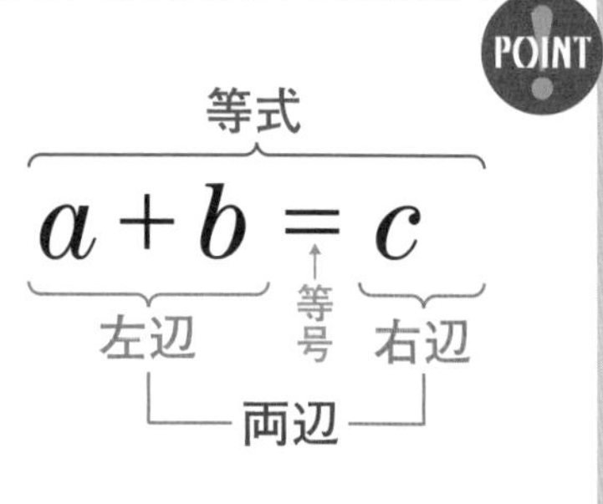

POINT
等式
a + b = c
等号
左辺
右辺
両辺

(1)を考えましょう。
100m のリボンがあって，

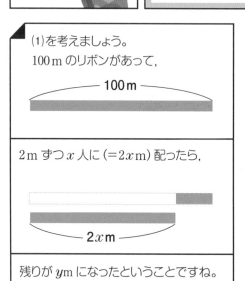

100m

2m ずつ x 人に（$=2x$m）配ったら，

$2x$m

残りが ym になったということですね。

ym

つまり，100 から $2x$ をひいた数は，残りの長さ y に等しいということですよね。

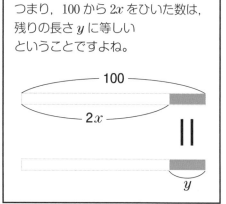

100

$2x$

y

これを式で表すと，

$$100-2x=y$$ 答

（もとの長さ）−（配った長さ）=（残った長さ）

となります。

(2)は，a の5倍に1を加えた数 $(5a+1)$ が，

a
a
a
a
a
1

b と等しいということなので，

$$5a+1=b$$ 答

となります。

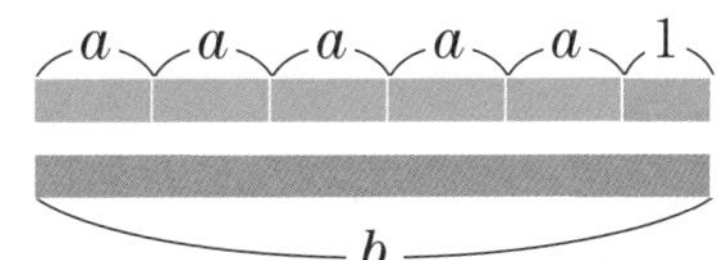

a
a
a
a
a
1
b

問2 (不等式)

次の数量の間の関係を，不等式で表しなさい。

(1) 1個 x g のみかん10個を500gの箱に入れると，合計の重さは y g 以上になった。

(2) a を -3 倍した数は，b から4をひいた数より小さい。

不等号を使って数量の関係を表した式を「**不等式**(ふとうしき)」といいます。

不等式

なお，不等号の式も等号の式と同じく，左の部分を「左辺」，右の部分を「右辺」，左右を合わせて「両辺」といいます。

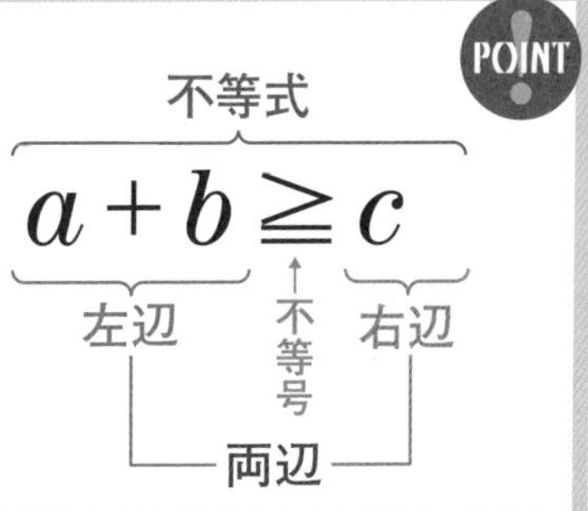

不等式
a + b ≧ c
左辺
不等号
右辺
両辺

POINT

まずは不等号の種類と意味を覚えましょう。

不等号の種類

$a \geqq b$ … a は b 以上である

$a \leqq b$ … a は b 以下である

$a > b$ … a は b より大きい

$a < b$ … a は b より小さい（a は b 未満である）

「以上」とか
「以下」とか
「未満」とか，
なんかよくわからんニャ…

以 は「用いる」という意味の漢字なので「その数を**ふくむ**」。
未満 は「未だ満たず」ということで，「その数を**ふくまない**」と覚えてください。

なんニャの？

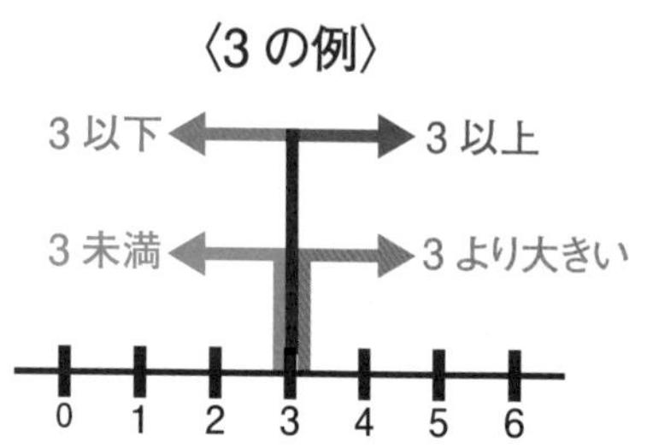
〈3 の例〉
3 以下
3 以上
3 未満
3 より大きい
0
1
2
3
4
5
6

(1)を考えましょう。
1 個 xg のみかん 10 個を

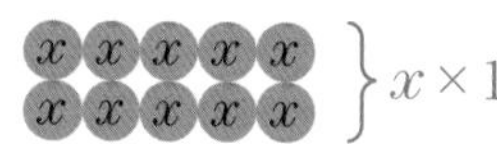
x
x
x
x
x
x
x
x
x
x

$x \times 10 = 10x$

500 g の箱に入れると，

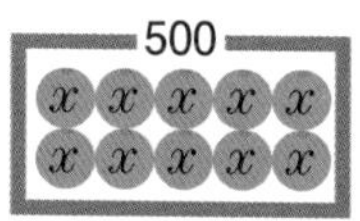
500
x
x
x
x
x
x
x
x
x
x

$10x + 500$

合計の重さは yg **以上**になった。

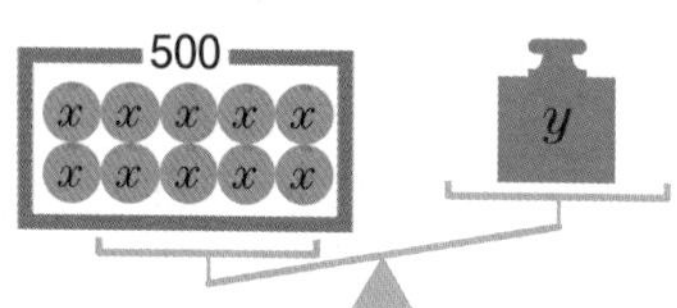
500
x
x
x
x
x
x
x
x
x
x
y

ということなので，

これを不等式にすると

$$10x + 500 \geqq y$$ **答**

となります。
「以上」を表す不等号とその向きに注意してくださいね。

(2)を考えましょう。
「a を -3 倍した数」は，

$$a \times (-3)$$
$$= -3a$$

「b から 4 をひいた数」**より小さい**ので，

$$< b - 4$$

これを不等式にすると

$$-3a < b - 4$$ **答**

となります。

別解
$b - 4 > -3a$

問3 (式が表していること)

ある動物園の入園料は，大人 x 円，子供 y 円です。
このとき，次の等式や不等式はどんなことを表していますか。

(1) $2x+5y=2000$

(2) $3x>8y$

(1)を考えましょう。
「$2x$」は x が 2 つ分，
すなわち
「大人 2 人分」の
料金を表していますね。

x
x

同様に，
「$5y$」は，y が 5 つ分，
すなわち
「子供 5 人分」の
料金を表しています。

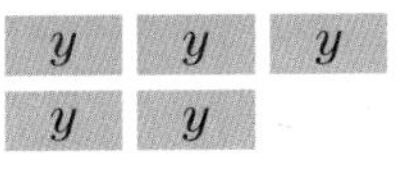
y y y
y y

この「$2x$」と「$5y$」の和が，2000 と等しいということなので，

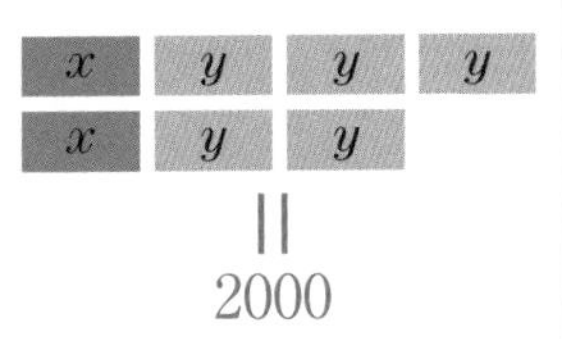
x y y y
x y y
||
2000

この等式で
表されていることは，

大人 2 人分と子供 5 人分の料金の合計は 2000 円になる。 答

ということです。

(2)も同じように考えましょう。
左辺「$3x$」は「大人 3 人分」の料金。
右辺「$8y$」は「子供 8 人分」の料金。

左辺が右辺より大きいということは，
つまりどういうことですか？

答 大人がぼったくられているワン！

どんな答えだニャ！
確かに高いけど！

この不等式で表されているのは，

大人 3 人分の料金は子供 8 人分の料金より高い。 答

ということですよね。

このように，数量の関係を表した等式や不等式が何を意味するのか，ことばで表せるように，「国語」の力も高めていきましょうね。

END

高校入試問題にチャレンジ！

文字と式【実戦演習】

考えて

問1 〈大阪府〉

$a=2$ のとき，$-5a+4$ の値を求めなさい。

問2 次の計算をしなさい。〈沖縄県〉

$(3x+2)-(x-4)$

問3 次の計算をしなさい。〈岩手県〉

$-3(a-2)+2(3a-1)$

問4 次の計算をしなさい。〈大阪府〉

$\dfrac{3a-1}{5}-\dfrac{a-2}{3}$

問5 〈茨城県〉

水が 200 ℓ 入った浴槽から，毎分 a ℓ の割合で水を抜く。

水を抜き始めてから 3 分後の浴槽の水の量は b ℓ より少なかった。

この数量の関係を不等式で表しなさい。

文字式の計算は，①かっこをはずす，②同類項を集める〈交換法則〉，③同類項をまとめる〈分配法則の逆〉という手順で解くのが基本です。

答1

$-5a+4$

$=-5\times 2+4$　（$a=2$ を代入）

$=-10+4$

$=-6$ 答

答2

$(3x+2)-(x-4)$

$=3x+2-x+4$

$=3x-x+2+4$

$=(3-1)x+6$　（同類項の係数どうしを計算）

$=2x+6$ 答

答3

$-3(a-2)+2(3a-1)$

$=-3a+6+6a-2$

$=(-3+6)a+6-2$

$=3a+4$ 答

答4

$\dfrac{3a-1}{5}-\dfrac{a-2}{3}$

$=\dfrac{3(3a-1)-5(a-2)}{15}$　（分母をそろえてから計算する）

$=\dfrac{9a-3-5a+10}{15}$

$=\dfrac{4a+7}{15}$ 答

答5

200 ℓ 入った浴槽から，3 分後には 3*a* ℓ の水が抜けると考える。
そして，3 分後の浴槽の水の量は *b* ℓ より少なかったとあるため，答えは，

$200-3a<b$ 答

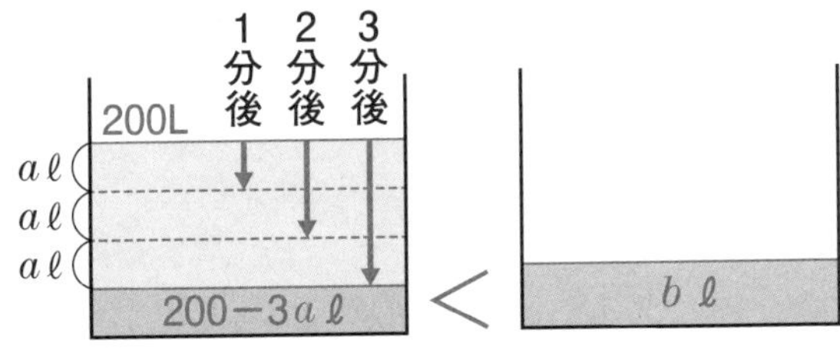
1分後
2分後
3分後
200L
aℓ
aℓ
aℓ
200−3aℓ
<
bℓ

COLUMN-2

Gauss（ガウス）のたし算

具体的な数字を使って計算することがメインの小学算数に対して，中学数学では文字を使って一般化することがメインとなります。この「文字と式」の分野から本格的な中学数学がスタートです。

ドイツ人の天才数学者ヨハン・カール・フリードリッヒ・ガウス（1777～1855）が，7歳のときに行なったたし算に関する有名な逸話（いつわ）があります。先生が「1から100までの整数をすべてたしなさい」という問題を出しました。先生は生徒たちが問題を解くのに相当時間がかかると考えていたようですが，その予想に反して，7歳のガウス少年は，

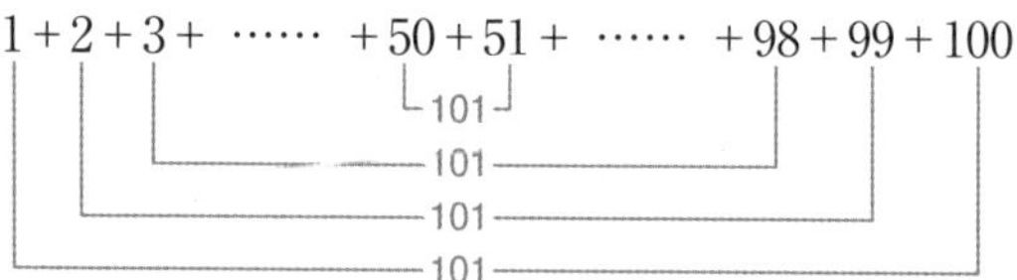
1＋2＋3＋ …… ＋50＋51＋ …… ＋98＋99＋100
101
101
101
101

のように考え，「101」のかたまりが全部で50組できるので，101 × 50 ＝5050と，あっという間に答えを出したといいます。

ガウス少年の考え方を少し拡張し，文字式で表してみましょう。

1からnまでの和をSとおくと

$$S=1+2+3+\cdots\cdots+(n-2)+(n-1)+n \qquad \cdots\cdots①$$

反対からたしても和は変わらないので

$$S=n+(n-1)+(n-2)+\cdots\cdots+3+2+1 \qquad \cdots\cdots②$$

①と②の両辺をたすと，左辺は$S+S$で$2S$，右辺は$1+n$，$2+(n-1)$，$3+(n-2)$ …と考えると，「$n+1$」が全部でn組できるので，$(n+1)\,n$。$2S=(n+1)\,n$という式になります。両辺を2で割ると，

$$S=\frac{(n+1)\,n}{2}$$

nに100を代入すると，答えは5050！　この式を使えば，1からいくつまでの和であろうと一瞬で答えを出すことができます。これが文字式の威力です。

（文：沖田一希）

Chapter 3

方程式

この単元の位置づけ

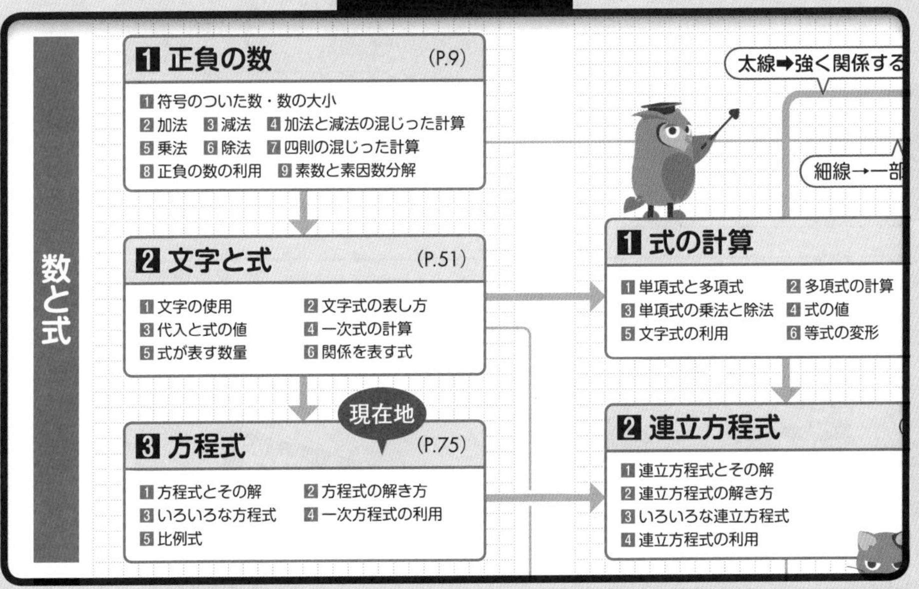

数と式
1 正負の数 (P.9)
1 符号のついた数・数の大小
2 加法　3 減法　4 加法と減法の混じった計算
5 乗法　6 除法　7 四則の混じった計算
8 正負の数の利用　9 素数と素因数分解
2 文字と式 (P.51)
1 文字の使用　2 文字式の表し方
3 代入と式の値　4 一次式の計算
5 式が表す数量　6 関係を表す式
現在地
3 方程式 (P.75)
1 方程式とその解　2 方程式の解き方
3 いろいろな方程式　4 一次方程式の利用
5 比例式
太線➡強く関係する
細線→一部
1 式の計算
1 単項式と多項式　2 多項式の計算
3 単項式の乗法と除法　4 式の値
5 文字式の利用　6 等式の変形
2 連立方程式
1 連立方程式とその解
2 連立方程式の解き方
3 いろいろな連立方程式
4 連立方程式の利用

ここでは，身近な場面で求めたい数量があるとき，その数量を文字で表した等式（＝方程式）をつくって求める方法を学びます。前章で学んだ知識をもとに，等式の性質や移項を使って方程式を解いたり，問題文から数量関係を見つけて方程式を解いたりします。中２の連立方程式や中３の二次方程式などに続く大事な単元ですが，「数当てゲーム」の感覚で楽しく学んでください。

1 方程式とその解

問 1 （方程式とその解）

$-1,\ 0,\ 1,\ 2,\ 3$ のうち，

方程式 $2x+3=7$

の解はどれですか。

方程式と解？何のことニャ？

貝柱がおいしいやつだワン

それはホタテ貝！

苦しい!

例えば**問 1** の式は，x という**未知数**※をふくんだ「**等式**」ですよね。

※未知数…数値がまだわかっていない（けれどもどんな数値なのかは決まっている）数値のこと。方程式では未知数に x や y の文字を使うことが多い。

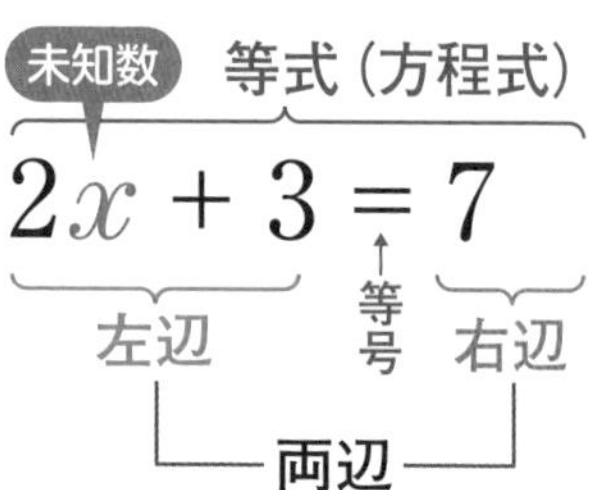
未知数
等式（方程式）
2x + 3 = 7
左辺
等号
右辺
両辺

未知数って…つまり「なぞの数」ってこと？

数字パズルの穴埋めクイズみたいニャ？

そう。まだよくわかってないけど，何かの数ではあるんだよ（なんだろうね?），という数値のことです。

このように，「**未知数をふくみ，その未知数にある数値を入れたときにだけ成り立つ等式**」のことを「**方程式**」というんです。

方程式

方程式を成り立たせる，つまり「**左辺＝右辺**」になる未知数は，たった1つしかありません。

あてはまる数値は 1 つ

$2x+3=7$

その数値を，方程式の「**解**」といいます。

解

貝？
しつこいニャ！
だからその貝じゃないニャ！

例えば**問1**の式では，
x にどんな数が入れば，
「**左辺＝右辺**」という
等式が成り立ちますか？

?

$2x+3=7$

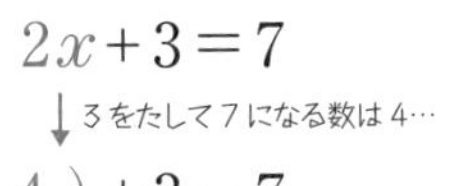

$2x+3=7$

↓ 3をたして7になる数は4…

$(\ 4\ )+3=7$

↑ 2とかけて4になるのは…？

$2\times ?$

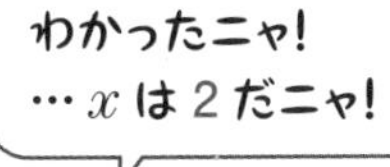

わかったニャ！
…x は 2 だニャ！

そのとおり正解！

x に -1，0，1，2，3 を
代入してみると，
「左辺＝右辺」という
等式が成立するのは
2 だけですよね。

考えて

xの値　左辺の値　右辺の値

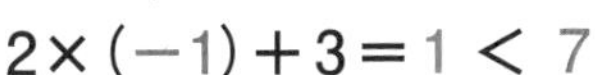

$2\times(-1)+3=1<7$

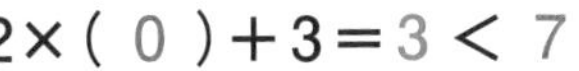

$2\times(\ 0\ )+3=3<7$

$2\times(\ 1\ )+3=5<7$

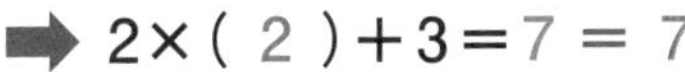

➡ $2\times(\ 2\ )+3=7=7$

$2\times(\ 3\ )+3=9>7$

よって，解は

$x=2$ **答**

となります。

このように，
方程式の解を求めることを，
方程式を「**解**（と）**く**」といいます。

方程式を
解く

答えは「2」だけ
じゃなくて
「$x=2$」と
書くニョ？

そうですね。
方程式を解くときは，
「$x=2$」のように，
「**未知数＝解（数値）**」
という形で答えるのが
基本です。

xは2なんだよ！
と明示するんです

問2 （等式の性質による方程式の解き方）

次の方程式を解きなさい。

(1) $x-5=2$　　(2) $x+1=-3$

(3) $\dfrac{2}{3}x=4$　　(4) $5x=-20$

(5) $3=x+4$

方程式を解くには，
等式の性質
を利用することが大切。
まずはそれを整理しま
しょう。

等式の性質

POINT

❶ 等式の両辺に同じ数（や式）をたしても，等式は成り立つ。

$A = B$ ならば $A + C = B + C$

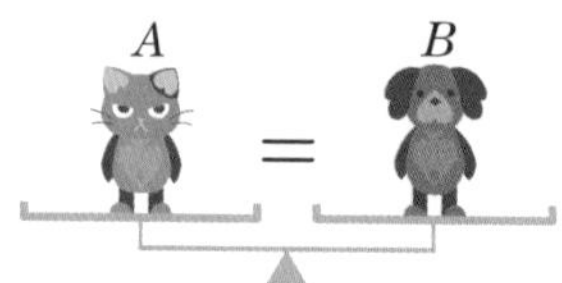
A
B
=

A
C
B
C
=

❷ 等式の両辺から同じ数（や式）をひいても，等式は成り立つ。

$A = B$ ならば $A - C = B - C$

A
B
=

C
C
=

❸ 等式の両辺に同じ数をかけても，等式は成り立つ。

$A = B$ ならば $AC = BC$

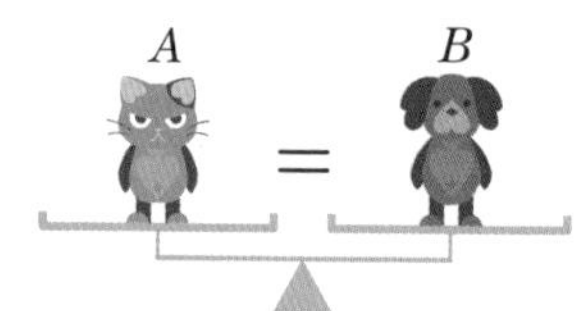
A
B
=

=

❹ 等式の両辺を（0 でない）同じ数でわっても，等式は成り立つ。

※ただし C は 0 でない数とする。

$A = B$ ならば $\dfrac{A}{C} = \dfrac{B}{C}$ $(C \neq 0)$

A
B
=

=

ニャ…!?
最後は完全に
事件だニャ!
まっぷたつだニャ!
動物愛護法違反で
訴えられるニャ!

まあまあ。
ただのイメージ
ですから…。
でもまあ，理屈は
わかりますよね。

両辺が同じ値で，両辺に平等に ＋ − × ÷ をするなら，両辺は等しいままである（等式は成り立つ）から，**自由にしていいよ**，ということです。

この「等式の性質」をうまく使って，方程式を解いていきましょう。

(1) $x-5=2$

左辺が文字 x だけになるように，つまり「$x=$(解)」の形になるように，考えていきます。

$x-5=2$

左辺の −5 が消えると，「$x=$ (解)」の形になりそうですね。

$-5+5=0$

−5 を消す (=0 にする) には，+5 をたせばいいですよね。

ここで，「**等式の性質❶**」を使います。

$A=B$ ならば
$A+C=B+C$

この C を 5 とします。

両辺に 5 をたすと，

$x-5+5=2+5$

$x-0=2+5$

$x=7$ 答

このように，等式の性質を利用して，最後は「$x=$ (解)」の形にする。これが「方程式を解く」ということなんです。

(2) $x+1=-3$

この問題は，両辺から 1 をひくと，左辺の +1 が消えて，「$x=$(解)」の形になりそうですね。

ここで，「**等式の性質❷**」を使います。

$A=B$ ならば
$A-C=B-C$

この C を 1 とします。

両辺から 1 をひくと，

$x+1-1=-3-1$

$x+0=-3-1$

$x=-4$ 答

(3) $\frac{2}{3}x=4$

この問題は，x の係数 $\frac{2}{3}$ が 1 になれば，「$x=$(解)」の形になりそうですね。

つまり，左辺の $\frac{2}{3}$ を消せばいいわけですが，さて，どうやって消すのでしょうか？

$\frac{2}{3}x=4$

そんなの簡単だワン
$\frac{2}{3}x=4$
お，自信満々ですね！
どうぞ！

こうすれば消えるワン！
$\frac{2}{3}x=4$
MOMO
おまえはバカか!?

逆数をかければ1になるというのを，「除法」のところでやりましたよね。

P.33

MEMO 逆数（ぎゃくすう）

2つの数の積が1になるとき，一方の数を，他方の数の「逆数」という。

$\square \times \triangle = 1$

（□と△が逆数）

分数の場合，
逆数は「**分母と分子を入れかえた数**」になります。（符号は同じ）

$$\frac{2}{3}\times\frac{3}{2}=1$$

（$\frac{2}{3}$ と $\frac{3}{2}$ が逆数）

つまり，$\frac{2}{3}x$ に $\frac{3}{2}$ をかければ，x の係数が1になって省略されるわけです。

※係数の1は省略する（書かない）ルール。

$$\frac{2}{3}x\times\frac{3}{2}\Rightarrow 1x\Rightarrow x$$

そこで，「**等式の性質❸**」を使います。

$A=B$　ならば
$AC=BC$

この C を $\frac{3}{2}$ とします。

両辺に $\frac{3}{2}$ をかけて約分すると，

$$\frac{2}{3}x\times\frac{3}{2}=4\times\frac{3}{2}$$

$$\frac{\cancel{2}^{1}}{\cancel{3}_{1}}x\times\frac{\cancel{3}^{1}}{\cancel{2}_{1}}=\cancel{4}^{2}\times\frac{3}{\cancel{2}_{1}}$$

$x=6$ 答

(4) $5x=-20$

この問題は，x の係数 5 が 1 になれば，「$x=$(解)」の形になりそうですね。

ここで，「**等式の性質❹**」を使います。

$A=B$ ならば

$\frac{A}{C}=\frac{B}{C}$ $(C\neq 0)$

この C を 5 とします。

両辺を 5 でわると，

$$\frac{5x}{5}=\frac{-20}{5}$$

$$\frac{\overset{1}{\cancel{5}}x}{\underset{1}{\cancel{5}}}=\frac{-\overset{4}{\cancel{20}}}{\underset{1}{\cancel{5}}}$$

$x=-4$ 答

(5) $3=x+4$

この問題を，「$x=$(解)」の形にするには，どうすればいいでしょうか？

x が右にあるニャ…左にないとダメなんじゃないニョ？

そうですね。文字が左辺でなく右辺にあるときは，左辺と右辺を入れかえましょう。

等式の性質（おまけ）

❺ 等式の両辺を入れかえても，等式は成り立つ。

$$A=B \quad ならば \quad B=A$$

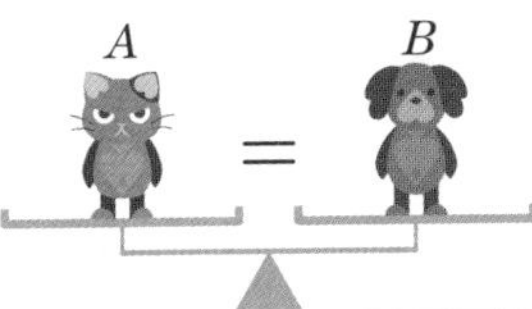

A
B
=

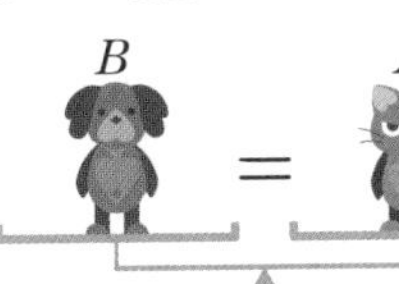

B
A
=
入れかえても同じって…当然だニャ！

両辺を入れかえます。

$3=x+4$

$x+4=3$

「**等式の性質❷**」を使って，両辺から 4 をひくと，

$x+4-4=3-4$

$x+0=-1$

$x=-1$ 答

方程式を解くために，「**等式の性質**」はしっかり覚えておいてくださいね！

END

2 方程式の解き方

問 1 （方程式の解き方①）

次の方程式を解きなさい。

(1) $x+4=7$

(2) $5x=2x-9$

さあ，ここでは，等式の性質を応用して，さらに便利な方程式の解き方を学びましょう。

例えば，A くんが「+5（kg）」の玉をもっている状態で，B くんと等しいとします。

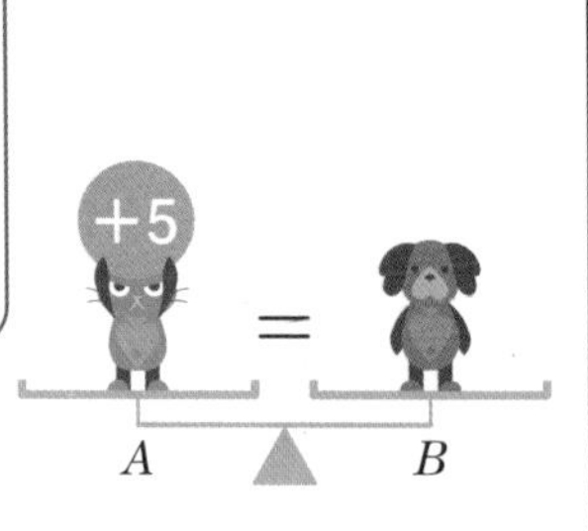
+5
=
A
B

A くんはこの玉がじゃまなので，捨てたい。

重いニャ!
=
+5

でも，そうすると，両辺が等しくならない（等式が成り立たない）ので，ダメなんです。

<

では，A くんは，どうすれば，両辺が等しいまま，この玉を手ばなすことができるでしょうか？

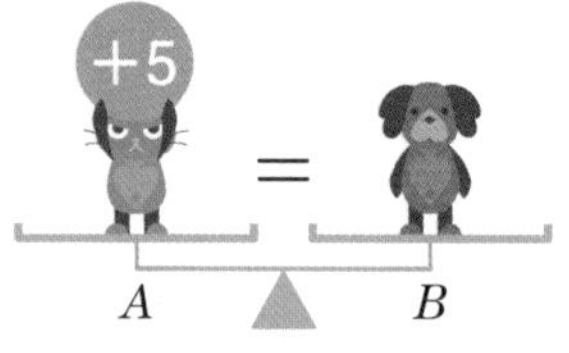
+5
=
A
B

ふぁ…？
…急に脳トレみたいな
問題になったニャ…
わかったワン！

玉の中にガスを入れて
浮かせれば重くないワン！
−5
ふわふわ
+5
プシュー！
GAS
またわけの
わからニャいことを…

そのとおり正解！
ある意味
−5
え〜!?　正解ニャ!?

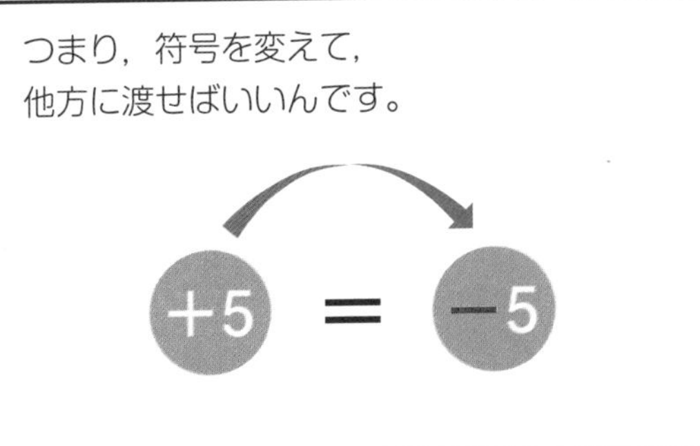
つまり，符号を変えて，
他方に渡せばいいんです。
+5
＝
−5

例えば，この状態で，両辺が 15（kg）ずつで等しいとしましょう。

+5
＝
15
15

A くんの+5 を，符号を変えて（+を−にして）B くんに渡します。

ふんっ
−5
＝

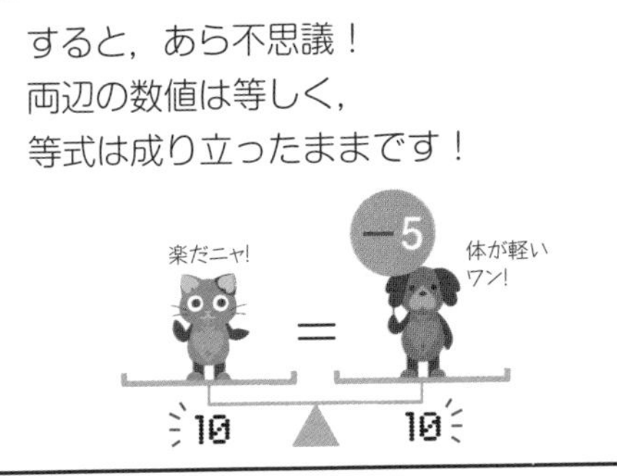
すると，あら不思議！
両辺の数値は等しく，
等式は成り立ったままです！
楽だニャ!
−5
体が軽いワン!
＝
10
10

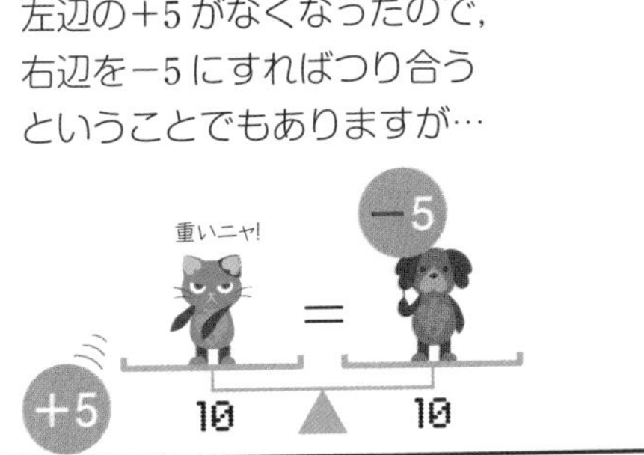
左辺の+5 がなくなったので，
右辺を−5 にすればつり合う
ということでもありますが…
重いニャ!
−5
＝
+5
10
10

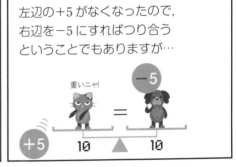

とにかく，
いいたいことは
これです！
移項

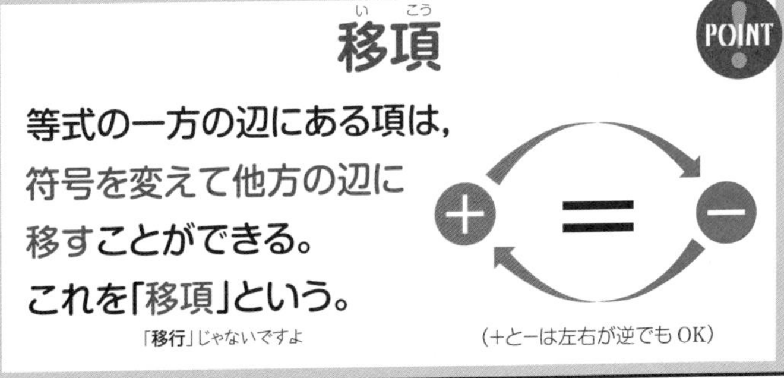
移項（いこう）
POINT
等式の一方の辺にある項は，
符号を変えて他方の辺に
移すことができる。
これを「移項」という。
「移行」じゃないですよ
+
＝
−
（+と−は左右が逆でも OK）

前回やった問題も，よく見れば，「移項」をした形になっていますよね。結果的に。

等式の性質❶
両辺に 5 をたす

$$x-5=2$$
$$x-5+5=2+5$$
$$x-0=2+5$$
$$x=7$$

等式の性質❷
両辺から 1 をひく

$$x+1=-3$$
$$x+1-1=-3-1$$
$$x+0=-3-1$$
$$x=-4$$

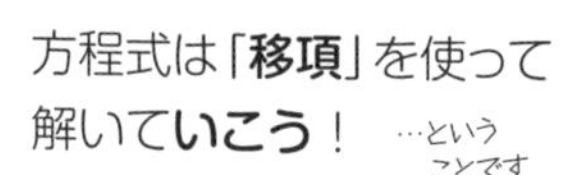
方程式は「**移項**」を使って解いて**いこう**！
…ということです

出た！
ダジャレかニャ？

(1) $x+4=7$

移項

$$x=7-4$$
$$x=3$$ 答

このように，移項を使えば簡単に解けますね。「移項」を用いた**方程式を解く基本手順**をマスターしましょう。

方程式を解く基本手順

POINT

1 x をふくむ項を左辺に，数だけの項を右辺に移項する

2 x をふくむ項を 1 つにまとめ，「 $ax=b$ 」の形にする

3 両辺を x の係数 a でわる（等式の性質❹より）

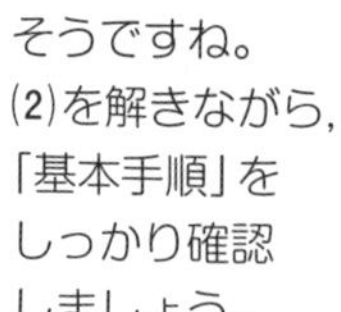
とにかく移項で「$ax=b$」の形をつくって，あとは両辺を a でわればいいニョね…
そうですね。(2)を解きながら，「基本手順」をしっかり確認しましょう。

考えて

(2) $5x=2x-9$

$$5x-2x=-9 \quad \leftarrow 1$$
$$3x=-9 \quad \leftarrow 2$$
$$\frac{3x}{3}=\frac{-9}{3} \quad \leftarrow 3$$
$$x=-3$$ 答

(2)でわかるように，
文字をふくんだ項も
数の項と同じように
自由に移項できます。

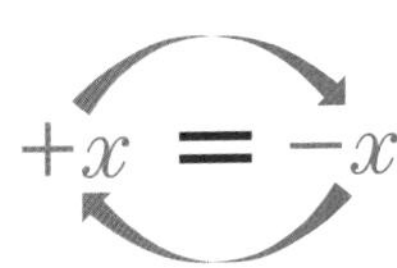

$+x = -x$

x をふくむ項と 数だけの項を
「同時」に移項していいニョ？

例 $x+3=2x-9$

同時

$x-2x=-9-3$

もちろん，複数の項
を同時に移項しても
全くかまいませんよ。
ご自由に！

問2 （方程式の解き方②）

次の方程式を解きなさい。

(1) $6x-5=2x+7$

(2) $11-3x=-4-8x$

計算はとにかく「習うより慣れよ」です。今度は，「方程式を解く基本手順」どおりに解けるか，じっくり自分で考えながら，見ていってくださいね。

考えて

(1) $6x-5=2x+7$

$6x-2x=7+5$ ←1

$4x=12$ ←2

$\frac{4x}{4}=\frac{12}{4}$ ←3

$x=3$ **答**

(2) $11-3x=-4-8x$

$-3x+8x=-4-11$ ←1

$5x=-15$ ←2

$\frac{5x}{5}=\frac{-15}{5}$ ←3

$x=-3$ **答**

左辺に x の項，
右辺に数の項を
集めて…
手順どおりに
やればできるニャ

慣れてきたら，3 は
暗算でできますよね。

$4x=12$ （$12\div4=3$）

$x=3$

移項を使った方程式の計算は
数学では本当によく使います
から，早く慣れましょうね。

END

3 いろいろな方程式

問1 （かっこをふくむ方程式）

次の方程式を解きなさい。

$$-3(x-2) = -5x+4$$

計算では，
かっこ（　）は
「最優先」
だワン！

知ってるニャ！
「四則」よりも
かっこ（　）の
中の計算を
先にやるニャ！

$-3(x-2)$
（　）の中の $x-2$ を
先に計算するニョね～…

$-3(x-2) = -5x+4$
って…
できるかー!!!

確かに，かっこは
最優先ですが，
中に文字があると
計算できませんよ
ね。

ツッコミ…

かっこをふくむ方程式では，

最初にかっこをはずす

のが基本です。

先にゆーといてニャ～

かっこをはずすには，
「**分配法則**」を使います。

分配法則

$$-3(x-2)$$

$$= (-3)\times x + (-3)\times(-2)$$

$$= -3x+6$$

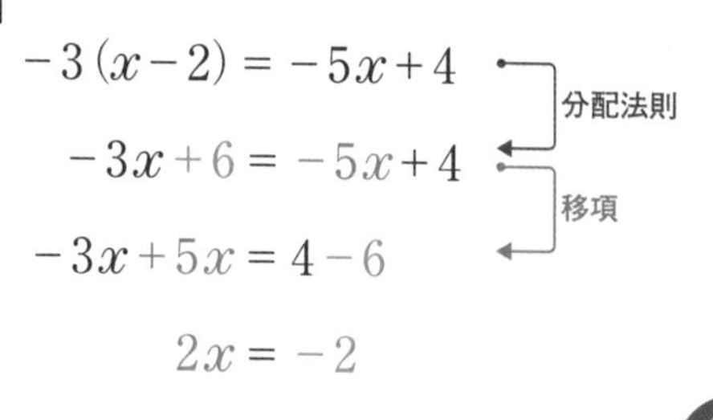

$$-3(x-2) = -5x+4$$

分配法則

$$-3x+6 = -5x+4$$

移項

$$-3x+5x = 4-6$$

$$2x = -2$$

$$x = -1$$ 答

考えて

このように，かっこをはずす
ことによって，今までどおり，
「**方程式を解く基本手順**」で
解けるようになるんですね。

ニャるほどね…

問2 (小数をふくむ方程式)

次の方程式を解きなさい。

$$0.7x-1.2=-5.4$$

うわぁ…ニャンか…
小数点があると
計算しづらい
ニョね～…

めんどーだニャ～

…という人にオススメ！
係数が小数の方程式では，

10・100・1000などを両辺にかけて，係数を整数にする

と計算しやすくなるんです。
(等式の性質❸より)

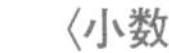

〈小数〉　〈整数〉

例 $0.5x \to 5x$ （×10）

$0.05x \to 5x$ （×100）

$0.005x \to 5x$ （×1000）

問2の方程式を考えましょう。
小数点第一位の数を整数にするため，
両辺に10をかけます。

$$0.7x-1.2=-5.4$$

$$(0.7x-1.2)\times 10=-5.4\times 10$$

ここで注意！

$$(0.7x-1.2)\times 10=-5.4\times 10$$

左辺には，$0.7x$と-1.2，2つの項がありますが，左辺**全体**に10をかけるので，**左辺全体にかっこ**をつけないといけません。ここ要注意です！

分配法則

$$(0.7x-1.2)\times 10=-5.4\times 10$$

$$7x-12=-54$$

$$7x=-54+12$$

$$7x=-42$$

これで「$ax=b$」の形になりましたね。
最後に，両辺をxの係数7でわると，

$$7x=-42$$

$$\frac{7x}{7}=\frac{-42}{7}$$

$$x=-6$$ 答

問3（分数をふくむ方程式）

次の方程式を解きなさい。

$$\frac{1}{2}x-\frac{1}{3}=-\frac{5}{6}$$

今度は，係数に「**分数**」をふくむ方程式ですが，これを解くためには，

「分母の最小公倍数」を両辺にかけて，係数を整数にする

と便利です。
等式の性質❸を使うわけですね。

※最小公倍数…2つ以上の自然数の公倍数で最小のもの。

問3は，分母が2，3，6。
最小公倍数は6ですね。
よって，6を両辺にかけます。

$$\left(\frac{1}{2}x-\frac{1}{3}\right)\times 6=-\frac{5}{6}\times 6$$

$$\frac{1}{2}x\times 6-\frac{1}{3}\times 6=-\frac{5}{6}\times 6$$

$$3x-2=-5$$

$$3x=-5+2$$

$$3x=-3$$

$$\frac{3x}{3}=\frac{-3}{3}$$

$$x=-1$$ 答

計算

このように，両辺に分母の最小公倍数をかけて「分数をふくまない形」に変形することを「**分母をはらう**」といいます。

分子
分母
分子
分母
はらってるニャ

小数のときもそうだったけど，
なんですぐに係数を「整数」にしたがるニャ？

係数を「整数」にしてしまえば，「方程式を解く基本手順」でふつうに解けるからです。 計算ミスもしにくくなりますし

問4 (解が与えられた方程式)

x についての方程式

$$5x-12=-3x+4a$$

の解が $x=2$ であるとき，

a の値を求めなさい。

x についての方程式？
どういうこと？

主役の未知数が x である方程式のことです。

今回は，$x=2$ という解が与えられたとき，もう1つの未知数 a の値はなんですか，という問題です。

2だよ　2だよ

$$5x-12=-3x+4a$$

とりあえず，$x=2$ ということなので，x に2を代入してみましょう。

$$5x-12=-3x+4a$$

$$5\times2-12=-3\times2+4a$$

$$10-12=-6+4a$$

x が消えて，
a **についての方程式**になりましたね。
この方程式を解けば，
a の値を求められます。

$$10-12=-6+4a$$

$$-4a=-6-10+12$$

$$-4a=-4$$

$$\frac{-4a}{-4}=\frac{-4}{-4}$$

$$a=1$$ 答

さて，ここまでに学習した方程式は，移項して整理することによって，

$$ax=b$$

(一次式)

の形に変形できますよね。
このような一次式でできた方程式を「**一次方程式**(いちじほうていしき)」といいます。

x^2 や y^2 のような「二次(にじ)」の項をふくんだ方程式は「**二次方程式**」といって，中3で学習しますからね。
まずは一次方程式の解き方をしっかりマスターしておきましょう。

END

4 一次方程式の利用

問 1 （代金の問題の解き方）

1 個 120 円のりんごと 1 個 150 円のなしを合わせて 12 個買いました。代金の合計は 1590 円でした。りんごとなしは，それぞれ何個買いましたか。

あ…！
これはわかったワン！
え!? もうわかったニョ？

答「なし」は「無し」だから
ゼロ個だワン！
だから
りんごが 12 個!
「なぞなぞ」じゃない
ニョねー!!!
すうがく!

…実は，**問 1** のように，
「未知の数」を求めたいときには，
一次方程式を利用すると
非常に便利なんですよ。

ニャめてんニョ?

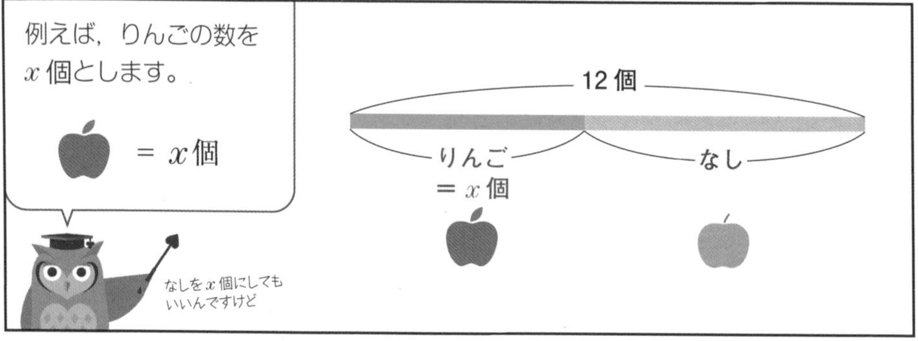
例えば，りんごの数を
x 個とします。
= x 個
12 個
りんご
= x 個
なし
なしを x 個にしても
いいんですけど

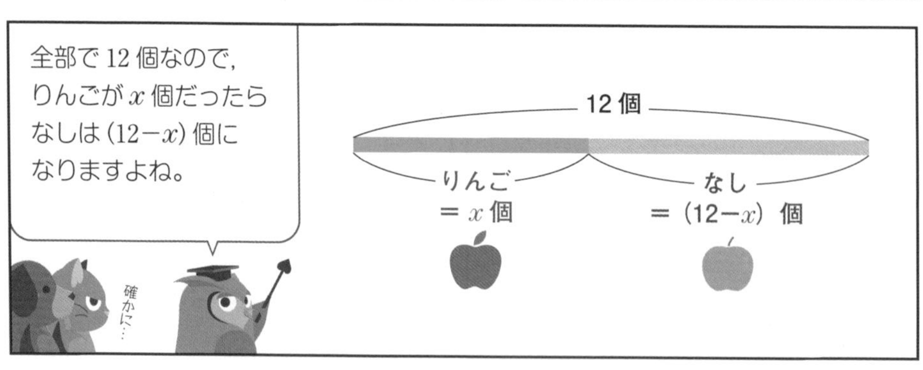
全部で 12 個なので，
りんごが x 個だったら
なしは $(12-x)$ 個に
なりますよね。
12 個
りんご
= x 個
なし
= $(12-x)$ 個
確かに…

さて，りんごとなしの代金の合計が 1590 円ということなので，この関係を式に表してみましょう。

1 個 120 円のりんごが x 個なので，りんごの代金は

$120x$ 円

x 個

1 個 150 円のなしが $(12-x)$ 個なので，なしの代金は

$150(12-x)$ 円

$12-x$ 個

りんごとなしの代金の合計が 1590 円ということです。

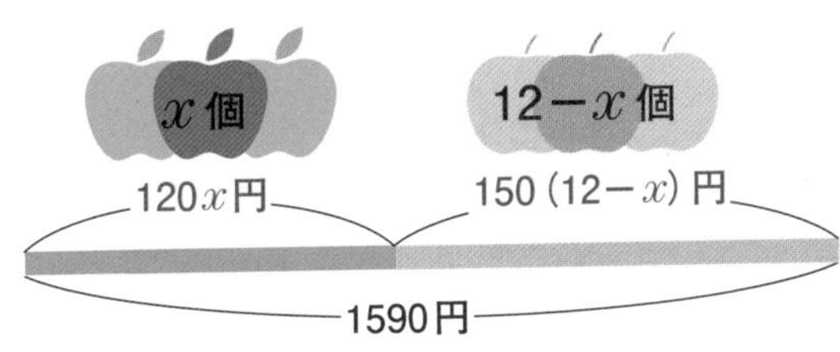

x 個
12－x 個
120x 円
150 (12－x) 円
1590 円

この代金の関係を方程式で表すと，

$$120x + 150(12 - x) = 1590$$

となるので，この方程式を解けば x の数値（＝りんごの個数）が求められます。

まず，かっこをはずしましょう。

$$120x + 150(12 - x) = 1590$$

$$120x + 1800 - 150x = 1590$$

続けて計算すると，

$$120x + 1800 - 150x = 1590$$

$$120x - 150x = 1590 - 1800$$

$$-30x = -210$$

$$\frac{-30x}{-30} = \frac{-210}{-30}$$

$$x = 7$$

考えて

りんごは 7 個なので，なしの個数は，

$(12 - 7) = 5$（個）

したがって，求める答えは，

りんご 7 個，なし 5 個 

問２ （過不足の問題の解き方）

鉛筆を何人かの子供に配ります。１人に７本ずつ配ると９本たりません。また，１人に６本ずつ配ると５本あまります。子供の人数と鉛筆の本数を求めなさい。

さあ，これも一次方程式を利用して未知の数値を求めましょう。

まず最初に考えるのは，**何を x とするか**です。

ここでは，**子供の人数**を x 人としましょう。

※もう一方の鉛筆の本数を x 本とすることも考えられますが，方程式がとても複雑になります。

はじめに，鉛筆の本数がこれくらいあるとします。

鉛筆の本数

「１人に７本ずつ配る」というのは，x 人 ×7 本，つまり「$7x$（本）」と表すことができますね。

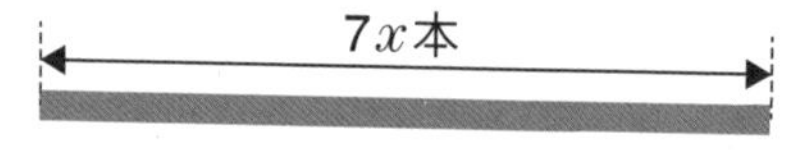
$7x$本

$7x$ 本を配ると９本たりない，ということは，$7x$ 本はもとの鉛筆の本数より９本多いということですよね。

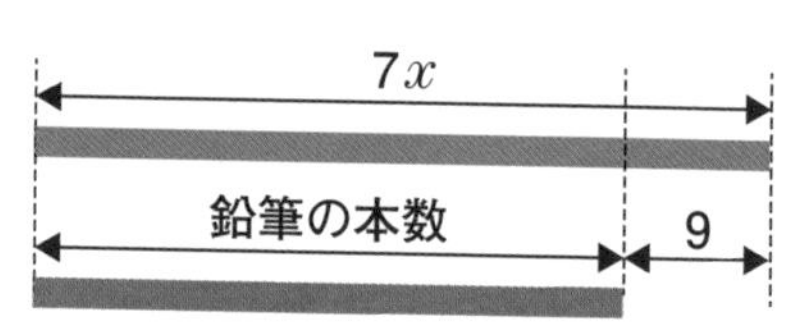
$7x$
鉛筆の本数
9

ん…？　あ…そうか…
いわれればそうだニャ…
ニャるほど…

数学は，問題文のことばの意味をしっかりとらえることが大事ですからね。

同じように，「１人に６本ずつ配る」というのは，x 人 ×6 本，つまり「$6x$（本）」と表すことができます。

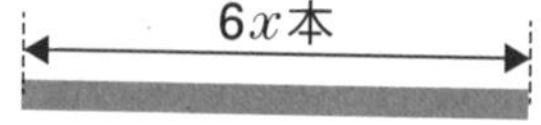
$6x$本

$6x$ 本を配ると 5 本あまる，ということは，$6x$ 本はもとの鉛筆の本数より 5 本少ないということですよね。

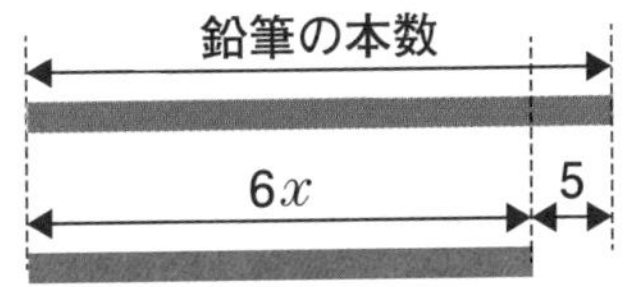
鉛筆の本数
6x
5

まとめると，こうなります。

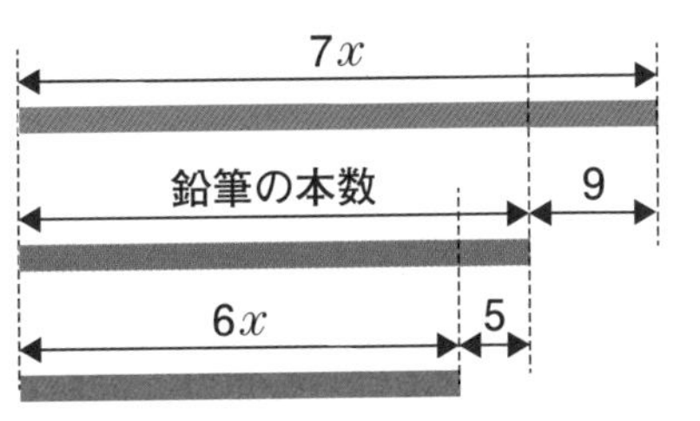
7x
鉛筆の本数
9
6x
5

この数量の関係を等式（方程式）で表すと，

$$7x-9=6x+5$$

となりますよね。

※「$7x$ から 9 をひいた数」と「$6x$ に 5 をたした数」は，もともとの「鉛筆の本数」と等しいということです。

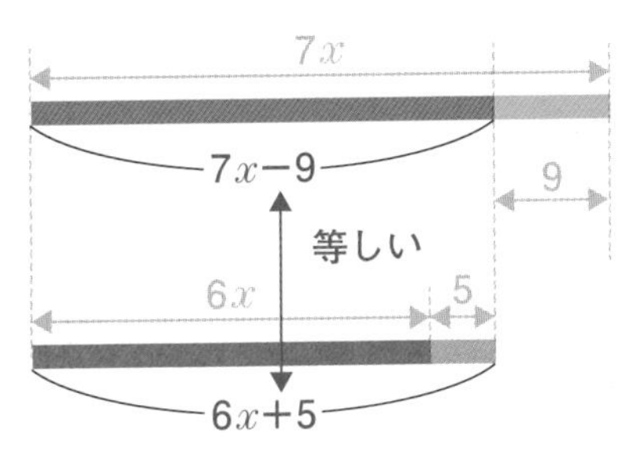
7x
7x−9
9
等しい
6x
5
6x+5

この方程式を解けば，x の値が求められます。

$$7x-9=6x+5$$

$$7x-6x=5+9$$

$$x=14\text{（人）}$$

子供の人数は 14 人だとわかったので，鉛筆の数を表す $7x-9$ または $6x+5$ に $x=14$ を代入すれば，鉛筆の数を求められます。

$7\times14-9=89$（本）
$6\times14+5=89$（本）
したがって，求める答えは，

子供の人数 14 人，
鉛筆の本数 89 本　答

POINT 方程式の文章題を解く手順

❶ 求めたい未知の数量を文字を使って表す。

❷ 問題文から数量の関係を見つけて，等式（方程式）をつくる。

❸ 方程式を解き，答えとする。

※方程式の解が問題に適しているかを確かめること（ありえない数が出る場合もあるため）。

問3（速さの問題の解き方）

妹は家を出発して学校に向かいました。その5分後に，姉は家を出発して妹を追いかけました。妹の歩く速さを毎分40m，姉の歩く速さを毎分60mとすると，姉は家を出発してから何分後に妹に追いつきますか。

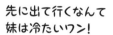

先に出て行くなんて妹は冷たいワン！
待っててあげればいいワン！
何に文句いってるニャ！

方程式の文章題を解く手順は，まず**「問題文から，何をxで表すかを決める」**でしたね。たいていは，「求めたい数」をxにします。

この問題では，求める時間をxとしましょう。つまり，姉が家を出発してから「x分後」に妹に追いつくこととします。図を使って考えていきましょう。

さあ，妹が出発しました。

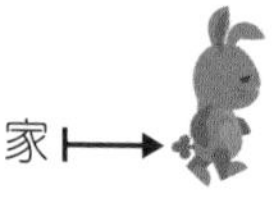
家

1分で40m進む速さですから，結構遅いです。(笑)

5分後に，姉が家を出発します。

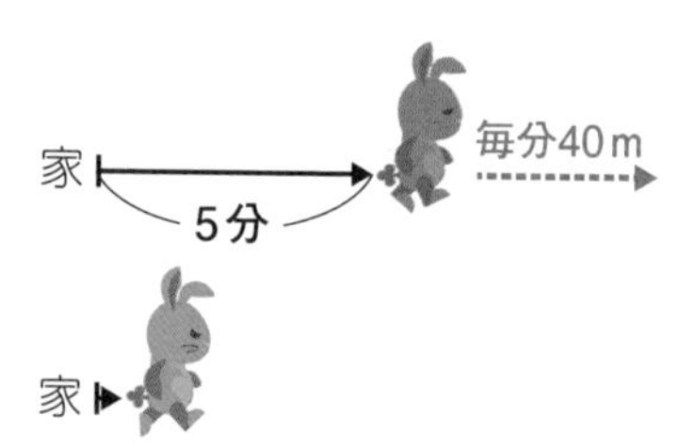
家
5分
毎分40m
家

そして，x分後に姉が妹に追いつくとします。

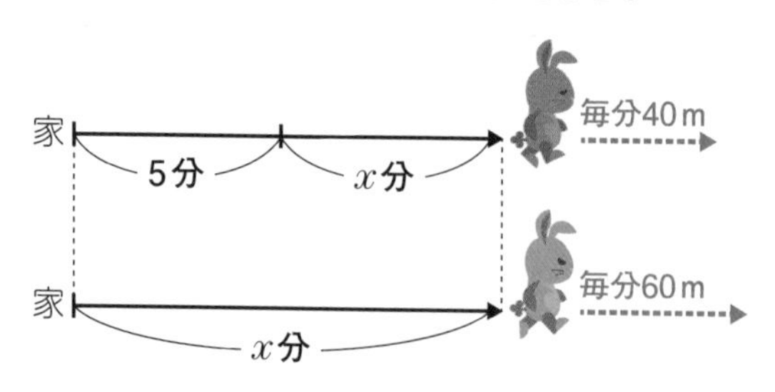
家
5分
x分
毎分40m
家
x分
毎分60m

ではここで，この図を見てください。

道のり
（距離）
速さ
時間

姉妹が歩いた
道のり（距離）は，
速さ × 時間
で表せるので，
こうなりますよね。

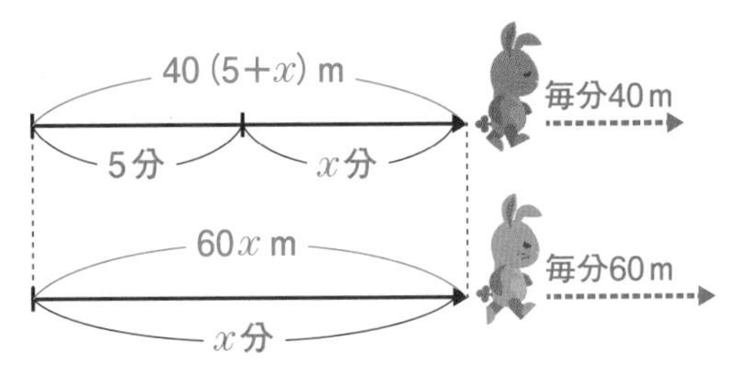

40 (5+x) m
5分
x 分
毎分40 m
60x m
x 分
毎分60 m

速さ，時間，距離（道のり）の関係を
まとめると下の表のようになります。

	妹	姉
速さ（m/分）	40	60
時間（分）	$5+x$	x
道のり（m）	$40(5+x)$	$60x$

姉妹が歩いた距離（道のり）は
それぞれ等しいので，

$$40(5+x)=60x$$

となります。
この方程式を解けば，
x がわかります。

$$40(5+x)=60x$$
$$200+40x=60x$$
$$40x-60x=-200$$
$$-20x=-200$$
$$x=10$$

姉が妹に追いつくのは，**10 分後** 答
の 600m 歩いた地点だとわかります。

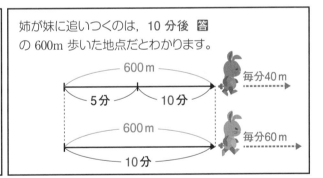

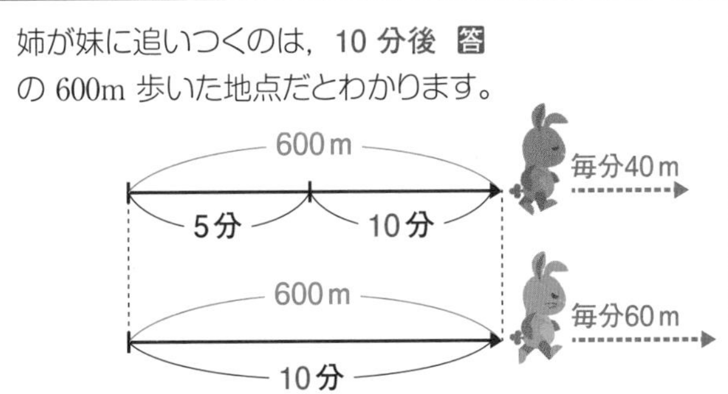

600 m
5分
10分
毎分40 m
600 m
10分
毎分60 m

このように，
方程式の文章題は
図や表をかいて考えると
わかりやすくなりますよ。

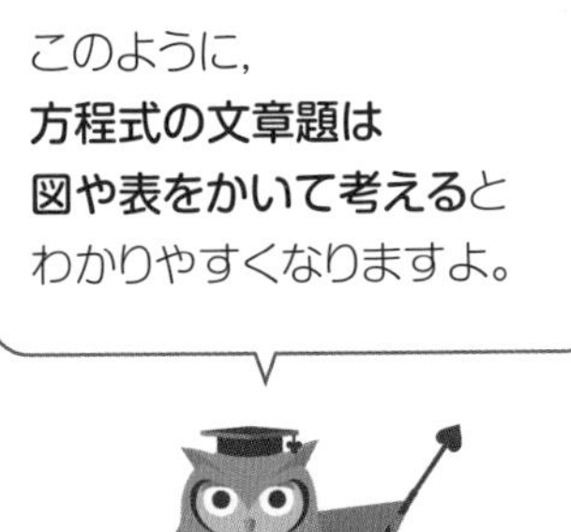

また，方程式の文章題では，例えば「人数」を
求めたいのに x が「自然数」にならないなど，
問題に適さない解が出てしまう場合もあります。
解が問題に適した数値なのかどうか，
必ず確かめてから答えを出しましょうね。

怒られた…
先に
行くなって…

姉
こわいニャ

END

5 比例式

問 1 （比例式）

コーヒーと牛乳を 3 : 5 の割合で混ぜて，コーヒー牛乳をつくります。今，牛乳を 200 mL 使って，コーヒー牛乳をつくろうと思います。コーヒーは何 mL あればよいでしょうか。

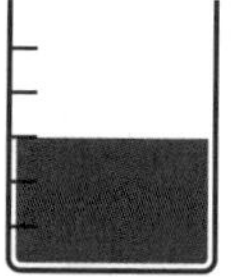

コーヒー
牛乳
3 : 5

牛乳が多すぎるワン！
1:1くらいがいいワン！
砂糖も
ほしいワン！
うるさいニャ！
おまえの好みは
どうでもいいニャ！

問 1 では，必要な**コーヒーの量**を「x mL」として考えましょう。

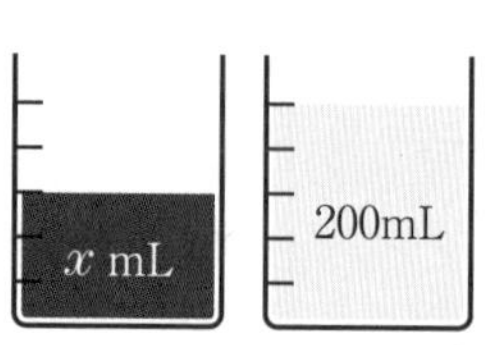

x mL
200mL

コーヒーの量が x mL なのに対して**牛乳の量**は 200 mL なので，

$$x : 200$$

この割合が「3 : 5」ということですね。

この関係を小学校で習った比例の式を使って表すと，

$$x : 200 = 3 : 5 \quad \cdots\cdots ①$$

となります。

この①のような，**比が等しいことを表す式**を「**比例式**（ひれいしき）」といいます。

比
比
x : 200 = 3 : 5
比例式
比例式

ところで，「**比の値**（ひのあたい）」ってわかりますか？

!?
ヒノアタイ？
はて，小学校でやったようニャ……

MEMO 比の値（ひのあたい）

比 $a : b$ の a を b で割った商 $\frac{a}{b}$ のこと。a の b に対する割合（a は b の何倍か）を表す。
$a : b$ の比の値は $\frac{a}{b}$ である。

※比 $a : b$ の a のことを「前項」，b のことを「後項」ともいう。

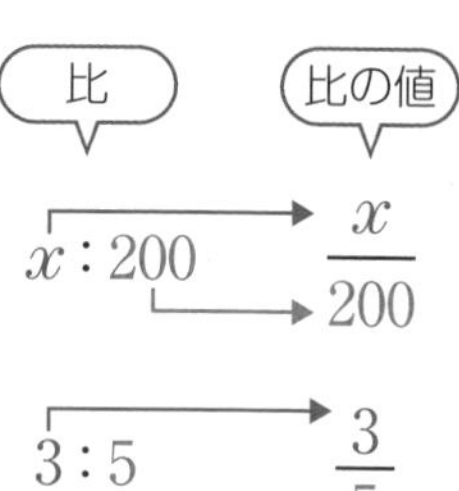

比
比の値
x : 200
x/200
3 : 5
3/5

比例式を解くためには，「**比の値**」と，基本的な「**比の性質**」を理解しておかなければいけません。
まずは，これをしっかりおさえておきましょう。

比の性質?

比の性質

基礎

比が等しいとき，比の値も等しい

$$a:b=m:n$$
$$\frac{a}{b}=\frac{m}{n}$$

(例) 1：2＝3：6
1：2＝1：2
$\frac{1}{2}=\frac{1}{2}$

ちなみに，
3：6
↓ ↓
1：2 のように，
比をできるだけ小さな整数の比に直すことを「**比を簡単にする**」といいます。

さて，「**比が等しいとき，比の値も等しい**」という性質を利用すると，比例式を一次方程式に変えることができます。

$$x:200=3:5$$
$$\frac{x}{200}=\frac{3}{5}$$

これを解けば，x の値（コーヒーの量）がわかりますね。

まずは，式の**分母をはらう**ために，両辺に 200 と 5*をかけます。

$$\frac{x}{200}\times200\times5=\frac{3}{5}\times200\times5$$
$$\frac{x}{\cancel{200}}\times\cancel{200}\times5=\frac{3}{\cancel{5}}\times200\times\cancel{5}$$
$$x\times5=3\times200$$

さあ，ここで注目！
もとの①の式と比べてみましょう。

$$x:200=3:5 \quad \cdots\cdots①$$

$$x\times5=3\times200$$

「**比例式**」が「**方程式**」になってるニャ…

実はそのとき，1つ決まった性質があるんですよ。

「**外どうし**」の積が左辺にきていて，

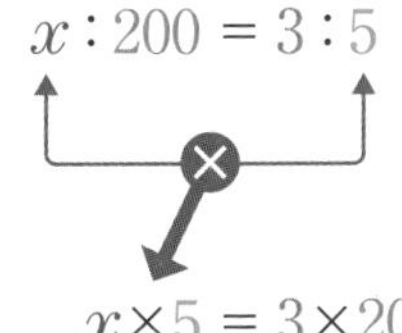

$$x:200=3:5$$
$$x\times5=3\times200$$

「**内どうし**」の積が右辺にきてますよね。

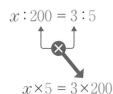

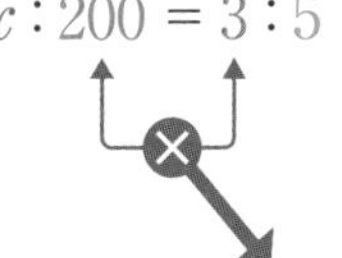

$$x:200=3:5$$
$$x\times5=3\times200$$

*ふつうは「×200」だけでよいが，ここでは説明の都合上「×200×5」にしている。

POINT 比例式の性質

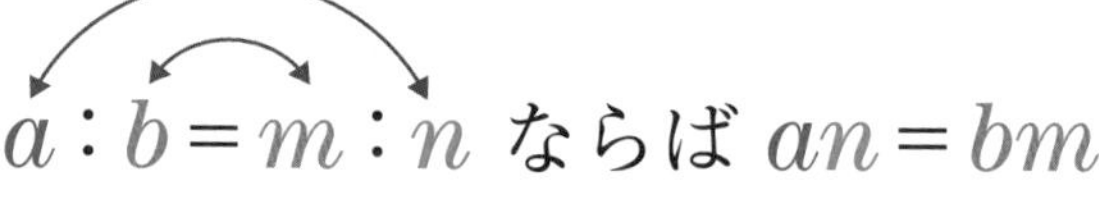

$$a:b=m:n \text{ ならば } an=bm$$

比例式 → 方程式

※左辺と右辺は逆（$bm=an$）にしてもよい。また，an は na でもよく，bm は mb でもよい。

この性質を使って解を求めましょう。

$$x:200=3:5$$
$$x\times5=3\times200$$
$$5x=600$$

続けて計算すると，

$$5x=600$$
$$x=\frac{600}{5}$$
$$x=120$$

コーヒーの量 120 mL は問題に適しているので，求める答えは，

120 mL 答

となります。

問2（比例式の解き方）

次の比例式で，x の値を求めなさい。

(1) $x:15=2:3$

(2) $3:4=(x-4):12$

では，練習問題です。「比例式の性質」を使って，自分で解いてみましょう！

(1) $x:15=2:3$

$$x\times3=15\times2$$
$$3x=30$$
$$x=10 \text{ 答}$$

(2) $3:4=(x-4):12$

$$36=4x-16$$
$$-4x=-16-36$$
$$-4x=-52$$
$$x=13 \text{ 答}$$

問3 **（比例式の利用）**

黄色と青色の絵の具を 7 : 4 の割合で混ぜて，黄緑色をつくります。今，青色の絵の具を 140 g 使って，黄緑色をつくろうと思います。黄色の絵の具は何 g あればよいでしょうか。

これは，問1と同じように解けばいいニャ？
そうですね。1つ1つ考えていきましょう。

求めるべき黄色**の絵の具の量**を xg とします。

xg

青色の絵の具は 140 g 使います。

140 g

黄色と青色の絵の具を 7 : 4 の割合で混ぜるということなので，

xg : 140 g
7 : 4

こういう比例式が立てられますね。

$$x : 140 = 7 : 4$$

これに，比例式の性質をあてはめると，

$$x : 140 = 7 : 4$$

$$x \times 4 = 140 \times 7$$

続けて計算すると，

$$x \times 4 = 140 \times 7$$

$$4x = 980$$

$$x = 245$$

黄色の絵の具の量 245g は，問題に適した数値ですね。したがって，答えは，

245 g **答**

となります。

このように，
比例式の性質は
とても使いやすいので，
必ず覚えておきま…
聞いてなーい!?
黄色と青色を
7 : 4 で混ぜたら
こんな色に
なったニョね…
「竹」みたいな色だワン？
ガビーン！
END

高校入試問題にチャレンジ！

方程式【実戦演習】

考えて

問1 〈岩手県〉

方程式 $x=3x-10$ を解きなさい。

問2 〈東京都〉

一次方程式 $3(x+5)=4x+9$ を解け。

問3 〈千葉県〉

方程式 $x+3.5=0.5(3x-1)$ を解きなさい。

問4 〈和歌山県〉

次の計算をしなさい。

$$\frac{x-4}{3}+\frac{7-x}{2}=5$$

問5 〈長崎県〉

比例式 $x:16=5:4$ について，x の値を求めよ。

問6 〈栃木県〉

x についての方程式

$$ax+9=5x-a$$

の解が6であるとき，a の値を求めなさい。

ヒント

「移項」などを使って「$ax = b$」の形をつくり，両辺を a でわる。
これが方程式を解く基本手順です。「等式の性質」も覚えておきましょう。

答1

$$x = 3x - 10$$
$$x - 3x = -10$$
移項
$$-2x = -10$$
$$x = 5$$ 答

答2

$$3(x+5) = 4x + 9$$
分配法則
$$3x + 15 = 4x + 9$$
移項
$$3x - 4x = 9 - 15$$
$$-x = -6$$
$$x = 6$$ 答

答3

$$x + 3.5 = 0.5(3x - 1)$$
$$(x + 3.5) \times 2 = 0.5(3x - 1) \times 2$$
$$2x + 7 = 3x - 1$$
$$2x - 3x = -1 - 7$$
$$x = 8$$ 答

※両辺を「×10」してもよい。

答4

$$\frac{x-4}{3} + \frac{7-x}{2} = 5$$
$$\frac{x-4}{3} \times 6 + \frac{7-x}{2} \times 6 = 5 \times 6$$
$$2(x-4) + 3(7-x) = 30$$
$$2x - 8 + 21 - 3x = 30$$
$$x = -17$$ 答

答5

$$x : 16 = 5 : 4$$
$$4 \times x = 16 \times 5$$
❶
$$4x = 80$$
$$x = 20$$ 答

❶比例式の性質（$a : b = m : n$ ならば $an = bm$）

答6

方程式の解が 6 のため，
式に $x = 6$ を代入して a を求める。

$$ax + 9 = 5x - a$$
$$6a + 9 = 5 \times 6 - a$$
$$7a = 21$$
$$a = 3$$ 答

COLUMN-3

Diophantusの墓碑銘
(ディオファントス)

方程式が与えられたとき，その方程式の整数解（または有理数*解）を求める問題を「ディオファントス問題」といいます。ディオファントスとは，「代数学の父」とよばれるローマ帝国（ていこく）時代のエジプトの数学者のことです。未だ彼の墓は見つかっていないのですが，その墓には次のような文字が刻まれていたといわれています。

一生の $\frac{1}{6}$ は少年だった。また，一生の $\frac{1}{12}$ はあごひげをはやした青年だった。その後，一生の $\frac{1}{7}$ を独身として過ごしてから結婚し，その5年後に子供が生まれた。その子供は父の死より4年前に父の半分の年齢でこの世を去った。

これが，ディオファントスの墓碑銘（ぼひめい）といわれている問題です。彼の生涯（しょうがい）をx年とおいて，この問題を方程式にしてみましょう。

$$x = \frac{1}{6}x + \frac{1}{12}x + \frac{1}{7}x + 5 + \frac{1}{2}x + 4$$

この方程式を解くと，彼の生涯は84年とわかります。解の$x = 84$をそれぞれの条件に代入すると，少年時代が$\frac{1}{6} \times 84$で14年，青年時代が$\frac{1}{12} \times 84$で7年，その後の独身時代が$\frac{1}{7} \times 84$で12年，結婚してから子供が生まれるまでが5年，子供の生涯は$\frac{1}{2} \times 84$で42年，子供の死後彼が生きた年数は4年ということもわかります。

方程式を解かずとも，条件より12と7の公倍数であることがわかるので，現実的な数字として即座に84と推測できます。方程式の文章題を解くときはこういった感覚も大事です。

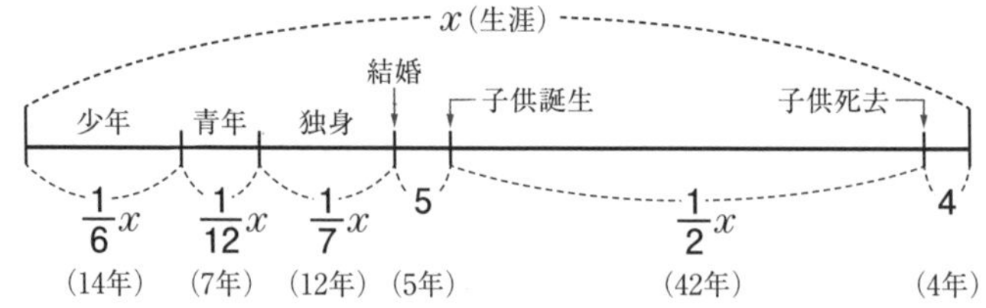

x（生涯）
結婚
子供誕生
子供死去
少年
青年
独身
1/6 x
1/12 x
1/7 x
5
1/2 x
4
（14年）
（7年）
（12年）
（5年）
（42年）
（4年）

*有理数…分子と分母を整数で表すことができる数。（詳しくは中3で習います）

（文：沖田一希）

中1　関数

Chapter

4

比例・反比例

この単元の位置づけ

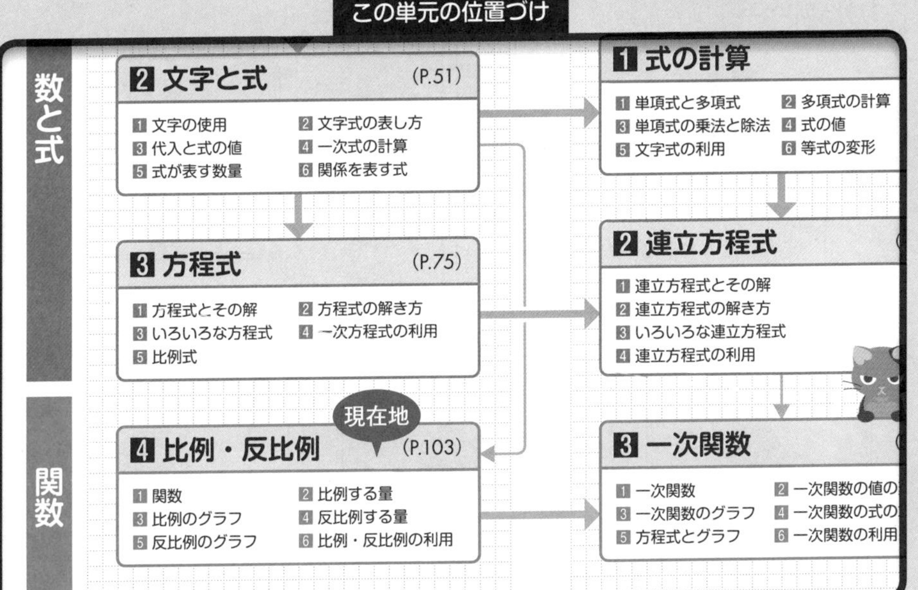
数と式
2 文字と式 (P.51)
1 文字の使用　2 文字式の表し方
3 代入と式の値　4 一次式の計算
5 式が表す数量　6 関係を表す式
3 方程式 (P.75)
1 方程式とその解　2 方程式の解き方
3 いろいろな方程式　4 一次方程式の利用
5 比例式
関数
現在地
4 比例・反比例 (P.103)
1 関数　2 比例する量
3 比例のグラフ　4 反比例する量
5 反比例のグラフ　6 比例・反比例の利用
1 式の計算
1 単項式と多項式　2 多項式の計算
3 単項式の乗法と除法　4 式の値
5 文字式の利用　6 等式の変形
2 連立方程式
1 連立方程式とその解
2 連立方程式の解き方
3 いろいろな連立方程式
4 連立方程式の利用
3 一次関数
1 一次関数
3 一次関数のグラフ
5 方程式とグラフ
6 一次関数の利用

変数 x の値を決めると，それにともなって変数 y の値もただ1つに決まるとき，「y は x の関数である」といいます。関数は，自動販売機にお金を入れてジュースを買うときのようなイメージで覚えましょう。中1では，関数として「比例」と「反比例」を学び，それらのグラフのかき方も学びます。関数は高校受験で超重要な分野となりますから，ここでしっかり基礎を固めましょう。

I 関数

問1 （関数）

空の水そうに，水を一定の割合で入れ続けると，深さも一定の割合で増えていきます。水を入れ始めてから4分後には，60cmの深さまで水が入りました。水の深さを90cmにするには，あと何分間水を入れればよいでしょうか。

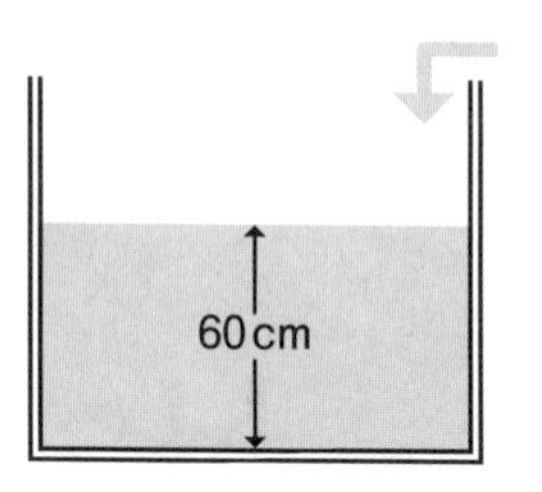
60cm

これはやってみないとわからないワン
ホウ…
そう，考えてもわからないときは実際にやってみるのが一番ニャ！

さあ，身をもって体験するニャ！
?
ホ…?

1分

2分

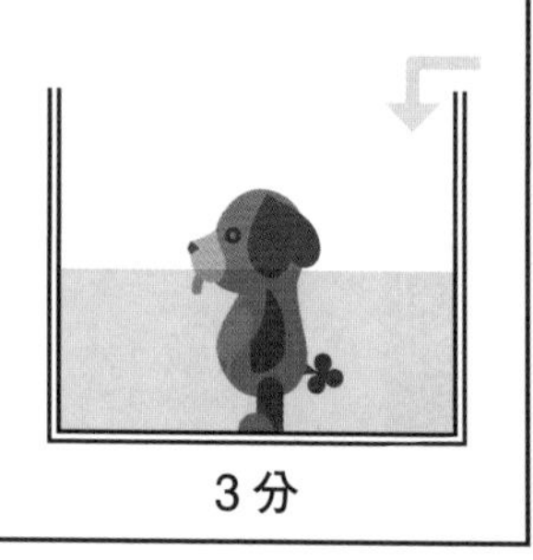
3分

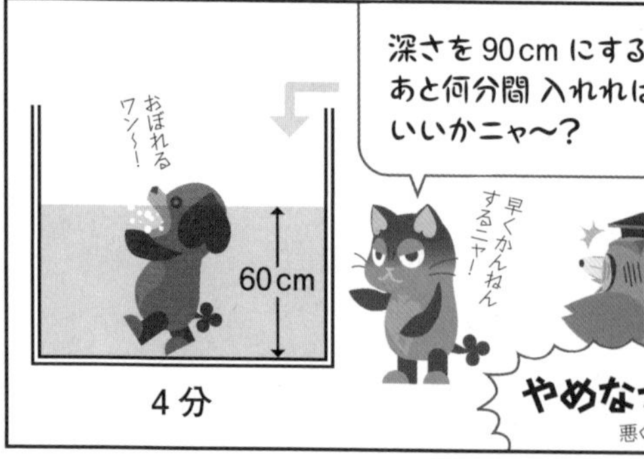
おぼれるワン〜！
60cm
4分
深さを90cmにするには，あと何分間入れればいいかニャ〜？
早くかんねんするニャ！
やめなさい!!
悪の組織か!!

やってることは最低ですけど，まあ，イメージをつかむにはよかったかもしれません。
フフフ…
よくないワン！

水の深さは，時間にともなって，一定の割合で増えていきます。

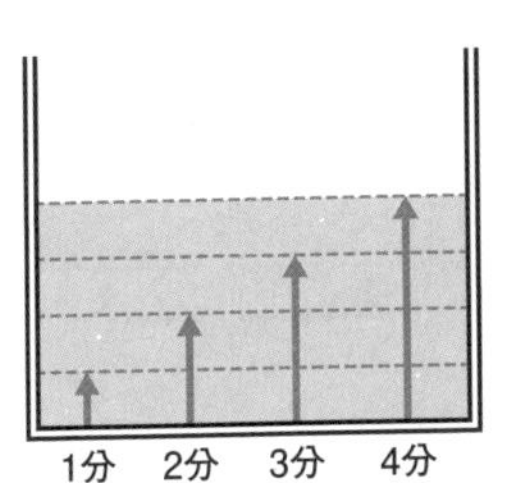

1分
2分
3分
4分

4 分間で 60 cm の深さになったということは，

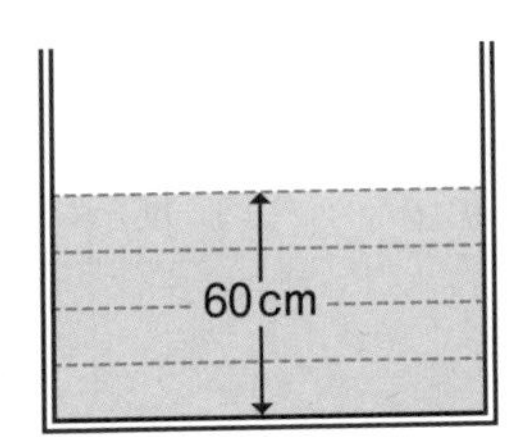

60 cm

1 分間に
60 ÷ 4 = **15 cm ずつ，**
水がたまる
ということですよね。

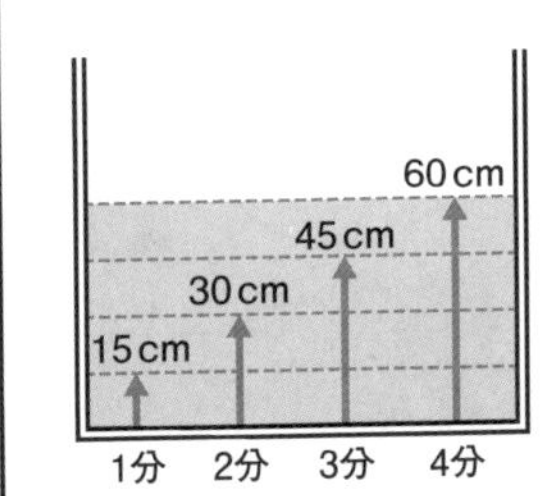

60 cm
45 cm
30 cm
15 cm
1分
2分
3分
4分

Chapter 4 比例・反比例 1 関数

このように，まずは，
単位時間※あたり（ここでは 1 分間あたり）にどれくらいの水の量（深さ）が増えるかを考えます。

※単位時間…1 秒あたり，1 分あたり，1 時間あたりなど，物事の基準となる時間の長さのこと。「5 年あたり」「60 分あたり」など，単位となる数値は様々である（自由に決めてよい）が，主に「1」が使われる。

さて，x 分後の水の深さを y cm として考えましょう。

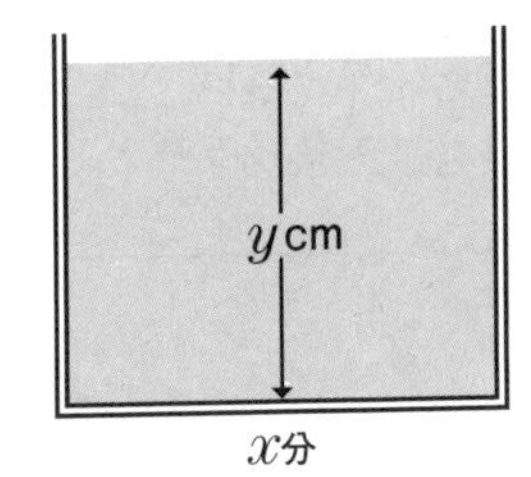

y cm
x分

1 分間に 15 cm ずつ深くなるので，1 分後，2 分後，3 分後…というように，x の値に対応する y の値を求め，表にまとめてみましょう。

x	0	1	2	3	4	5	6	7	8	9	10	（分）
y	0	15	30	45	60	75	90	105	120	135	150	（cm）

水の深さが「90 cm」になるのは，$x = 6$ のところですね。
このような，水の深さと時間の関係を，x と y を使って式にすると，

$$y = 15x \ (\text{cm})$$

と表すことができます。

…わかったワン！
答えは6分間だワン！
ブー!!
残念！
え？
ちがうニョ？

水の深さが 90 cm になるのは，水を入れ始めてから 6 分後ですが，問題文では，**「4 分後」**の時点から，**「あと何分間水を入れればよいか」**が問われています。

x	0	1	2	3	4	5	6
y	0	15	30	45	60	75	90

したがって，$6-4=2$（分）で，答えは

2 分間 答

となります。
求められている答えは何なのか，問題に答えるときは，しっかり問題文を読みましょうね。

ちょいちょい
だまされる
ニャ～

ところで，**問 1** の x，y は，表のとおり，いろいろな値をとりますよね。
この x，y のように，**いろいろな値をとる（いろいろな数値に変化しうる）文字**を**「変数（へんすう）」**といいます。

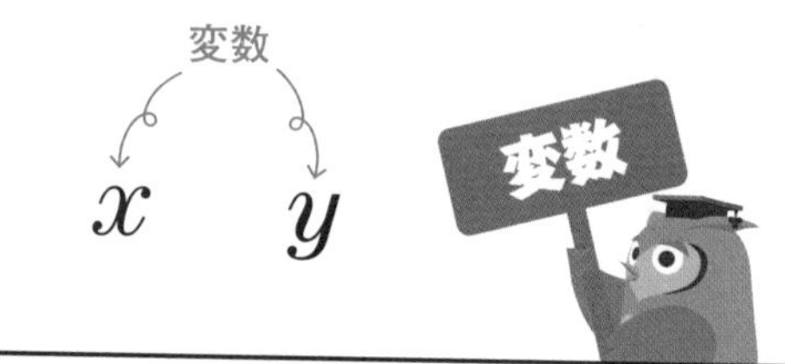
変数
x
y
変数

そして，変数 x の値を決めると，それにともなって変数 y の値もただ 1 つに決まるとき，**「y は x の関数（かんすう）である」**といいます。

x	0	1	2	3	4	5	6
y	0	15	30	45	60	75	90

変数 x が決まれば，変数 y も決まる

関数

POINT

変数？　関数？
y は x の関数である？
……ふぁ!?
どういう意味ニャ？

!?
急に新たな数が出てきたニャ！

ちょっと難しいですよね。
変数と関数について，もう少し説明しましょう。

※問1の「$y=15x$」は，y が決まれば x も 1 つに決まるので，「x は y の関数である」とも考えることができるが，混乱するので最初は考えなくてよい。

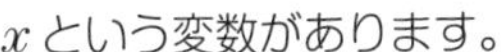

xという変数があります。

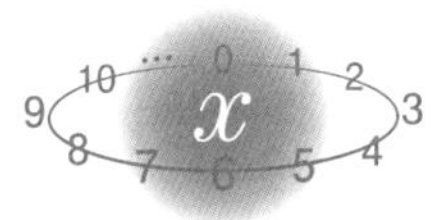

10 … 0 1 2
9 x 3
8 7 6 5 4

変数なので，いろいろな数をとることができます。

この変数xと強く結びついている，

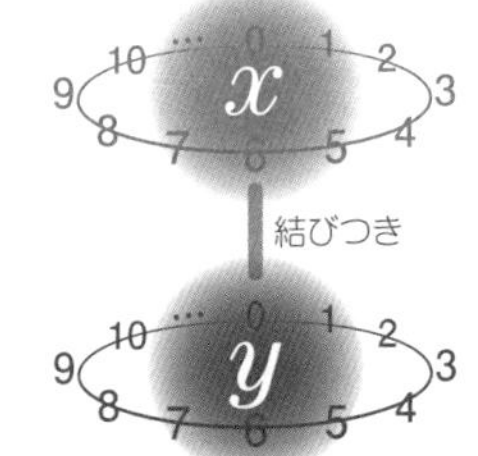

10 … 0 1 2
9 x 3
8 7 6 5 4
結びつき
10 … 0 1 2
9 y 3
8 7 6 5 4

もう1つの変数yがあるわけです。

このyも，いろいろな数になりえますが，

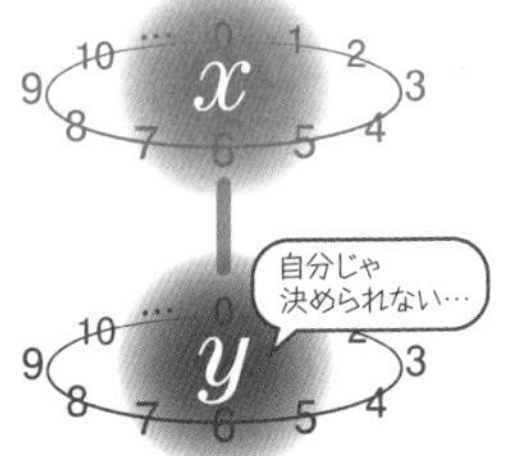

10 … 0 1 2
9 x 3
8 7 6 5 4
自分じゃ決められない…
9 y 3
8 7 6 5 4

xが決まらないと，どの数になるかは決まりません。

変数xが決まると，それにともなって，

6
90

変数yの数も「1つだけ」に決まります。

こういう関係のとき，「yはxの関数である」というわけなんですね。

ニャるほど…

「優柔不断（ゆうじゅうふだん）」というか，
「いいなり」というか，
「一途（いちず）」というか…

関数ってそういう感じニャのね…

つまり，「変な数」だから「変数」っていうワン？

ちがうニャ！
何を聞いてたニャ!?

変なのはおまえニャ!

問2 （関数の関係）

次の㋐～㋒のうち，yがxの関数であるものはどれですか。

㋐ 1辺の長さが$x$cmの正方形の面積は$y\text{cm}^2$である。

㋑ x歳の人の体重は$y$kgである。

㋒ 1個100円のみかんx個と1個800円のメロン1個の代金の合計はy円である。

では，問題を通して，「関数」とは何なのかをしっかりと理解していきましょう。

基本的にはまず，さっきの「$y=15x$」のように，x と y の関係を式（関係式※）で表してみます。

※関係式…2 つ（以上）の量や文字の間の関係を表す式のこと。

そのうえで，「変数 x の値が決まると，それにともなって変数 y の値もただ 1 つ決まる」という関係が成立するとき，「y が x の**関数**である」ということができます。

㋐を考えましょう。
「正方形の面積」は
（1 辺）×（1 辺）
ですから，関係式は

$$y = x \times x = x^2\ (\text{cm}^2)$$

になりますね。

x cm　y cm²　x cm

関係を見るため，この式に，
$x=1$，$x=2$，$x=3$…
を代入していきましょう。

x	1	2	3	4	5	…
y	1	4	9	16	25	

このように，
x の値が 1 つに決まると，
y の値もただ 1 つに（ほかの値になることなく）決まりますよね。

したがって，「y は x の関数である」ということができます。

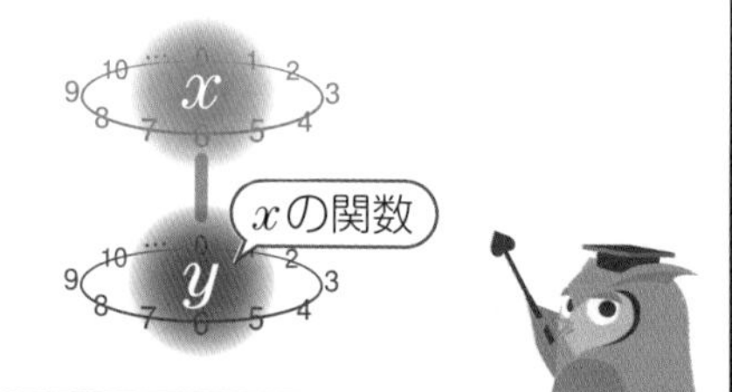

x
y
xの関数

㋑は，ちょっと考えればすぐに「おかしい」ということがわかりますよね。

ボクのことかワン？

おまえの話じゃないニャ！

確かに「おかしい」けど！

例えば，同じ 13 歳のクマくんとピヨくんがいたとしましょう。

クマ
ピヨ

同じ 13 歳でも，
ふつう**体重はちがいます**よね。
つまり，$x=13$ に対して，y の値が2つ（以上）になってしまうわけです。

13 歳
13 歳
20kg
5kg

「変数 x の値が決まると，それにともなって変数 y の値も**ただ 1 つ**決まる」という関係が成立しない。
そのため，㋑の場合，
「y は x の**関数**である」
ということはできないんです。

あたりまえニャ。
㋑が成立したら，同じ歳の人はみんな同じ体重になってしまうニャ。

そんなわけないニャ

そのとおり。関係式もつくれませんよね。

㋒を考えましょう。
x と y の関係を式で表してみます。
1 個 100 円のみかん x 個の代金は，
$100\times x=100x$（円）

100x 円

1 個 800 円のメロン 1 個の代金は，
$800\times 1=800$（円）

800 円

代金の合計が y 円だから，関係式は，

$$y=100x+800$$

となります。

この㋒の式も，㋐と同様に x の値をいくつか代入すると，それにともなって y の値が 1 つに決まりますよね。

x	1	2	3	4	5	…
y	900	1000	1100	1200	1300	

したがって，㋐・㋑・㋒のうち，
y が x の関数であるものは，

㋐，㋒ **答**

となります。
関数とは何か，だいたいわかってきたでしょうか。

問3 （変域）

変数xが次の範囲の値をとるとき，xの変域を不等号を使って表しなさい。

(1) 7以下

(2) −3より大きく5より小さい

(3) 0以上6未満

…また意味不明なことをきいてきたニャ～…「変域」って何ニャ？

「変な域」のことかワン？

例えば，**問1**のような水そうを考えてみてください。水そうの深さが100cmの場合，水の深さを表す変数yは0～100cmの間の値をとりますよね。−15とか120とかにはならないんです。

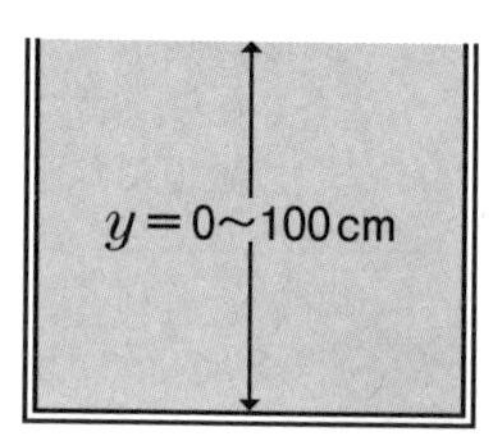
y＝0～100cm

このように，**「変数のとりうる値の範囲」**を，その変数の**「変域（へんいき）」**といいます。

※域…物事の範囲のこと。

変域
「変な域」ではないですよ

変数の変域は，ふつう**不等号**を使って，以下のように表します。基本，真ん中に変数をおくんです。大きい数ほど右に書きます。

変域と不等号の対応

① **変数xの範囲がa以上b以下である** → $a \leqq x \leqq b$

▶端の数（aとb）を**ふくむ。**

② **変数xの範囲がaより大きくbより小さい** → $a < x < b$

▶端の数（aとb）を**ふくまない。**「**未満**」は「**より小さい**」と同じ意味。

※範囲を示す「端の数（aとb）」が片方しかない場合もあるので注意（例「a以上」→ $a \leqq x$，「b未満」→ $x < b$）

(1)の「7 以下」を数直線上に表すと，このようになります。

7

変域を数直線上で表すとき，端の数を**ふくむ**場合は●で表します。

7 以下は，端の数をふくむので，不等号は ≦ を使って表します。

$x \leqq 7$ 答

※「$7 \geqq x$」と逆に書いてもまちがいではありませんが，**大きい方を右辺に書く**のが基本です。

(2)の「−3 より大きく 5 より小さい」を数直線上に表すと，このようになります。

−3
5

変域を数直線上で表すとき，端の数を**ふくまない**場合は○で表します。

−3 と 5，どちらの端の数もふくまないので，不等号は ＜ を使います。

$-3 < x < 5$ 答

なお，範囲を表すときは原則，「$5 > x > -3$」と逆にはしません。**大きい方を右に書く**のが基本です。

(3)の「0 以上 6 未満」を数直線上に表すと，このようになります。

0

6

ふくむ場合はぬりのある●で，**ふくまない**場合はぬりのない○で表すんです。

0 以上 6 未満は，左端の数 0 をふくみ，右端の数 6 はふくまないので，不等号は ≦ と＜ を使って表します。

$0 \leqq x < 6$ 答

「中学生以上」は，
中学生もふくむニョ？
ふくみます！
「小学生」はふくみません！

「18 歳未満禁止」は，
18 歳ならいいワン？
何の話だニャ…
18 歳（以上）なら OK です。
17 歳（以下）はダメです。

端の数をふくむのか
ふくまないのか，
しっかり整理して，
正しい不等号を使える
ようになりましょうね。

END

【参考】日本語として使う「a **以内**」は a を**ふくむ**が，「a **以外**」は a を**ふくまない**。まぎらわしいので注意！

2 比例する量

問1 (比例する量)

縦 2cm，横 $x$cm の長方形の面積を $y$cm^2 とするとき，y が x に比例することを示しなさい。また，比例定数をいいなさい。

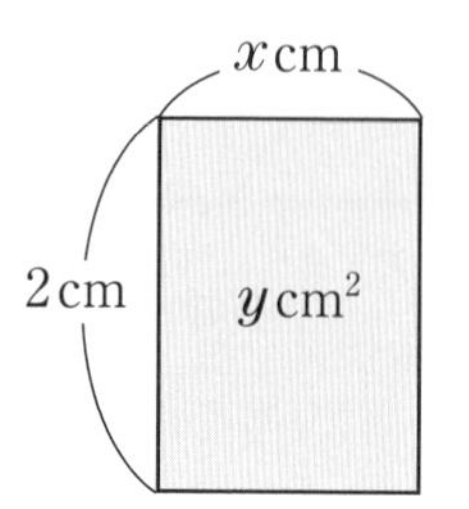

$x$cm
2cm
$y$cm^2

このような問題では，まず，x と y の関係を式で表してみましょう。

長方形の面積は
(縦)×(横)
ですから，関係式は

$y = 2\times x = 2x$ (cm^2)

になりますね。

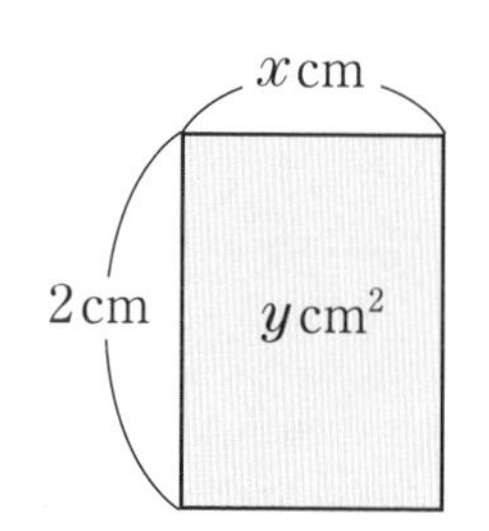

$x$cm
2cm
$y$cm^2

x と y の関係を見るため，この式に，
$x=1$，$x=2$，$x=3$…
を代入してみましょう。

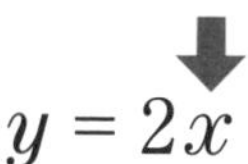

$$y = 2x$$

x	1	2	3	4	5	…
y	2	4	6	8	10	

表を見ると，x が 2 倍，3 倍…になるとき，それにともなって y も 2 倍，3 倍…になりますよね。

比例の式

POINT

このように，変数 y が変数 x の関数であり，x と y の関係が

$$y = ax$$

という式で表されるとき，「**y は x に比例（ひれい）する**」というんです。

※a は 0 ではなく，変数でもない数。

比例

そういえば，比例は小学校で習ったニャ〜…このaは何なニョ?

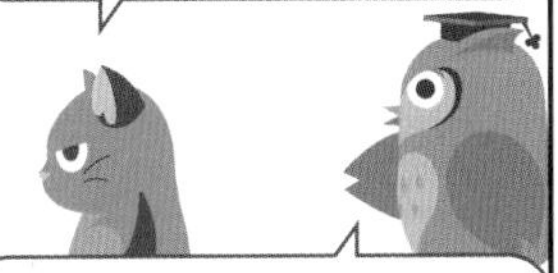

a は「比例定数」です。

MEMO 比例定数（ひれいていすう）

決まった数（変化しない数）やそれを表す文字のことを「**定数**」という。「**変数の反対**」と考えてよい。比例の式 $y=ax$ の a は定数であり，比例関係における定数なので**比例定数**という。

y が x に比例し，$x \neq 0$ のとき，$\dfrac{y}{x}$ の値は一定で，比例定数に等しい。

$y=ax \Leftrightarrow \dfrac{y}{x}=a$

$$y = ax$$

比例定数

実際は，整数・分数・小数などの数値が入る。

問1の x と y の関係式「$y=2x$」は「$y=ax$」の形なので，y は x に比例するといえます。

$y=ax$ の形
↓
比例する

あ…この $y=2x$ の2が「比例定数」なニョね？

そうです。これは，長方形の縦の長さですね。「定数」なので，この問題の中では変化しません。

ずっと2のままです

ちなみに，前回やった $y=15x$ という式も，$y=ax$ の形なので，比例の式（比例定数は15）だったんですよ。

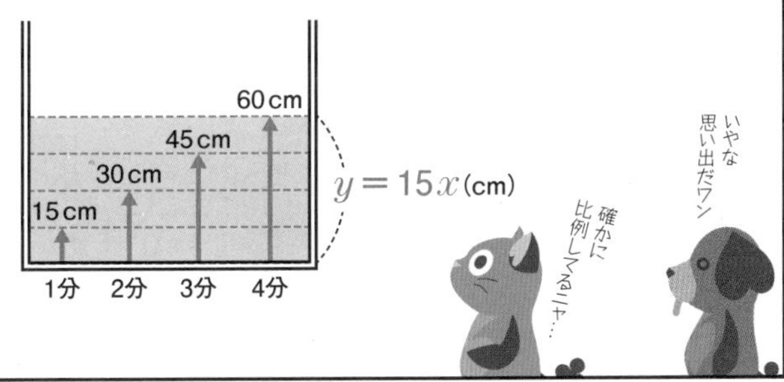

60cm
45cm
30cm
15cm
1分
2分
3分
4分
y = 15x (cm)
確かに比例してるニャ…
いやな思い出だワン

答えをまとめると，こうなります。

x，y が変数で，関係式が $y=2x$ となり，$y=ax$ の形で表されるから，y は x に比例するといえる。また，比例定数は2。 **答**

問1のような比例を示す問題は，

① 問題文から x と y についての関係を式で表す。

② その式が $y=ax$ の形で表されることを示す。

という手順で解きましょう。

※逆に，$y=ax$ の形の式に変形できないときは，y は x に比例しないことを表します。

問2 (比例の関係①)

$y=10x$ について，x の値に対応する y の値を求め，下の表の空欄をうめなさい。

x	…	−4	−3	−2	−1	0	1	2	3	4	…
y	…					0					…

$y=10x$ の x に −4 ～ 4 の値を順に代入していけば y の値が求められますよね。

例 $x=-4$ を代入 → $y=10\times(-4)=-40$

⋮

$x=\ 4$ を代入 → $y=10\times4=40$

x	…	−4	−3	−2	−1	0	1	2	3	4	…
y	…	−40	−30	−20	−10	0	10	20	30	40	…

答

変数 x が正の数でも負の数でも，**x の値が 2 倍，3 倍，4 倍になると，それに対応する y の値もそれぞれ 2 倍，3 倍，4 倍になる**点に注意しましょう。

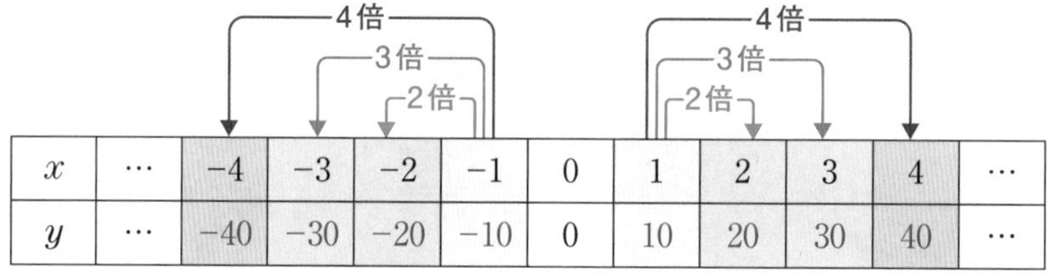
4倍
3倍
2倍
4倍
3倍
2倍

x	…	−4	−3	−2	−1	0	1	2	3	4	…
y	…	−40	−30	−20	−10	0	10	20	30	40	…

「y は x に比例する」というのは，こういうことなんです。x の値が「負の数」でも，正の数のときと同じように比例関係が成り立ちます。

問3 (比例の式の求め方)

y は x に比例し，$x=3$ のとき $y=12$ です。

(1) y を x の式で表しなさい。

(2) $x=-5$ のときの y の値を求めなさい。

…ふぁ!?
y を x の式で表しなさい?
どういうことニャ? むちゃぶり?

変数の x, y がわかっている場合の，y を x の式で表す問題ですね。

(1)を考えましょう。
「**y を x の式で表しなさい**」とは，最後の答えを，

$$y = \sim$$

（x をふくんだ式）

という形にしなさいということです。

問題文には，「y は x に比例し」とあるので，比例定数を a とすると，求める式は，

$$y = ax$$

（比例の式）

の形だとわかります。

また，問題文には「$x = 3$ のとき $y = 12$ です」とあるので，この式に $x = 3$，$y = 12$ を代入すれば，比例定数の a がわかります。

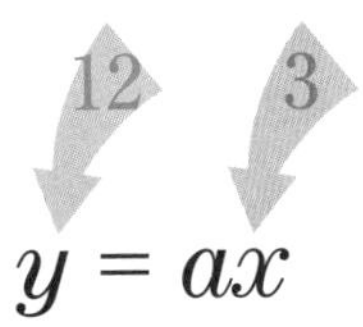
12
3

$$y = ax$$

$$y = ax$$
$$12 = a \times 3$$
$$3a = 12$$
$$\frac{3}{3}a = \frac{12}{3}$$
$$a = 4$$

比例定数 a は4だとわかったので，求める式は，

$y = 4x$ 答

となります。

(2)を考えましょう。
(1)で求めた式「$y = 4x$」で，x が -5 のとき，y の値は何になりますか，という問題ですね。

$y = 4x$ に $x = -5$ を代入すればいいので，

$$y = 4 \times (-5)$$

$y = -20$ 答

が答えとなります。

関係式が「$y = ax$」になる場合，「y は x に比例する」といえます。
逆に，「y は x に比例する」場合，関係式は「$y = ax$」になります。
しっかり覚えておきましょう。

END

3 比例のグラフ

問1 （座標①）

右の図で，
点 A，B の座標を
いいなさい。

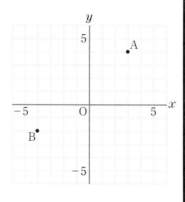

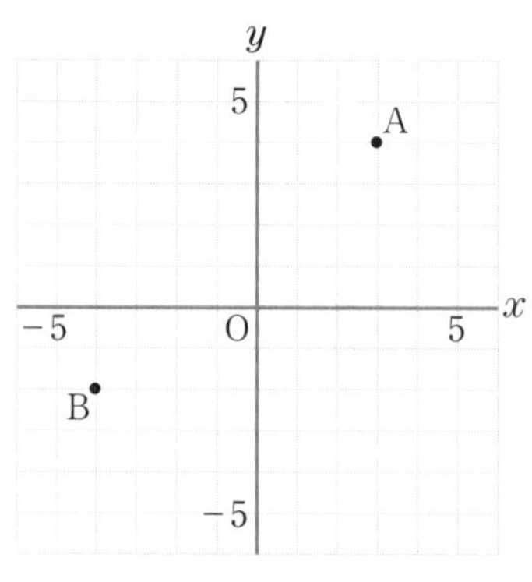

y
5
A
x
−5
O
5
B
−5

座標？
…なんのことニャ？

知らんがニャ！

まずは**座標**とは何か。
1つ1つ説明していきましょう。

まずはじめに，横にのびる数直線があります。
これを x **軸（横軸）**とよびます。

x 軸

x

x 軸に**垂直**に交わり，
縦にのびる数直線があります。

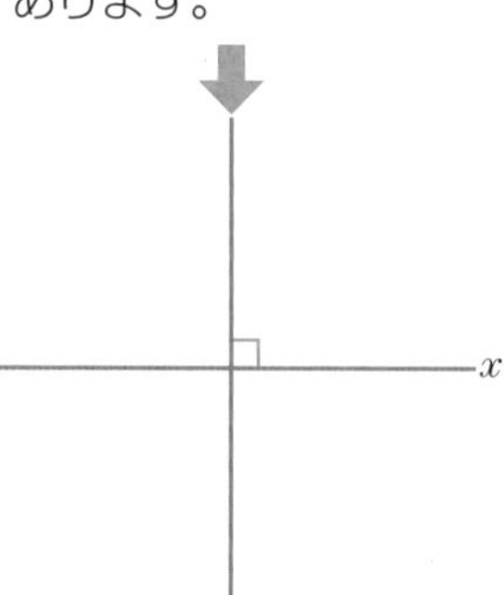

x

これを y **軸（縦軸）**とよびます。
※y 軸は上に行くほど大きい数になる。

y

y 軸

x

x 軸と y 軸を合わせて**座標軸**（ざひょうじく）といいます。

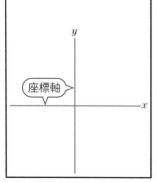

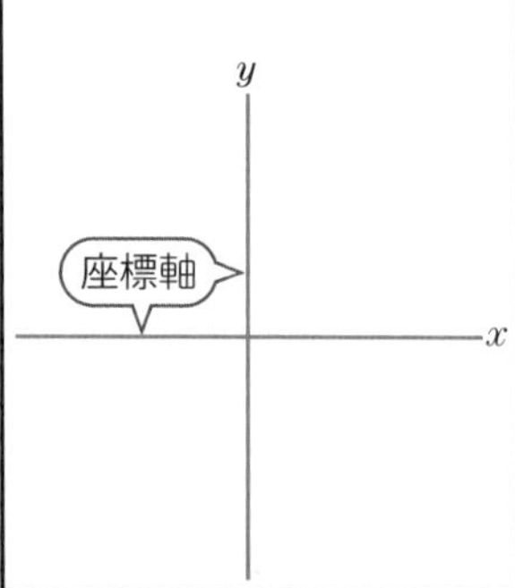

y
座標軸
x

座標軸が交わる点 O（オー）を**原点**といいます。

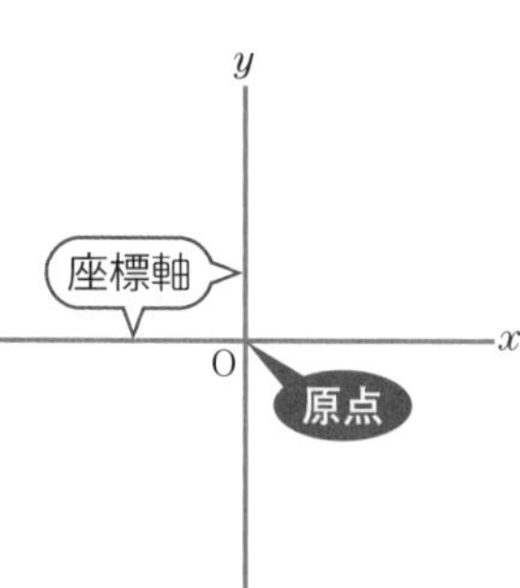

y
座標軸
x
O
原点

え？ アルファベットの O（オー）なニョ？
原点は数字の 0（ゼロ）じゃないニョ？

!?

まぎらわしいんですけど，座標軸の原点（交点）は O（オー）で表すんです。*

*Origin（原点）の頭文字より。

座標軸を書いたら，
わかりやすいように，
x 軸に目盛りを入れて，

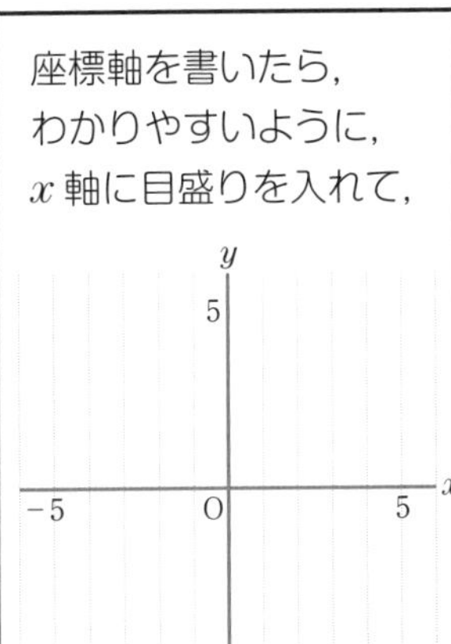
y
5
x
−5
O
5
−5

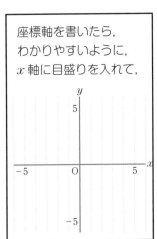

y 軸に目盛りを入れる。
こうしてできたのが，
問 1 の平面図です。

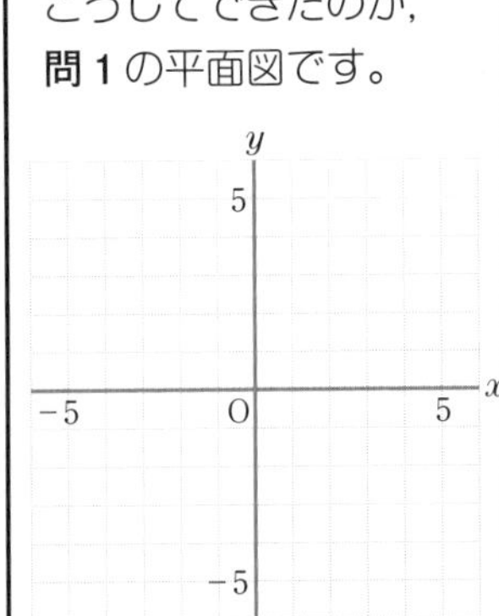
y
5
x
−5
O
5
−5

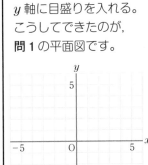

y 軸では，原点 O より
上が正の数，下が負の
数となります。

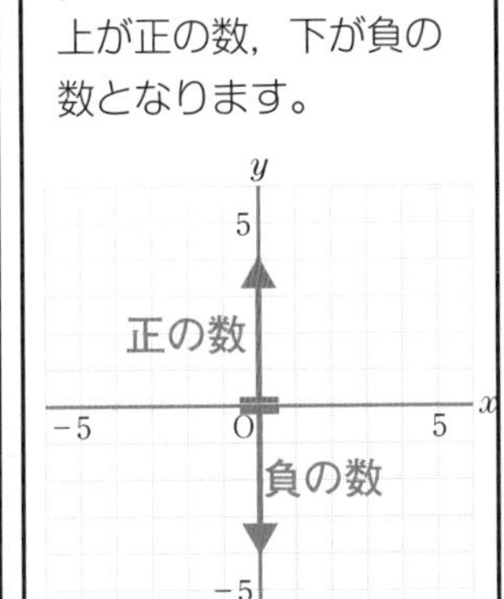
y
5
正の数
x
−5
O
5
負の数
−5

この座標軸からなる平面上に，
「点 A」があるわけですね。

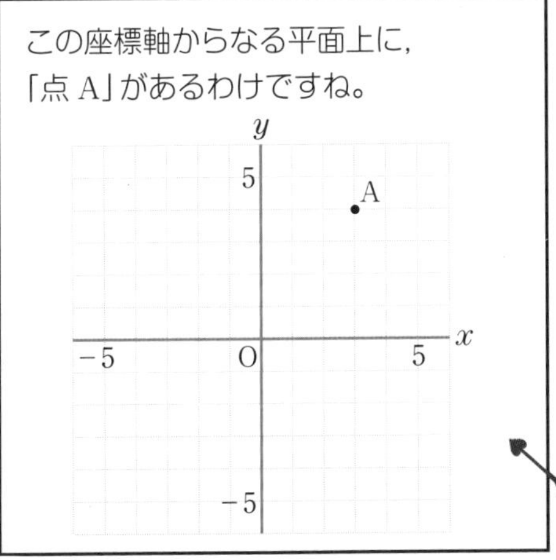
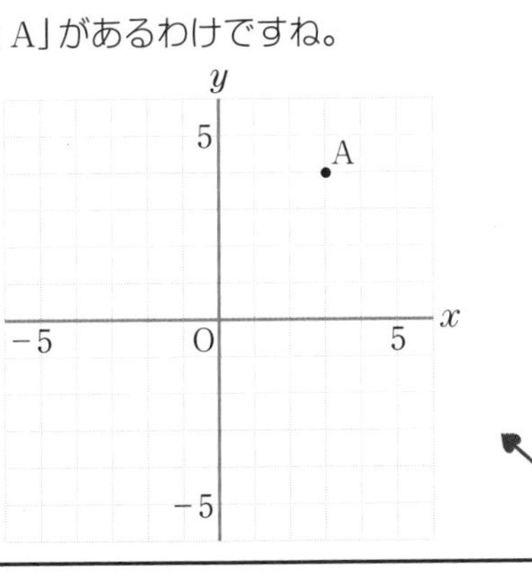
y
5
A
x
−5
O
5
−5

この点 A は
どこにありますか？
正確にいってください。
ふぁ？
正確に？
右上…？
（てきとう）
!?

実は，こういった
平面上の**点の位置**を
数（の組）で正確に示す
のが「**座標**」なんです。

点 A から，x 軸と y 軸にそれぞれ
垂直に線をおろしてみましょう。

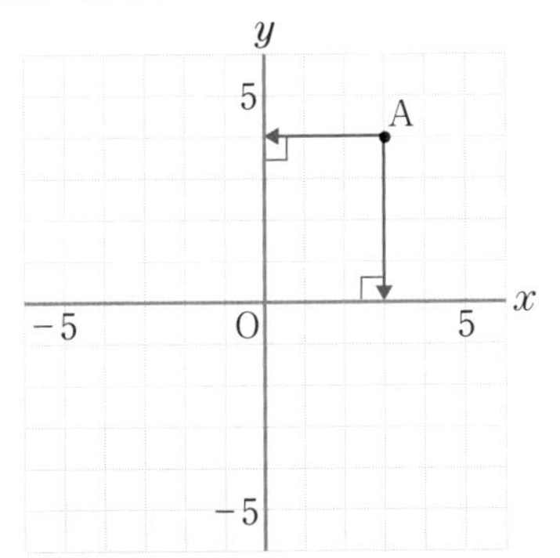
y
5
A
x
−5
O
5
−5

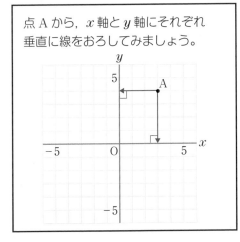

点 A は，x 軸では 3 の位置，
y 軸では 4 の位置にありますよね。

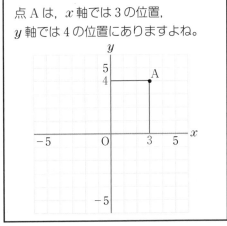

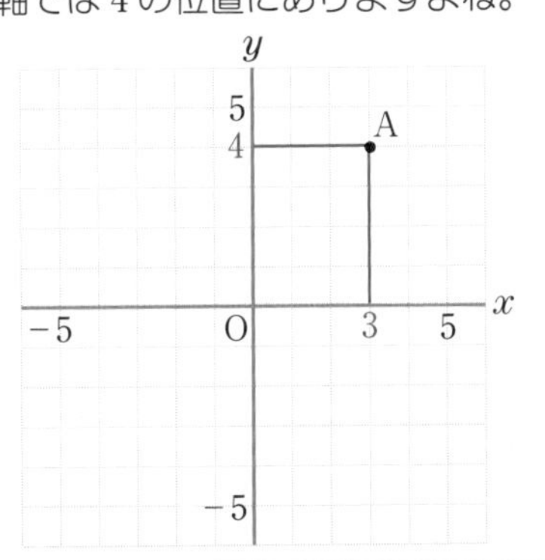
y
5
4
A
x
−5
O
3
5
−5

この 3 を点 A の x **座標**といい，
この 4 を点 A の y **座標**といいます。

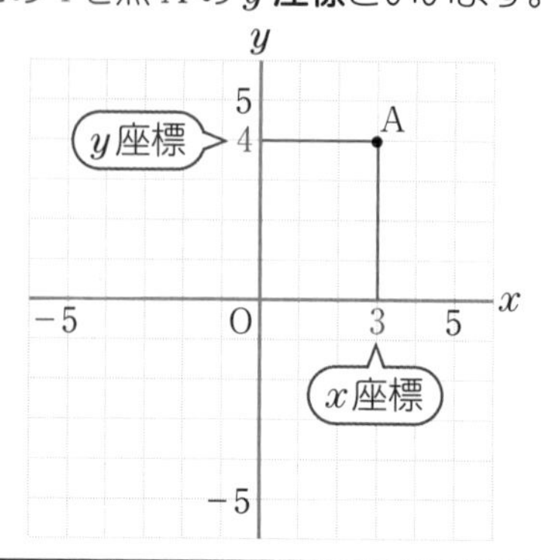

y座標
x座標
A

点 A の**座標**は，x 座標，y 座標の順に，
(3, 4) と示すんです。

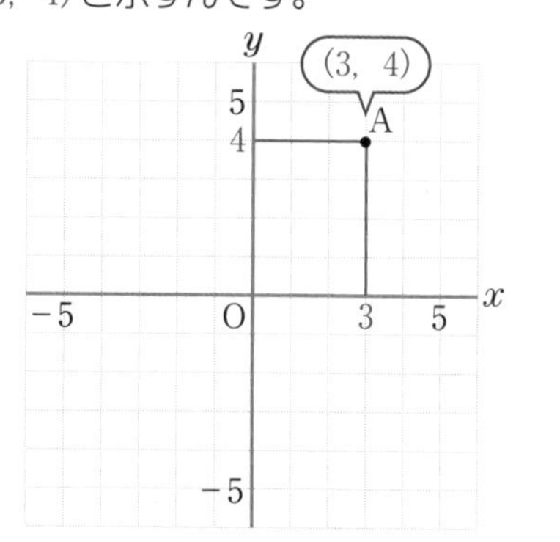

(3, 4)
A

(4, 3) と逆に書いたらダメなニョ？
y を先にして

ダメです。**座標は必ず** (x座標，y座標) **の順で書く**と決まっているんです。

点 A の座標は

(3, 4) **答**

ですね。
同様に，
点 B の x 座標は -4，
y 座標は -2 なので，
点 B の座標は

$(-4, -2)$ **答**

となります。

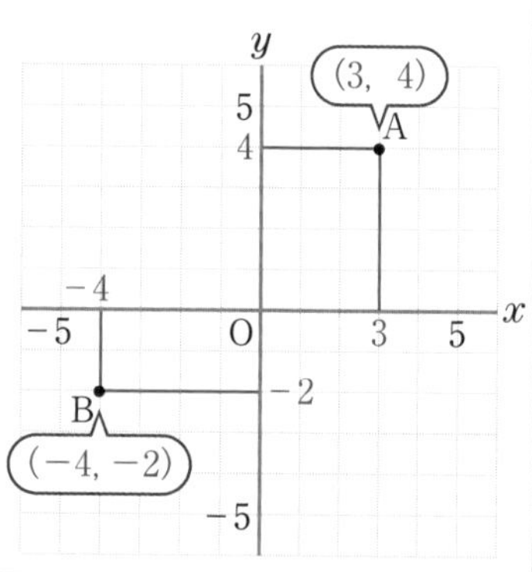

(3, 4)
A
B
(−4, −2)

A (3, 4)
(0, 0)
B (−4, −2)

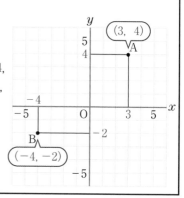

なお，**座標もふくめて点を示すとき**は，点 (•) の近くに記号 (A や B など) をかき，その記号の右側に座標を書きます。

ちなみに，**原点** (座標軸の交点 O) の座標は (0, 0) です。覚えておきましょう。

オーだかゼロだか
まぎらわしいニャ〜

問2 （座標②）

右の図に，次の点を示しなさい。

C (4, 2)

D (−3, 3)

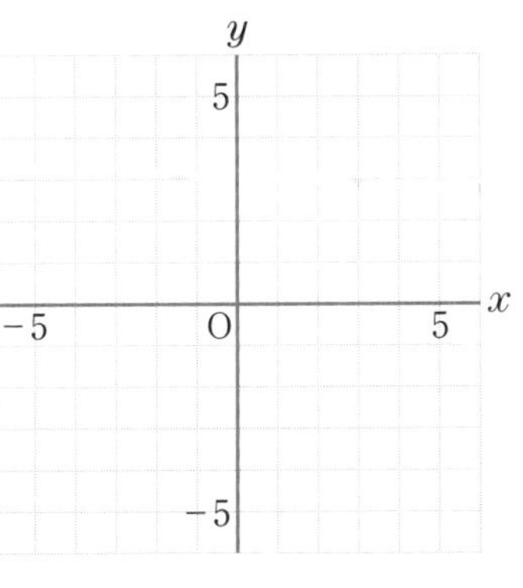

y
5
x
−5
O
5
−5

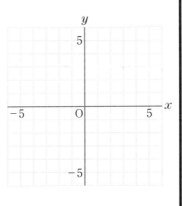

座標をもとに点の位置を示すときは，原点Oからスタートして，

(x 座標 → y 座標)

の順に目を動かしていけば決まります。

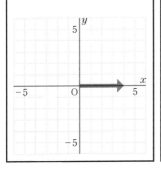

C (4, 2) の
x 座標は 4

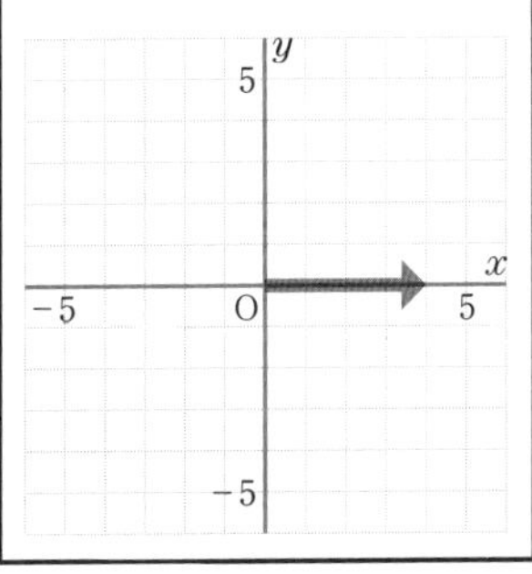

C (4, 2) の
y 座標は 2

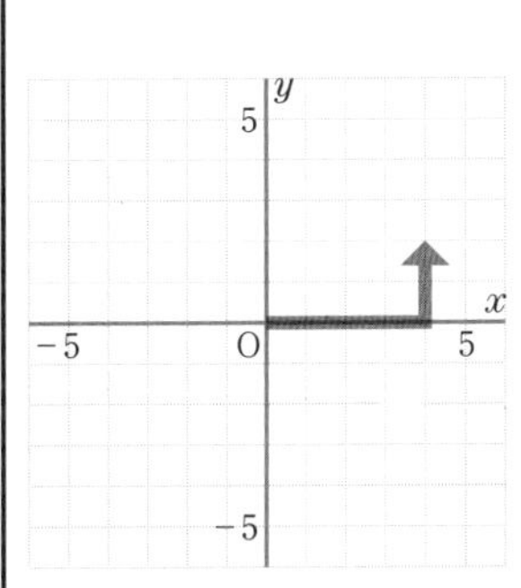

点 C はここが正解です。

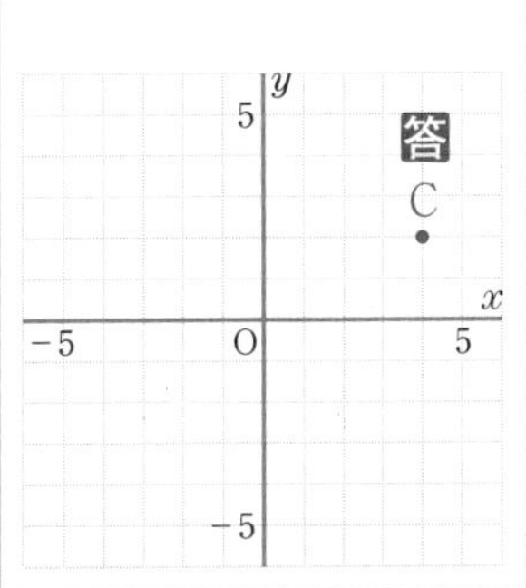

答
C

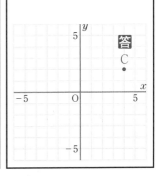

点 D も同様に考えます。
D (−3, 3) の
x 座標は −3

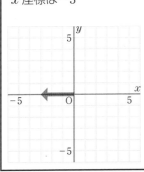

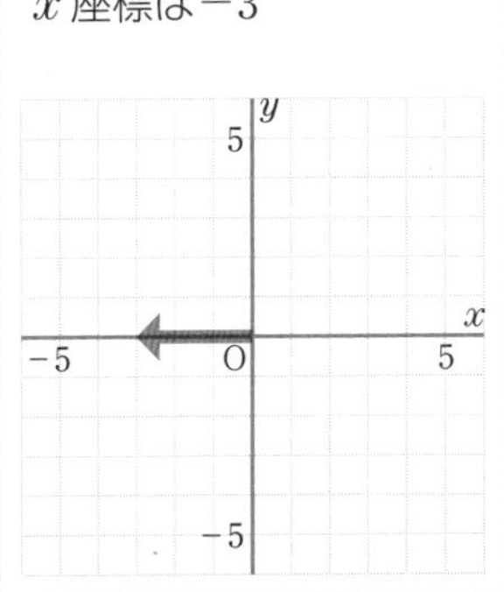

D (−3, 3) の
y 座標は 3

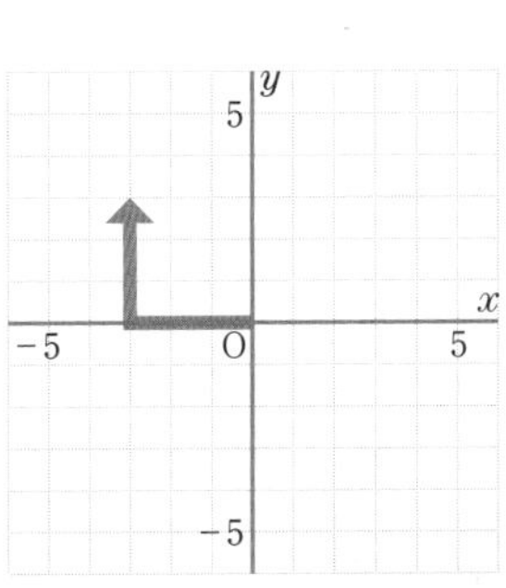

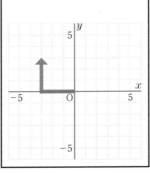

点 D はここになります。
座標の見方と示し方がわかりましたね。

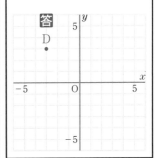

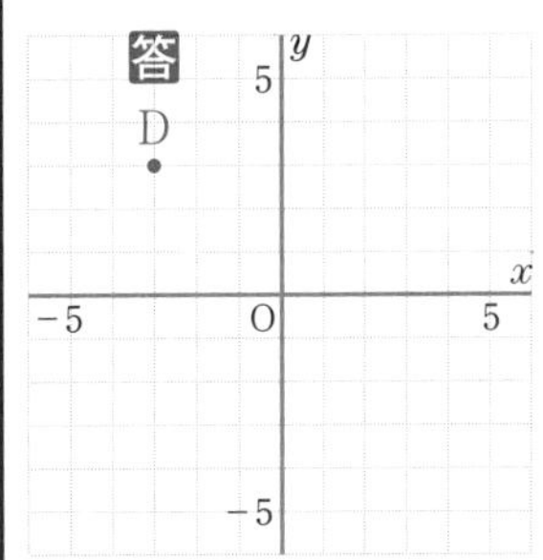

答
D

問3 **（比例のグラフ①）**

$y=2x$ のグラフを，次の手順で右の図にかき入れなさい。

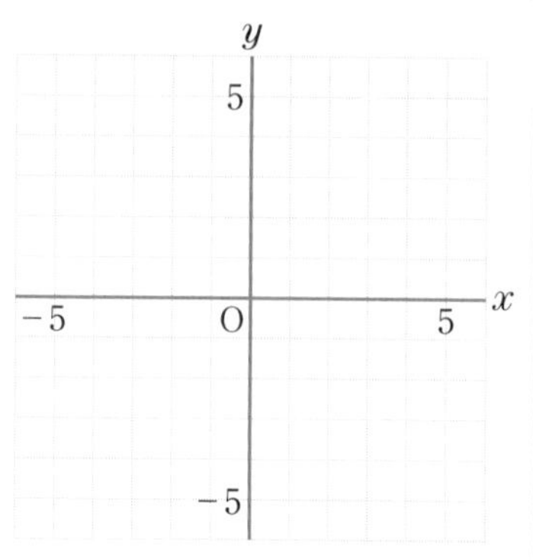

y
5
x
−5
O
5
−5

(1) x の値に対応する y の値を求め，下の表の空欄をうめなさい。

(2) 下の表の x，y の値の組を座標とする点を，右の図にかき入れなさい。

(3) 点を線で結び，グラフにしなさい。

x	…	−3	−2	−1	0	1	2	3	…
y	…				0				…

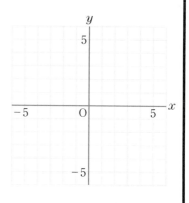

$y=2x$ は
$y=ax$ の形なので，
比例の式ですよね。
これをグラフにしよう
という問題です。

(1)では，$y=2x$ の x に−3～3の値を代入して，y の値を求めましょう。

x	…	−3	−2	−1	0	1	2	3	…
y	…	−6	−4	−2	0	2	4	6	…

答

(2)を考えましょう。
「x，y の値の組を座標とする点」
というのは，例えば，$x=-3$ のとき
$y=-6$ なので，この (−3, −6) の組
を座標とする点という意味です。

x	…	−3
y	…	−6

(−3, −6)

この (−3, −6) を座標とする点を図にかき入れると，このようになります。

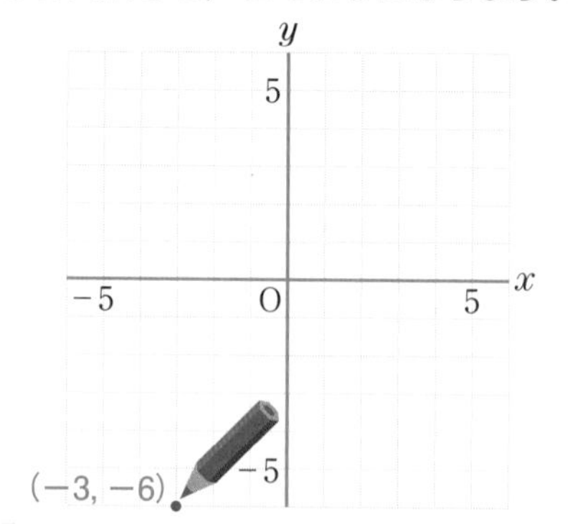

y
5
x
−5
O
5
−5
(−3, −6)

同じように，残り６つの点をかき入れると，答えになります。

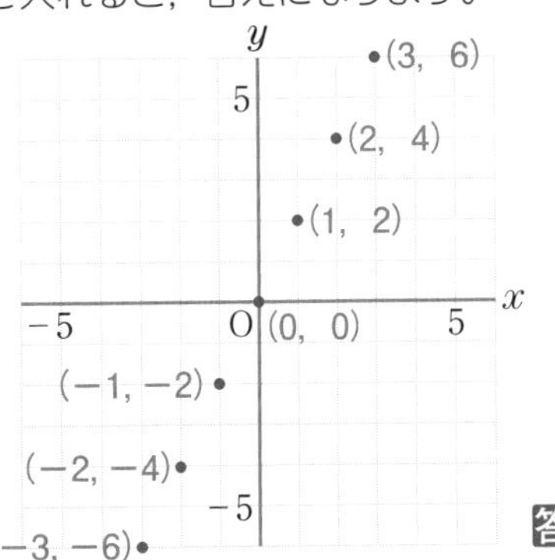

y
x
5
−5
O
(3, 6)
(2, 4)
(1, 2)
(0, 0)
(−1, −2)
(−2, −4)
(−3, −6)
答

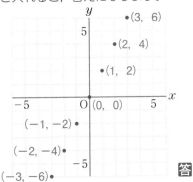

(3)では，点を線で結びます。すると，$y=2x$ のグラフができます。

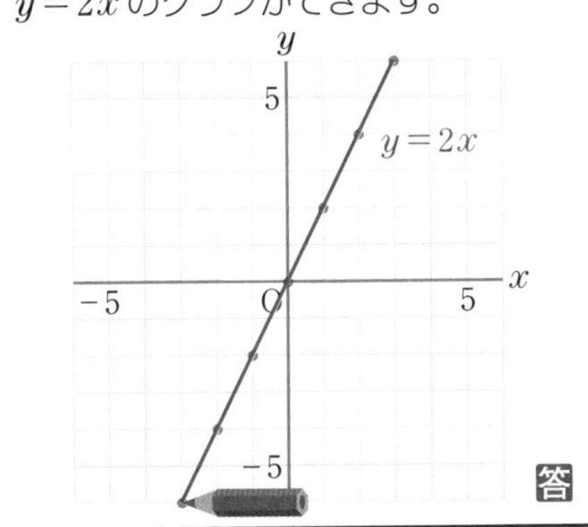

y
x
5
−5
O
y＝2x
答

比例のグラフは，つまり「直線」になるわけニャ

そのとおりです！
ただ，ある特徴のある直線になるんです。

比例の式は $y=ax$ の形なので，
x が 0 のときは当然，y も 0 になりますよね。

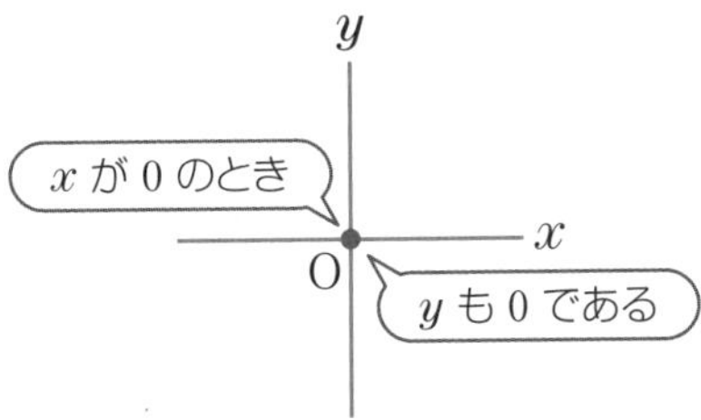

y
x
O
x が 0 のとき
y も 0 である

つまり，**比例のグラフは必ず原点を通る直線になる**ということです。

POINT 比例のグラフ＝原点を通る直線

比例のグラフは**原点を通る直線**になりますが，「直線」とは「**2 点**を最短距離で結ぶまっすぐな線」のことです。
比例のグラフは必ず原点を通るということは，**原点以外のもう１点（合わせて２点）がわかれば，かくことができる**というわけですね。

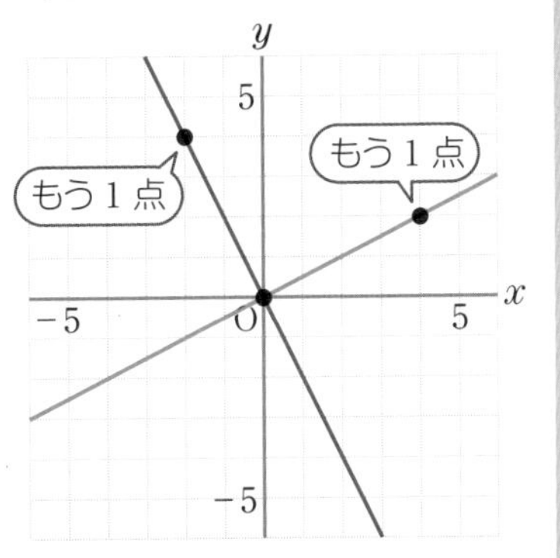

y
x
5
−5
O
もう１点
もう１点

ちなみに，$y=-2x$ という，**比例定数が負の数**の場合，グラフは右のようになります。
これも**原点を通る直線**になっていますね。

x	…	−3	−2	−1	0	1	2	3	…
y	…	6	4	2	0	−2	−4	−6	…

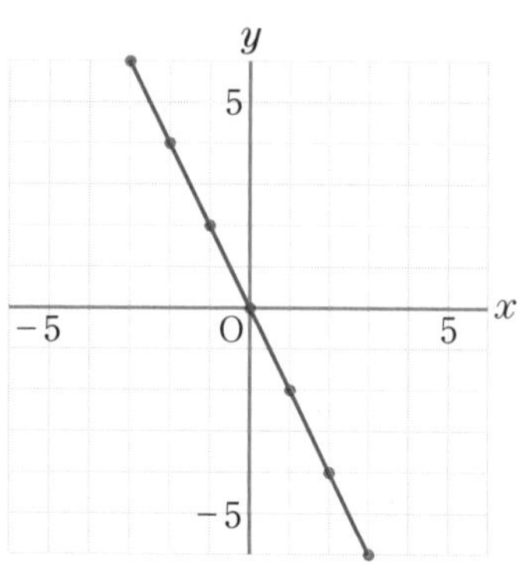

y
5
x
−5
O
5
−5

比例の式 $y=ax$ のグラフは，
a が**正の数**なら「右上がり ↗」になり，
a が**負の数**なら「右下がり ↘」になる
ことも覚えておきましょう。

POINT

比例のグラフ（$y=ax$）の傾き方

$a>0$（正の数）のとき
→右上がりのグラフ

$a<0$（負の数）のとき
→右下がりのグラフ

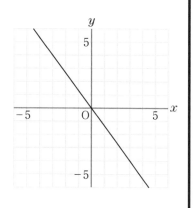

問4（グラフから式を求める）

右の図のグラフは，比例のグラフです。
y を x の式で表しなさい。

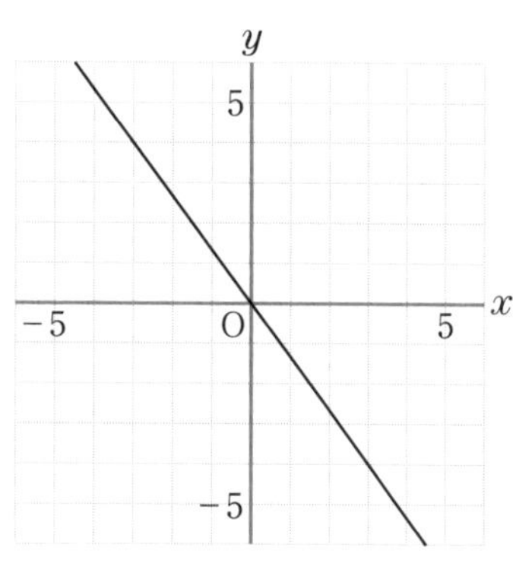

y
5
x
−5
O
5
−5

グラフを見て，比例の式 $y=ax$ を求める問題ですね。
こういう問題は，
まずはじめに，
x 座標，y 座標共に**整数**の点を1つ見つけましょう。

よく見ると，
座標が $(3,\ -4)$ の点は x 座標，y 座標共に**整数**です。
この x，y を $y=ax$ に代入すれば，a がわかりますよね。

※ $(-3,\ 4)$ の点でも可。

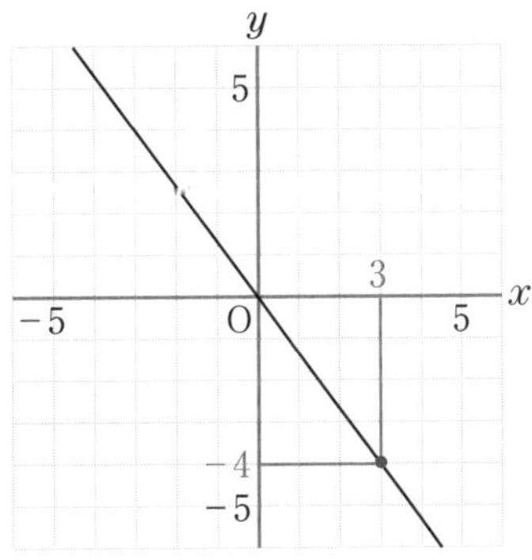

y
5
3
x
−5
O
5
−4
−5

グラフは，点 $(3,\ -4)$ を通るから，
$y=ax$ に $x=3$，$y=-4$ を代入して，

$$-4=a\times 3$$

$$a=-\frac{4}{3}$$

したがって，求める答えは，

$$y=-\frac{4}{3}x$$ 答

となります。

比例の式は $y=ax$ と形が決まっているので，この x と y がわかれば，a の値もわかり，式が求められるということですね。

$$y=ax$$

（ここが決まれば a も決まる）

比例のグラフのかき方，読み取り方はしっかり覚えておきましょう。

POINT

比例のグラフから式を求める手順

❶ **グラフが通る点のうち，x 座標と y 座標の値が共に「整数」である点の座標 $(x,\ y)$ を読み取る。**

※「整数」の方が，座標を正確に読み取りやすく，計算も簡単になるため。

❷ **$(x,\ y)$ の値を $y=ax$ に代入して比例定数 a の値を求める。**

END

4 反比例する量

ニャン吉くんに，
面積が 24 m² のお部屋を
つくってあげます！
マジニャ？
24 m²

今は「縦 6m× 横 4m」ですが，
縦と横の長さは自由に
変えていいですよ。
24 m²
6 m
4 m
自由にしていいにょ？
じゃあ広くするニャ！

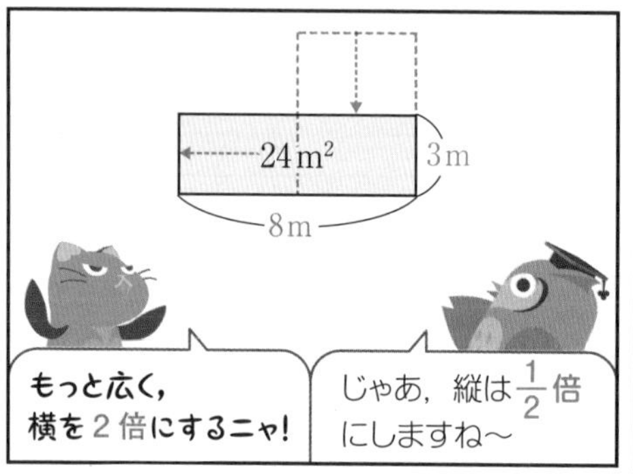
24 m²
3 m
8 m
もっと広く，
横を 2 倍にするニャ！
じゃあ，縦は 1/2 倍
にしますね〜

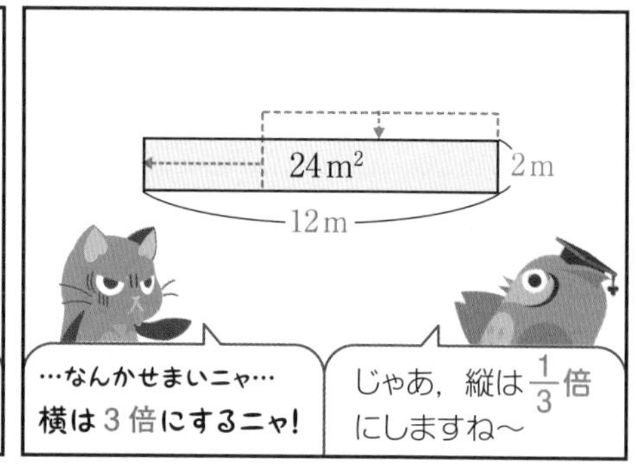
24 m²
2 m
12 m
…なんかせまいニャ…
横は 3 倍にするニャ！
じゃあ，縦は 1/3 倍
にしますね〜

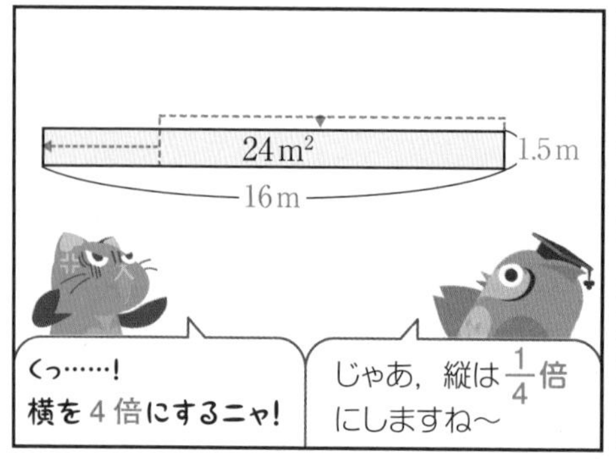
24 m²
1.5 m
16 m
くっ……！
横を 4 倍にするニャ！
じゃあ，縦は 1/4 倍
にしますね〜

コラー!!!
嫌がらせするニャ！
こんな横長の部屋
住めないニャ!!
いやいや…
面積は「24 m²」で
変えられないので，
仕方ないんですよ。
廊下か！

x の値が 2 倍，3 倍，4 倍になると，それに対応する y の値はそれぞれ $\frac{1}{2}$ 倍，$\frac{1}{3}$ 倍，$\frac{1}{4}$ 倍になる。
これが「反比例（はんぴれい）」のイメージです。

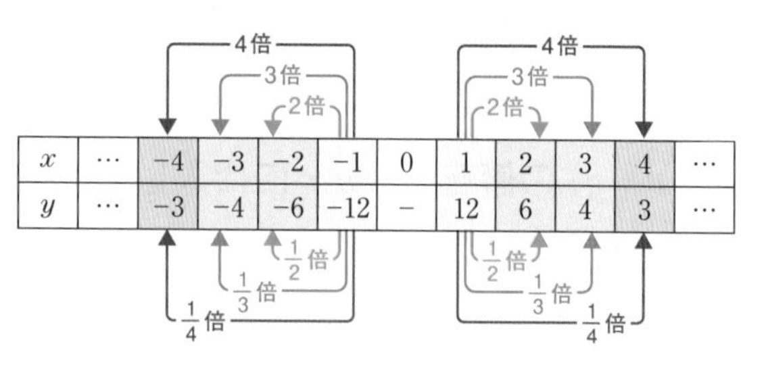
4 倍
3 倍
2 倍
$\frac{1}{2}$ 倍
$\frac{1}{3}$ 倍
$\frac{1}{4}$ 倍

x	…	−4	−3	−2	−1	0	1	2	3	4	…
y	…	−3	−4	−6	−12	−	12	6	4	3	…

この長方形，
横 x m，縦 y m，
面積を a m^2 だとすると，

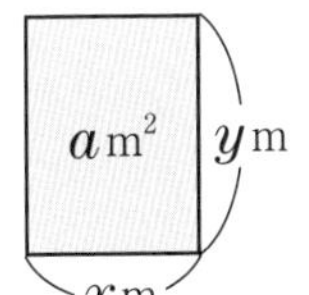
a m^2
y m
x m

面積を表す式は，

$$xy = a \ (\mathrm{m}^2)$$

となりますよね。

これを変形して，
y を x の式で表すと，

$$y = \frac{a}{x}$$

となります。

そして，
この式で表されるとき，
「y は x に反比例する」
というんです。

反比例

POINT

y が x の関数で，x と y の関係が $y = \frac{a}{x}$ となるとき，
「y は x に**反比例**する」という。（a は比例定数）

反比例の式

$$y = \frac{a}{x}$$

比例定数

x の値（$= a$ をわる数）が増えると，
当然，y の値も小さくなる。

比例の式

$$y = ax$$

※ a は比例定数（0 ではなく，変数でもない決まった数）（☞P.113）。

「**y は x に反比例する**」という反比例の関係を表す例としては，もう 1 つ，「**道のり・速さ・時間**」の関係があげられます。

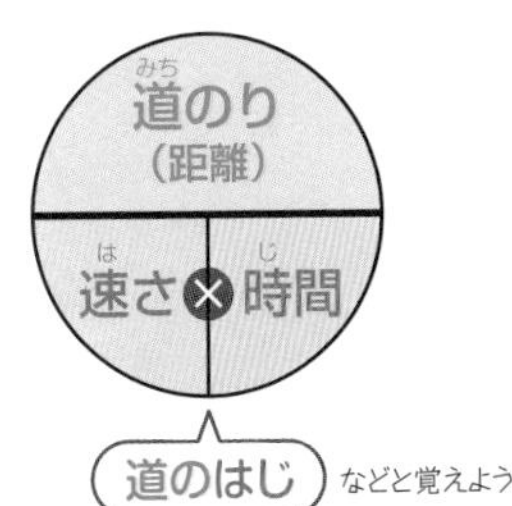
道のり（距離）
速さ
時間
道のはじ
などと覚えよう!

例えば，
「10 km の道のりを時速 x km で歩くと y 時間かかる」という場合，

時間 $= \frac{\text{道のり}}{\text{速さ}}$ なので，$y = \frac{10}{x}$

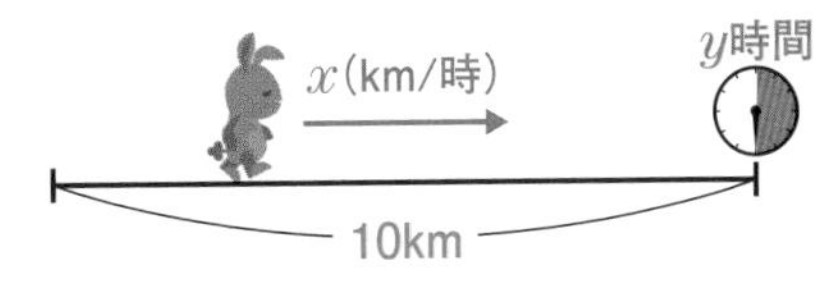
x（km/時）
y 時間
10km

この $y=\frac{10}{x}$ という式は，
$y=\frac{a}{x}$ という形なので，
「y は x に反比例する」といえるんです。（比例定数は 10）

※「速さ」が増すごとに「時間」は減るという関係。

「道のり」は変わらない（＝定数）ので，「速さ」が上がれば，その分「時間」は短くなる。あたりまえですけど，この**反比例のイメージ**をしっかりもっておいてくださいね。

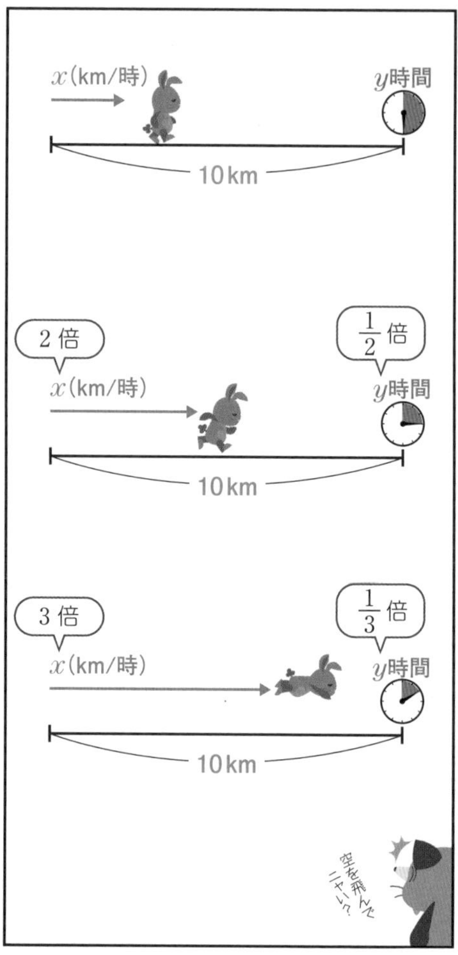

x(km/時)
y時間
10 km
2 倍
$\frac{1}{2}$ 倍
x(km/時)
y時間
10 km
3 倍
$\frac{1}{3}$ 倍
x(km/時)
y時間
10 km
空を飛んで
ニャい?

問 1 （反比例の式の求め方）

y は x に反比例し，$x=2$ のとき $y=8$ です。

(1) y を x の式で表しなさい。

(2) $x=-4$ のときの y の値を求めなさい。

(1)を考えましょう。
「**y を x の式で表しなさい**」とは，
最後の答えを，

x をふくんだ式
↓
$y=$ ▭

という形にしなさいということです。

問題文には，
「y は x に**反比例し**」とあるので，比例定数を a とすると，
求める式は，

$$y=\frac{a}{x}$$

の形だとわかります。

また，問題文には「$x=2$ のとき $y=8$」とあるので，
この式に $x=2$，$y=8$ を代入すれば，
比例定数の a がわかりますよね。

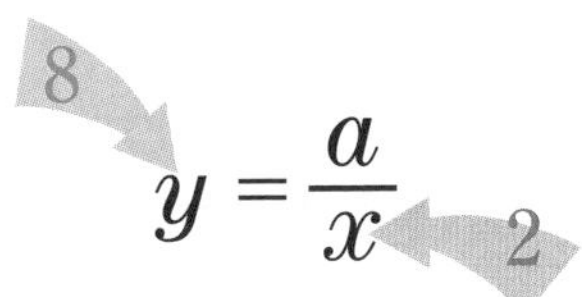
8
$y=\frac{a}{x}$
2

$y=\frac{a}{x}$

$8=\frac{a}{2}$

$a=16$

比例定数 a は 16 なので，

$y=\frac{16}{x}$ 答

x，y，a…
文字が３つもあるけど，そのうち２つの文字の値がわかれば，残った１文字の値もわかるわけニャ…

ニャるほどね…

そう！
文字は１人になると，その正体があばかれるんですね。

ちなみに，

$$y=\frac{a}{x} \leftrightarrow xy=a$$

なので，(1)のように比例定数を求めたいときは，$xy=a$ の式を使って計算しても OK です。
$8\times2=a$ より，$a=16$

(2)を考えましょう。
(1)で，
$y=\frac{16}{x}$ という式が求められたので，
この式に
$x=-4$ を代入すると，

$y=\frac{16}{x}$

$y=\frac{16}{-4}$

$y=-4$ 答

このように，
y の値がわかります。

反比例の式で，
変数 x が「負の数」の場合もありますので，
注意しましょう。

END

5 反比例のグラフ

問 1 （反比例のグラフ①）

$y=\dfrac{6}{x}$ のグラフを，次の手順で右の図にかき入れなさい。

(1) x の値に対応する y の値を求め，下の表の空欄をうめなさい。

(2) 下の表の x，y の値の組を座標とする点を，右の図にかき入れなさい。

(3) 点を線で結び，グラフにしなさい。

x	…	−6	−5	−4	−3	−2	−1	0	1	2	3	4	5	6	…
y	…							−							…

$y=\dfrac{6}{x}$ は，$y=\dfrac{a}{x}$ の形なので，**反比例**の式ですよね。
これをグラフにしようという問題です。
(1)では，$y=\dfrac{6}{x}$ の x に−6～6の値を代入して，
y の値を求めましょう。

x	…	−6	−5	−4	−3	−2	−1	0	1	2	3	4	5	6	…
y	…	−1	−1.2	−1.5	−2	−3	−6	−	6	3	2	1.5	1.2	1	…

答

(2)は，(1)の表を使って，
「x，y の値の組を座標とする点」を
すべて図にかく問題ですね。
まずは，一番左端の組。
$x=-6$ のとき $y=-1$。
この $(-6,\ -1)$ の組を座標とする点をかきます。

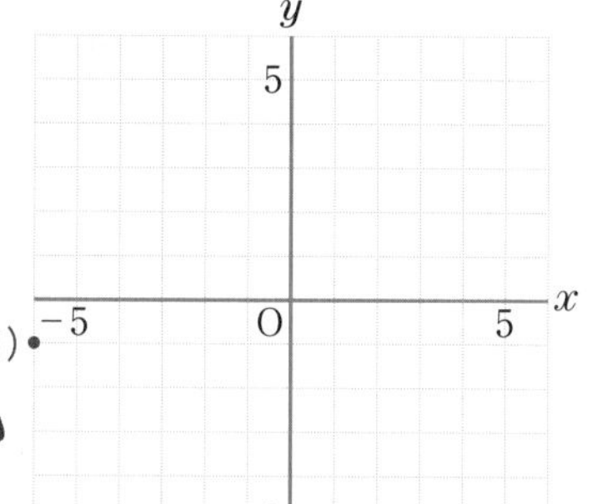
y
5
x
−5
O
5
−5
(−6, −1)

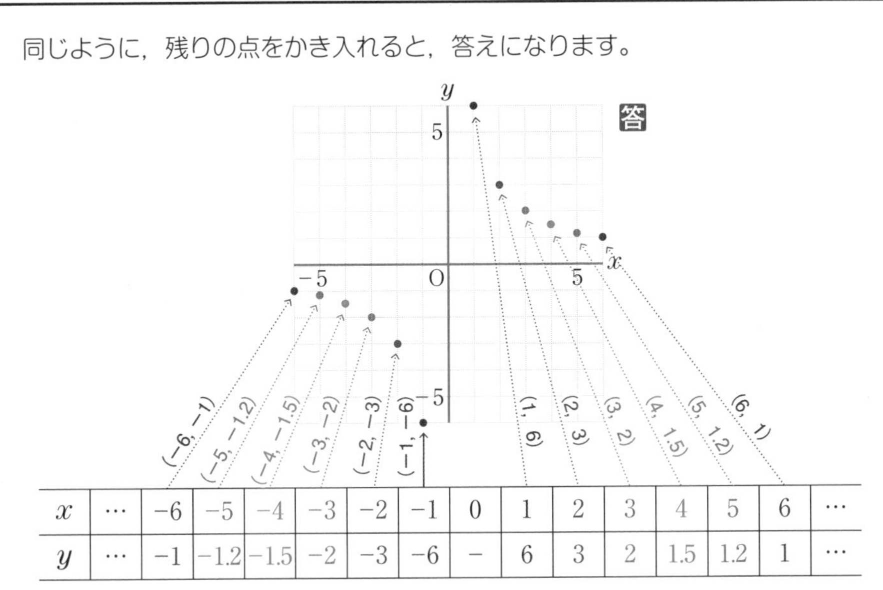
同じように，残りの点をかき入れると，答えになります。
答
(−6, −1)
(−5, −1.2)
(−4, −1.5)
(−3, −2)
(−2, −3)
(−1, −6)
(1, 6)
(2, 3)
(3, 2)
(4, 1.5)
(5, 1.2)
(6, 1)

x	…	−6	−5	−4	−3	−2	−1	0	1	2	3	4	5	6	…
y	…	−1	−1.2	−1.5	−2	−3	−6	−	6	3	2	1.5	1.2	1	…

(3)は，これらの点を線で結び，グラフにしなさいという問題ですね。
…え？　点多くニャい？どうやって結ぶニャ？

「比例」のグラフは「原点を通る直線」だったワン！
ホー…
…あ，そうだったニャ…
意外と覚えてるニョね…

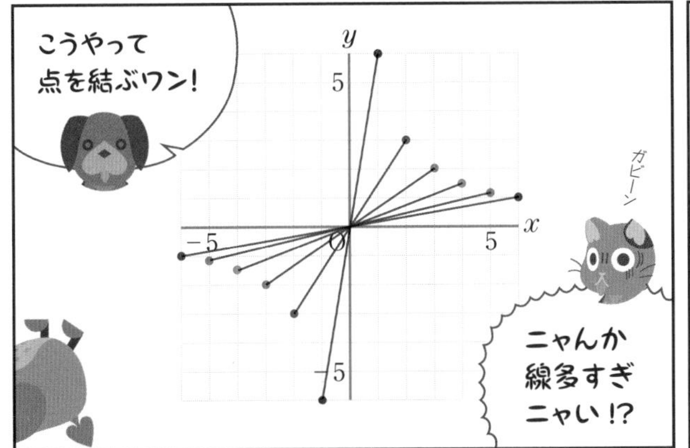
こうやって点を結ぶワン！
ガビーン
ニャんか線多すぎニャい!?

「反比例」のグラフは，近くにある点と点を「なめらかな曲線」で結ぶようにするんです。
なめらかな曲線

近くにある点と点を
「なめらかな曲線」で結んでいきます。

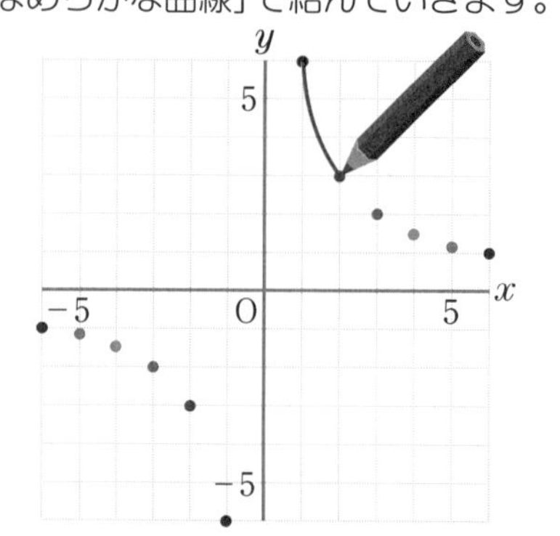
y
5
x
-5
O
5
-5

このような感じですね。

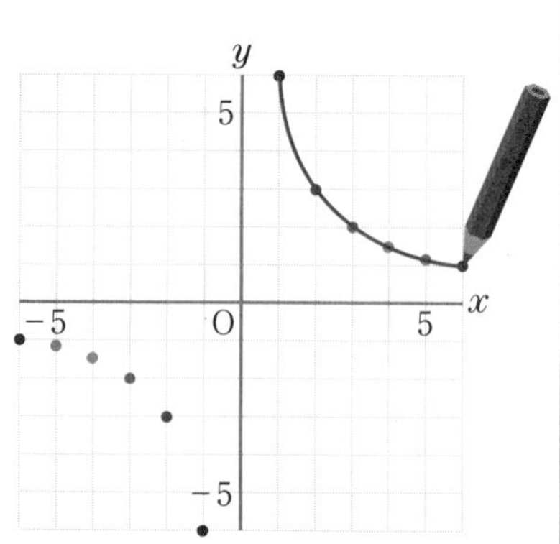
y
5
x
-5
O
5
-5

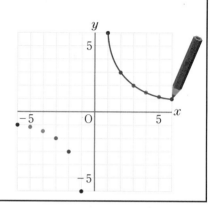

もう一方も同様に，曲線で結べば，
反比例のグラフの完成です。

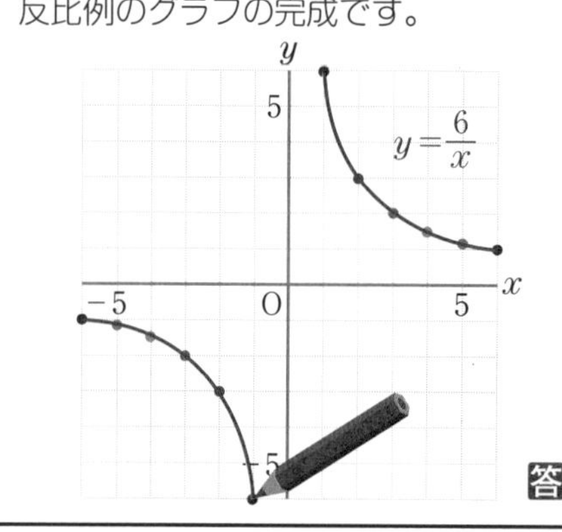
y
5
$y=\frac{6}{x}$
x
-5
O
5
-5
答

反比例のグラフはなんで
こんな「曲線」なニョ？
直線じゃダメなニョ？

!?

この反比例の式は $y=\frac{6}{x}$ ですよね。
例えば，$x=1.1$，1.2，$1.3\cdots$といった感じで，点をたくさん増やしていくとしましょう。

すると，たくさんの点の集まりが
「なめらかな曲線」のようになるんです。

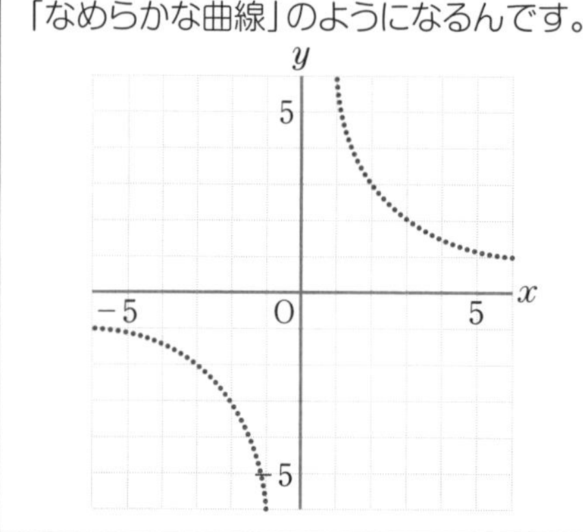
y
5
x
-5
O
5
-5

ですから，点と点を**直線**で結ぶのは
まちがいになります。注意しましょう。

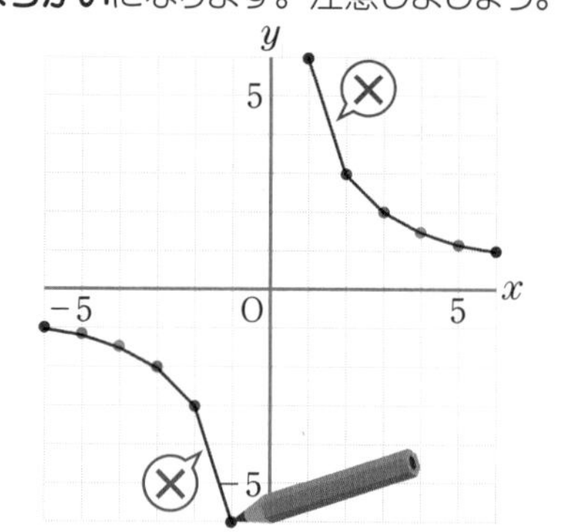
y
5
x
-5
O
5
-5

反比例のグラフ＝双曲線

反比例のグラフは，**なめらかな 2 つの曲線**になり，これを「**双曲線**（そうきょくせん）」といいます。

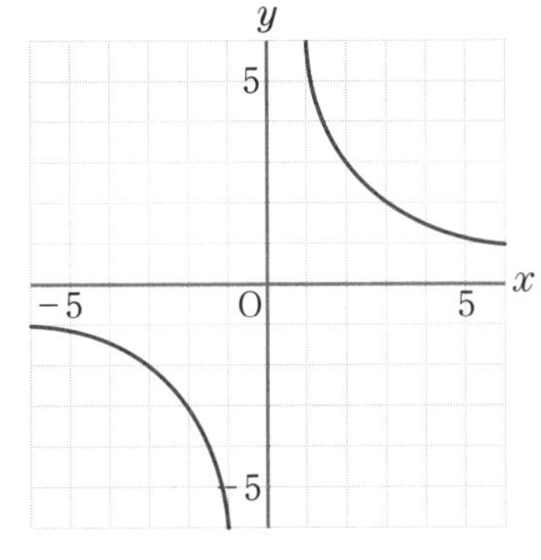

y
5
x
−5
O
5
−5

【双曲線の特徴】

❶ x 軸，y 軸と交わらない。

※ $x=0$ のときは考えない（0 でわることはできない）ため

❷ 原点について**対称**になっている。

座標軸の右上と左下に曲線ができるニョね…
比例定数が「正の数」のときはそうですね。

例えば，比例定数 a が負の数（$a<0$）の場合，

$y=-\dfrac{6}{x}$ ←比例定数は−6

という式の反比例のグラフを，

問 1 と同じようにかいてみてください。

$$y=-\frac{6}{x}$$

考えて

$y=-\dfrac{6}{x}$ の x に−6 〜 6 の値を代入して y の値を求め，各組の座標をかくと，こうなります。

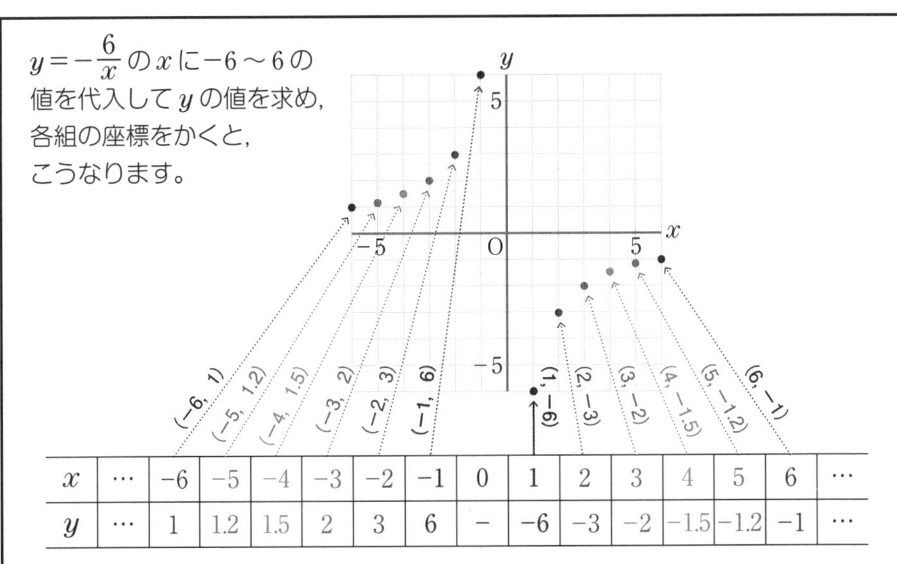

y
5
x
−5
O
5
−5
(−6, 1)
(−5, 1.2)
(−4, 1.5)
(−3, 2)
(−2, 3)
(−1, 6)
(1, −6)
(2, −3)
(3, −2)
(4, −1.5)
(5, −1.2)
(6, −1)

x	…	−6	−5	−4	−3	−2	−1	0	1	2	3	4	5	6	…
y	…	1	1.2	1.5	2	3	6	−	−6	−3	−2	−1.5	−1.2	−1	…

点をなめらかな曲線で結ぶと，
このようなグラフになります。

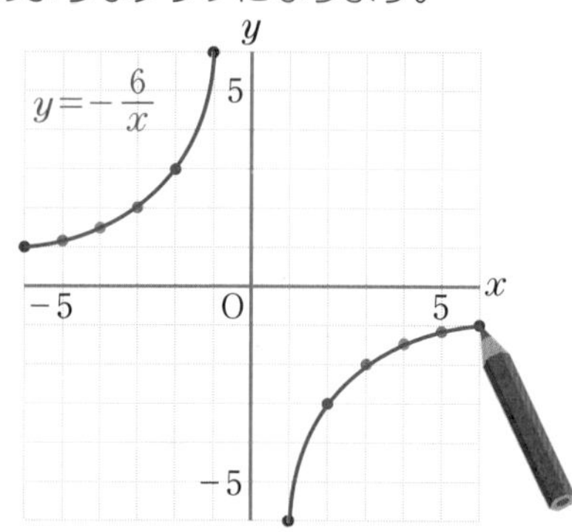

y
$y=-\frac{6}{x}$
5
x
−5
O
5
−5

$y=\frac{6}{x}$ と $y=-\frac{6}{x}$ を比べると，
x の値に対する y の値の＋－が
反対になっているんです。

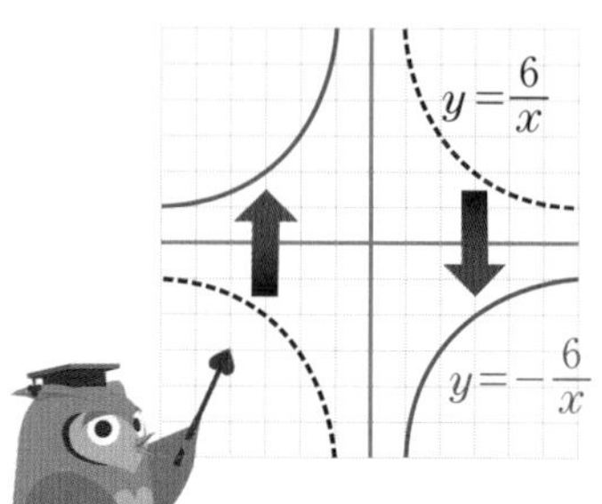

$y=\frac{6}{x}$
$y=-\frac{6}{x}$

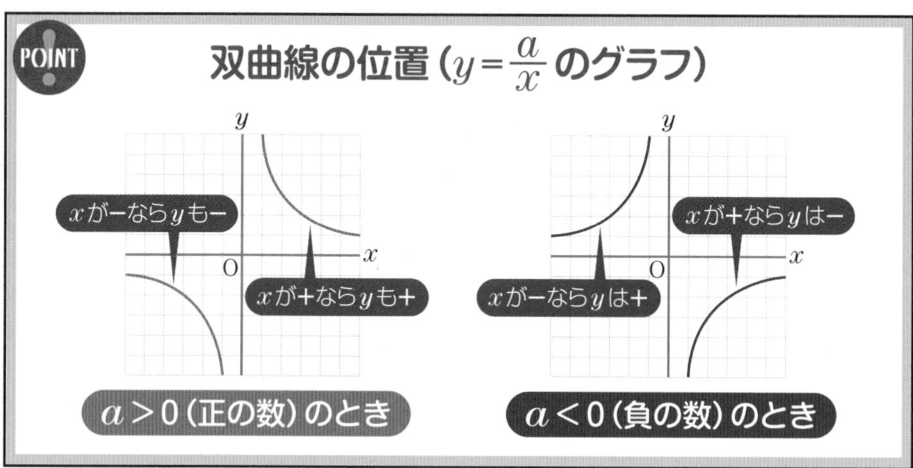

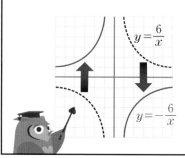

POINT
双曲線の位置（$y=\frac{a}{x}$ のグラフ）
y
xが−ならyも−
x
O
xが＋ならyも＋
$a>0$（正の数）のとき
y
xが＋ならyは−
x
O
xが−ならyは＋
$a<0$（負の数）のとき

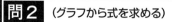

問2（グラフから式を求める）

右の図のグラフは，
反比例のグラフです。
y を x の式で表しな
さい。

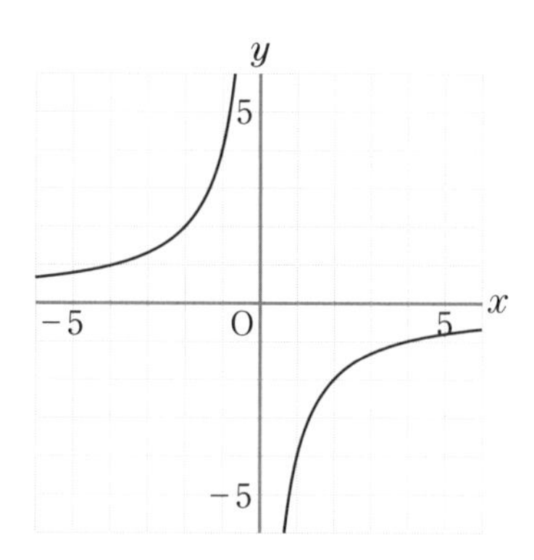

y
5
x
−5
O
5
−5

グラフから式を求める手順は，前回の「比例のグラフ」でもやりましたよね。
これと同じように，グラフを読み取って反比例の式を求めましょう。

POINT

反比例のグラフから式を求める手順

❶ グラフが通る点のうち，x 座標と y 座標の値が共に「整数」である点の座標 $(x,\ y)$ を読み取る。

❷ $(x,\ y)$ の値を $y=\dfrac{a}{x}$ に代入して比例定数 a の値を求める。

x 座標と y 座標の値が整数となる点は，例えば $(2,\ -2)$ などですね。

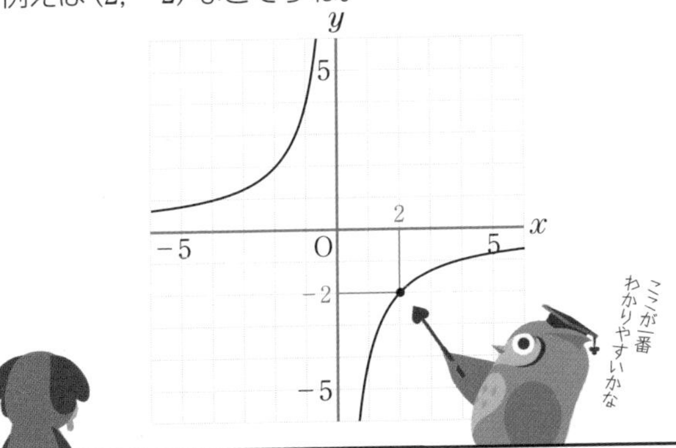
y
5
2
x
−5
O
5
−2
−5
ここが一番わかりやすいかな

…(1, −4) とか，(4, −1) とか，(−1, 4) とか (−4, 1) でもいいんじゃないニョ？

その点でも OK です。自信をもって確実に「整数」だとわかる点を決めればいいんです。

点 $(2,\ -2)$ を，反比例の式 $y=\dfrac{a}{x}$ に代入して，比例定数 a の値を求めます。

$$-2=\frac{a}{2}$$
$$-2\times2=\frac{a}{2}\times2$$
$$a=-4$$

比例定数 a の値は -4 だとわかりましたね。$y=\dfrac{a}{x}$ の a に -4 を入れれば，このグラフの式になるので，答えは，

$$y=-\frac{4}{x}$$ 答

となります。

反比例のグラフをかいたり読み取ったりする問題はよくテストに出ます。しっかり学んでおきましょうね。

END

6 比例・反比例の利用

問 1 (比例の利用)

長さ 60m で，重さ 1500g の紙テープがあります。この紙テープの長さ xm の重さを yg とするとき，次の問いに答えなさい。

(1) y を x の式で表しなさい。

(2) この紙テープの長さが 12m のときの重さは何 g ですか。

(3) この紙テープの重さが 550g のときの長さは何 m ですか。

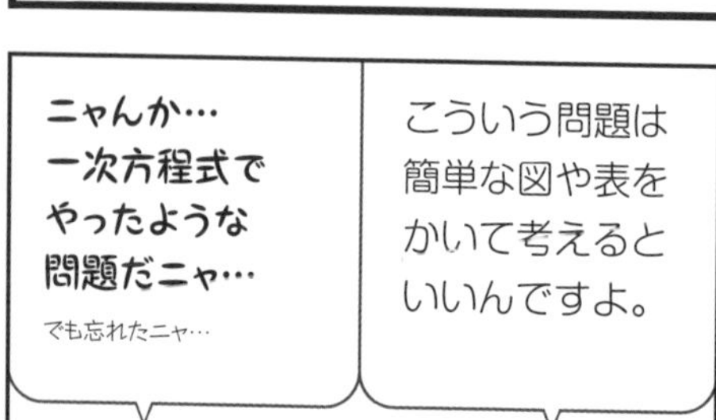
ニャんか…
一次方程式で
やったような
問題だニャ…
でも忘れたニャ…
こういう問題は
簡単な図や表を
かいて考えると
いいんですよ。

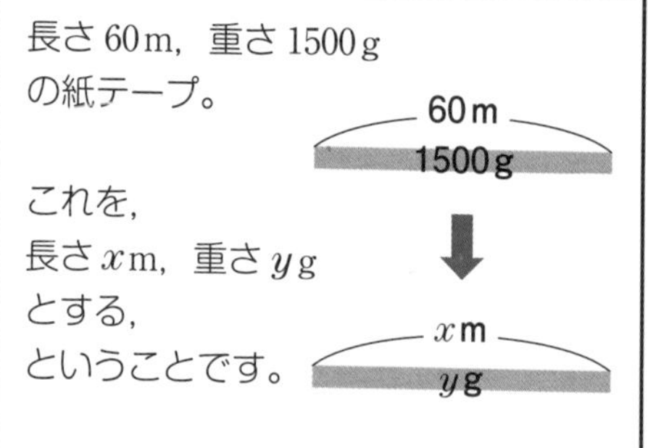
長さ 60m，重さ 1500g の紙テープ。

これを，長さ xm，重さ yg とする，ということです。
60m
1500g
xm
yg

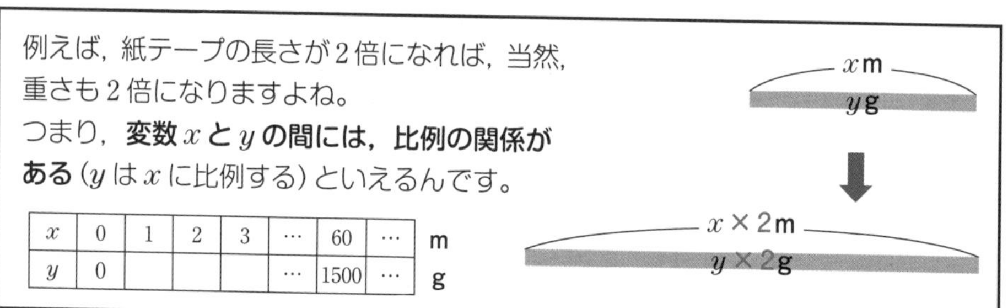
例えば，紙テープの長さが 2 倍になれば，当然，重さも 2 倍になりますよね。
つまり，**変数 x と y の間には，比例の関係がある**（y は x に比例する）といえるんです。

x	0	1	2	3	…	60	…	m
y	0				…	1500	…	g

xm
yg
x × 2m
y × 2g

「y は x に比例する」ということは，x と y の関係が

$$y = ax$$

という式で表されるということ。

よって，この比例定数 a を求めれば，(1)で問われている式を求めることができるわけです。

紙テープの x と y の関係は，「$y = ax$」という比例の式で表せるので，

$$y = ax$$

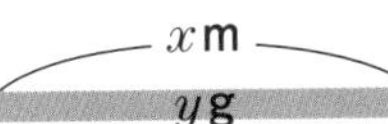

x m
y g

問題文からわかる，$x = 60$，$y = 1500$ を代入し，計算しましょう。

$$1500 = a \times 60$$

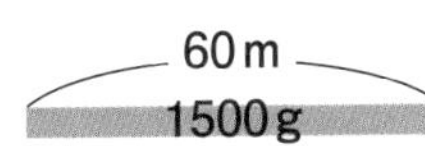

60 m
1500 g

$$1500 = 60a$$

$$a = \frac{1500}{60}$$

$$a = 25$$

したがって，
y を x の式で表すと，

$$y = 25x \quad \text{答}$$

となります。

※「1 m あたりの重さ」は，$1500(\text{g}) \div 60(\text{m}) = 25(\text{g})$ なので，関係式は $y = 25x$ になると考えてもよい。

(2)を考えましょう。
紙テープの長さが 12 m ($x = 12$) のときなので，
(1)で求めた式「$y = 25x$」の x に 12 を代入します。

$$y = 25 \times 12$$

$$y = 300$$

300 g 答

(3)も(2)と同じように考えましょう。
紙テープの重さが 550 g ($y = 550$) のときなので，
(1)で求めた式「$y = 25x$」の y に 550 を代入します。

$$550 = 25x$$

$$x = 22$$

22 m 答

(1)の式「$y = 25x$」がわかればできるニャ…

そう，式を立てられるかどうかが重要なんですね。

x や y などの変数が 2 つあって，それらが**比例**の関係にある場合，「$y = ax$」という形の式になる。

x
y
$y = ax$

「$y = ax$」に，問題文にある数値を代入すれば，比例定数 a がわかるので，y を x の式で表すことができる。

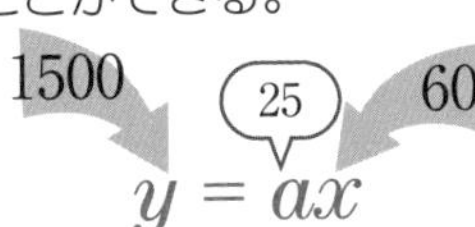

1500
25
60
$y = ax$

すると，x や y に何か数値を入れれば，自動的にもう一方の数値もわかる，というわけなんですね。

問2 （反比例の利用）

面積が 180cm^2 の平行四辺形の高さを $x$cm，底辺を $y$cm とするとき，次の問いに答えなさい。

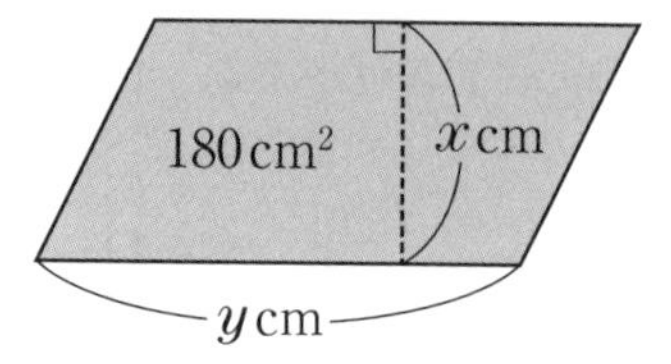

180cm^2
$x$cm
$y$cm

(1) y を x の式で表しなさい。

(2) 高さが 15cm のとき，底辺は何 cm ですか。

(3) 底辺が 4cm のとき，高さは何 cm ですか。

…平行四辺形…？
面積ってどうやって
求めるんだったニャ？
小学校でやったような
気がするワン？

そう，平行四辺形は，下図のように三角形の部分を切りとって移動すれば「長方形」になります。

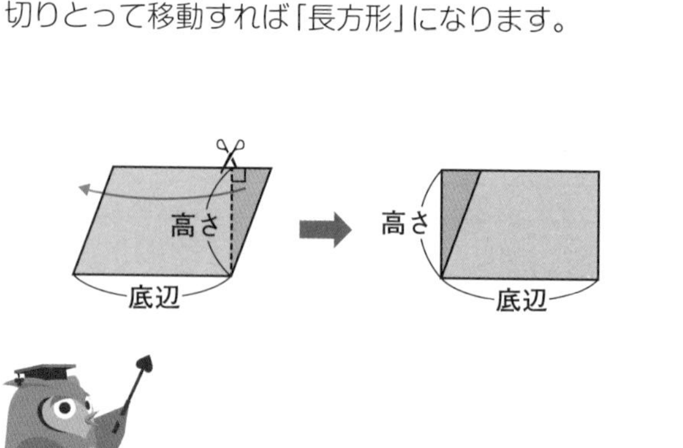

高さ
底辺
高さ
底辺

したがって，
長方形の面積が「**横** × **縦**」で
求められるのと同じように，
平行四辺形の面積は「**底辺** × **高さ**」で
求められるんです。（横）（縦）

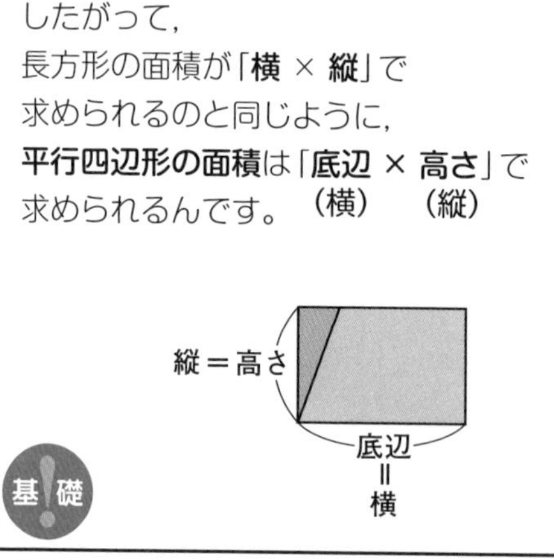

縦＝高さ
底辺
＝
横
基礎

ボクの成績も「底辺」だと
よくニャン吉にいわれるワン！
何をサラッと
告げぐちしてるニャ…

⑴を考えましょう。
平行四辺形の面積は
底辺 (y) × 高さ (x)
ですから，x，y を使って表すと

$$x \times y = xy \ (\mathrm{cm}^2)$$

これが $180\,\mathrm{cm}^2$ と等しいから，
関係式は，

$$xy = 180$$

したがって，y を x の式で表すと，

$$y = \frac{180}{x}$$ 答

となります。

⑵を考えましょう。
⑴で求めた式
$y = \frac{180}{x}$ は，
この平行四辺形の
x と y の関係を表す式
(一方の値が決まれば，
もう一方の値も決まる
式) です。

つまり，この式に
「高さが $15\,\mathrm{cm}$ $(x = 15)$」
という条件をあてはめ
れば，y の値もわかる
ということですよね。

$$y = \frac{180}{x}$$

15

$$y = \frac{180}{x}$$

$$y = \frac{180}{15}$$

$$y = 12$$

12cm 答

となります。

⑶も同じように
考えます。
⑴で求めた式に
「底辺が $4\,\mathrm{cm}$ $(y = 4)$」
という条件を
あてはめれば，
x の値もわかります
よね。

$$y = \frac{180}{x}$$

$$4 = \frac{180}{x}$$

$$x = 180 \div 4$$

$$x = 45$$

45cm 答

この $y = \frac{180}{x}$ は，
反比例の式 $y = \frac{a}{x}$ と
同じ形ですよね。

長方形や平行四辺形では，
面積が一定のとき，
縦 (高さ) x と
横 (底辺) y は**反比例**の
関係であることを
覚えておきましょう。

END

高校入試問題にチャレンジ！

比例・反比例【実戦演習】

考えて

問 1

〈大阪府㊅〉

次の(ア)〜(エ)のうち，y が x に比例するものをすべて選びなさい。

(ア) 縦の長さが x cm，横の長さが 10 cm である長方形の周の長さ y cm

(イ) 1 辺の長さが x cm である正方形の面積 y cm^2

(ウ) 面積が 20 cm^2 である直角三角形の直角をはさむ 2 辺の長さ x cm と y cm

(エ) 1 辺の長さが x cm である正三角形の周の長さ y cm

問 2

〈長崎県〉

y は x に比例し，$x=3$ のとき，$y=-6$ である。このとき，y を x の式で表せ。

問 3

〈東京都〉

y は x に反比例し，$x=-6$ のとき，$y=14$ である。$x=63$ のときの y の値を求めよ。

問 4

〈兵庫県〉

点 $(a,\ 2)$ が，反比例 $y=-\dfrac{12}{x}$ のグラフ上にあるとき，a の値を求めなさい。

問 5

〈広島県〉

関数 $y=-\dfrac{3}{5}x$ のグラフをかきなさい。

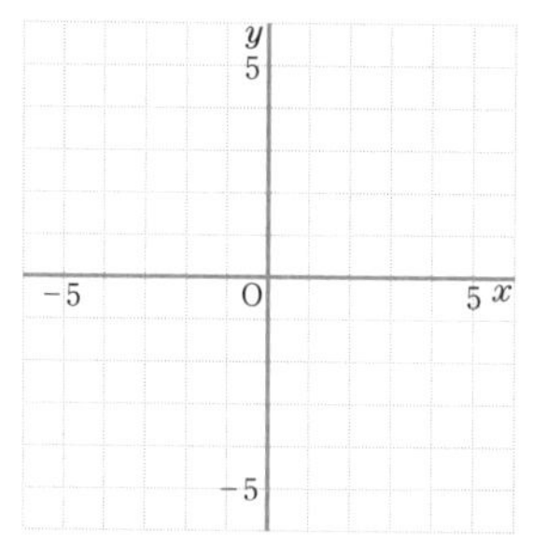
y
5
−5
O
5 x
−5

問 6

〈秋田県〉

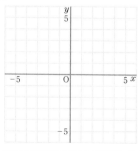

プールに空の状態から水を入れる。水面の高さは，水を入れ始めてからの時間に比例し，入れ始めてからの時間が 4 時間 30 分のときの水面の高さは 60 cm である。入れ始めてからの時間が 6 時間のときの水面の高さを求めなさい。

ヒント

y と x の関係式が「$y=ax$」なら**比例**で，「$y=\dfrac{a}{x}$」なら**反比例**です。
イメージをしっかりつかんでおきましょう。

答 1

式で表したときに，比例の形 ($y=ax$) になるものを選べばよい。

(ア) $y=2x+20$

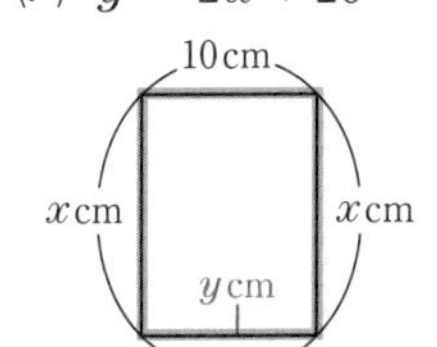
10cm
xcm
xcm
ycm
10cm

(イ) $y=x^2$

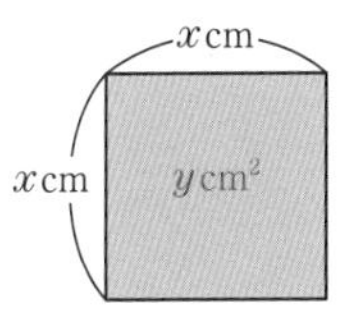
xcm
xcm
ycm²

(ウ) $20=\dfrac{xy}{2}$

$40=xy$

$y=\dfrac{40}{x}$

20cm²　ycm　xcm

(エ) $y=3x$

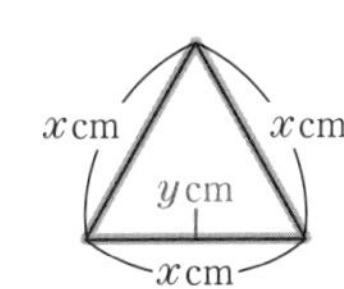
xcm
xcm
ycm
xcm

したがって，y が x に比例するものは，(エ) **答**

答 2

比例の式 $y=ax$ に

$x=3$，$y=-6$ を

代入すると，

$-6=3a$

$a=-2$

したがって，

求める式は，

$y=-2x$ **答**

答 3

反比例の式 $y=\dfrac{a}{x}$ に

$x=-6$，$y=14$ を

代入すると，

$14=\dfrac{a}{-6}$　$a=-84$

よって，$y=-\dfrac{84}{x}$

この式に $x=63$ を

代入すると，

$y=-\dfrac{84}{63}=-\dfrac{4}{3}$ **答**

答 4

点 (a，2) を，

$y=-\dfrac{12}{x}$ に代入すると，

$2=-\dfrac{12}{a}$

$2a=-12$

$a=-6$ **答**

答 5

(0，0) と (5，−3) を通る直線をひけばよい。

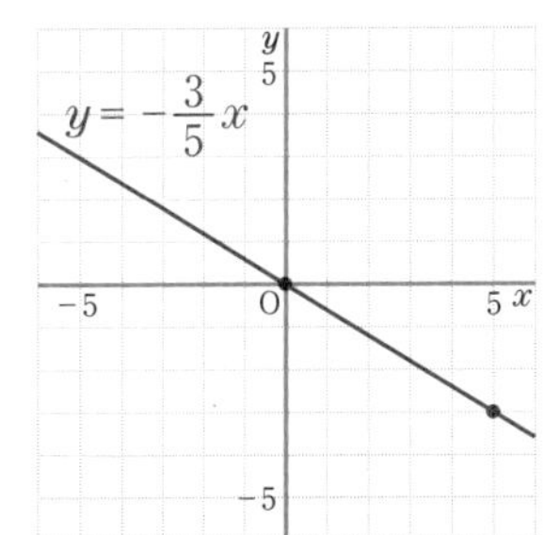
y
5
y = −3/5 x
−5
O
5
x
−5

答 6

水面の高さ (＝$y$cm) は水を入れる時間 (＝x 分) に比例するので，$y=ax$ の式で表せる。4.5 時間 ($x=270$ 分) のとき $y=60$ (cm) なので，

$60=270a$　$a=\dfrac{60}{270}=\dfrac{2}{9}$

よって，比例の式は $y=\dfrac{2}{9}x$

6 時間 ($x=360$ 分) 後の水面の高さは，

$y=\dfrac{2}{9}\times 360=80$ cm **答**

COLUMN-4

比例・反比例は関数の基本

比例・反比例は理解できたでしょうか。比例・反比例の式の意味はもちろんのこと，比例定数（反比例定数はない！），変域，座標，座標軸，原点，…などの新しいことばをしっかり覚えてください。負の数の登場で，グラフは小学校で習ったグラフの 4 倍の面積になりました。あっぷあっぷの状態の人もいるかもしれません。

この分野に苦手意識をもつ人は小学算数で習った「割合」の分野でつまずいている印象を受けます。小学校で習った「割合」は大人になってからもあたりまえのように使われます。ぜひ，この機会にパラパラとでいいので小学校の教科書をめくり返してみることをおすすめします。比例は比較的理解できるけど，反比例が苦手っていう人もいます。実際，「比例じゃない関係」のことを「反比例」とのたまう大人はたくさんいます。みなさんは決してそんな大人にならないでくださいね。

比例や反比例は大きくとらえると「関数」というジャンルになります。中１で習う比例は，中２で習う一次関数の基本形です。さらに中３で二次関数，高校で三次関数・四次関数へと発展していきます。比例は一次関数の仲間ですが，反比例は一次関数の仲間でないことは大事なインプット事項です。実は反比例は中学ではここでしか登場しません。次回の登場はなんと高校での後半！ 分数関数という名前で再登場します。しかもこの分数関数は医・歯・薬学部，理・工学部，農・水産学部などを志望する理系の生徒さんのみが扱う分野です。

硬貨を自動販売機に入れて缶ジュースが出てくる。そんなイメージで比例をとらえるとわかりやすいかと思います。xという硬貨を比例の式という自動販売機に入れると，自動的にyという缶ジュースが出てくる。そんなイメージです。日常生活には（厳密には比例・反比例ではないが）比例や反比例とみなせるものがたくさんあります。校則やルール，わずらわしい制約や制限も，私たちの日常生活自体に「変域」があるからだと考えることもできます。数学は，日常生活の考え方においてもいろいろと役立つのです。

（文：沖田一希）

中1　図形

Chapter 5

平面図形

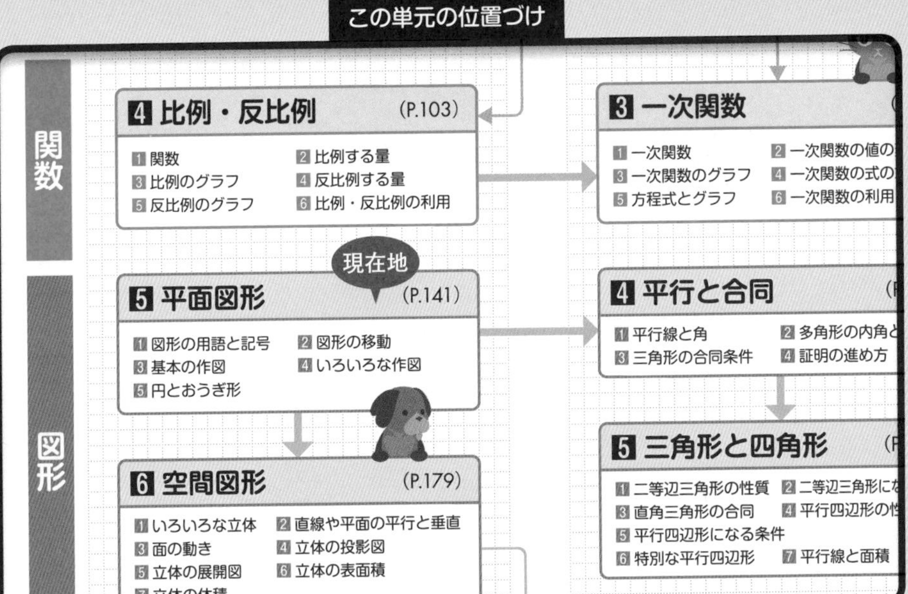
この単元の位置づけ
関数
4 比例・反比例 (P.103)
1 関数
2 比例する量
3 比例のグラフ
4 反比例する量
5 反比例のグラフ
6 比例・反比例の利用
3 一次関数
1 一次関数
2 一次関数の値の
3 一次関数のグラフ
4 一次関数の式の
5 方程式とグラフ
6 一次関数の利用
図形
現在地
5 平面図形 (P.141)
1 図形の用語と記号
2 図形の移動
3 基本の作図
4 いろいろな作図
5 円とおうぎ形
4 平行と合同
1 平行線と角
2 多角形の内角と
3 三角形の合同条件
4 証明の進め方
6 空間図形 (P.179)
1 いろいろな立体
2 直線や平面の平行と垂直
3 面の動き
4 立体の投影図
5 立体の展開図
6 立体の表面積
7 立体の体積
5 三角形と四角形
1 二等辺三角形の性質
2 二等辺三角形にな
3 直角三角形の合同
4 平行四辺形の性
5 平行四辺形になる条件
6 特別な平行四辺形
7 平行線と面積

ここから「図形」の領域に入ります。まずは直線と角からできる平面図形を学びますが，最初に学ぶ「図形の用語と記号」は今後の図形全分野で使う基礎となります。基本的な「作図」の方法も学びますが，応用力を高めるために，作図がもつ意味もふくめて完全に理解することが大切です。「円とおうぎ形」では，弧の長さと面積を求める公式が決め手。完璧に覚えておきましょう。

1 図形の用語と記号

さて，「図形」の学習に入りますが，
まずは，図形に関する基本的な
用語・記号をおさえていきましょう。

AとB，2つの点があります。

A　　B

この2点を通る直線を
「**直線AB**（ちょくせん）」といいます。

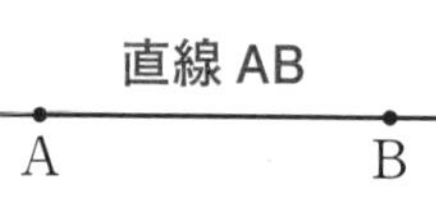

直線 AB
A
B

「直線」というのは，「2つの点」を通り，
まっすぐに限りなくのびている（＝両端がない）線
のことです。

←無限にのびている→
A　　B

直線ABのうち，AからBまでの
部分を「**線分AB**（せんぶん）」といいます。
「両端がある」のが「線分」です。

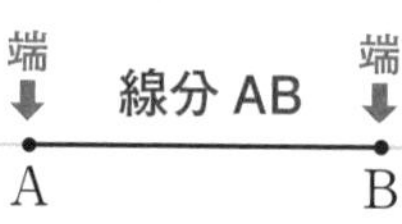

端
端
線分 AB
A
B

線分ABの「長さ」を
2点A，B間の「**距離**（きょり）」ともいいます。
※2点A，Bを結ぶ線で最も短いものが線分AB。

A　距離　B

線分ABのAを端として，Bの方へ
まっすぐ限りなくのばしたものを
「**半直線AB**（はんちょくせん）」といいます。

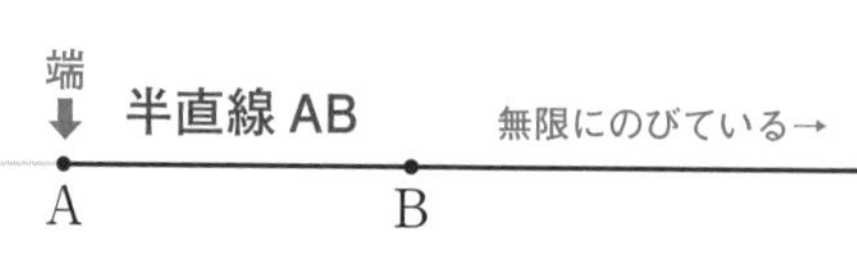

端
半直線 AB
無限にのびている→
A
B

逆に，線分ABのBを端とした場合
は「**半直線BA**」といいます。
「端」の点を先にいう

←無限にのびている　半直線 BA　端
A　　B

点Bから出る
1つの半直線があって，

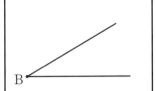

B

点Bからもう1つの
半直線が出ているとき，

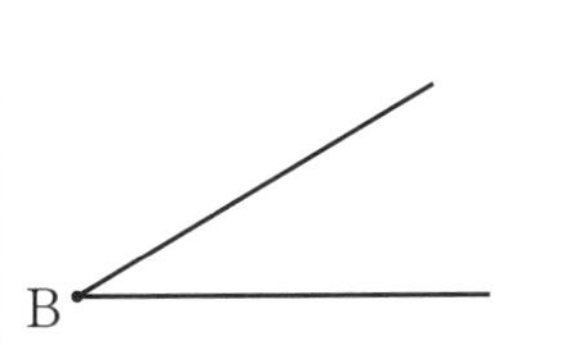
B

この2つの半直線の間
のことを「**角**」といいま
す。

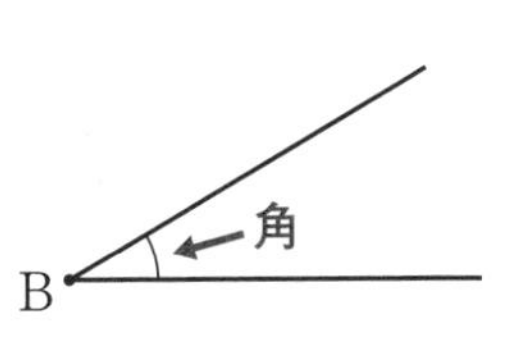
角
B

つの
角？
とがってるから？
「かく」と読むニャ！
「かど」でもないニャ！

角は∠という記号を
使って表します。
右図のような角の場合，
「**角**（かく）**ABC**」と読み，
「**∠ABC**」と書きます。

※∠を表す場合，頂点を中央に書く。

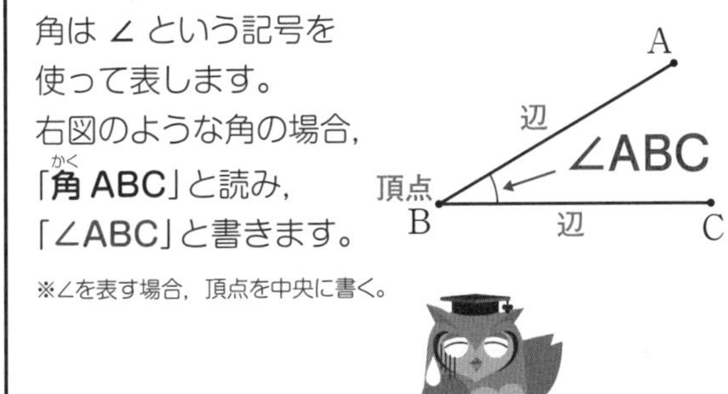
A
辺
∠ABC
頂点
B
辺
C

そして，∠ABCの大きさ（角度）が例
えば30°である場合，

∠ABC＝**30°**

と表します。

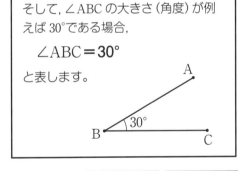

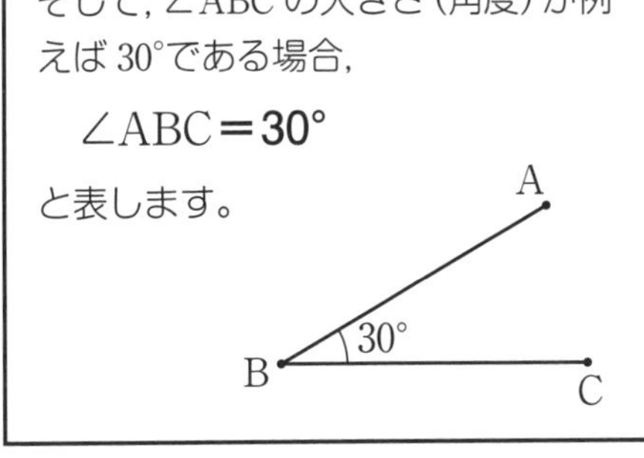
A
30°
B
C

ちなみに，∠ABCと3文字を並べる
のではなく，シンプルに∠*b*などと
角を1文字で表す場合もあります。

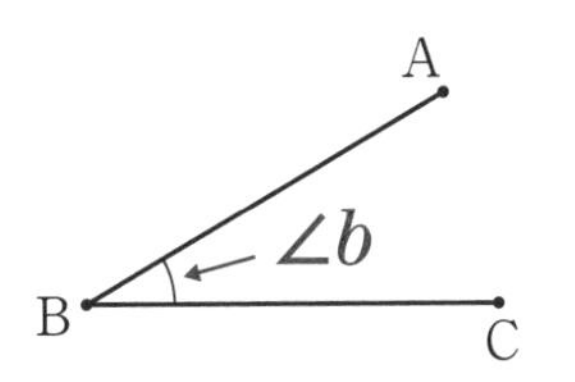
A
∠b
B
C

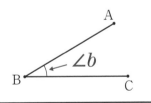

だったら全部1文字で
表せばいいんじゃニャい？
∠ABCとか
めんどくさい…
ところが，そういうわけ
にもいかないんですよ。

例えば，この図の➡のような角は，
∠*b*と書くと，どっちを指すのか
あいまいになってしまいますよね。
正確に表すためには
∠CBD（または∠DBC）
と書くのが一番なんです。

※∠を表す場合，頂点を中央にして
アルファベット順（ABC順）に書くのがふつう。

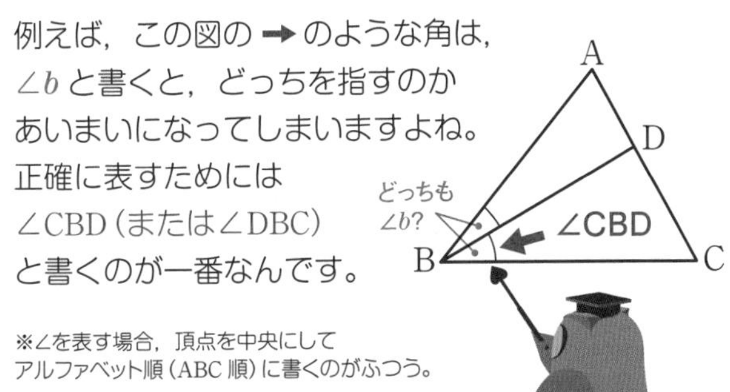
A
D
どっちも
∠b?
∠CBD
B
C

角を書く…かくをかく…
ダジャレかワン？
……何をいってるニャ！？
もうしゃべるニャ!

さて，次に行きましょう。
線分 AB と
線分 CD があり，

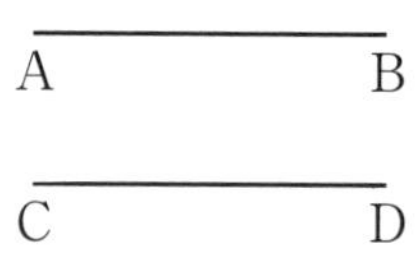
A
B
C
D

「長さが等しい」場合，
＝という記号を使って，
「AB＝CD」と表します。

A B
AB ＝ CD
C D

図形では，同じ長さの線分には両方に
〃 や ｜ などの記号を入れて表します。

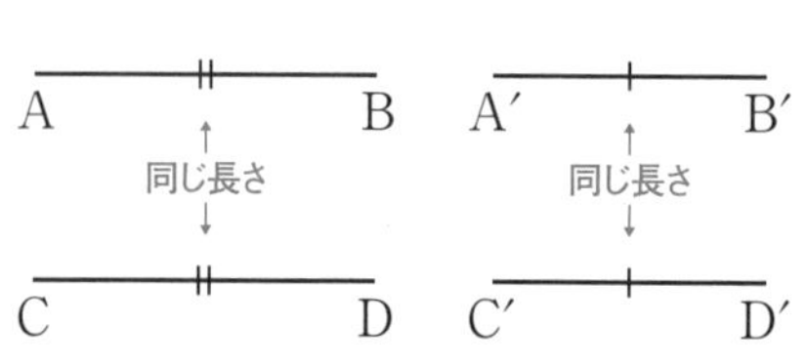
A
B
同じ長さ
C
D
A′
B′
同じ長さ
C′
D′

例えば，このように使うわけです。

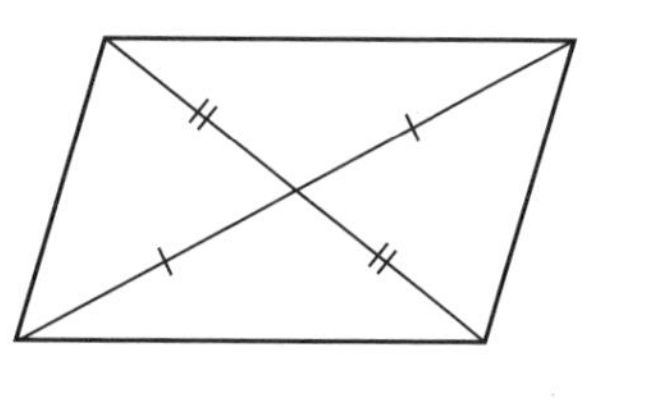

どこまでのばしても交わらない「平行」な２直線を**平行線**といいますが，

平行線

←どこまで行っても交わらない→

２直線 AB，CD が
「平行」である場合は，
// という記号を使って
AB // CD と表します。

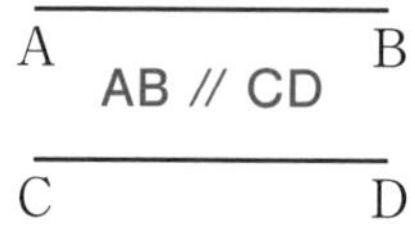
A
B
AB // CD
C
D

図形では，平行な線分には両方に ＞ の記号を入れて表すことがあります。

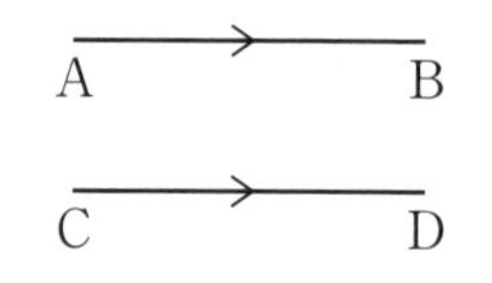
A
B
C
D

２直線 AB，CD が交わってできる角が**直角**（ちょっかく）(90°) であるとき，

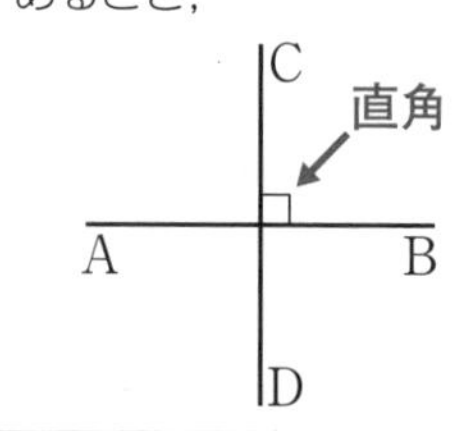
C
直角
A
B
D

２直線は**垂直**（すいちょく）であるといい，AB⊥CD と表します。

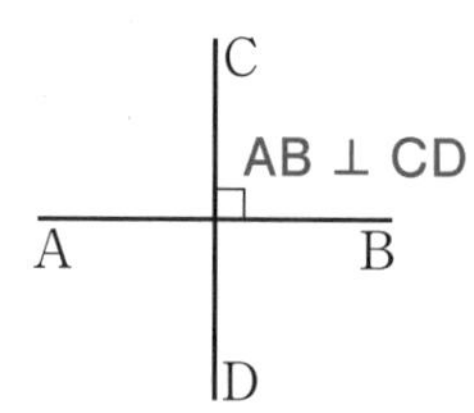
C
AB ⊥ CD
A
B
D

２直線が**垂直**であるとき，一方を他方の**垂線**（すいせん）といいます。

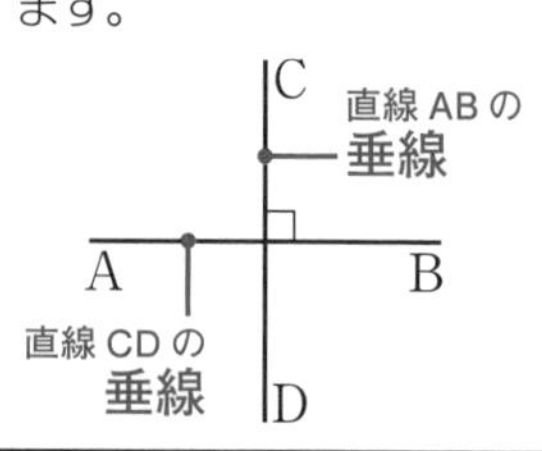
C
直線 AB の
垂線
A
B
直線 CD の
垂線
D

線分を「まっぷたつ」に二等分する点を**中点**(ちゅうてん)といいますが,

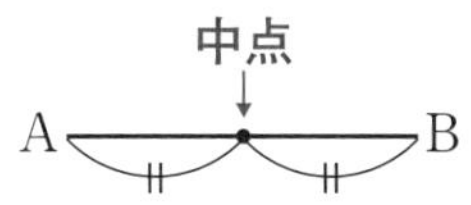

中点
A
B

その**中点**を通る**垂線**を,その線分の**垂直二等分線**(すいちょくにとうぶんせん)といいます。

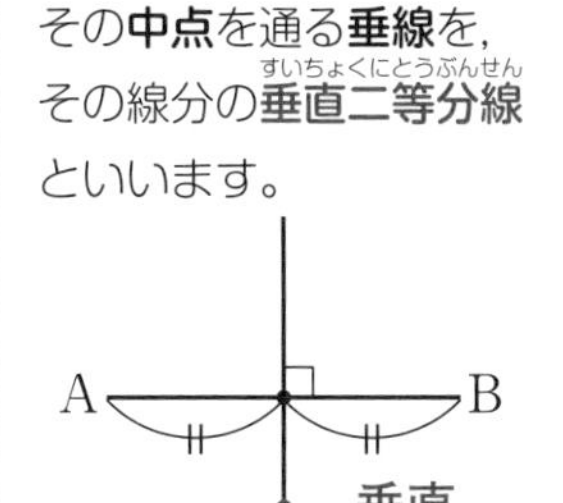

A
B
垂直二等分線

線分を垂直に二等分する線だから「垂直二等分線」ニャ…?
まんまニャ…
そう。数学の用語は結構わかりやすいんですよ。

さて,三角形 ABC があります。

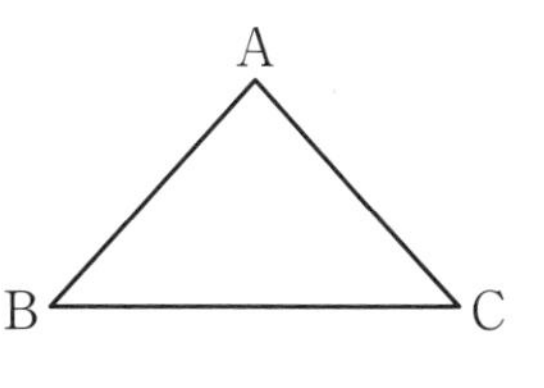

A
B
C

「三角形 ABC」のことを,記号△を使って「△ABC」と表します。
(記号を使うとシンプルに短く表せますからね)

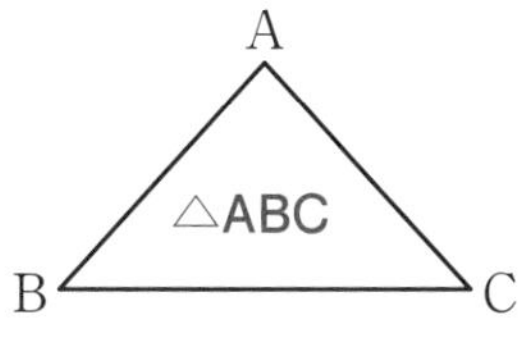

A
△ABC
B
C

三角形のそれぞれの辺も「線分」です。

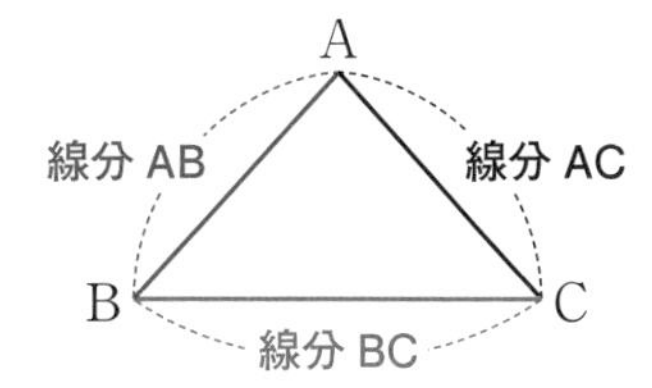

A
線分 AB
線分 AC
B
C
線分 BC

また, △ABC には, A, B, C それぞれを頂点とする角もあります。

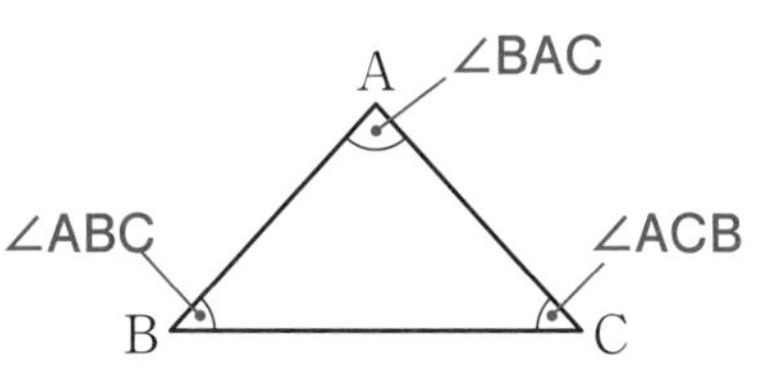

A
∠BAC
∠ABC
∠ACB
B
C

さあ,図形に関する用語や記号を1つ1つおさえてきました。
こういった基礎知識が欠けていると,
そのあとの授業が理解できません。
しっかり覚えてくださいね。
覚えなきゃいけニャいニョね…

次回は,三角形をいろいろと「移動」させた場合について考えていきます。お楽しみに!

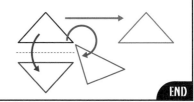

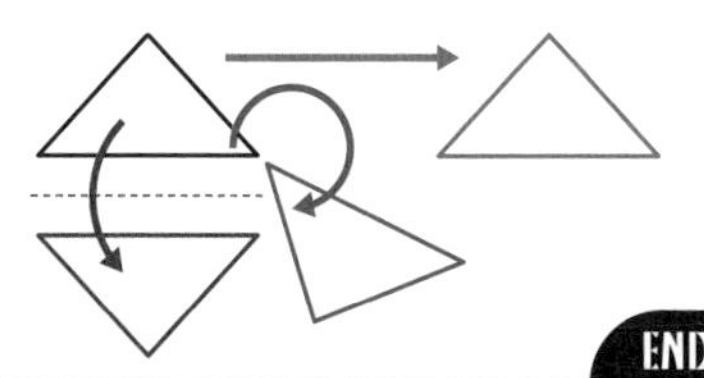

END

2 図形の移動

問1 （平行移動）

右の図の△ABC を，矢印の方向に矢印の長さだけ平行移動させた△A′B′C′をかきなさい。

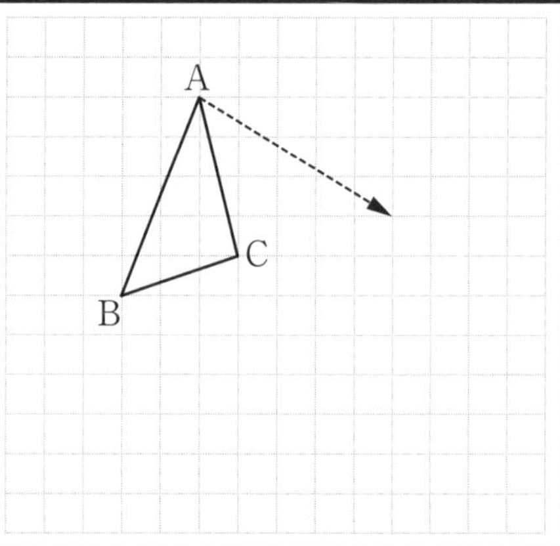
A
B
C

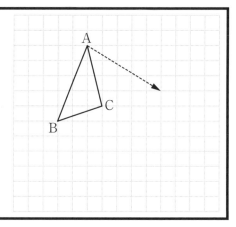

平行移動？
△A′B′C′？
どういう意味ニャ？

そうですよね。
「平行移動」とは何か。
まずはそこから
やっていきましょう。

図形を，**一定の方向**に，**一定の距離（長さ）**だけ動かす移動のことを「**平行移動**（へいこういどう）」といいます。

※移動の方向はどこでも（縦でも横でも斜めでも）よい。
※図形の形は常に変わらない。

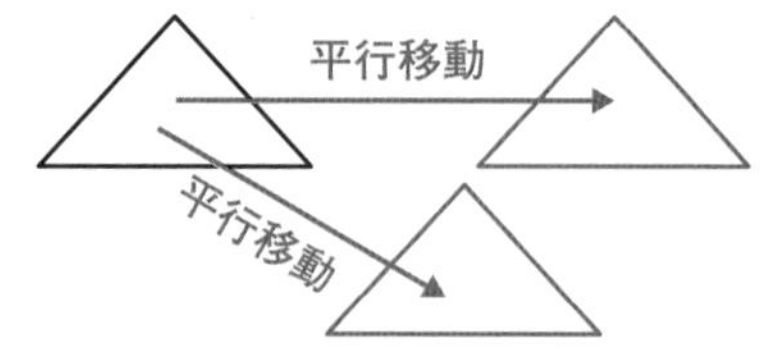
平行移動
平行移動

POINT 平行移動

図形を，一定の方向に，一定の距離（長さ）だけ動かす移動のこと。

▶対応する点*を結ぶ線分は，平行で，長さは等しい。

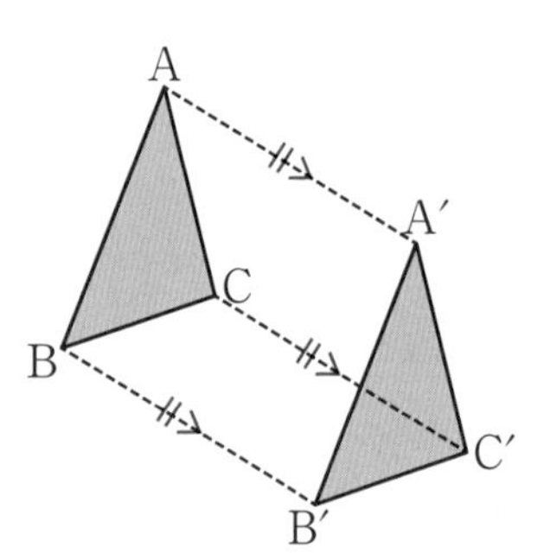
A
B
C
A′
B′
C′

*対応する点…移動の前と後で対応する点（合計２つの点）のこと。右図では，ＡとＡ′，ＢとＢ′，ＣとＣ′がそれぞれ「対応する点」となる。

「対応する点」はもとの点にチョン（′）をつけるニャ？
A→A′

そう，「**ダッシュ**」といいます。では，上記のポイントをおさえながら，**問 1** を解きましょう。

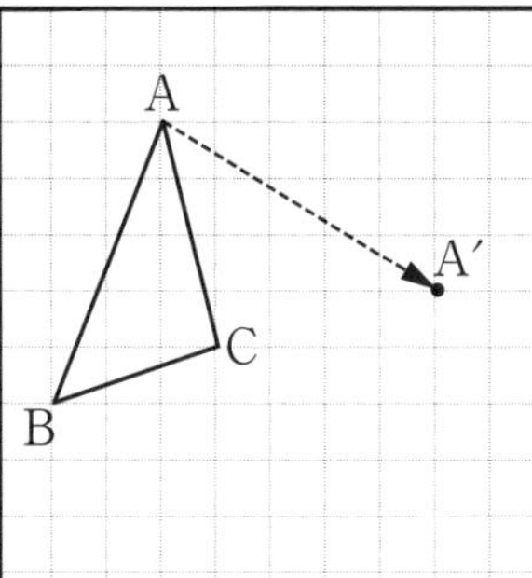
A
A′
C
B

点 A から出る矢印の先に点 A′をかきます。

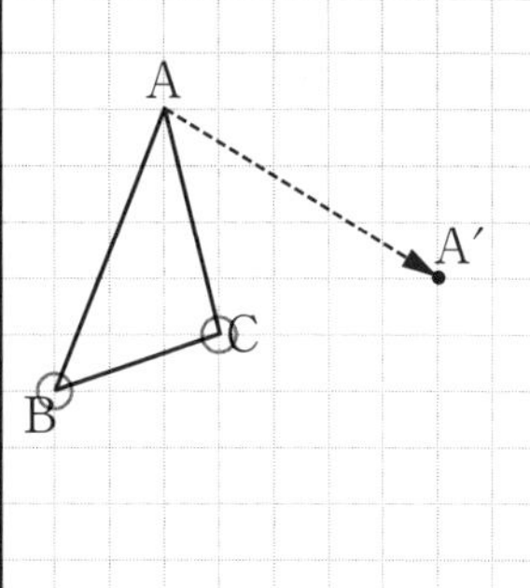
A
A′
C
B

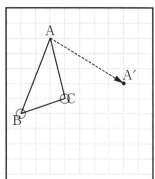

点 B と点 C も，点 A と同じ方向に同じ距離だけ移動するはずですよね？

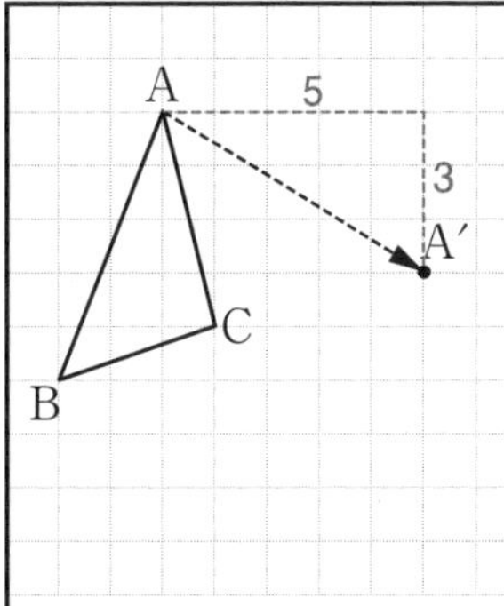
A
5
3
A′
C
B

点 A より右に 5，下に 3 の位置に点 A′があるので，

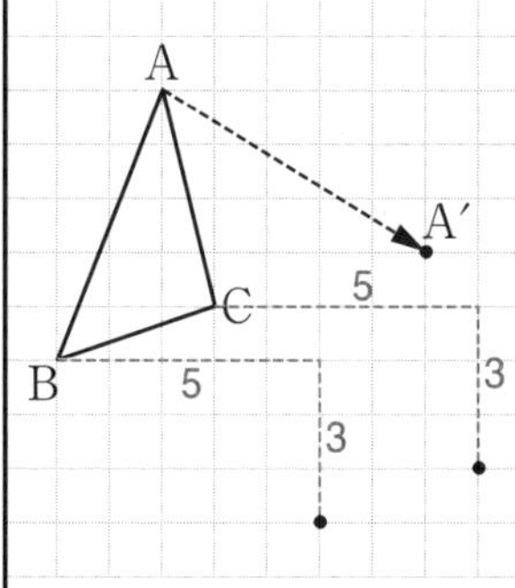
A
A′
C
5
3
B
5
3

点 B′，C′も同様に，右に 5，下に 3 の位置に移動します。

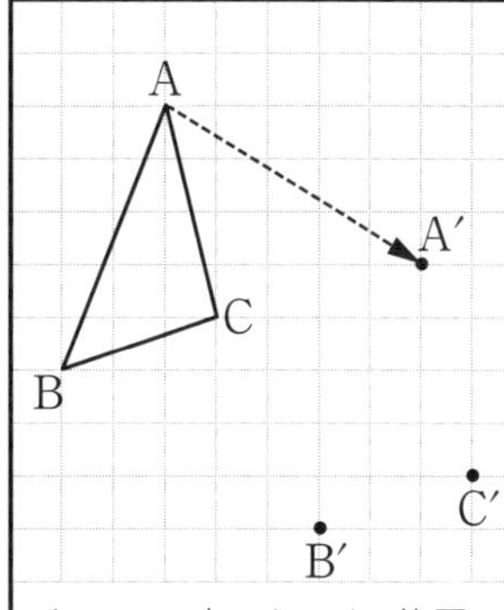
A
A′
C
B
C′
B′

よって，点 B′，C′の位置がわかり，

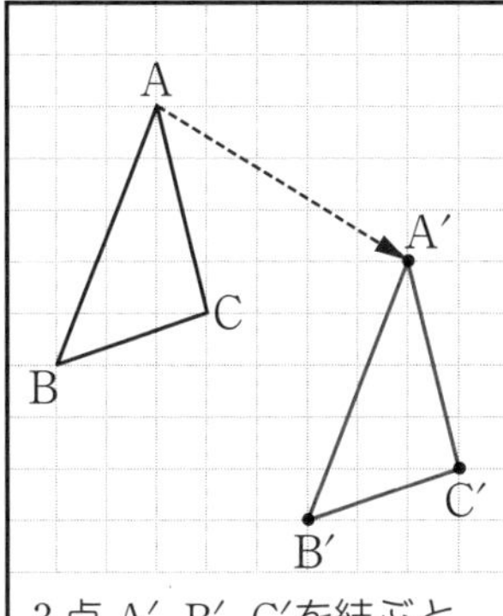
A
A′
C
B
C′
B′

3 点 A′，B′，C′を結ぶと，△A′B′C′になります。答

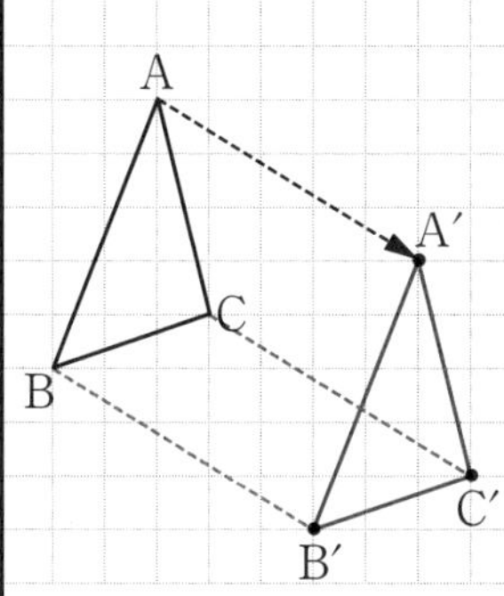
A
A′
C
B
C′
B′

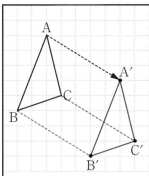

線分 AA′，BB′，CC′は，すべて平行で長さは等しくなります。

対応する点を結ぶ線分はすべて，平行で，長さは等しい。
これが平行移動の特徴ですから，しっかりおさえておきましょう。

問2　(回転移動)

右の図の△ABC を，点 O を中心として時計回りに 180°だけ回転移動させた△A′B′C′をかきなさい。

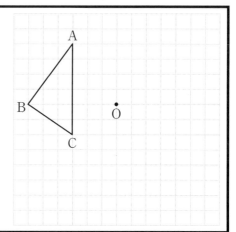

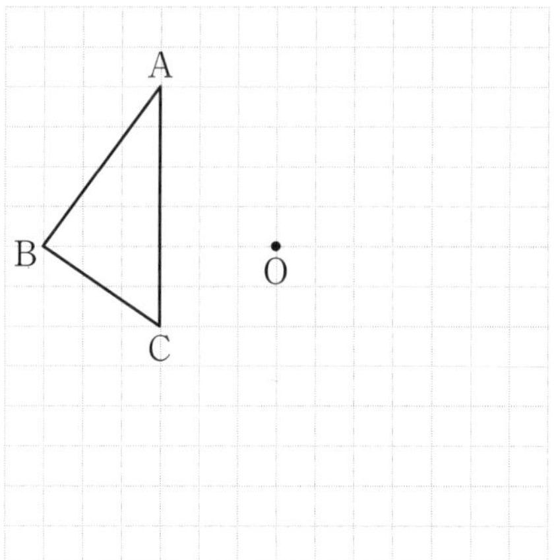
A
B
O
C

図形を，1つの点を中心として，一定の角度だけ回転させる移動を「**回転移動**(かいてん)」といいます。
このとき，中心とした点を「**回転の中心**」といいます。

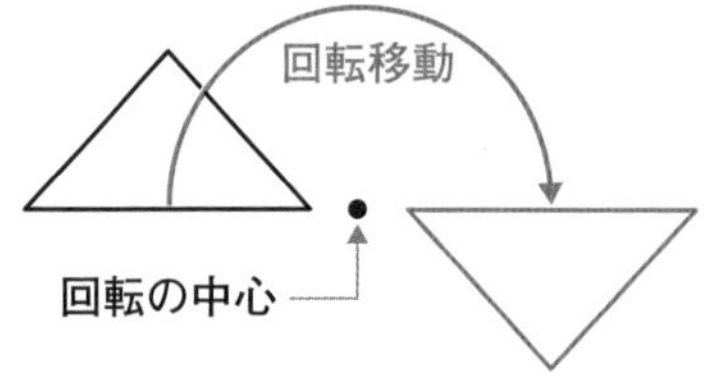
回転移動
回転の中心

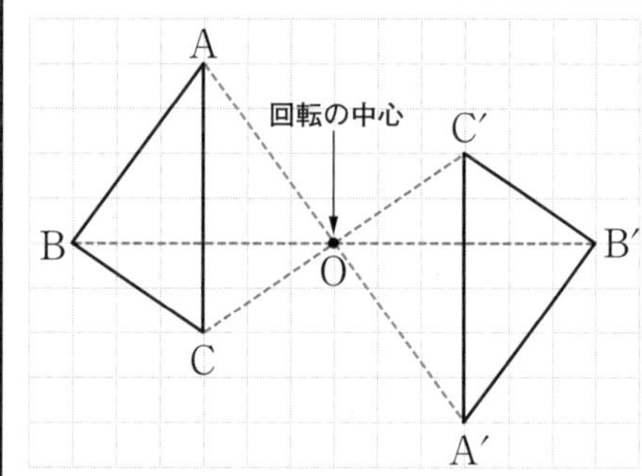
A
回転の中心
C′
B
O
B′
C
A′

回転移動では，「対応する点」と「回転の中心」との関係がポイントです。

POINT 回転移動

図形を，1つの点を中心として，一定の角度だけ回転させる移動のこと。

▶「対応する点」は「回転の中心」から等しい距離にある。

▶「対応する点」と「回転の中心」を結んでできる角の大きさはすべて等しい。

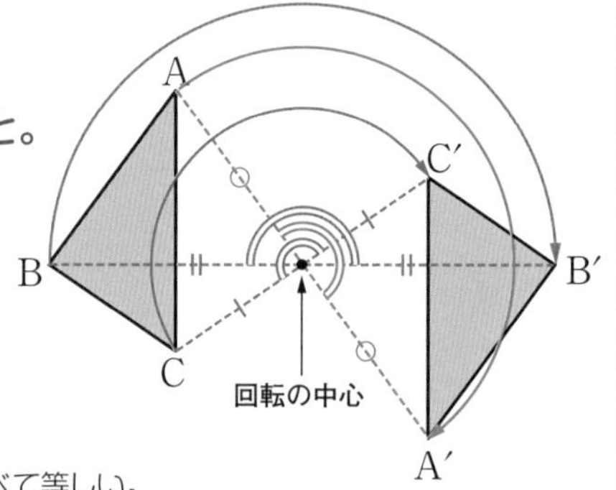
A
C′
B
B′
C
回転の中心
A′

※右図の◠と◠と◠の角度(180°)はすべて等しい。

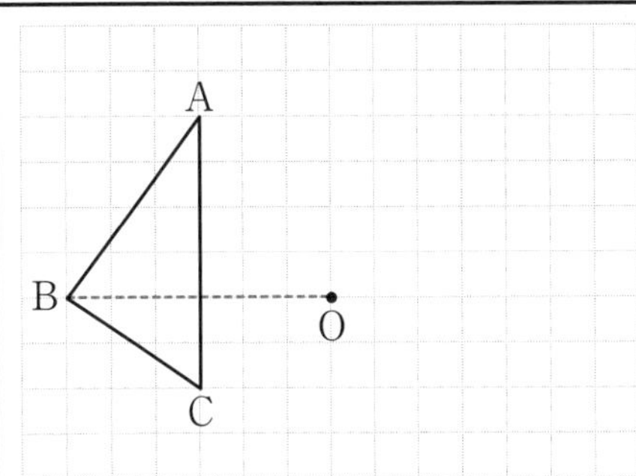
A
B
O
C

このポイントをふまえて，
問2を考えていきましょう。
まず，点Bと点Oを結びます。

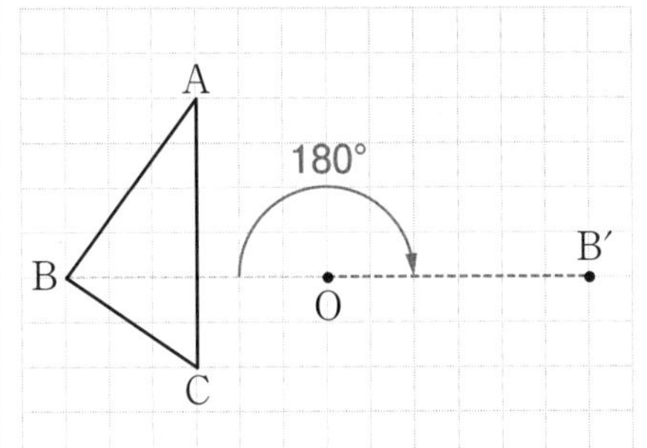
A
180°
B′
B
O
C

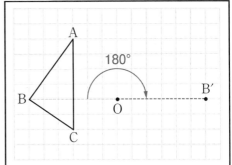

点Oを中心として，線分OBを
時計回りに180°回転させた位置に，
点B′をかきます。

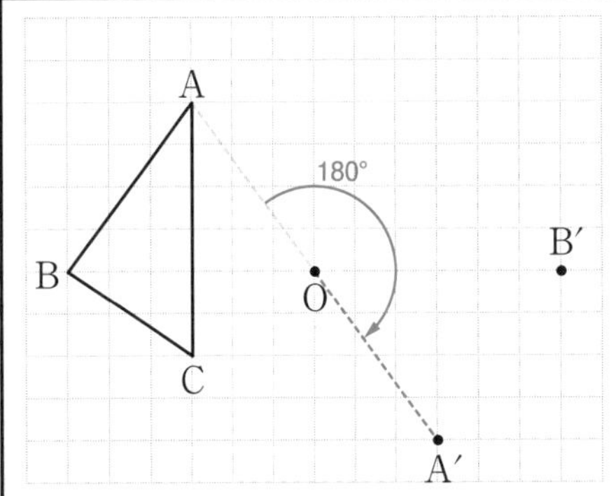
A
180°
B′
B
O
C
A′

点Aも同様に，線分OAを180°回転
させた位置に点A′をかきます。

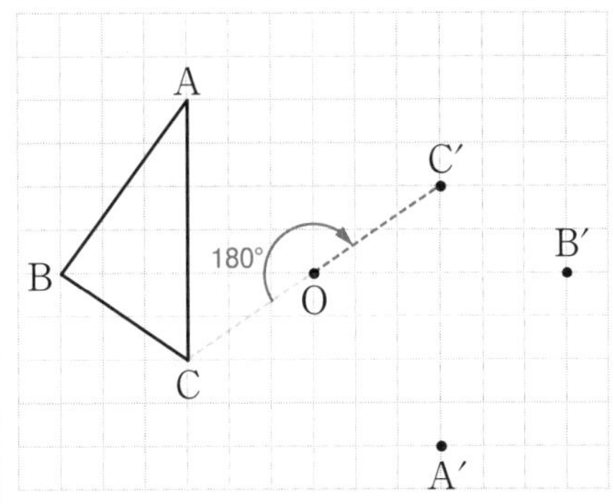
A
C′
180°
B′
B
O
C
A′

点Cも同様に，線分OCを180°回転
させた位置に点C′をかきます。

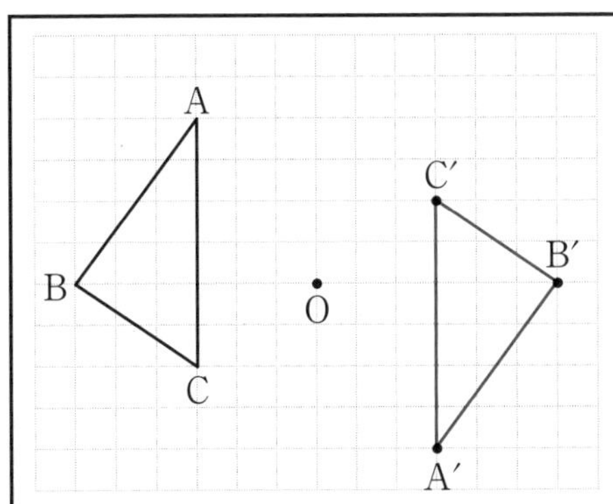
A
C′
B′
B
O
C
A′

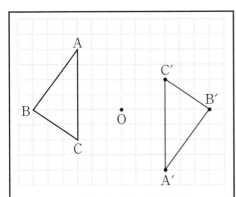

この3つの点A′, B′, C′を結ぶと，
△A′B′C′になります。 答

なお，**問2**のような，回転移動の中で
も「**180°**の回転移動」のことを特別に
「**点対称(てんたいしょう)移動**」といいます。

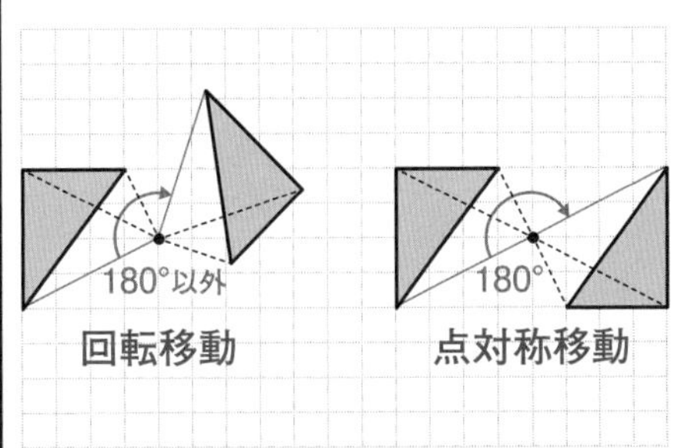
180°以外
回転移動
180°
点対称移動

MEMO 点対称と線対称

□:もとの形

点対称…1点を中心に180°回転させると，もとの形にぴったり重なり合う関係のこと。中心となる点を**対称の中心**という。

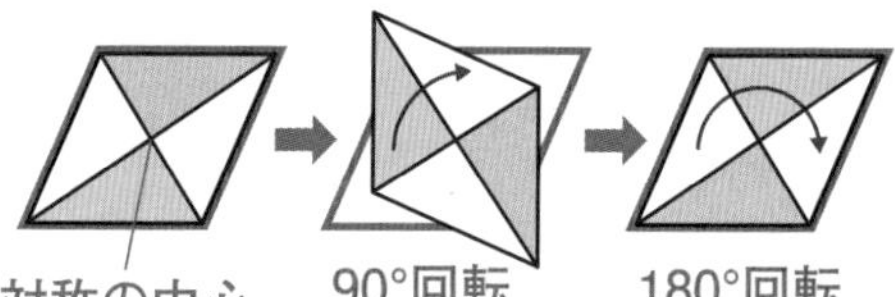
対称の中心
90°回転
180°回転

線対称…1本の直線を折り目として折り返したとき，図形がぴったり重なり合う関係のこと。折り目の直線を**対称の軸**という。

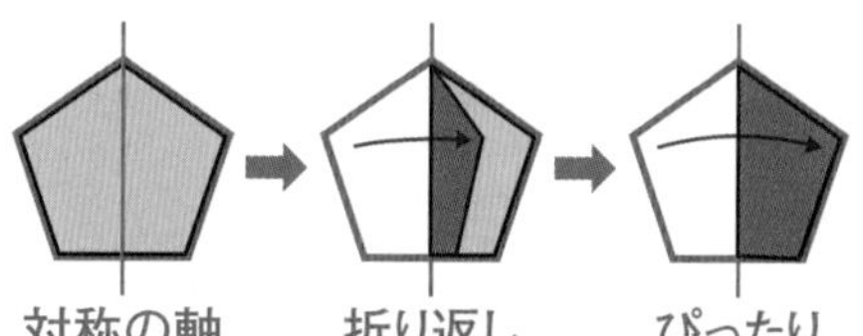
対称の軸
折り返し
ぴったり

問3 （対称移動）

右の図の△ABCを，直線ℓを対称の軸として対称移動させた△A′B′C′をかきなさい。

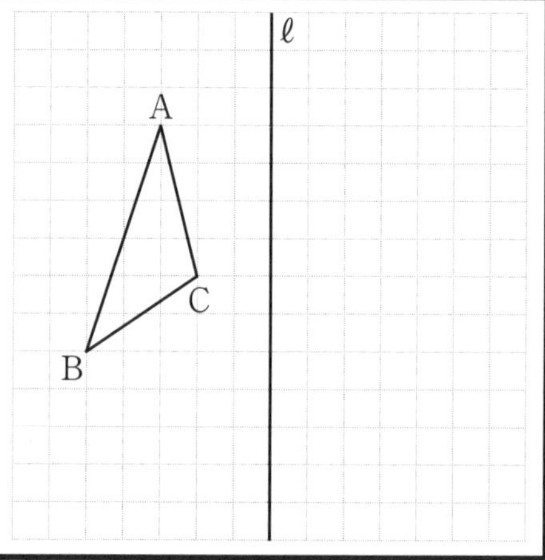
ℓ
A
C
B

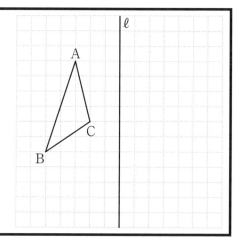

図形を，1つの直線を「折り目」として折り返す移動を「**対称移動**」といい，折り目の直線を「**対称の軸**」といいます。「線対称」と同じイメージですね。

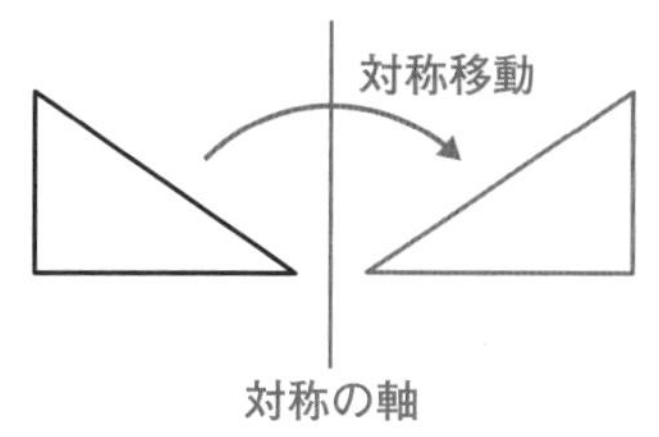
対称移動
対称の軸

対称移動のとき，「対応する点」を結ぶと線分ができますが，この線分の**中点**を対称の軸が**垂直**に通るというのがポイントです。

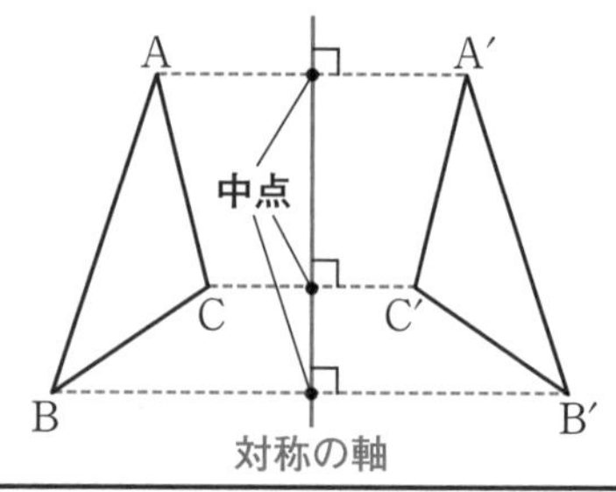
A
A′
中点
C
C′
B
B′
対称の軸

POINT

対称移動

図形を，ある直線を折り目として折り返す移動のこと。

▶対応する点を結ぶ線分は，対称の軸によって垂直に２等分される。

※対応する点は，対称の軸から等しい距離にある。

＝対称の軸は，対応する点を結んだ線分の「中点」を通る「垂直二等分線」である。

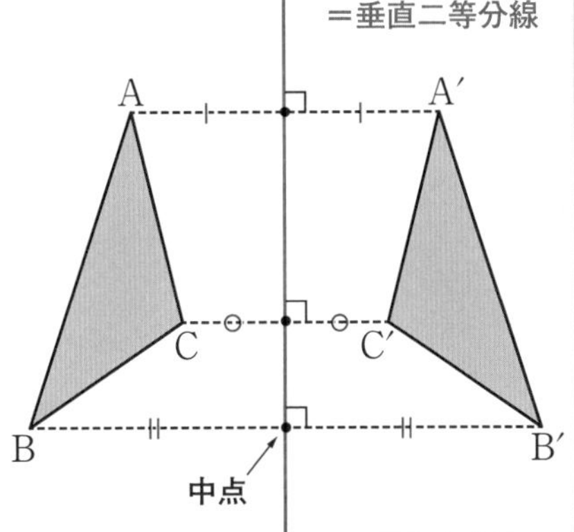
対称の軸
＝垂直二等分線
A
A′
C
C′
B
B′
中点

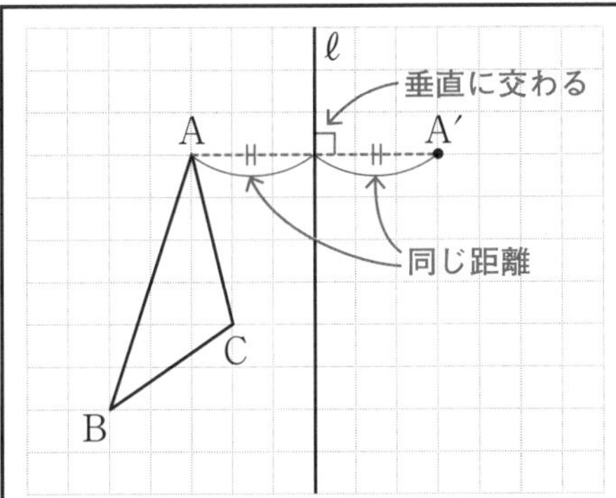
ℓ
垂直に交わる
A
A′
同じ距離
C
B

直線 ℓ が線分 AA′の「垂直二等分線」となる位置に，点 A′をかきます。

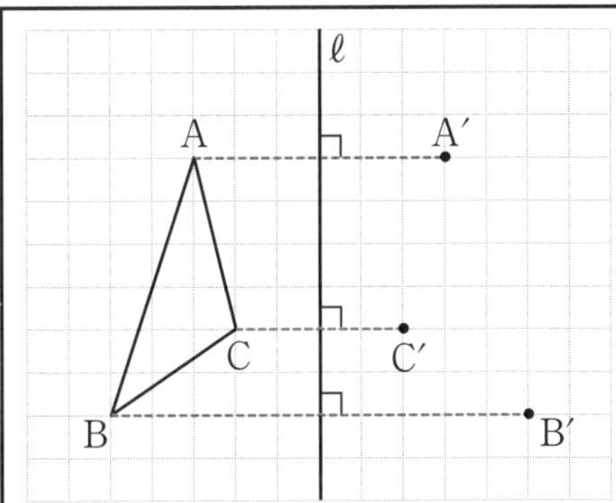
ℓ
A
A′
C
C′
B
B′

同様に，点 B′と点 C′もかきます。

（点 A′, B′, C′をかく順番は自由ですよ）

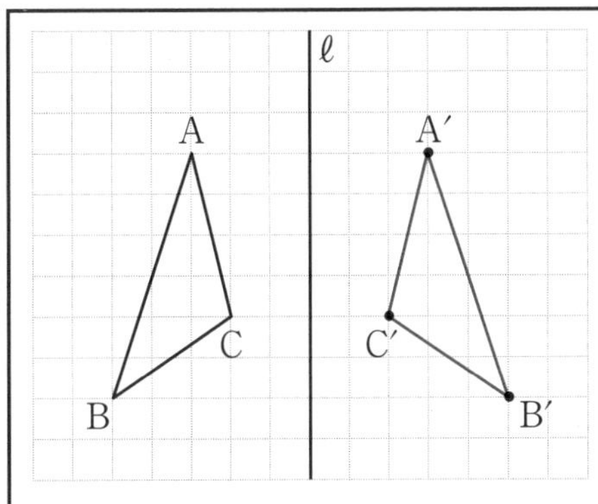
ℓ
A
A′
C
C′
B
B′

3 つの点を結ぶと，
△A′B′C′になります。 答

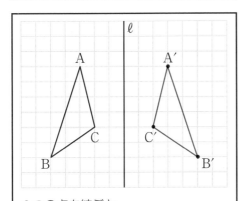

さて，平行移動，回転移動，対称移動，3 つの移動を学びましたね。
この 3 つの移動を組み合わせて使うと，図形は平面上を自由に移動することができるんです。
移動の仕方やイメージをしっかりおさえて，次に進みましょうね。

「瞬間移動」は
ないニョね…

END

Chapter 5 平面図形 2 図形の移動

3 基本の作図

問 1 （垂直二等分線の作図）

下の図の線分 AB の中点 M を作図しなさい。

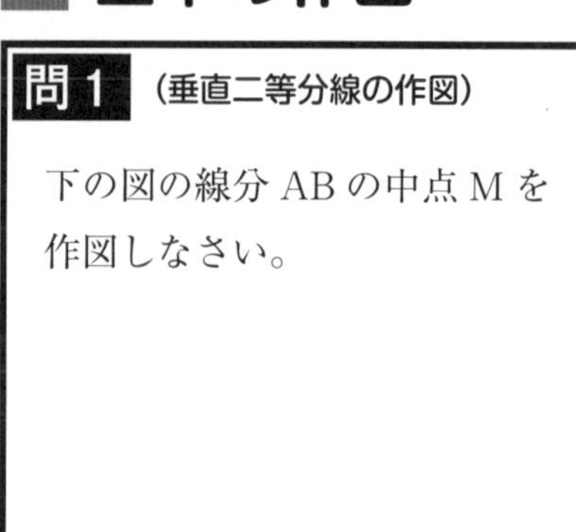

A　　　　　　　　　　B

…ふぁ？
中点を作図？
…線の真ん中の
点をかけば
いいニャ？
そうです。数学では，
「与えられた条件を満
たす図形をかくこと」
を作図（さくず）というんです。

また，中1数学の「作図」で使える道具は，**定規（1 つ）とコンパスだけ**です。分度器など，ほかの道具は使ってはいけません。

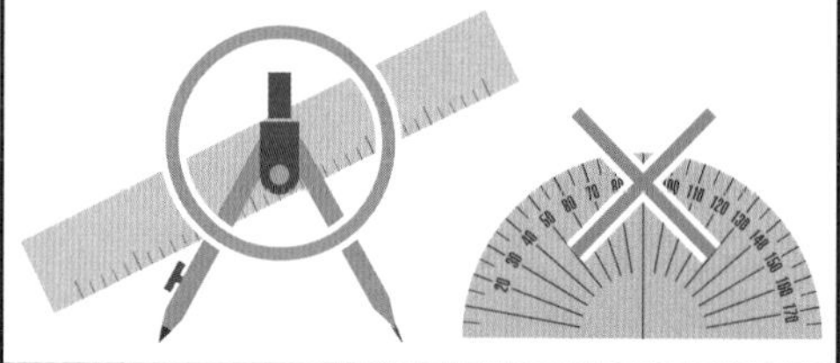

え？
鉛筆とか
消しゴムとかも
ダメなニョ？
あ，鉛筆と
消しゴムは
使っていいです。
MOMO

コンパスは
使っていいワン？
…そっちのコンパス
はダメですね…
N
W
E
S
それをどうやって
作図に使うつもりニャ？

でもまあ，道具に制限が
あった方が，ゲーム
みたいで面白いニャ～…
…わかったワン！
やってみるワン！

定規で長さを測って…
A
B

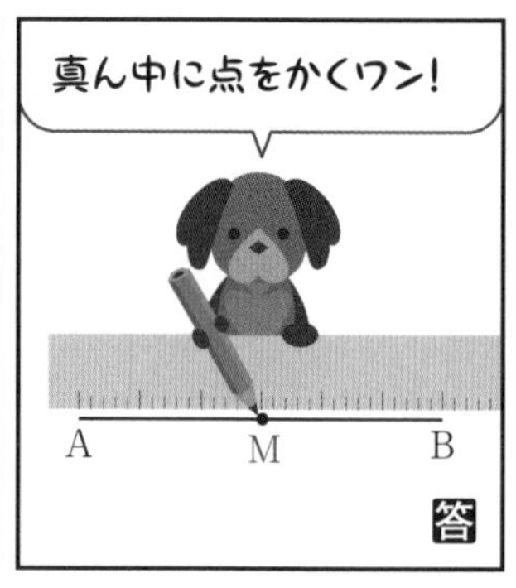

真ん中に点をかくワン！
A
M
B
答

残念!
ブー!!
え?
ちがうニョ?

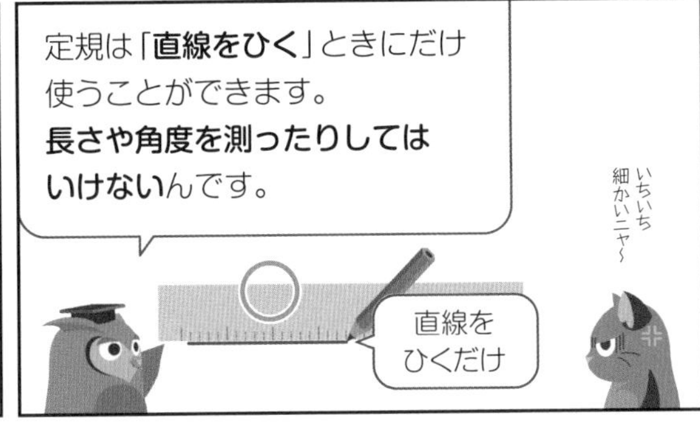
定規は「**直線をひく**」ときにだけ使うことができます。
長さや角度を測ったりしてはいけないんです。
直線をひくだけ
いちいち細かいニャ〜

こういった作図の問題は「**ひし形**(がた)」の性質を使うことが重要です。

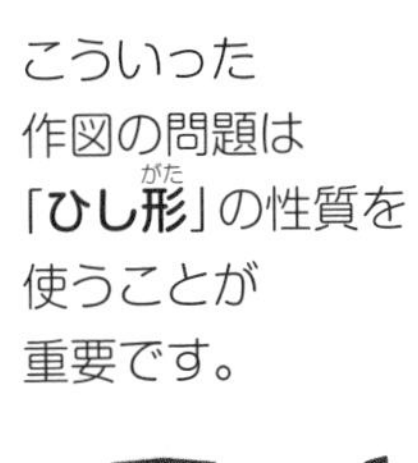

「ひし形」の性質 (1)　基礎

❶ **4つの辺の長さがすべて等しい。**
※2 組の対辺の長さがすべて等しい平行四辺形。

❷ **2本の対角線がそれぞれの中点で垂直に交わる。**

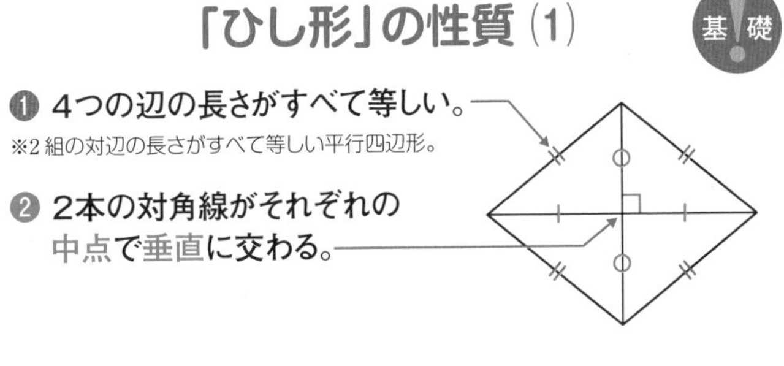

線分 AB をひし形の対角線の 1 本と考えます。

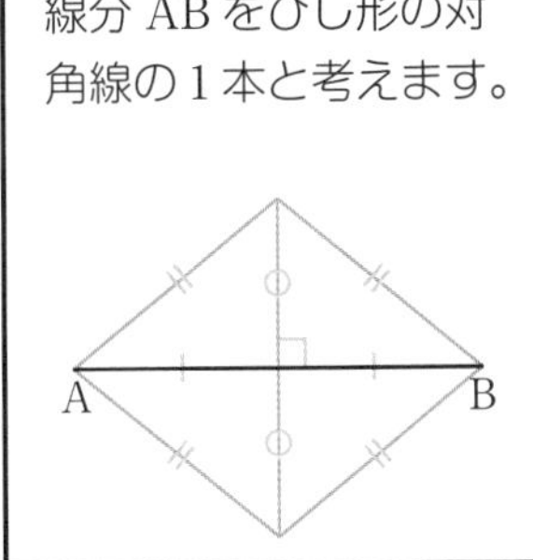
A
B

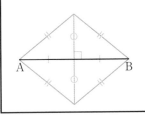

この点 (•) がわかれば，線分 AB の中点が作図できますよね。

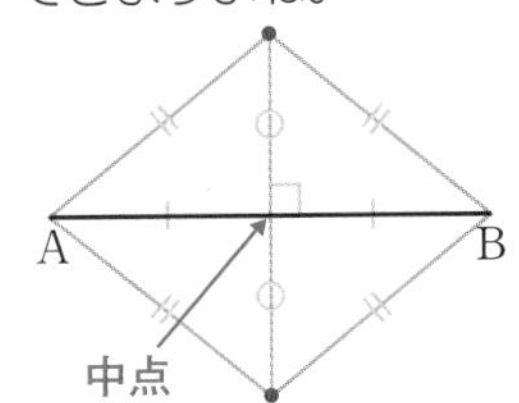
A
B
中点

この点 (•) というのは，**点 A と点 B からの距離が等しい 2 点**ですよね。

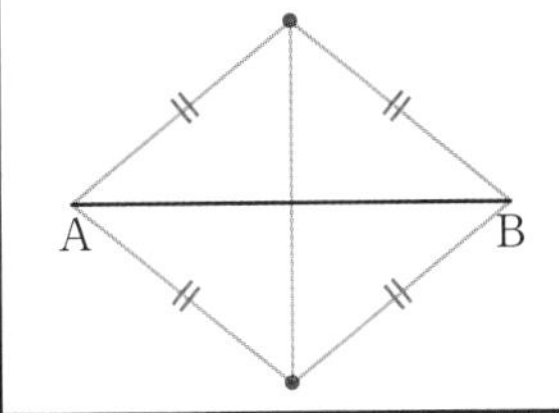
A
B

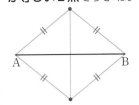

そこで，コンパスの登場です！
コンパスは，円をかくだけではなく，
線分の長さを「コピー」して，
その長さを保持しながら，
別のところで「再現」できるんです。

この機能をうまく利用して，
線分 AB の垂直二等分線を作図しましょう。

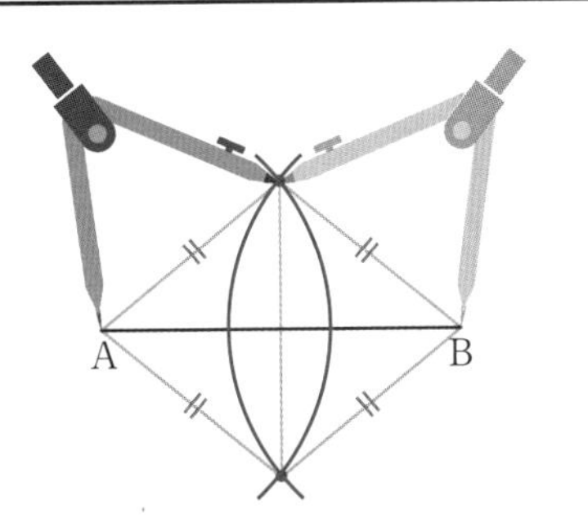
A
B

垂直二等分線の作図

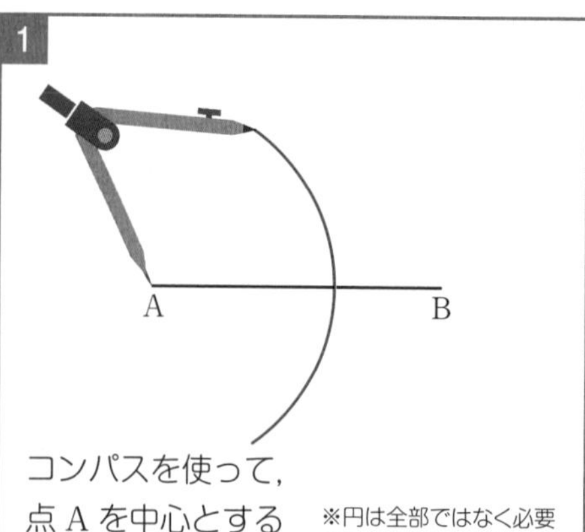
1
A
B

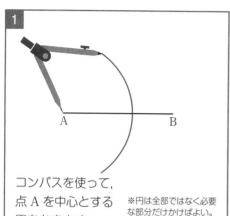

コンパスを使って，
点 A を中心とする
円をかきます。

※円は全部ではなく必要な部分だけかけばよい。半径の長さは適当で OK。

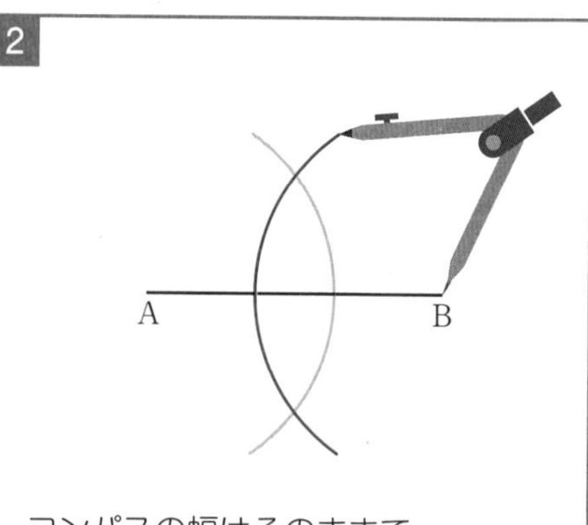
2
A
B

コンパスの幅はそのままで，
点 B を中心とする円をかきます。

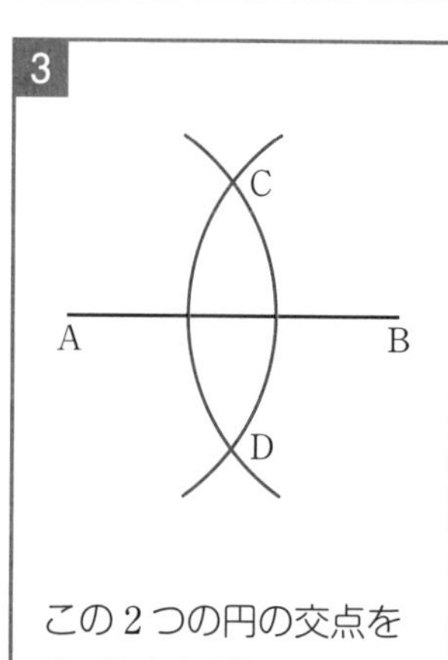
3
C
A
B
D

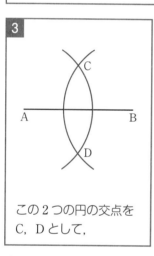

この 2 つの円の交点を
C，D として，

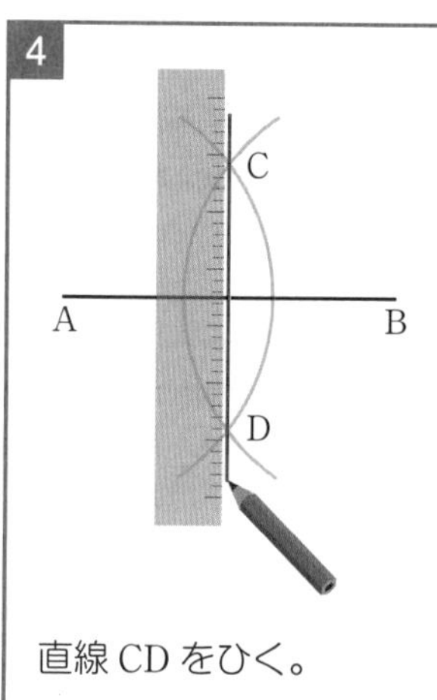
4
C
A
B
D

直線 CD をひく。

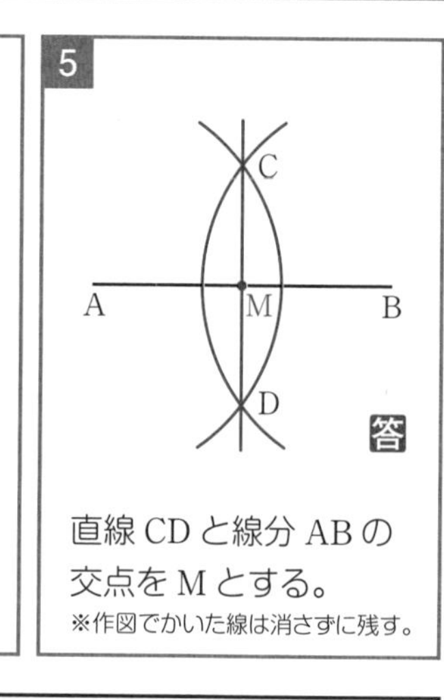
5
C
A
M
B
D
答

直線 CD と線分 AB の
交点を M とする。
※作図でかいた線は消さずに残す。

要するに，点 C，D は，点 A，B 両方からの距離が等しい 2 点なんですね。

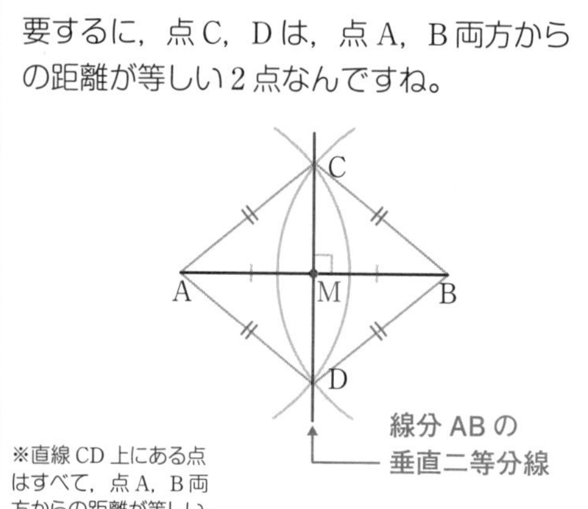
C
A
M
B
D
線分 AB の
垂直二等分線

※直線 CD 上にある点はすべて，点 A，B 両方からの距離が等しい。

ADBC の四角形で考えると，
4 辺の長さがすべて等しいので
「ひし形」になるわけです。
ひし形だから，直線 CD は
線分 AB の**垂直二等分線**になり，
その交点 M は
線分 AB の**中点**になる，
というわけです。

説明長っ！

問2　**（角の二等分線の作図）**

下の図の∠AOB の二等分線を作図しなさい。

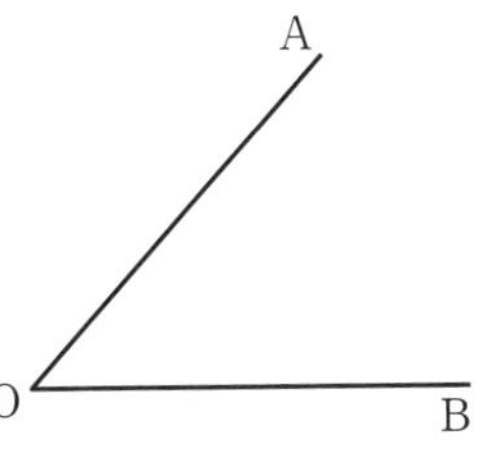
A
O
B

「二等分線」って何のことニャ？
二等分した線のことだワン！
いや，てきとーなことを教えないでください！

※二等分線…長さ・角・面積などを等しい２つの部分に分ける線分のこと。

∠AOB の二等分線というのは，∠AOB をちょうど半分に分ける線ということです。

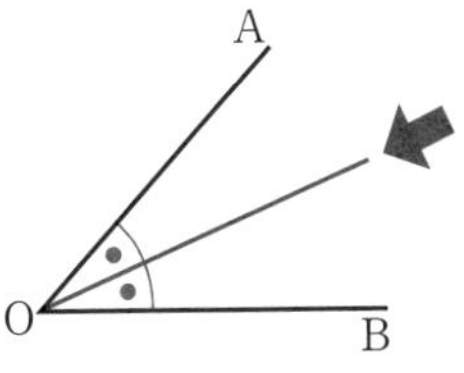
A
O
B

この作図も，ひし形の性質を使って考えましょう。

「ひし形」の性質 (2)

基礎

❸ 対角線は，頂点にできる角の二等分線になる。

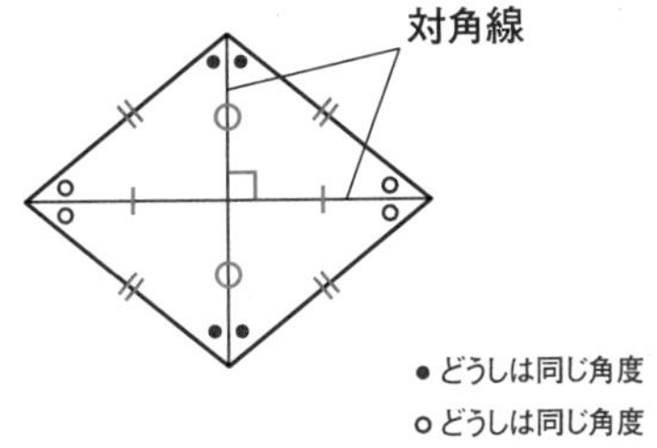
対角線
● どうしは同じ角度
○ どうしは同じ角度

∠AOB の２つの辺を使って，下図のように「ひし形」をつくると，

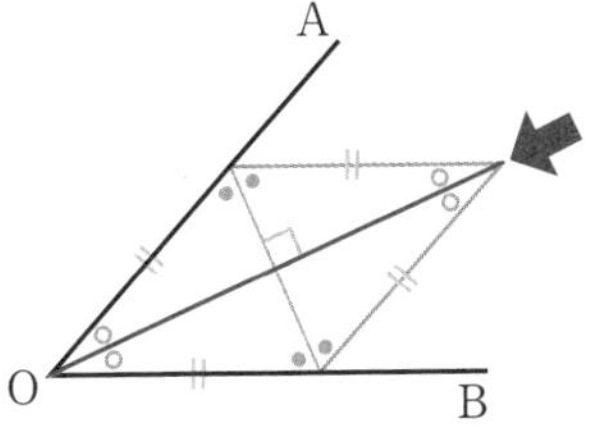
A
O
B

赤線部が∠AOB の二等分線になりますよね。

この「ひし形」をつくるためには，**「４本の辺の長さがすべて等しい」**というひし形の性質を利用します。どうすればよいか，考えましょう。

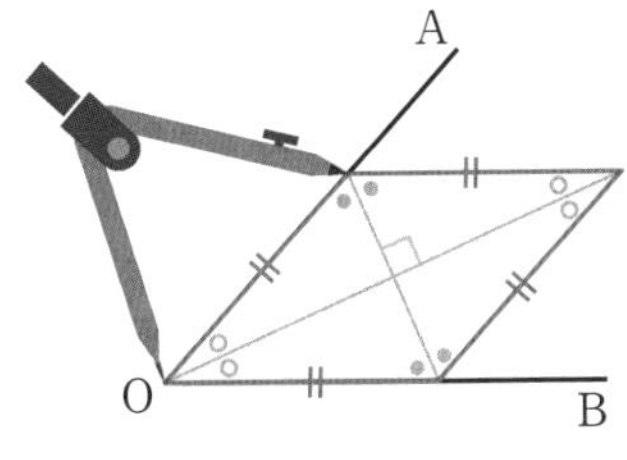
A
O
B

考えて

角の二等分線の作図

1

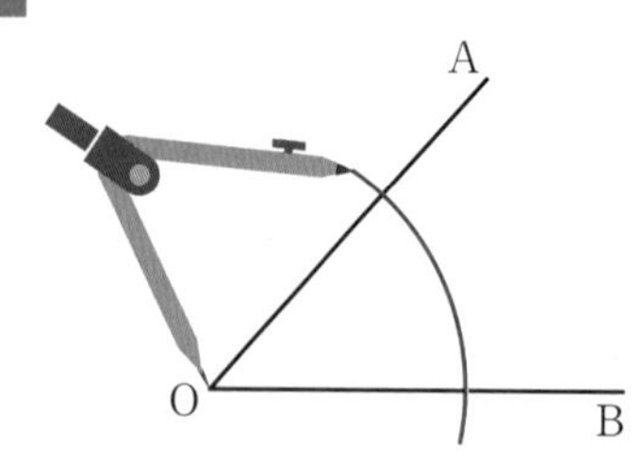
A
O
B

コンパスを使って，
点 O を中心とする円をかきます。
※半径の長さは適当で OK。

2

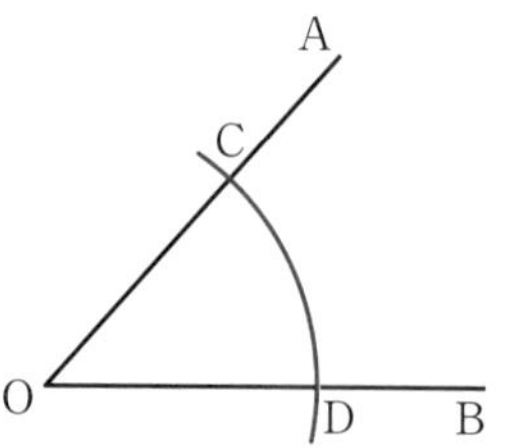
A
C
O
D
B

半直線 OA，OB との交点を，
それぞれ点 C，D とします。

3

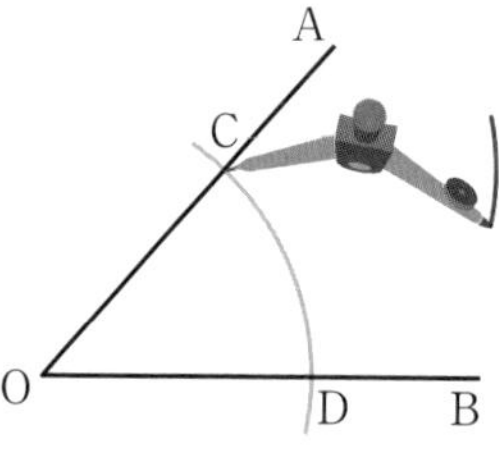
A
C
O
D
B

コンパスの幅はそのまま（＝線分 OC と同じ長さ）で，C を中心に円（の一部）をかきます。
※∠AOB の二等分線が通りそうな部分だけかけばよい。

4

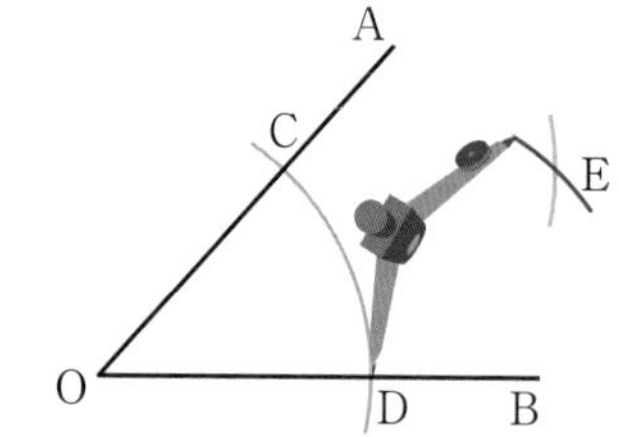
A
C
E
O
D
B

コンパスの幅はそのまま，D を中心に円（の一部）をかき，交点を E とします。
※3 でかいた線と交差する部分だけかけばよい。

5

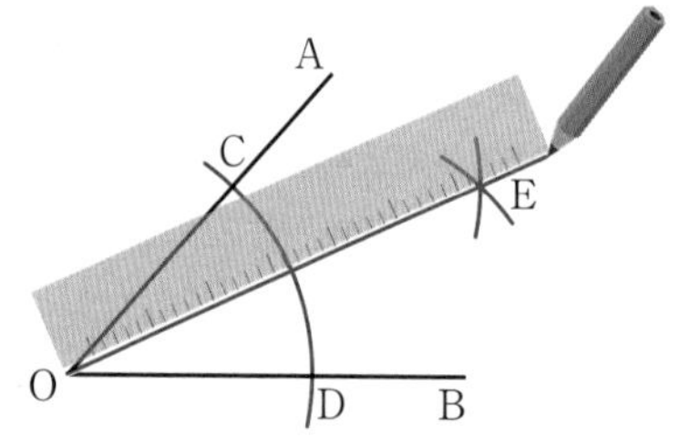
A
C
E
O
D
B

半直線 OE をかきます。
半直線 OE が，∠AOB の二等分線となるわけですね。

6

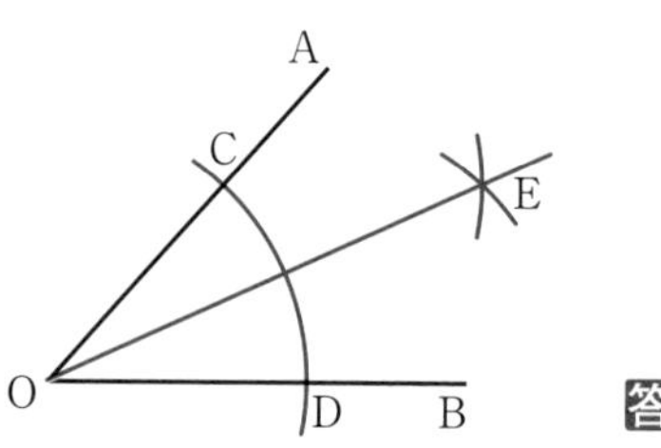
A
C
E
O
D
B
答

これが答えです。
※角の大きさの関係を式で表すと，
$\angle AOE = \angle BOE = \frac{1}{2}\angle AOB$

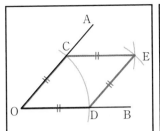

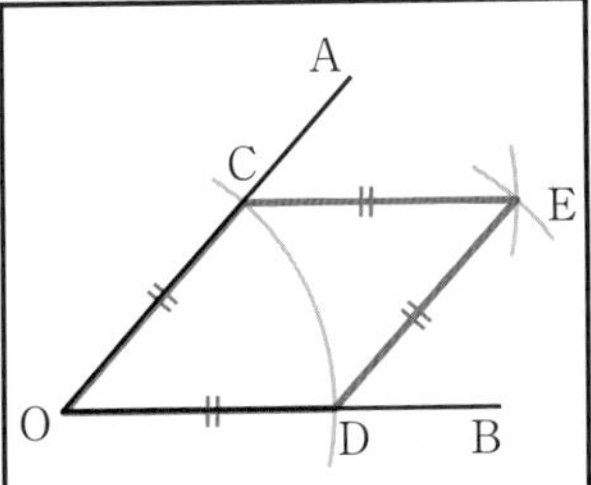
A
C
E
O
D
B

これは要するに，４本の辺がすべて等しい長さ（＝コンパスの幅）であるひし形を想定して，

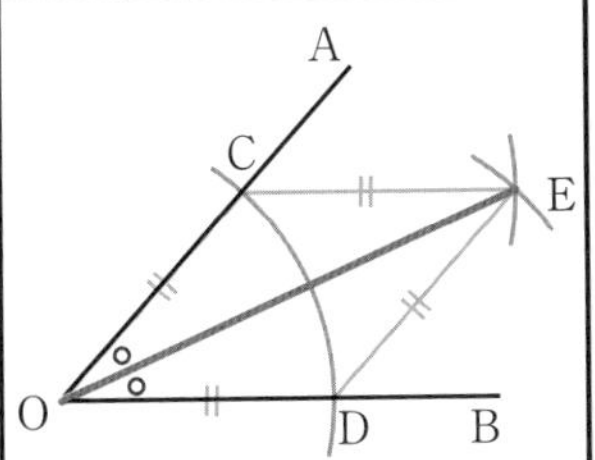
A
C
E
O
D
B

その対角線を角の二等分線として利用する，という手法ですね。

このように，作図では「ひし形」を利用することが多いので，ひし形の性質は完璧に覚えておいてくださいね。

ニャるほど…

問３（垂線の作図①）

下の図の直線 ℓ 上にある点Ｐを通り，ℓ に垂直な直線を作図しなさい。

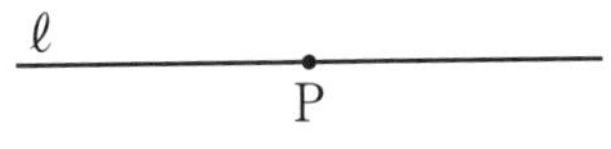
ℓ
P

…ん？　今度は「線分」じゃなくて「直線」になってるニャ…？

そのとおり！
今度は「線分」じゃないので，
線の**端がない**と考えてください。
「直線上の１点に垂線をひく」
という問題です。

ヒントはやはり「ひし形」です。
点Ｐをひし形の対角線の中点だとして考えます。

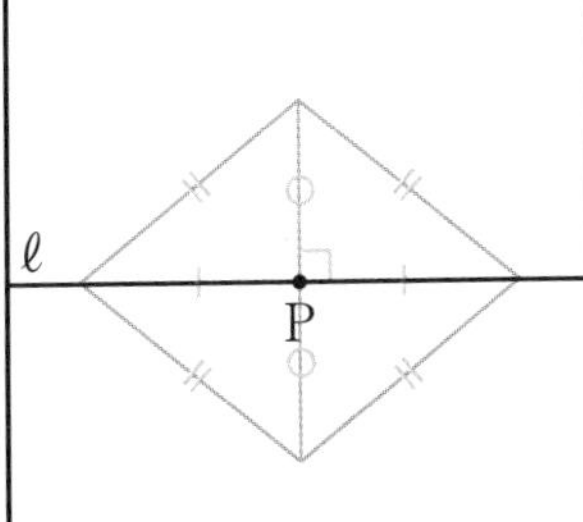
ℓ
P

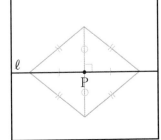

青点（•）をかいて，その両点から等しい距離にある赤点（•）がわかれば，

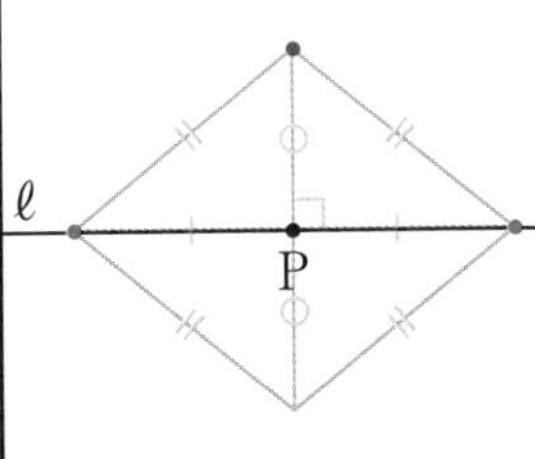
ℓ
P

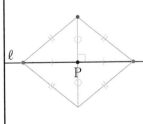

赤点（•）から点Ｐに垂直な直線がひけますよね。
さあ，どうすればよいか，考えましょう。

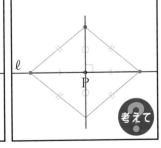

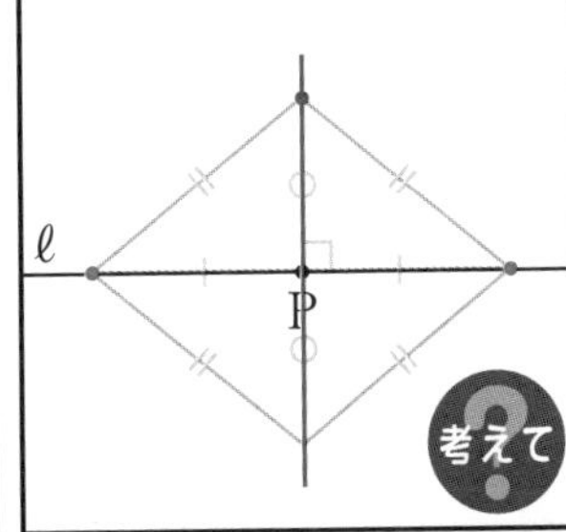
ℓ
P
考えて

直線上の1点を通る垂線の作図

1

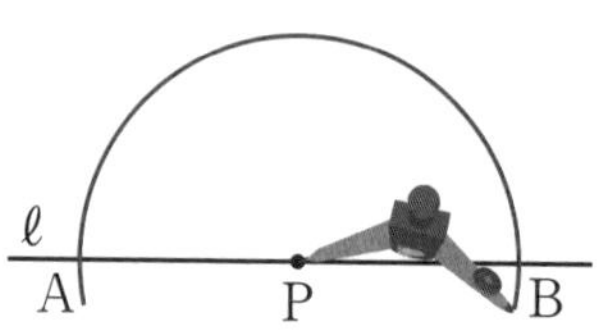
ℓ
A
P
B

点Pを中心として円をかき，
直線ℓとの交点をA，Bとします。

※Pを「中点」とする線分ABができる。

2

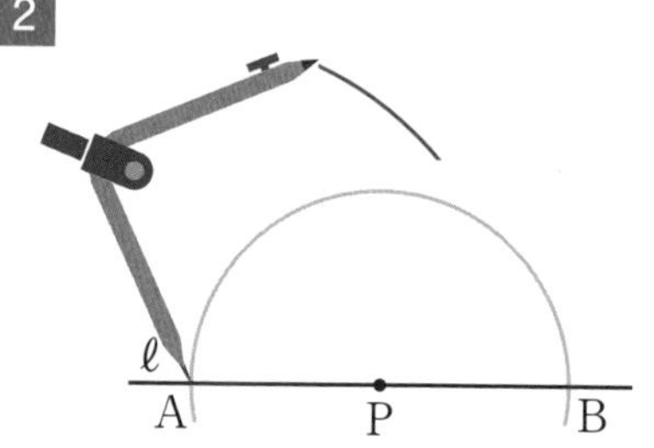
ℓ
A
P
B

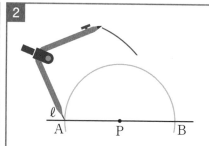

コンパスの幅を少し広げて，
点Aを中心とする円（の一部）をかきます。

3

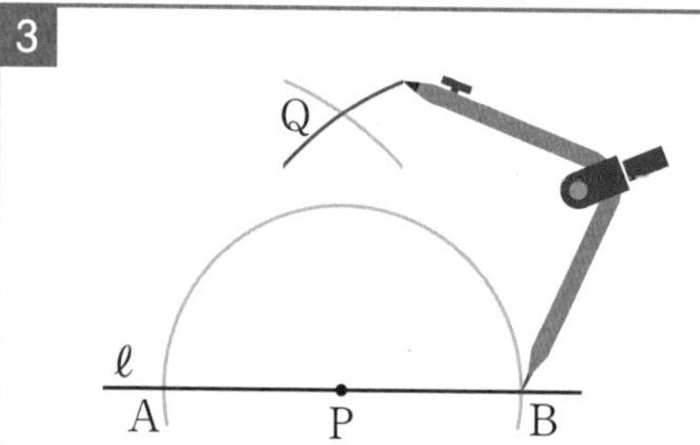
Q
ℓ
A
P
B

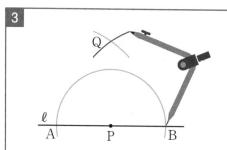

コンパスの幅はそのままで，
点Bを中心とする円（の一部）をかき，
交点をQとします。

※線分ABの垂直二等分線をかく要領と同じ!

4

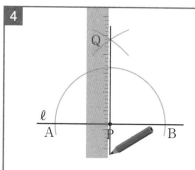

点QからPへ直線（=垂線）をかきます。

5

答

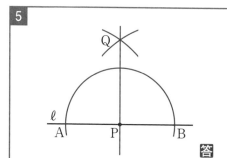

これが答えです。要するに，点Pを中点とする線分ABをつくり，線分ABの垂直二等分線を作図したわけですね。

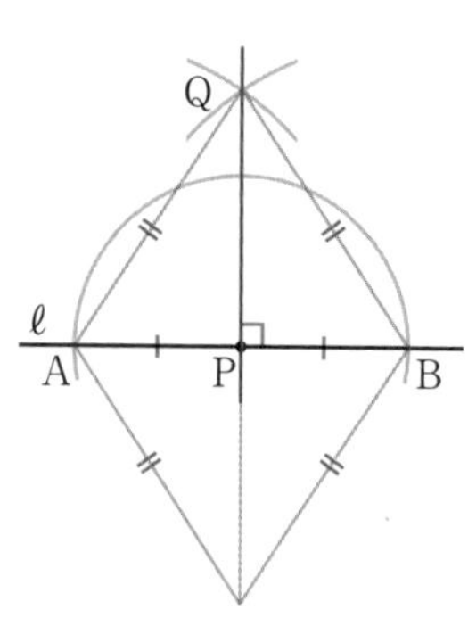
Q
ℓ
A
P
B

点Pを中点とした**ひし形**をしっかりイメージできるようにしましょう。

…あれ？
垂直二等分線って，直線の下の方にもかくんじゃないニョ？
円も下半分がないし…
なんニャの？
お，よく気づきましたね

このように，円を下までかいてもいいんですが，直線は**2点**あればかけますよね。今回は点Pがあり，あとは点Qだけでいいので，**下までかく必要はない**わけです。

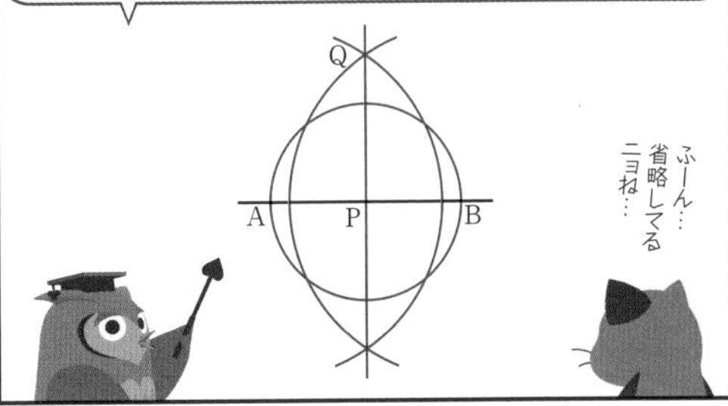
Q
A
P
B
ふーん…
省略してる
ニョね…

問4 （垂線の作図②）

下の図の直線 ℓ 上にない点Pを通り，ℓ に垂直な直線を作図しなさい。

• P

ℓ

さあ，先程は「直線上の1点を通る垂線」でしたが，今回は「直線上に**ない**1点を通る垂線」です。
今回のヒントもやはり「ひし形」。
ひし形の性質をどう使うか。
イメージしながら考えましょう。

点Pをひし形の1つの頂点だとして考えます。

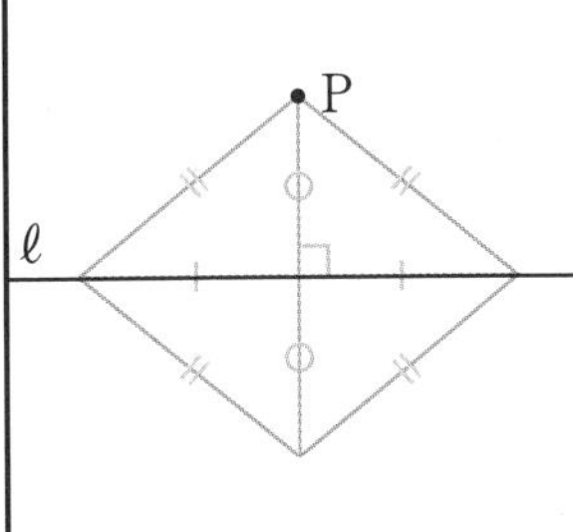
P
ℓ

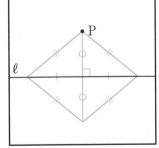

Pから等しい距離にある青点（•）をかいて，その両点から等しい距離にある赤点（•）がわかれば，

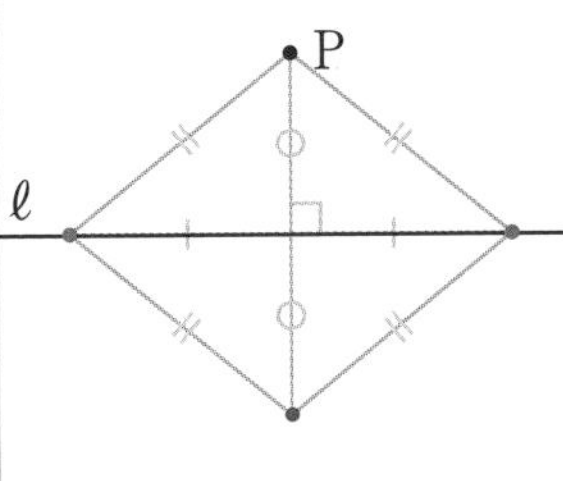
P
ℓ

赤点（•）と点Pで，ℓ に垂線がひけますよね。
さあ，どうすればよいか，考えましょう。

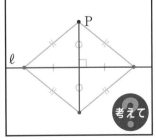

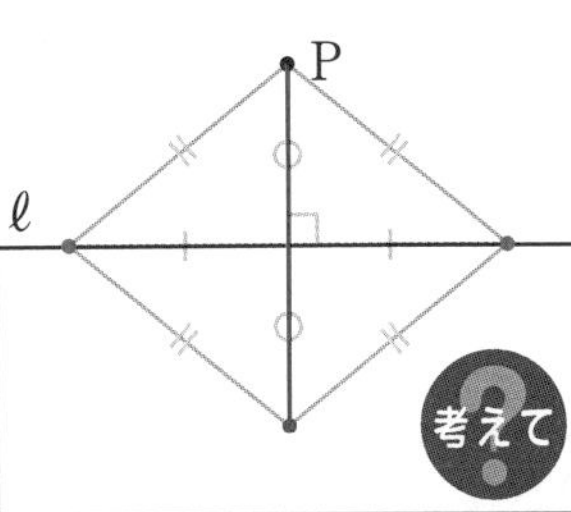
P
ℓ
考えて

直線上にない1点を通る垂線の作図

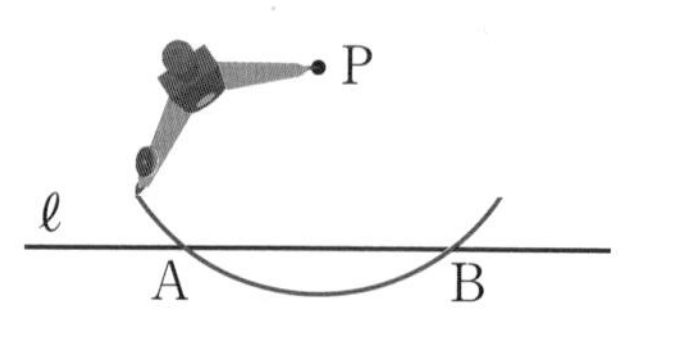
P
ℓ
A
B

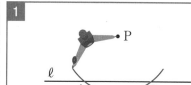

点 P を中心として円をかき，
直線 ℓ との交点を A，B とします。
※直線ℓ上に線分 AB ができる。

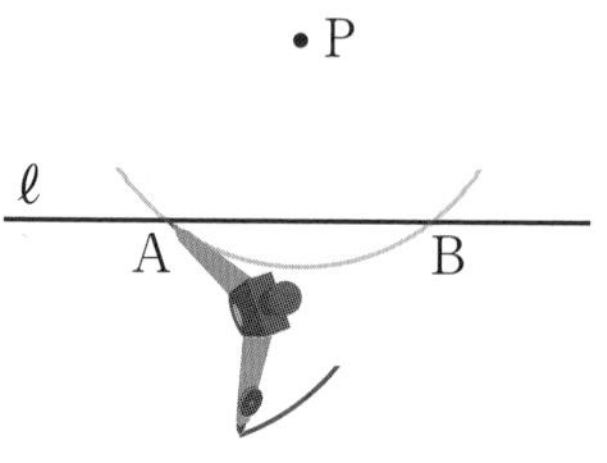
P
ℓ
A
B

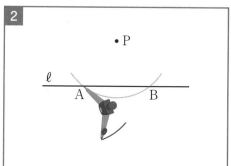

コンパスの幅はそのままで，点 A を中心とする円（の一部）をかきます。

3

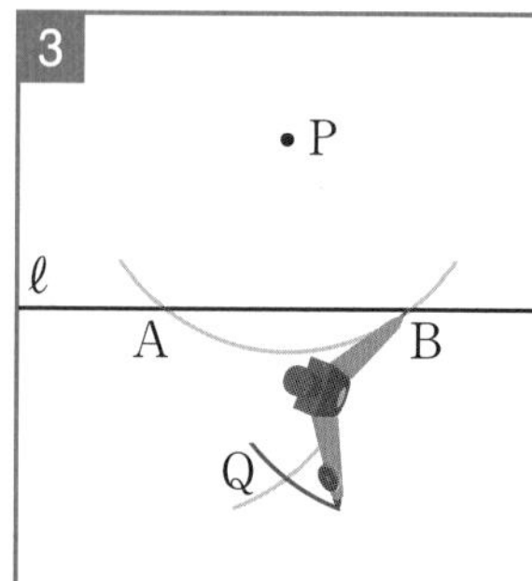
P
ℓ
A
B
Q

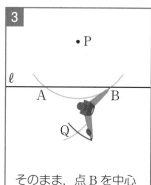

そのまま，点 B を中心とする円（の一部）をかき，交点を Q とします。

4

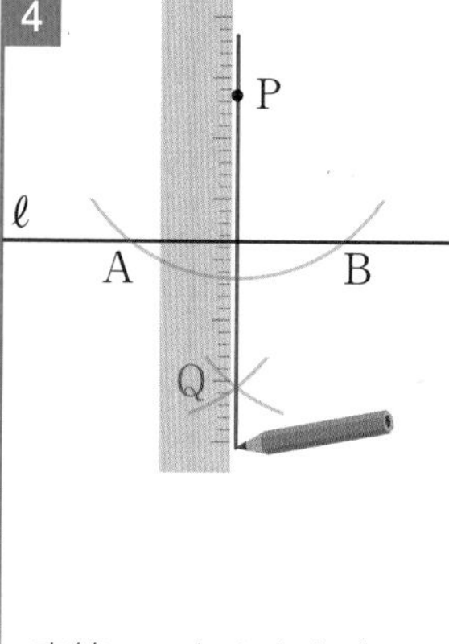
P
ℓ
A
B
Q

直線 PQ をひきます。

5

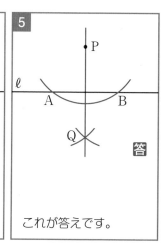

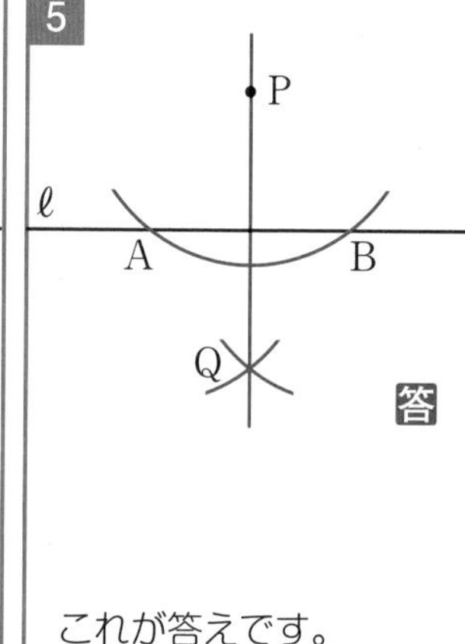
P
ℓ
A
B
Q
答

これが答えです。

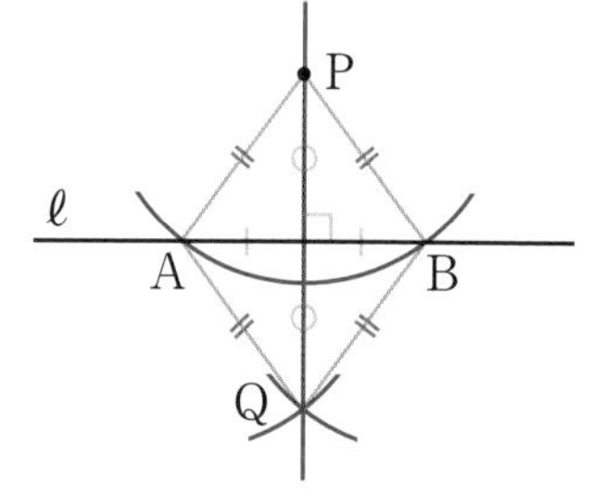
P
ℓ
A
B
Q

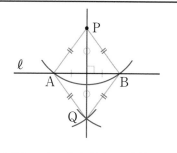

要するに，点 P から等しい距離にある点 A，B と，その点 A，B から等しい距離にある点 Q をかいて，4 辺が等しい「ひし形」をつくったわけですね。

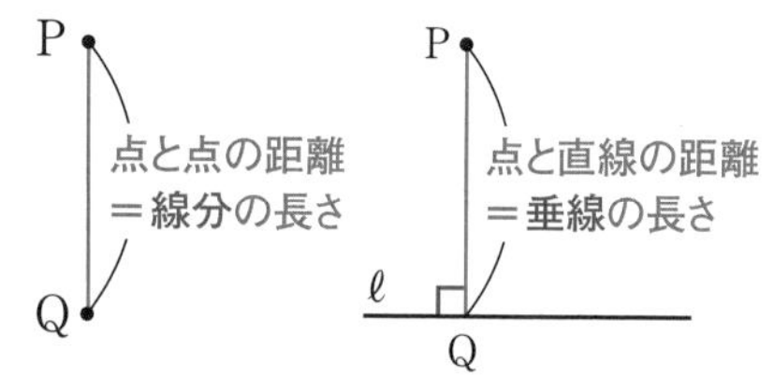
P
点と点の距離
＝線分の長さ
Q
P
点と直線の距離
＝垂線の長さ
ℓ
Q

ちなみに，図形における「距離」とは「**最短の道のり**」のことです。
点と点の距離は 2 点間の**線分**の長さですが，点と直線の距離とは，点から直線にひいた**垂線**の長さです。

平行な２直線の距離も，平行線間にひいた**垂線**の長さになります。当然ながら，平行線間の距離は変わることはありません。

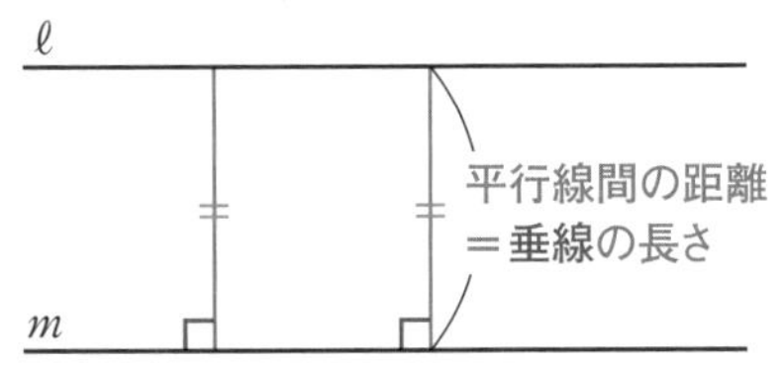
ℓ
平行線間の距離
＝垂線の長さ
m

また，角の二等分線上にある点は，２辺までの距離（＝垂線の長さ）がどこも等しいという点も覚えておきましょう。

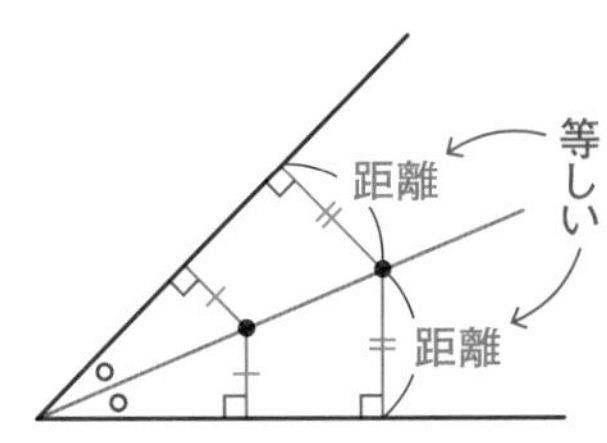
距離
等しい
距離

さあ，作図の基本はこれで完了です。とにかく「**ひし形の対角線**」を，**(垂直) 二等分線**や**垂線**に利用する！わけなんですね。「ひし形」の性質はしっかりと理解しておきましょう。

ひし形
おそるべし
だニャ…

ニャン吉の
おへそは
「ひし形」だワン！
ワン太の
おへその方が
「ひし形」ニャ!!
なんの
ケンカ？

作図の基本４パターン

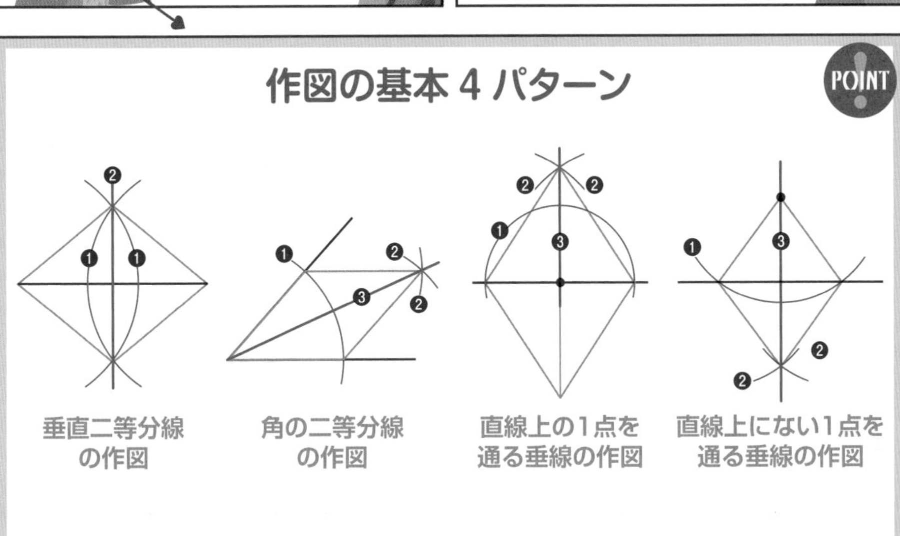
POINT
❶
❷
❸

垂直二等分線の作図

角の二等分線の作図

直線上の1点を通る垂線の作図

直線上にない1点を通る垂線の作図

※入試問題などでは，この基本４パターンを組み合わせた複雑な問題が出題されます。基本をしっかりおさえて，応用力もみがきましょう。

END

4 いろいろな作図

問1 （三角形の作図）

3辺AB，BC，CAが，右の図に示された長さとなるような△ABCを作図しなさい。

ただし，辺BCが底辺で点Aが辺BCの上側となるように作図しなさい。

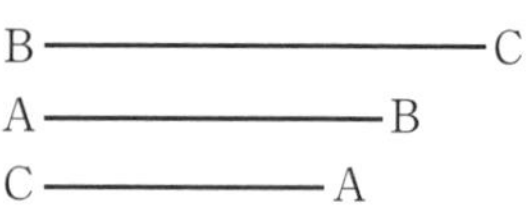

B C
A B
C A

さあ，基本の作図をマスターしたら，今度はそれを応用して，いろいろな作図ができるようになりましょう。どんどん問題を解いていきますから，1コマずつ，ついてきてくださいね。

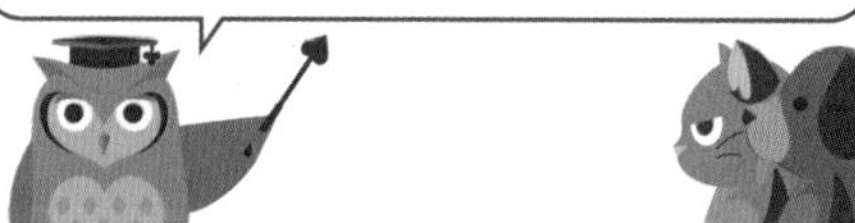

辺BCが底辺で，点Aがその上にある三角形なので，配置はこのようになります。

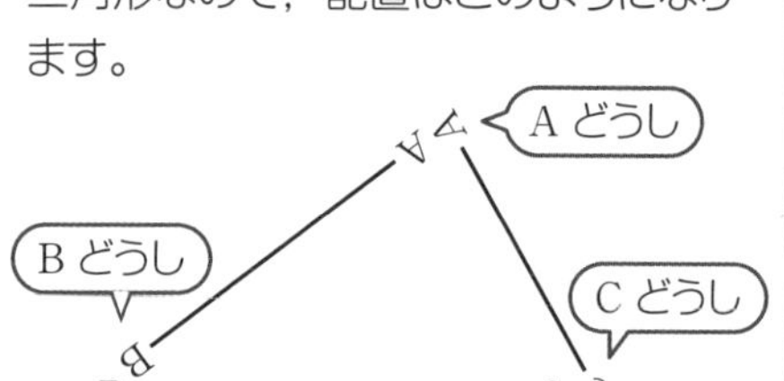

Aどうし
Bどうし
Cどうし
B C

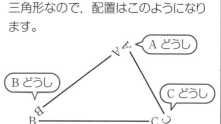

辺ABの点Bにコンパスの針をさして，BAの長さをとります。

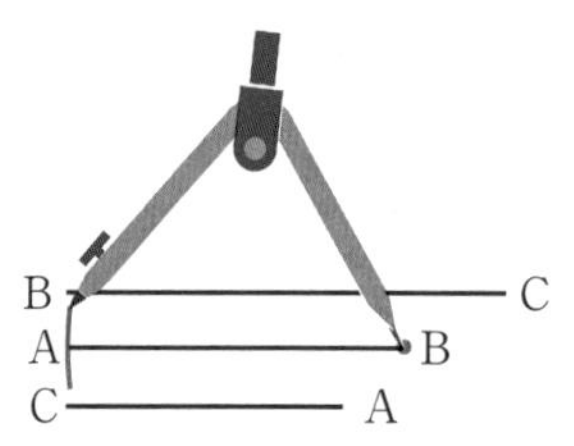

B C
A B
C A

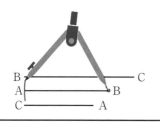

点Bを中心として，測りとったBAを半径とする円（の一部）をかきます。

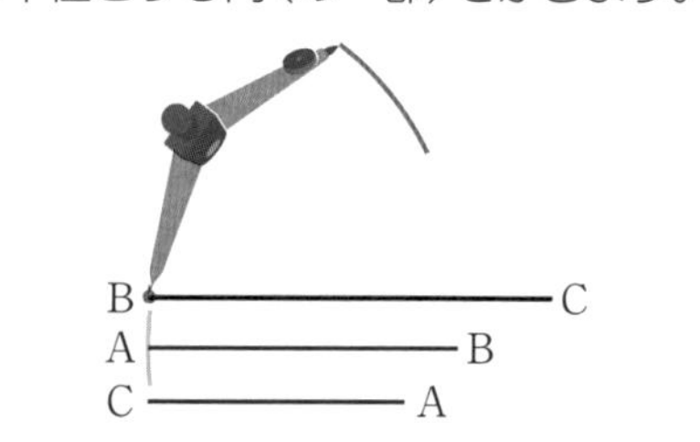

B C
A B
C A

同様に，辺CAの長さをとって，

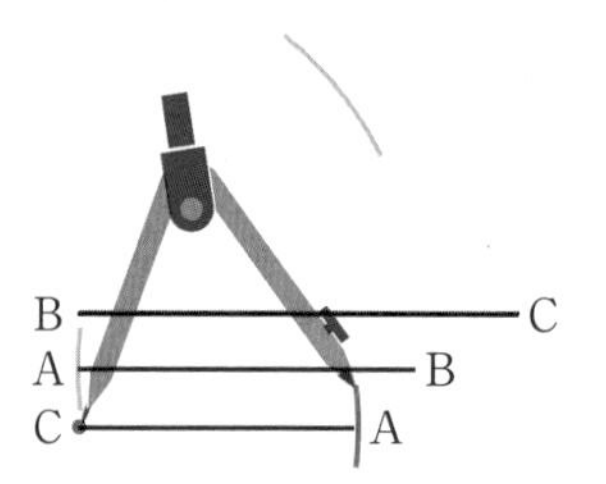

B C
A B
C A

点Cを中心として，交点Aをかきます。

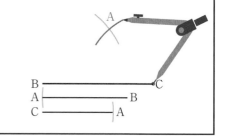

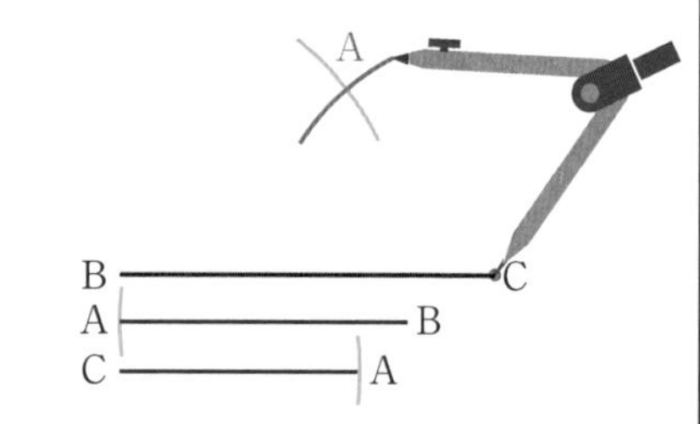

A
B C
A B
C A

点 A と B，点 A と C をそれぞれ線分で結ぶと，答えとなります。

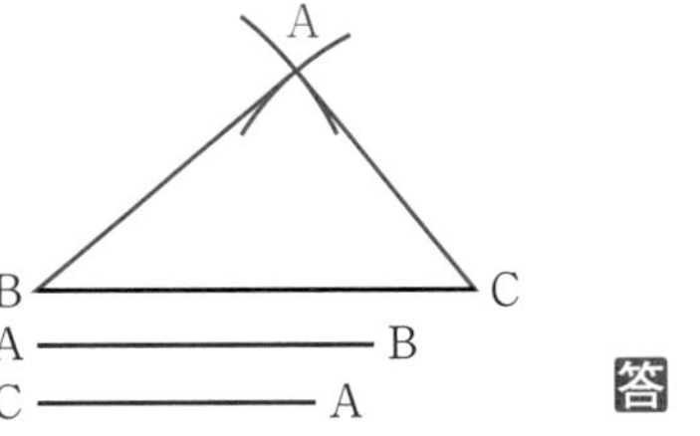
A
B
C
A B
C A
答

このように，コンパスを使えば，**線分の長さをとって，別の場所に移す**ことができるんですね。
このワザを使えるようにしましょう。

問 2 （四角形の作図①）

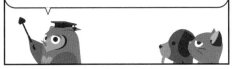

2 辺 AB，BC が，右の図に示された長さとなるような長方形 ABCD を作図しなさい。
ただし，辺 BC が底辺で点 A が辺 BC の上側となるように作図しなさい。

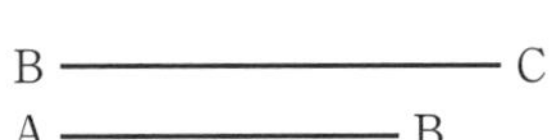
B C
A B

辺 BC が底辺で，
点 A がその上側なので，
2 辺の配置はこのようになります。

A
B
B C

長方形は，**向かい合う辺の長さが等しく，4 つの角がすべて直角**なので，
このような図になります。

A
B B C

まず，点 B を通る垂線を作図するために，辺 BC を B の方へ延長した線をひきます。
※直線をひく定規のイラストは省略（以下同）。

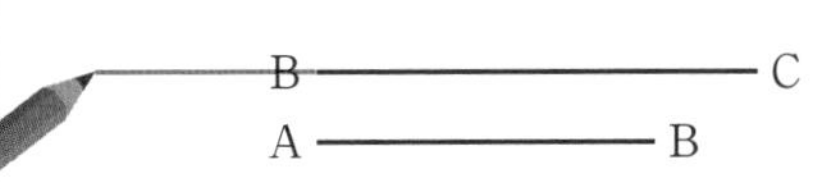
B C
A B

点 B を通る直線 BC の垂線を作図します。

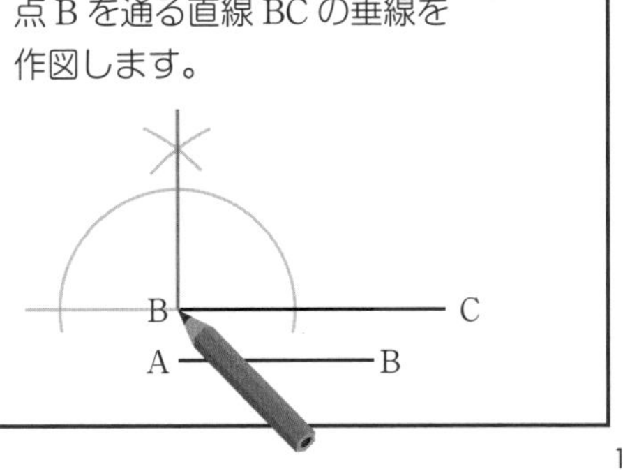
B C
A B

この垂線を辺 AB と同じ長さにしたいので，辺 AB の長さをとり，

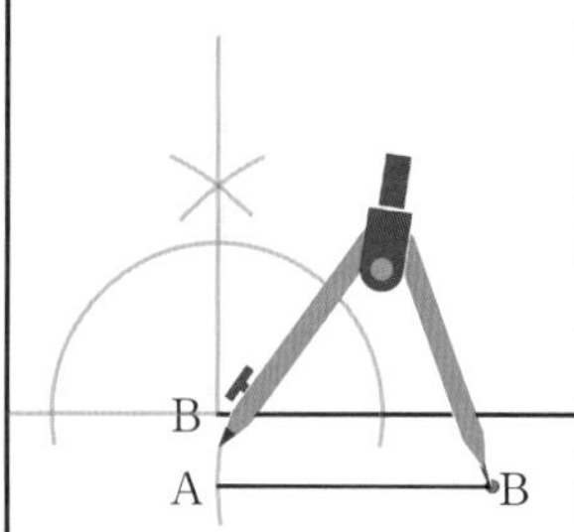
B
A
B

点 B を中心に半径 BA の円をかきます。

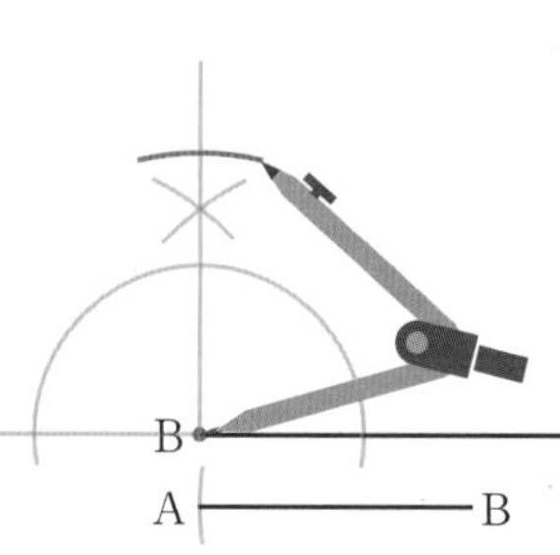
B
A
B

先程ひいた垂線との交点を A とします。これで線分 AB の移動が完了です。

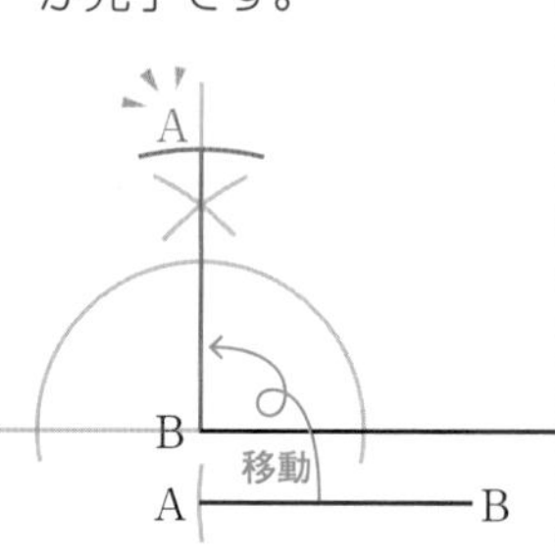
A
B
移動
A
B

コンパスの幅はそのまま（＝辺 AB の長さ）で，点 C を中心に半径 AB の円をかきます。

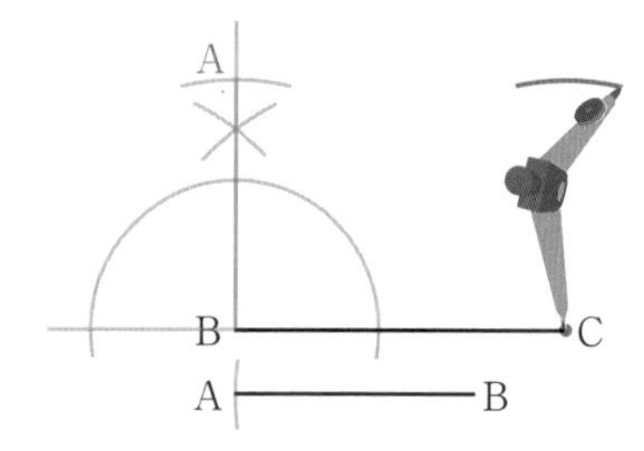
A
B
C
A
B

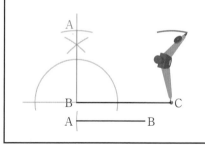

辺 BC の長さをとって，点 A を中心に半径 BC の円をかき，交点を D とします。

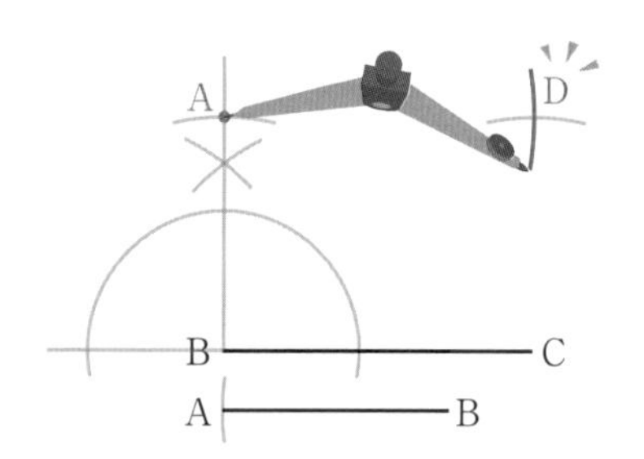
A
D
B
C
A
B

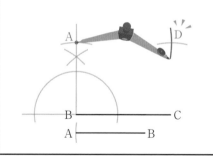

点 A と D，点 C と D をそれぞれ線分で結ぶと，答えとなります。

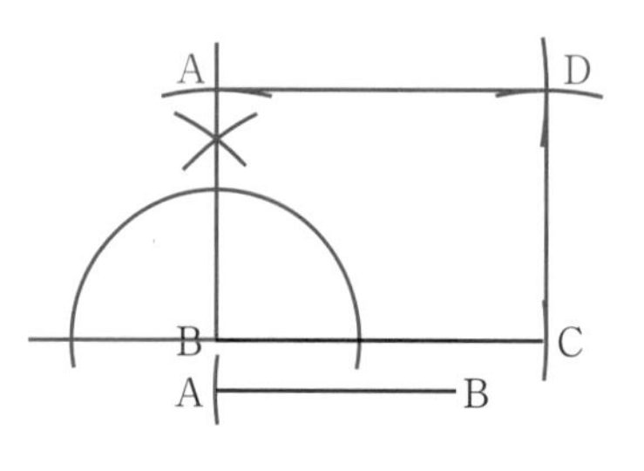
A
D
B
C
A
B
答

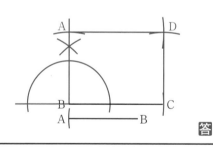

図形の記号のルール

図形の頂点に記号をつける場合，**左上**（または**上**）の方から**反時計回り**（↺）に，図形の周に沿って A，B，C，…とアルファベット順につけるのがふつう*。今回は「長方形 **ABCD**」を作図する問題なので，点 B の上にくる点は（D ではなく）A でなければならない。

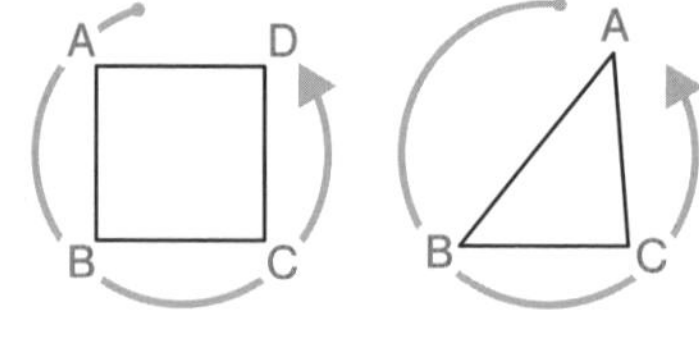
A
D
B
C
A
B
C

*に理由がない場合は基本的にそうするが，厳密なルールはないので「絶対」ではない。

問3 （60° の角の作図）

∠AOB が 60°となるように，右の図の半直線 OB をもとにして，もう 1 つの半直線 OA を作図しなさい。
ただし，点 A が半直線 OB の上側となるように作図しなさい。

O
B

「∠AOB が 60°」で，
「点 A が半直線 OB の上側となる」ということは，つまりこういう形の図になりますよね。

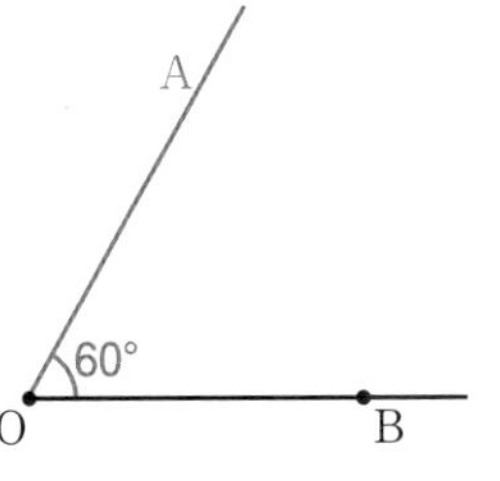
A
60°
O
B

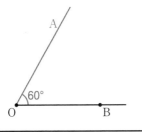

これは，3 つの角がすべて **60°**になる**正三角形**の性質を利用しましょう。
つまり，3辺の長さが等しい三角形をかけばいいわけです。

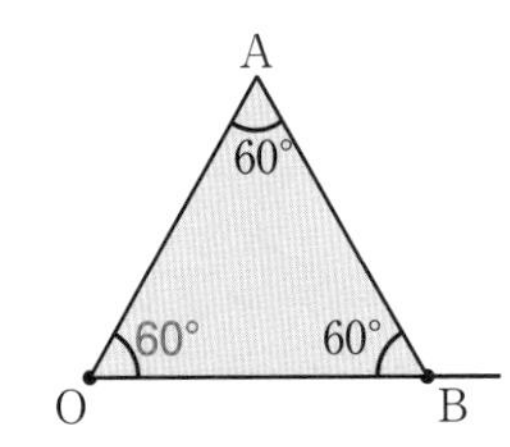
A
60°
60°
60°
O
B

点 O にコンパスの針をさし，OB を半径とする円をかきます。

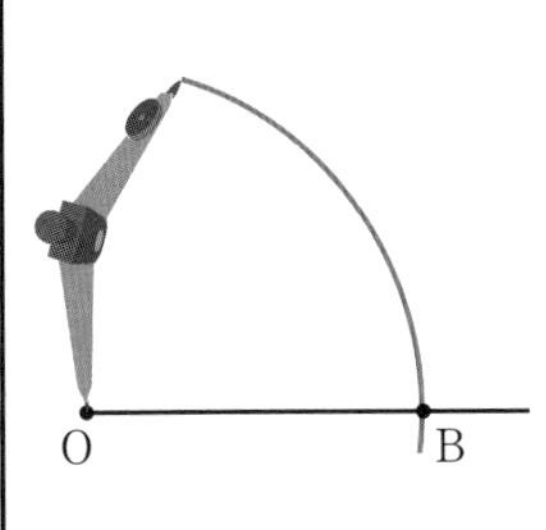
O
B

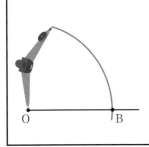

コンパスの幅はそのまま（＝半径 OB）で，
点 B を中心に円をかき，
交点を A とします。

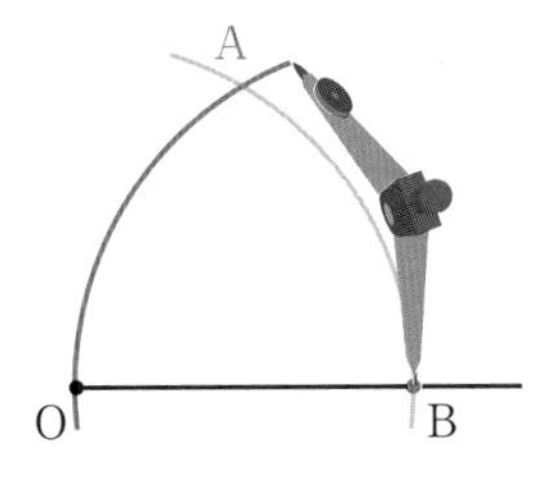
A
O
B

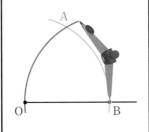

点 O と A を結び，
半直線 OA をひくと，
答えになります。*

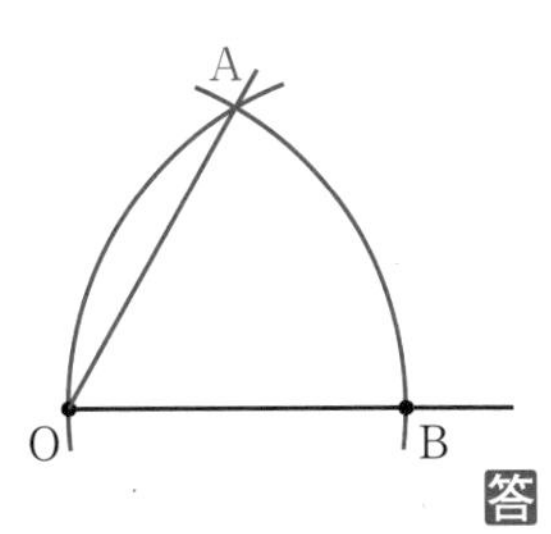
A
O
B
答

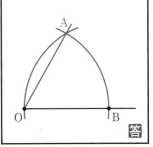

*線分 BA をかき加えると「正三角形」ができる。覚えておくとよい。

問4 （30°の角の作図）

問4を利用して，∠COBが30°となるように，下の図の半直線OBをもとにして，もう1つの半直線OCを作図しなさい。
ただし，点Cが半直線OBの上側となるように作図しなさい。

O
B

問3は**60°**の作図でした。
これを利用するということは，この**60°**の角を「**二等分**」して，**30°**の角を作図すればいいということですよね。

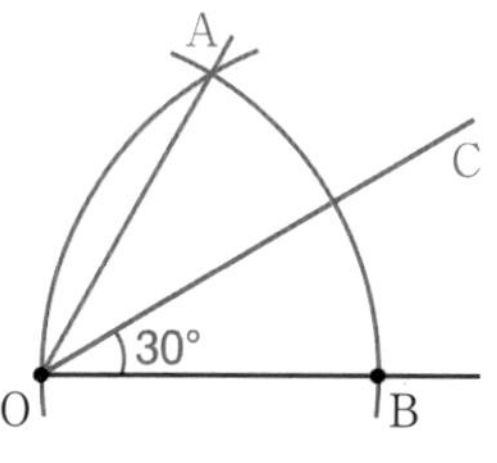
A
C
30°
O
B

まずは**問3**と同じ手順で，
∠AOB＝**60°**の作図をします。

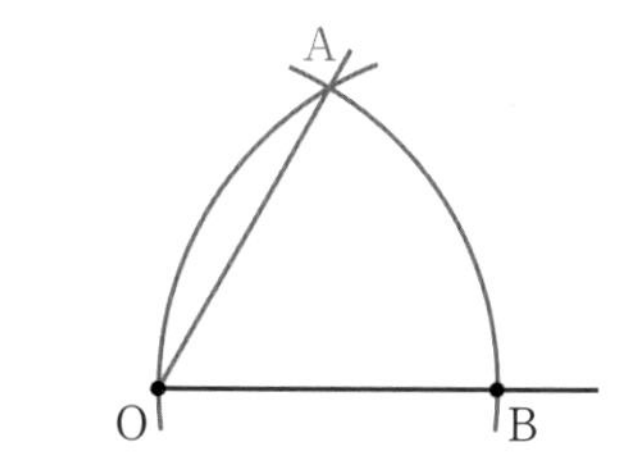
A
O
B

次に「**角の二等分線**」の作図 (☞P.156) をしましょう。点A，Bを中心に半径OBの円（の一部）をかき，その交点をCとします。

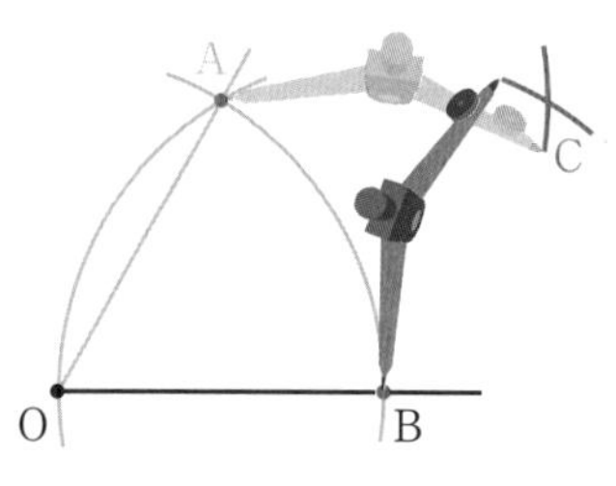
A
C
O
B

半直線OCをかくと，
∠COBは30°になるので，
これが答えになります。

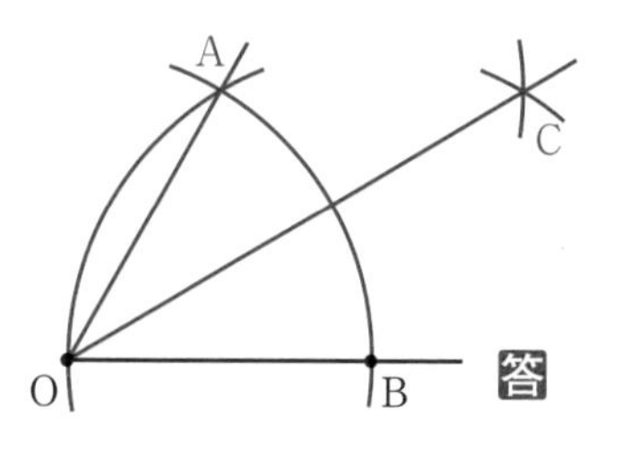
A
C
O
B
答

問5　（45° の角の作図）

∠COB が 45°となるように，下の図の半直線 OB をもとにして，もう 1 つの半直線 OC を作図しなさい。ただし，点 C が半直線 OB の上側となるように作図しなさい。

O
B

45°は 90°の半分の角ですから，90°の**角の二等分線**をかくことによって，作図できますよね。

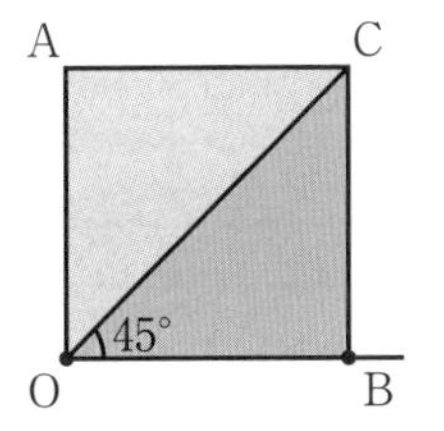

A
C
45°
O
B

点 O を通る直線 OB の垂線を作図します。
(☞P.158)

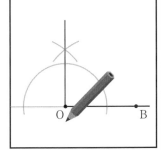

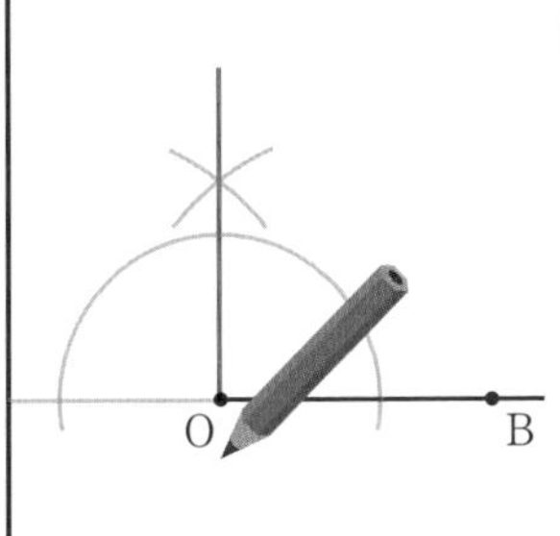

O
B

∠AOB の二等分線 OC をかきます。

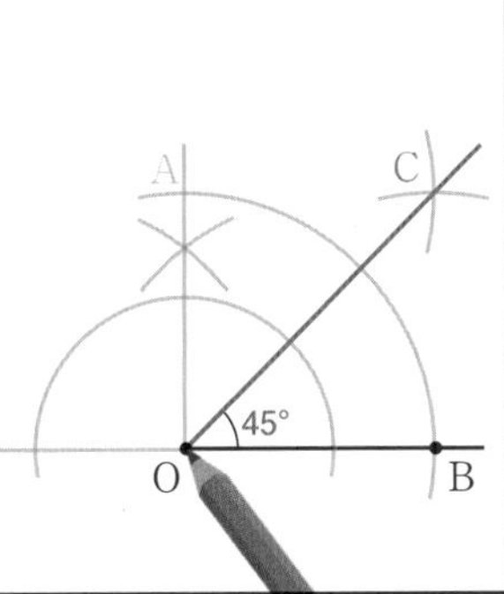

A
C
45°
O
B

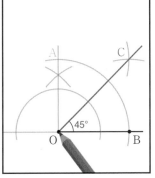

∠COB は 45°になるので，これが答えになります。

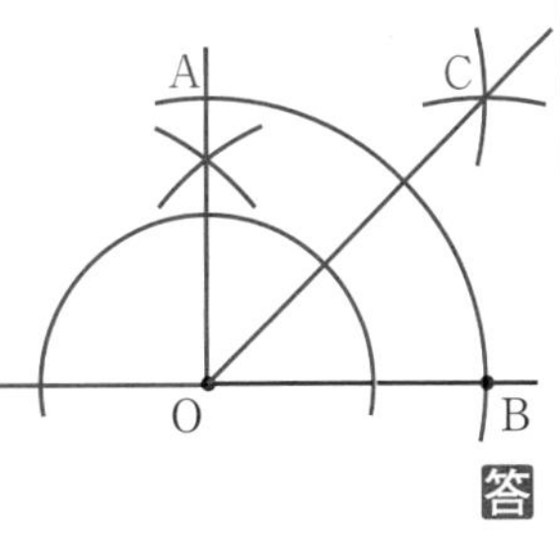

A
C
O
B
答

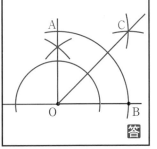

角度の作図では，**60°**（正三角形）や **90°**（垂線）の作図をもとに，
その**二等分線**をかくことによって，**30°**や **45°**の角の作図ができるんですね。
また，それらを組み合わせることによって，**15°**，**75°**，**105°**などの作図もできます。
応用力をみがいていきましょう。

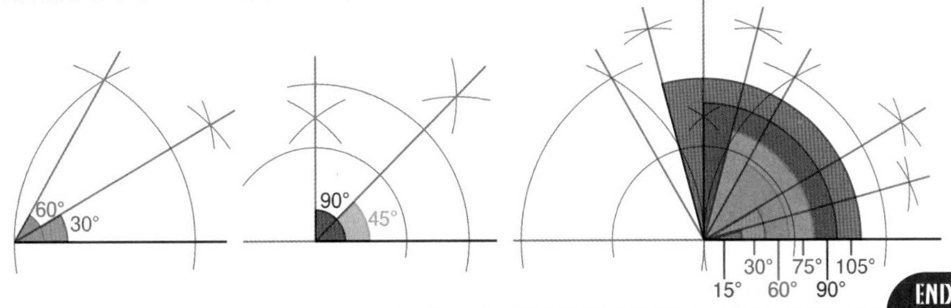

60°
30°
90°
45°
30°
75°
105°
15°
60°
90°
END

5 円とおうぎ形

問1 (円の接線の作図)

円Oの円周上に点Aがある。点Aを通る接線を作図しなさい。

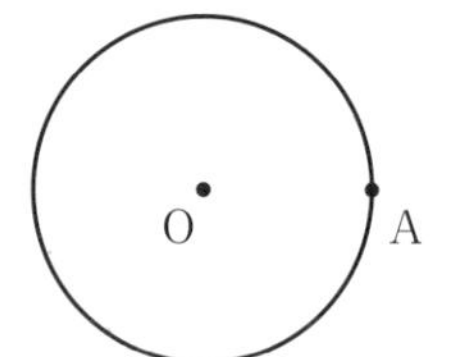
O
A

「円」ってなんだワン?
お金のことかワン?
いや…疑問点そこ…!?
「接線」じゃニャくて!?

わかりました。
問題を解く前に,
まずは円に関する基本用語をおさえましょう。

1つの点Oがあります。

点Oを**中心**とすると,Oから**同じ距離**にある点は無数にあります。

O

この無数の点の集合を**円**(えん)といい,

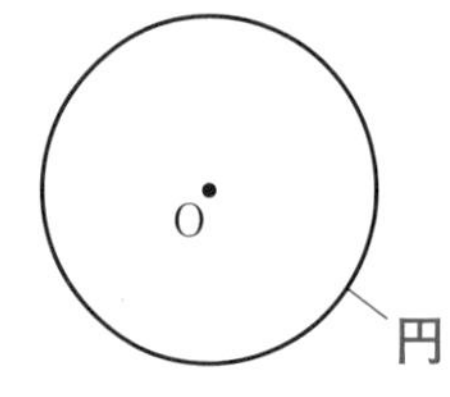
O
円

中心からの距離を**半径**(はんけい)といいます。

※1つの円の半径はどこも等しい。

中心
半径
O

ふつう「**円**」というと,**中心**もふくんだ全体を指す場合が多く,

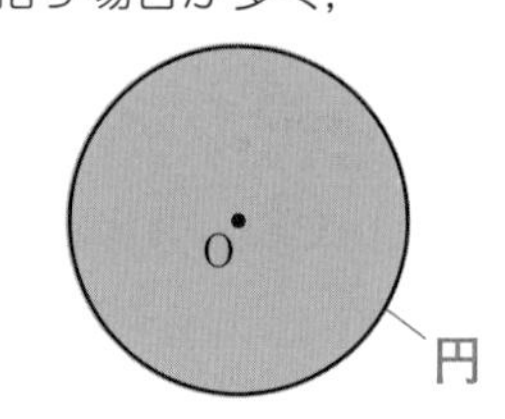
O
円

中心のまわりにある**曲線だけ**を指す場合は**円周**(えんしゅう)といいます。

※円周を単に「円」という場合もあります。

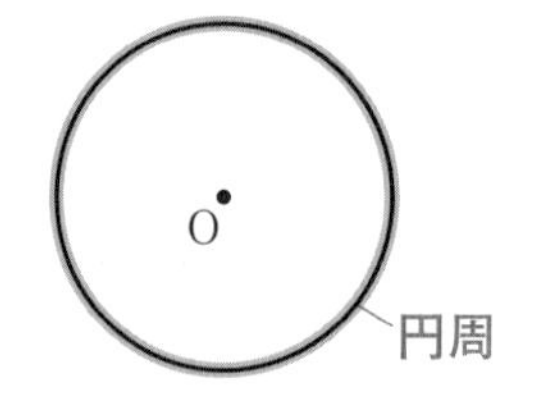
O
円周

ふーん…
円と円周の
ちがいニャんて
気にしたこと
なかったニャ…

円周上の2点をA,Bとするとき,

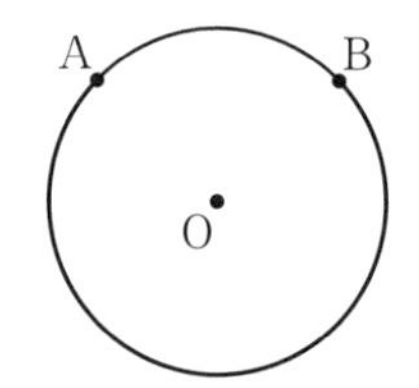
A
B
O

A から B までの円周の部分を「**弧 AB**」といい，$\overset{\frown}{AB}$ とかきます。

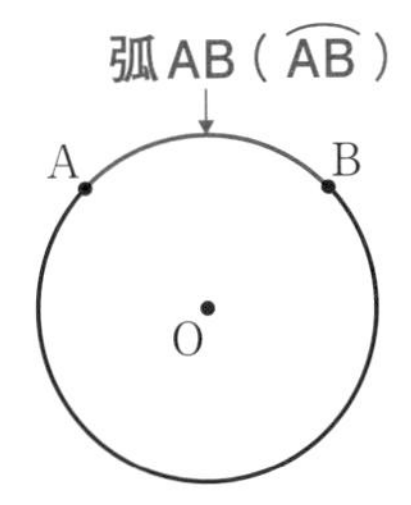

弧 AB（$\overset{\frown}{AB}$）
A
B
O

きつね AB？
なんできつねが
出てくるワン？
?
弧は「こ」って読むニャ！
狐(きつね)ではないニャ！
あほニャの？

そして，**弧**(こ)の両端の点を結んだ「線分」のことを**弦**(げん)といいます。

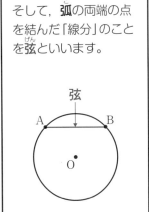

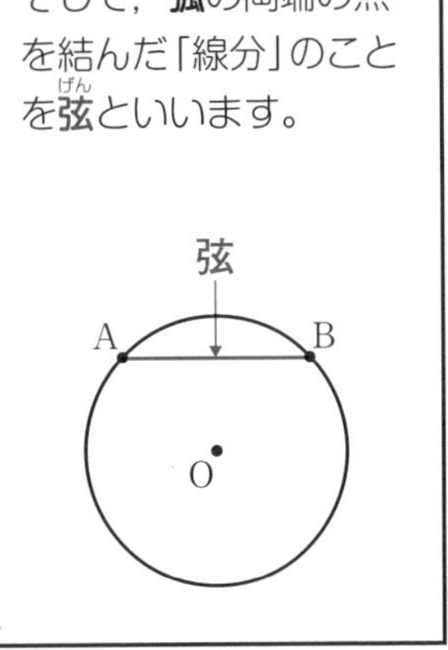

弦
A
B
O

1 つの円で一番長い弦は，中心を通る弦，つまり**直径**(ちょっけい)です。

※直径は半径の2倍。

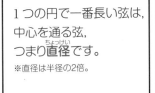

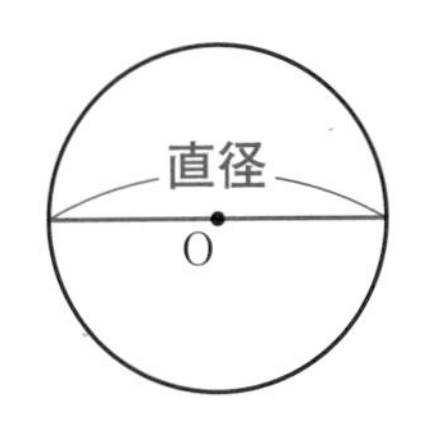

直径
O

なお，円周上の 2 点と中心を半径で結ぶと，**おうぎ形**(がた)の図形ができますが，

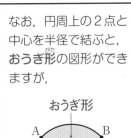

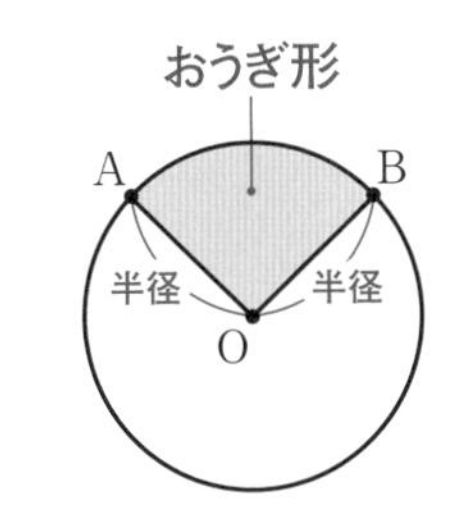

おうぎ形
A
B
半径
半径
O

おうぎ形の 2 つの半径がつくる角のことを，弧 AB に対する**中心角**(ちゅうしんかく)といいます。

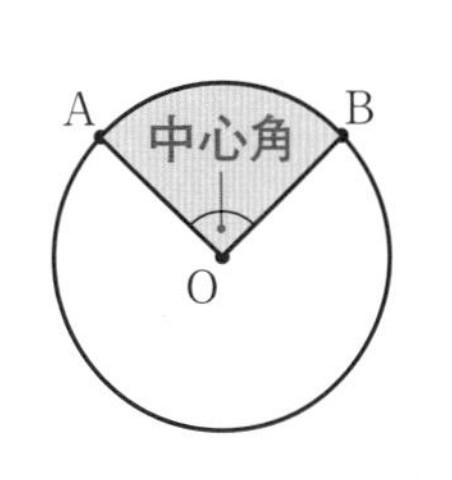

A
B
中心角
O

POINT

円の半径（または中心を通る直線）に**垂直**な直線 ℓ が，円周上の **1点だけ**と重なる（＝接する）とき，この直線 ℓ を**接線**(せっせん)といい，接線と円が接する点を**接点**(せってん)といいます。

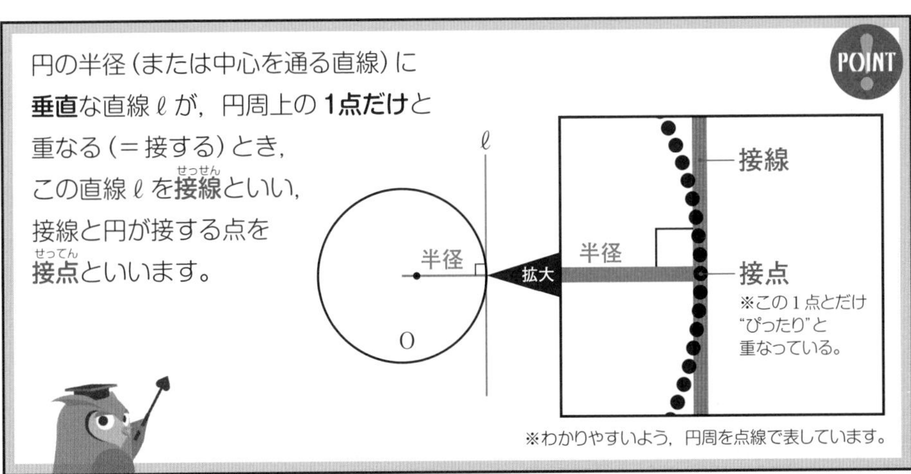

ℓ
半径
O
拡大
半径
接線
接点
※この 1 点とだけ“ぴったり”と重なっている。
※わかりやすいよう，円周を点線で表しています。

【参考】円周を 2 点で分けたときの，半円より小さい方の弧を**劣弧**（れっこ），半円より大きい方の弧を**優弧**（ゆうこ）ともいう。

円に関する基本用語をおさえたら，**問1** を考えましょう。
この図の場合，「接線」とはつまり，半径 OA に垂直で，点 A を通る直線ということですよね。

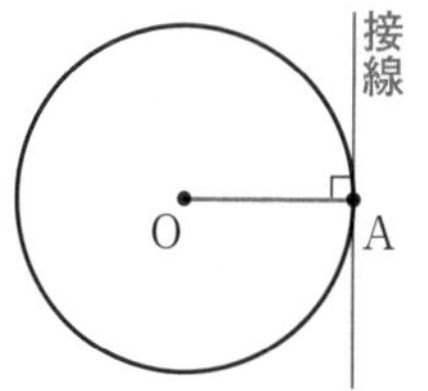

接線
O
A

この「接線」をかくには，直線 OA をかいて，その直線上の点 A を通る「垂線」を作図すればよいということです。

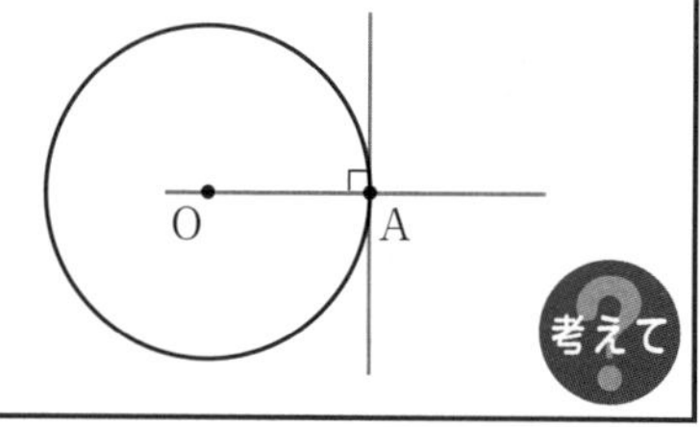

O
A
考えて

直線 OA をかきます。

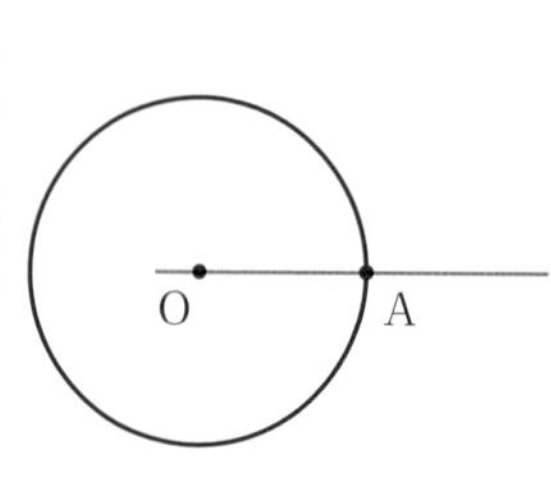

O
A

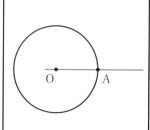

点 A を中心に円をかいて，直線 OA との交点から等しい距離にある点をかき，

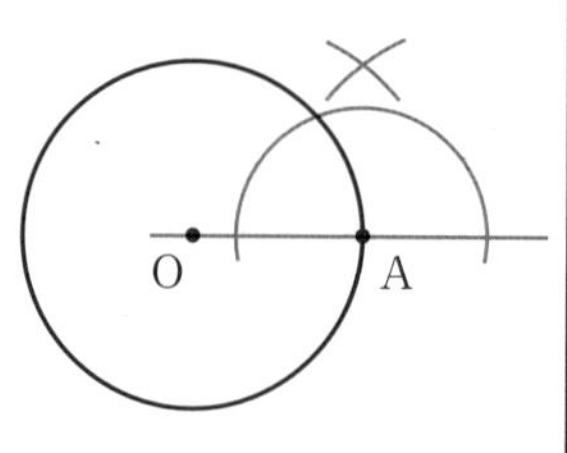

O
A

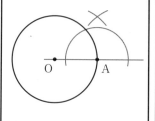

点 A を通る垂線をかけば，答えになります。

☞P.158（直線上の1点を通る垂線の作図）

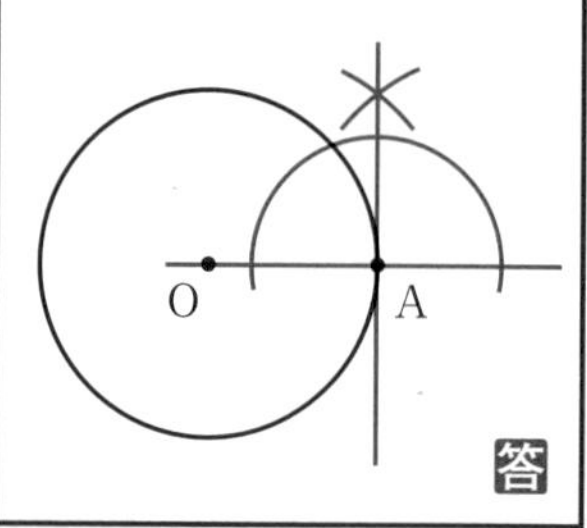

O
A
答

問2（円の中心の作図）

下の図の 3 点 A，B，C を通る円 O を作図しなさい。

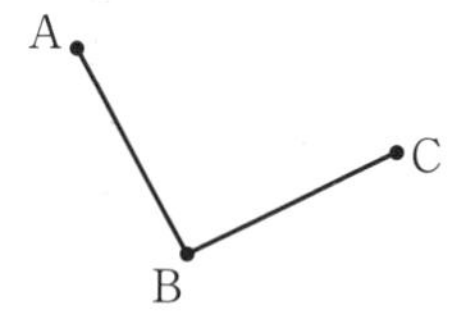

A
B
C

3点A，B，Cを通る円Oとは，だいたいこのような円になることをイメージしましょう。

※数学では，「答えはだいたいこんな感じになるかな」とイメージしてから解くことが有効です。

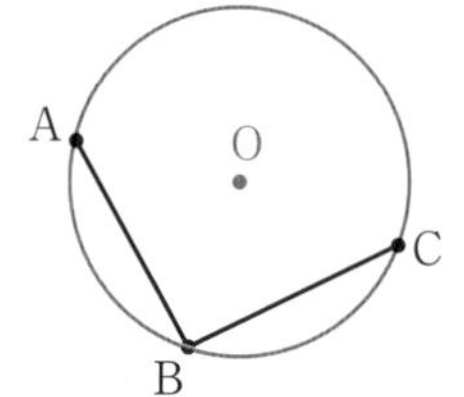

A
O
C
B

実は，「弦の**垂直二等分線**は，円の**中心**を通る」という円の性質があるんですね。これを利用します。

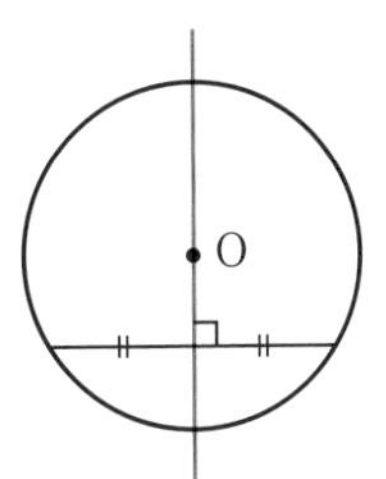
O

線分 AB，BC それぞれの**垂直二等分線**をひけば，この **2 直線の交点が円の中心 O** になるということです。

※2 つの直線が交わることで 1 点が決まる。
※点 A，B，C すべてとの距離が等しい点が O。

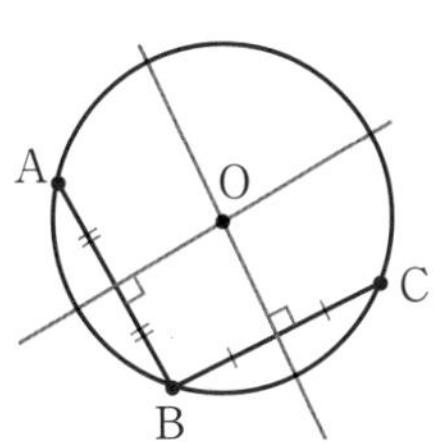
A
O
C
B

線分 AB の垂直二等分線を作図します。

☞P.154（垂直二等分線の作図）

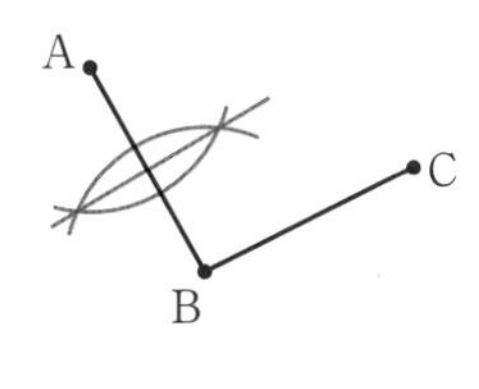
A
C
B

線分 BC の垂直二等分線を作図します。

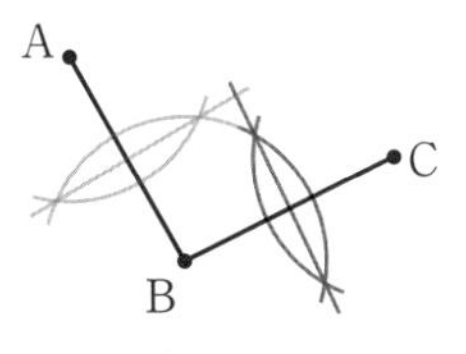
A
C
B

2 直線の交点を O とし，点 O を中心とする半径 OA の円をかきます。

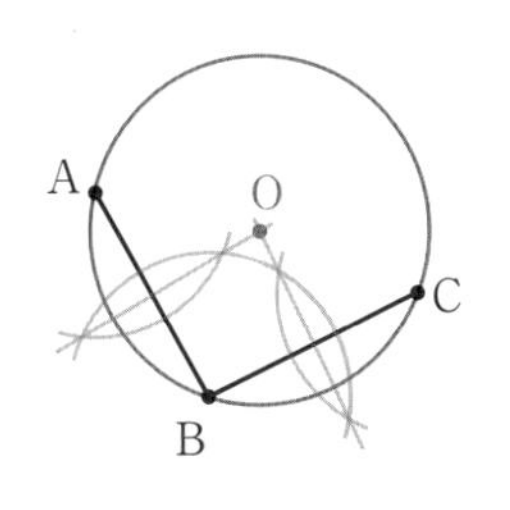
A
O
C
B

すべてまとめて答えとします。

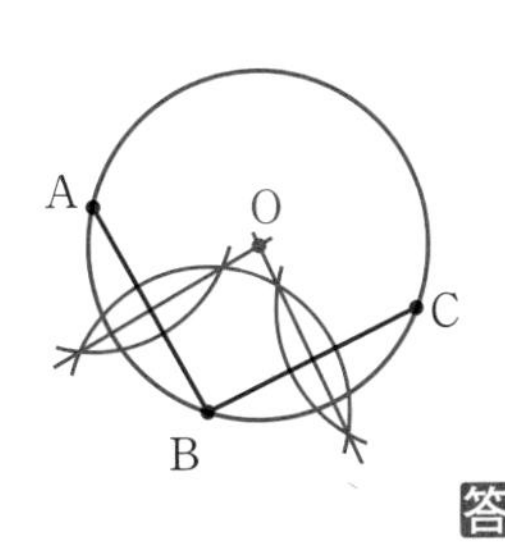
A
O
C
B

答

問 3 **（おうぎ形の作図）**

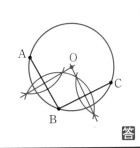

右図の線分 OA をもとにして，半径が OA，中心角 BOA が 60° のおうぎ形 OAB を作図しなさい。ただし，点 B が点 A の右側になるように作図しなさい。

O
A

半径がOAで，点Bが点Aの右側にあって，∠BOAが60°のおうぎ形というのは，このようなイメージですよね。

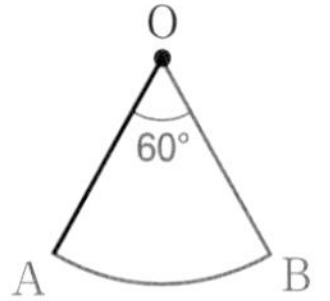
O
60°
A
B

中心角60°なので，**正三角形**を利用します。つまり，3辺の長さが等しくなるような，点A，Bを作図すればいいんです。

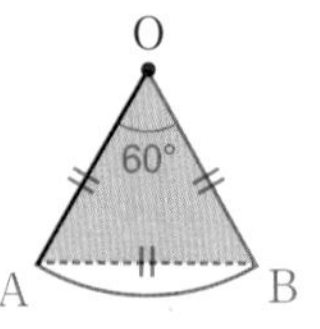
O
60°
A
B

まず，点Oを中心とする半径OAの円をかきます。この線上に点Bがきます。

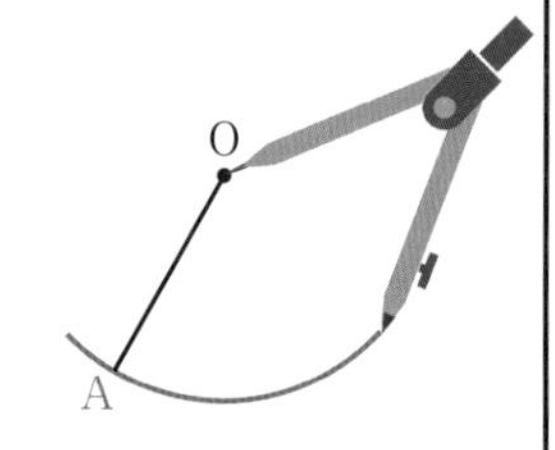
O
A

点Bは，
OA＝OB ＝AB
となる位置にあるので，点Aを中心に半径AOの円をかき，円との交点をBとします。

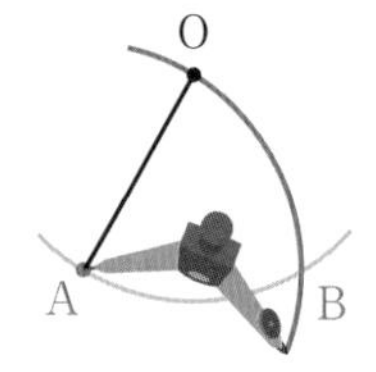
O
A
B

点OとBを結び，線分OBをひきます。
OA＝OB ＝AB
の正三角形なので，∠BOAは60°です。

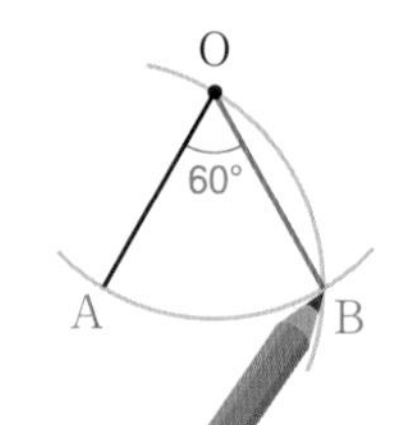
O
60°
A
B

すべてまとめて答えとします。

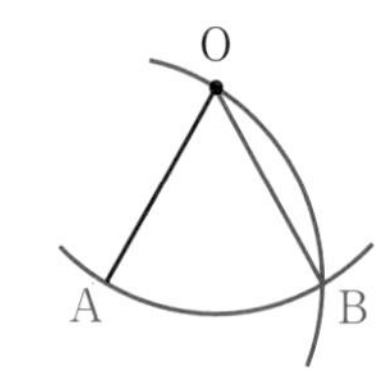
O
A
B
答

問4 **（おうぎ形の弧の長さと面積）**

半径が3cm，中心角120°のおうぎ形があります。
次の数量を求めなさい。

(1) 弧の長さ

(2) 面積

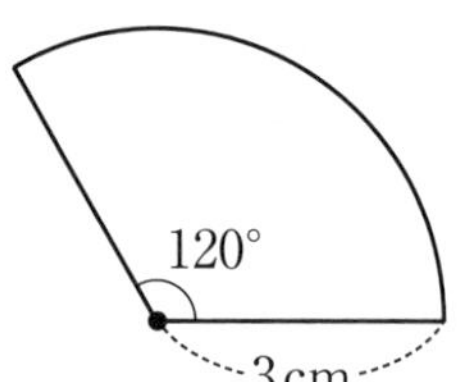
120°
3cm

半径 r の円の円周の長さ ℓ，面積 S は，

$$\ell = 2\pi r$$

$$S = \pi r^2$$

でしたね。
まずはこの公式を何回も唱えて，完璧に覚えてください。

円の中心角を 360°と考え，**1°ずつ**分割すると，360 個のおうぎ形ができますよね。

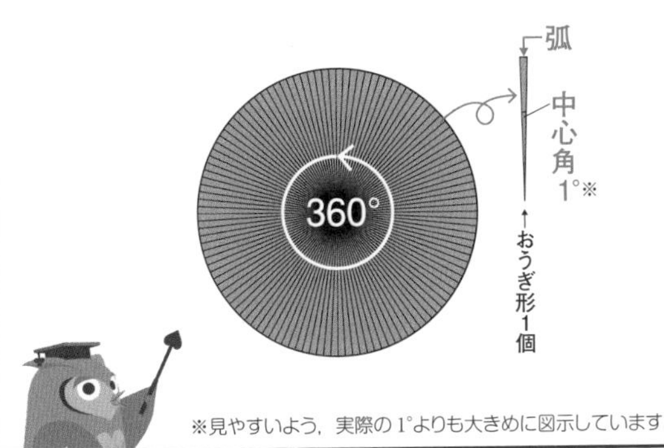

弧
中心角 1°※
おうぎ形1個
360°

※見やすいよう，実際の 1°よりも大きめに図示しています。

ですから，中心角が 120°の場合は，中心角 1°のおうぎ形が 120 個あるということです。

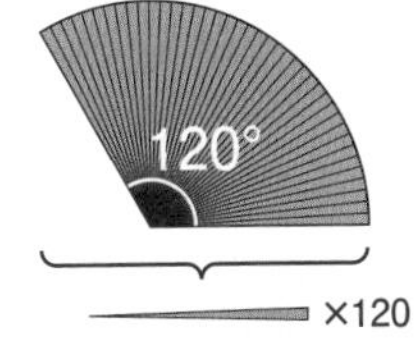

120°
×120

円全体は 360°なので，その割合は，

$$\frac{120}{360}$$ ◀一部分の数量 / ◀全体の数量

となります。

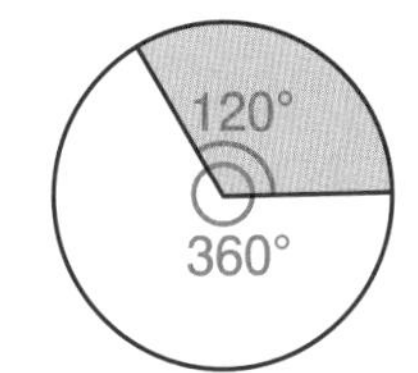

120°
360°

つまり，おうぎ形の弧の長さや面積を求めるときは，円全体の数量に，おうぎ形の部分の割合をかければいいわけです。

POINT

おうぎ形の弧の長さと面積を求める公式

半径 r，中心角 a°のおうぎ形の弧の長さを ℓ，面積を S とすると，次の公式が成り立つ。

$$\ell = 2\pi r \times \frac{a}{360}$$

$$S = \pi r^2 \times \frac{a}{360}$$

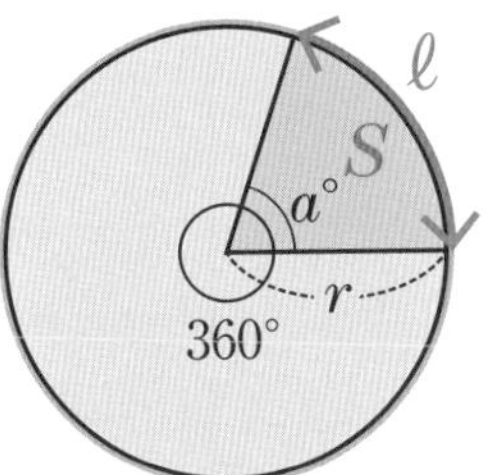

ℓ
S
a°
r
360°

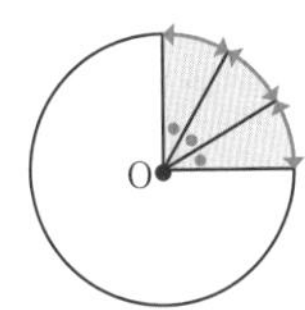

O

※おうぎ形の弧の長さと面積は，**中心角に比例**する。
※1 つの円で，中心角の等しいおうぎ形の弧の長さや面積は等しい。

(1)を考えましょう。
円周を求める公式は「$2\pi r$」。
$r=3$ で，中心角は120°なので，

$$2\times\pi\times3\times\frac{120}{360}$$
$$=6\pi\times\frac{1}{3}$$
$$=2\pi\text{cm}$$ 答

(2)を考えましょう。
円の面積を求める公式は「πr^2」。
$r=3$ で，中心角は120°なので，

$$\pi\times3^2\times\frac{120}{360}$$
$$=9\pi\times\frac{1}{3}$$
$$=3\pi\text{cm}^2$$ 答

問5 (いろいろな図形の周の長さと面積)

右の図のような図形があります。
色をつけた部分の図形について，
次の数量を求めなさい。

(1) 周の長さ
(2) 面積

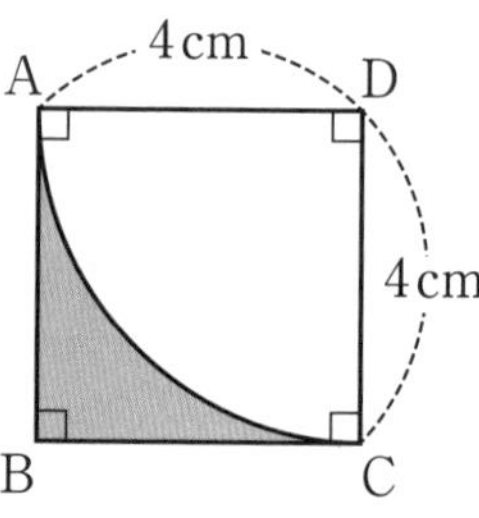
4cm
A
D
4cm
B
C

これはつまり，
この部分の周の長さと
面積を求めよ，
ということですね。

そっかー

(1)の「周の長さ」とは，**おうぎ形の弧**の長さ，**線分AB**の長さ，**線分BC**の長さ，この3つの和です。

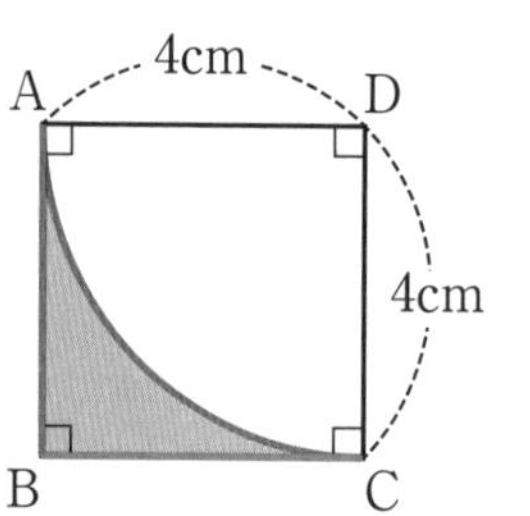
4cm
A
D
4cm
B
C

おうぎ形の弧の長さは，
弧の長さを求める公式 $\ell=2\pi r\times\frac{a}{360}$
に，$r=4$，$a=90$※を代入して，

$$2\times\pi\times4\times\frac{90}{360}=2\pi$$

※おうぎ形ADCの中心角は直角(90°)であるため。

線分ABと**線分BC**は
共に4cmなので，
色をつけた部分の図形の周の長さは，
$(2\pi+8)$ cm 

(2)の「面積」を考えましょう。
この図は，正方形の上におうぎ形が重なっているようなものですから，

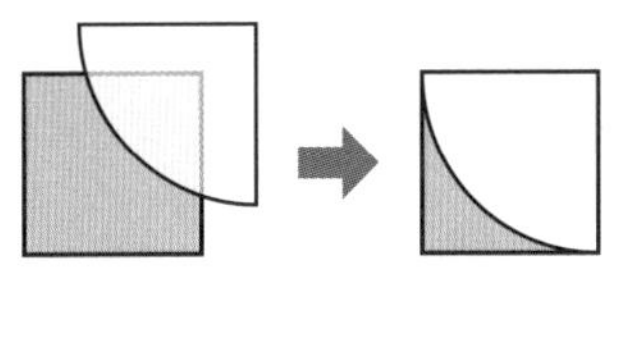

正方形の面積からおうぎ形の面積をひけば，残りの部分の面積が求められます。

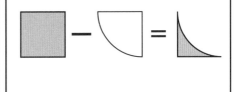

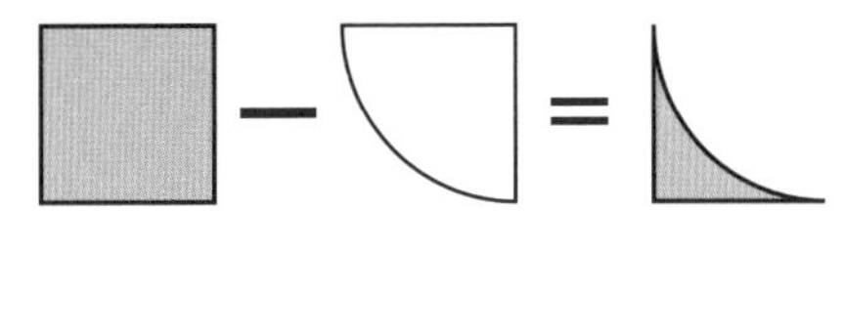

正方形 ABCD の面積は，

$$4\times4=16\ (\mathrm{cm}^2)$$

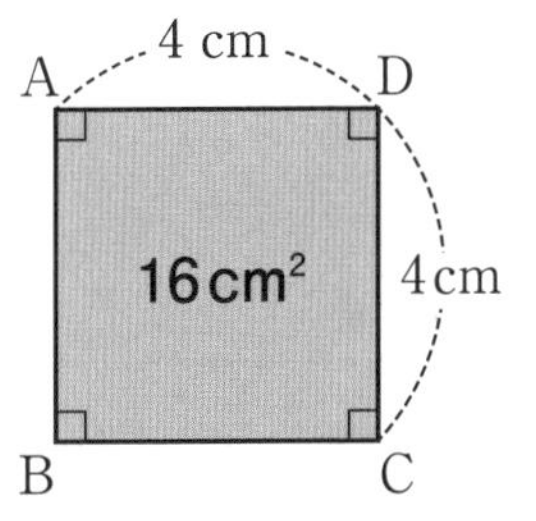
4 cm
A
D
16cm²
4cm
B
C

おうぎ形の面積は，$r=4$，$a=90$ より

$$\pi\times4^2\times\frac{90}{360}=4\pi\ (\mathrm{cm}^2)$$

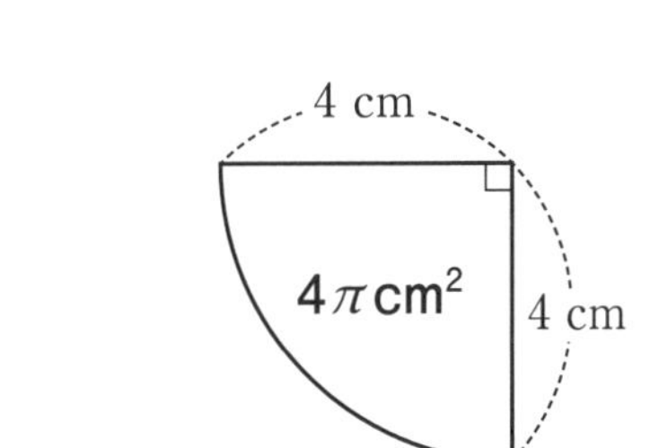
4 cm
4πcm²
4 cm

したがって，
色をつけた部分の
図形の面積は，

$(16-4\pi)\ \mathrm{cm}^2$ 答

となります。

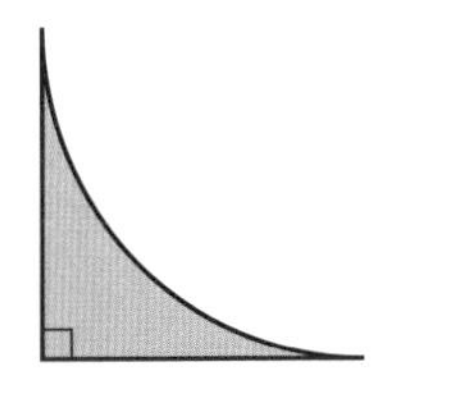

さあ，円とおうぎ形はこれで終わりますが，
特におうぎ形の計量は，次に学習する立体図形の計量にも用いられる場合が多いので，しっかり理解しておいてくださいね。
ニャーい
END

Chapter 5 平面図形 5 円とおうぎ形

高校入試問題にチャレンジ！

平面図形【実戦演習】

考えて

問1

〈青森県〉

下の図の∠AOB の二等分線を作図しなさい。

※作図に使った線は消さないこと。（以下同）

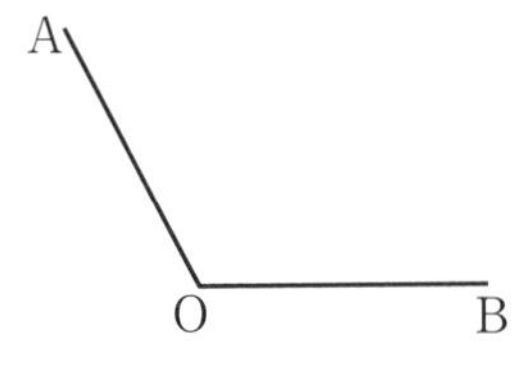
A
O
B

問2

〈岩手県㊎〉

半径が 3cm，中心角が 60°のおうぎ形の弧の長さと面積を求めなさい。ただし，円周率はπとします。

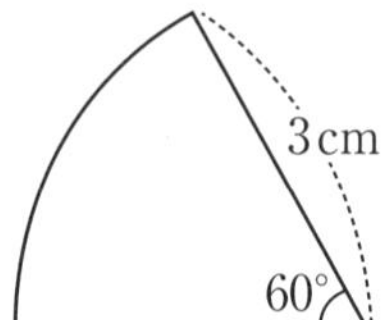
3cm
60°

問3

〈愛媛県〉

線分 AB と線分 BC があり，線分 BC 上に点 P がある。点 P で線分 BC に接し，線分 AB にも接する円の中心 O を作図せよ。

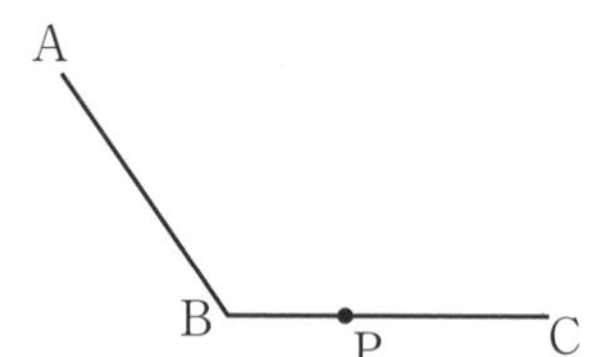
A
B
P
C

問4

〈熊本県〉

点 O を中心とする円があり，円の周上に点 A がある。
円 O の周上にあり，∠AOP＝90°となる点 P を１つ作図しなさい。

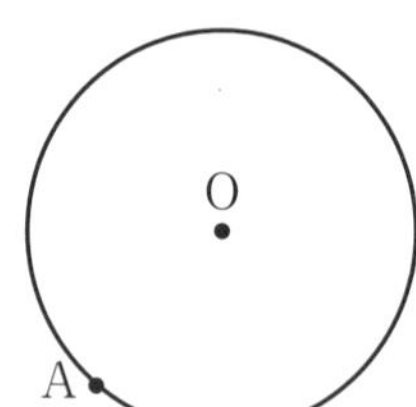
O
A

実際のテストでは，「基本の作図」の知識をいろいろと組み合わせて解く複雑な問題が出題されます。基本をおさえ，応用力をみがいていきましょう。

答1

「角の二等分線の作図」(☞P.156) をすればよい。

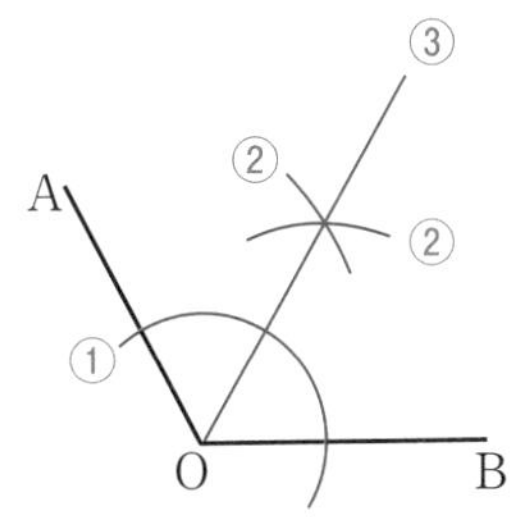

③
②
A
②
①
O
B

答2

おうぎ形の弧の長さ ℓ と面積 S は，

$$\ell = 2\pi r \times \frac{a}{360} \qquad S = \pi r^2 \times \frac{a}{360}$$

で求められるので，

$r = 3$，$a = 60$ を代入すると，

$$\ell = 2\pi \times 3 \times \frac{60}{360} = 6\pi \times \frac{1}{6} = \pi \text{cm}$$ **答**（弧の長さ）

$$S = \pi \times 3^2 \times \frac{60}{360} = 9\pi \times \frac{1}{6} = \frac{3}{2}\pi \text{cm}^2$$ **答**（面積）

答3

点 P で線分 BC に接することから，円の中心 O は点 P を通る線分 BC の**垂線**（①）上にある。さらに，中心 O をもつ円は線分 AB に接するため，中心 O と 2 つの線分との距離は等しい。よって，∠ABC の**二等分線**（②）と，点 P を通る線分 BC の**垂線**（①）の交点に中心 O は存在する。

※線分 AB の垂直二等分線をかいてもよい。

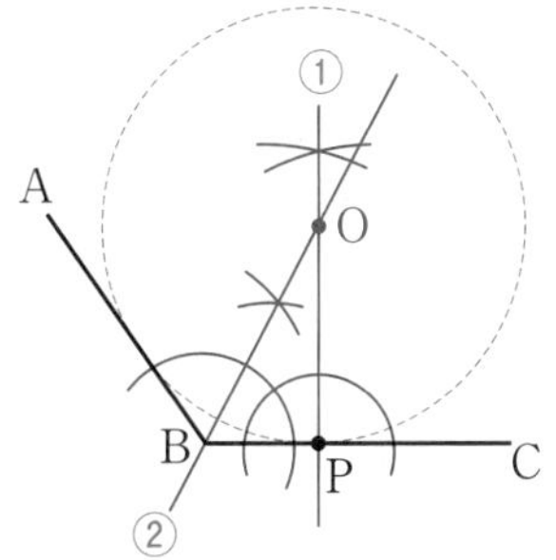

①
A
O
B
P
C
②

答4

① 点 O と点 A を通る直線をひき，円 O との交点を B とする。

② 直線 AB 上の 1 点（点 O）を通る垂線 (☞P.158) をひく。

③ 垂線が円周と交わる 2 点のどちらかを P とする。

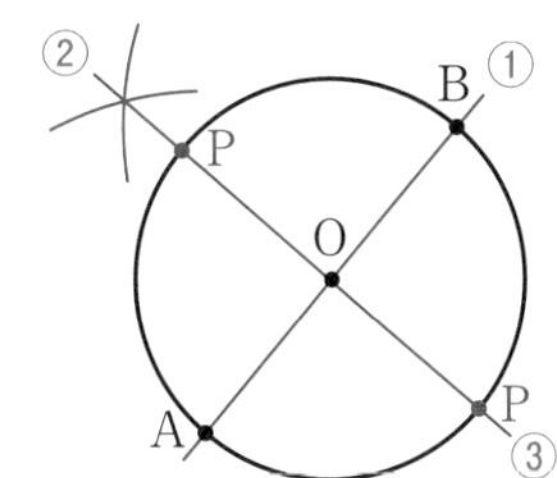

②
P
B
①
O
A
P
③

Chapter 5 平面図形【実戦演習】

COLUMN-5

平面図形で学ぶこと

平面図形の分野では，図形と用語を一体化して，1つのイメージとして覚えてください。すでに線分ABをかくことができるようになっていると思いますが，高校ではAを始点，Bを終点として$\overrightarrow{AB}$（ABベクトル）として発展していきます。また，角度記号「∠」は中2，中3での合同や相似の証明で多用するのに対して，垂直記号「⊥」は登場回数が少なく忘れやすいので注意してください。平行記号「∥」に対して平行でない記号「∦」もあります。

「作図」は，実際に定規とコンパスを使って，図をかきながら覚えることが大切です。基本の作図を覚えたら，ちょっと発展して，三角形の「五心（**内心**，**外心**，**重心**，**垂心**，**傍心**）」の作図に挑戦しましょう。くわしいことは高校で学習しますが，今の君なら作図できるはずです。

①内心…三角形の各頂点の角の二等分線の交点。その交点を中心に3つの辺に接する円（内接円）をかくことができる。
②外心…三角形の3つの辺の垂直二等分線の交点。その交点を中心に3つの頂点に接する円（外接円）をかくことができる。
③重心…3つの中線（頂点と向かい合う辺の中点を結んだ線）の交点。各中線は重心で2:1に内分される。
④垂心…各頂点から向かい合う辺におろした垂線の交点。
⑤傍心…1つの頂角の二等分線と他の2つの頂角の外角の二等分線の交点。

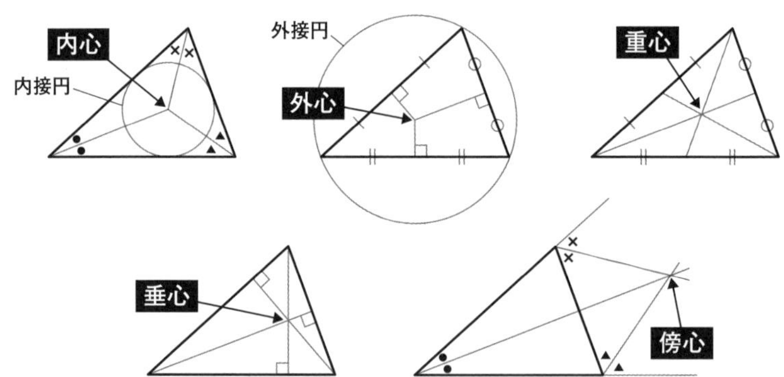
内心
内接円
外接円
外心
重心
垂心
傍心

（文：沖田一希）

中1　図形

Chapter 6

空間図形

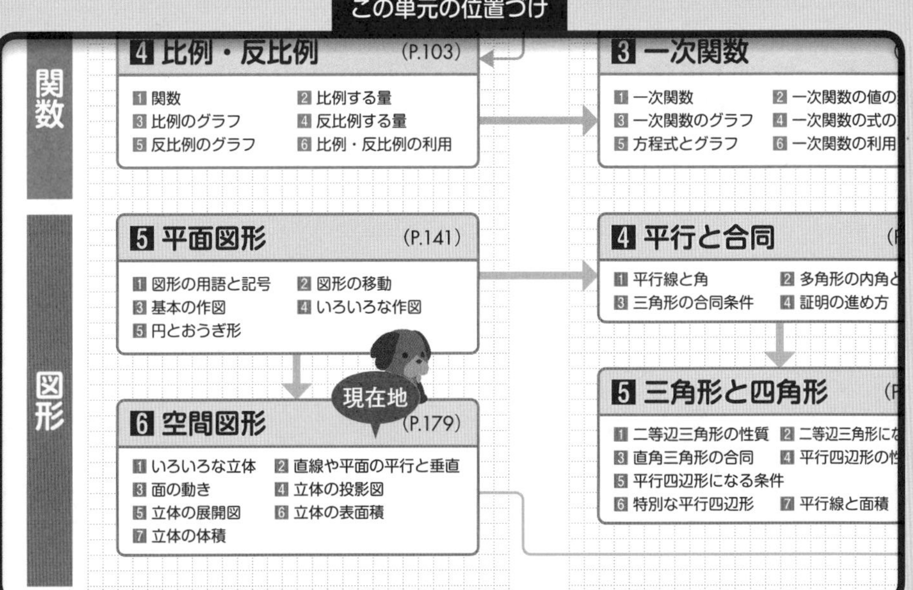
この単元の位置づけ
関数
4 比例・反比例 (P.103)
1 関数
2 比例する量
3 比例のグラフ
4 反比例する量
5 反比例のグラフ
6 比例・反比例の利用
3 一次関数
1 一次関数
2 一次関数の値の
3 一次関数のグラフ
4 一次関数の式の
5 方程式とグラフ
6 一次関数の利用
図形
5 平面図形 (P.141)
1 図形の用語と記号
2 図形の移動
3 基本の作図
4 いろいろな作図
5 円とおうぎ形
4 平行と合同
1 平行線と角
2 多角形の内角と
3 三角形の合同条件
4 証明の進め方
現在地
6 空間図形 (P.179)
1 いろいろな立体
2 直線や平面の平行と垂直
3 面の動き
4 立体の投影図
5 立体の展開図
6 立体の表面積
7 立体の体積
5 三角形と四角形
1 二等辺三角形の性質
2 二等辺三角形にな
3 直角三角形の合同
4 平行四辺形の性
5 平行四辺形になる条件
6 特別な平行四辺形
7 平行線と面積

空間図形とは，平面図形に「高さ」が加わった，三次元空間で考える立体図形のことです。まずは立体の種類を覚え，直線や平面の位置関係についても学びましょう。特に「ねじれの位置」は要注意です。立体の投影図は，平面から見た立面図，真上から見た平面図を目に焼きつけてください。球の表面積と体積の公式は絶対暗記！ ゴロ合わせでもいいので，完璧に覚えておきましょう。

I いろいろな立体

さあ，今までは長さや幅など，「二次元」の**平面**的な図形を見てきましたが，

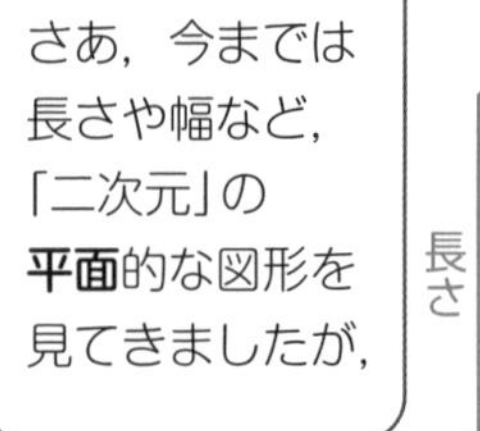

幅
長さ
平面

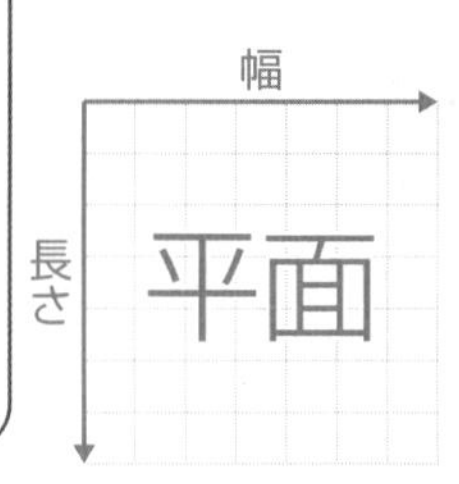

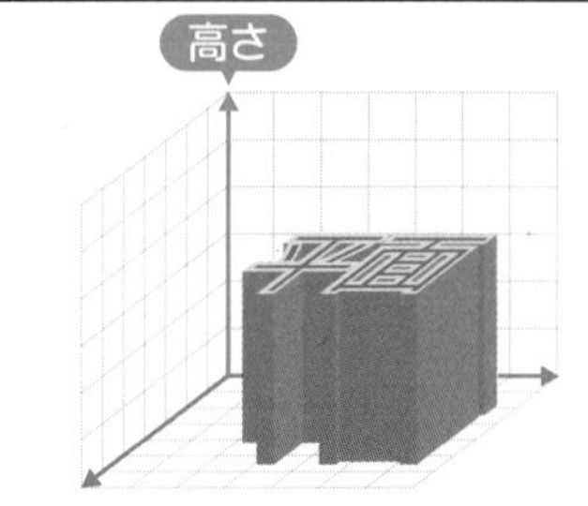

高さ
平面

今度は，平面に「高さ」が加わった，「三次元」の**立体**(りったい)的な図形，**「空間図形」**(くうかん)を学んでいきましょう。

立体*にはいろいろなものがありますから，まず最初に立体の種類をしっかりおさえましょう。

平面上に，1つの三角形があります。

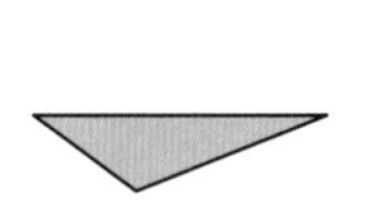

この三角形が，垂直に平行移動しました。

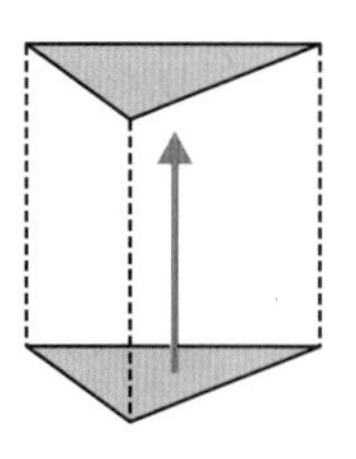

こうしてできた「柱」のような立体を**柱体**(ちゅうたい)といいます。底面が三角形の柱体は**三角柱**(ちゅう)といいます。

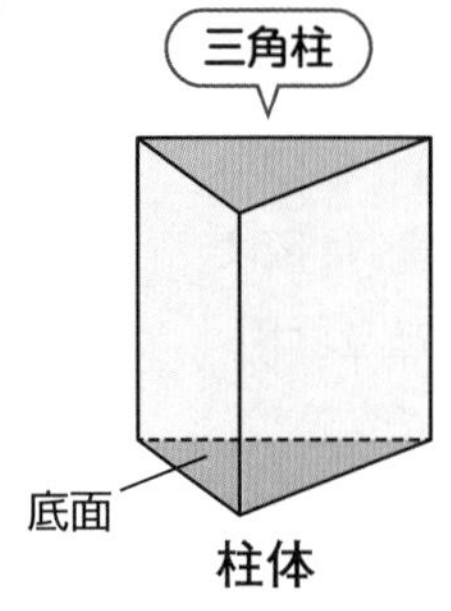

三角柱
底面
柱体

柱体の「**底面**(ていめん)」とは，「底（や天井）」にあたる**平行で合同な2つの面**のこと。底面でない（横の方にある）面を**側面**(そくめん)といいます。

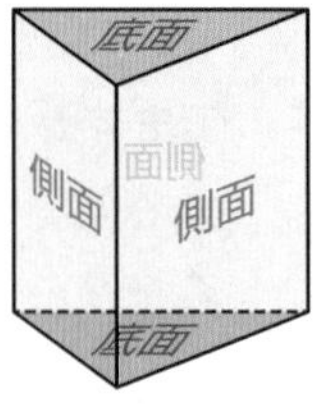

底面
側面
側面
側面
底面

※下の面だけでなく，上の面も「底面」というので注意。

*立体…いくつかの平面や曲面によって囲まれた，三次元の空間に広がりをもつ物体。

底面が四角形の柱体は**四角柱**，底面が円形の柱体は**円柱**といいます。

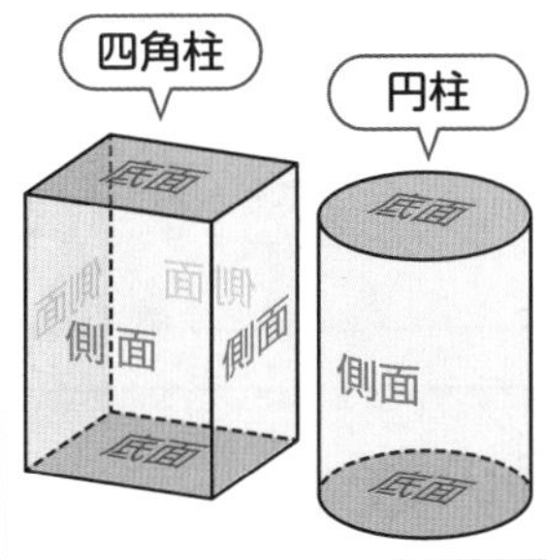

四角柱
円柱
底面
側面
側面
側面
側面
底面
底面
側面
底面

底面が「電」の柱体は「電柱」というワン？
電柱？
底面
いわないニャ！

なお，底面と１つの「**頂点**」を結んだ，とんがった形の立体を「**錐体**」といいます。

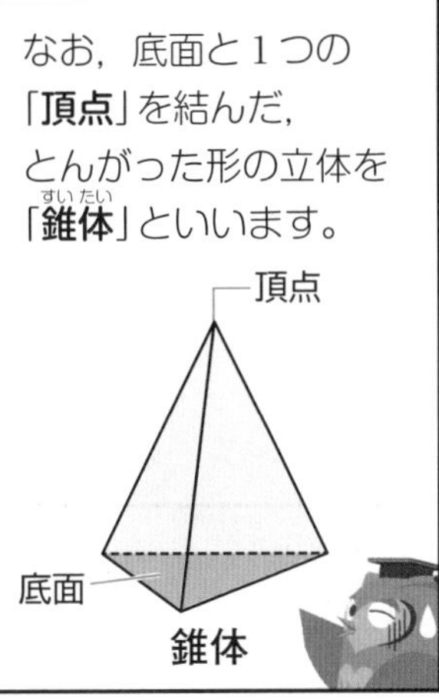

頂点
底面
錐体

底面が三角形の錐体を**三角錐**，
底面が四角形の錐体を**四角錐**，
底面が円形の錐体を**円錐**といいます。

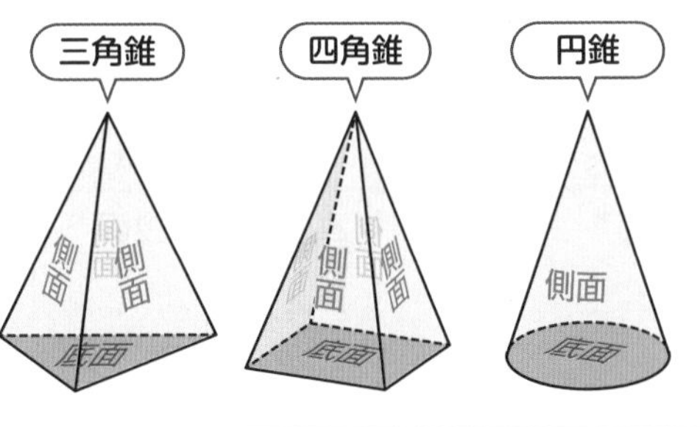

三角錐
四角錐
円錐
側面
側面
側面
側面
側面
底面
底面
底面

まんまるのボールみたいな立体は「**球**」といいます。
野球や地球の「球」ですね。

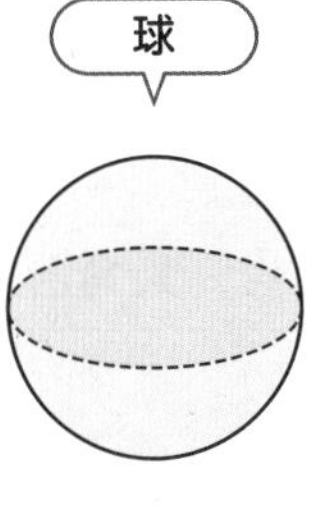

球

はい，以上が，「いろいろな立体」の主な種類です。
「○○柱」「○○錐」の○○の部分に**底面の形**が入る感じの名前ですね。しっかり覚えておきましょう。

なお，三角柱・四角柱・三角錐・四角錐など，**平面だけ**で囲まれた立体を「**多面体**」といいます。

※円柱・円錐・球は「**平面だけ**で囲まれた立体」ではないので，**多面体**ではない。

多面体

めんたい？
「ためんたい」ニャ！
なんで急に「明太子」の話になるニャ！

多面体は，その平面の数に応じて，
四面体，**五面体**，**六面体**，…
などともよびます。

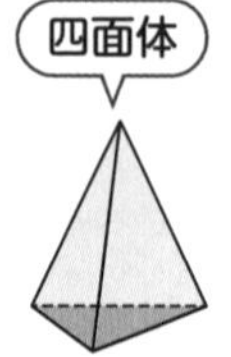
四面体

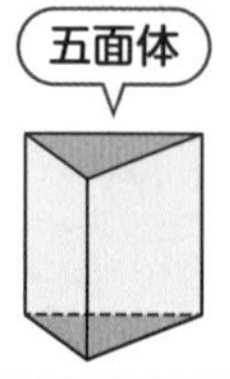
五面体

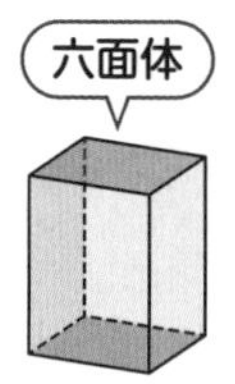
六面体

ということで，
多面体をふくむ「立体」の名前と，
それぞれの底面の数，
側面の数をまとめておきましょう。

いろいろな立体の底面・側面の数

名前	三角柱	四角柱	円柱	三角錐	四角錐	円錐
底面の形	三角形	四角形	円形	三角形	四角形	円形
底面の数	2	2	2	1	1	1
側面の形	四角形	四角形	曲面※	三角形	三角形	曲面※
側面の数	3	4	1	3	4	1
多面体	五面体	六面体	ー	四面体	五面体	ー
辺の数	9	12	ー	6	8	ー

※展開図では，円柱の側面は長方形，円錐の側面はおうぎ形になります。なお，球では底面や側面は考えません。

立体の点線（------）は
何ニャの？
見えない線
ってことニャ？

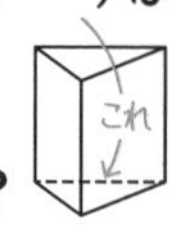
これ

そうですね。
手前側からは見えない
けれども，後ろ側には
存在する線（辺）を，
こういった「点線」で
表しているんですね。

透明な立体だったら
裏側まで見えますけど…

ところで，多面体は多
面体でも，次の3つの
性質をもつ多面体を
「**正多面体**（せい）」といいます。

正多面体

「正多面体」の性質❶

どの面もすべて
合同な正多角形である。

※合同…図形の形・大きさが全く同じであること。

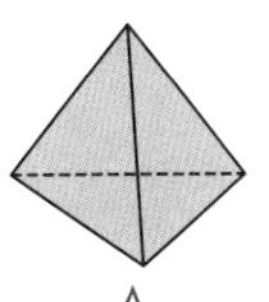

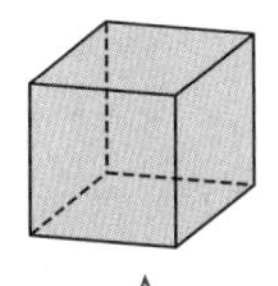

4つの面がすべて
合同な正三角形

6つの面がすべて
合同な正方形

「正多面体」の性質❷

どの頂点にも面が
同じ数だけ集まっている。

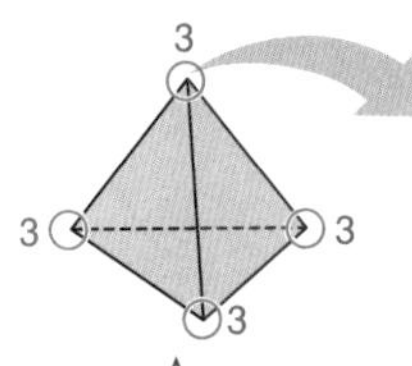
3
3
3
3

真上から見た図

面
面
面

4つの頂点にそれぞれ
3つの面が集まっている

頂点に3つの面が
集まっている

「正多面体」の性質❸

へこみがない。

へこんでいない

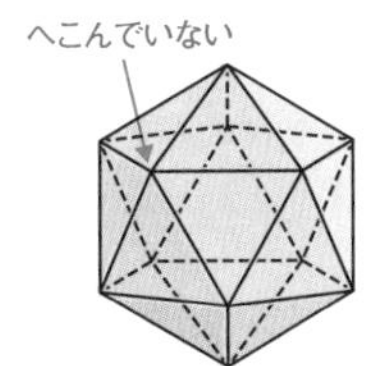

へこんでいる

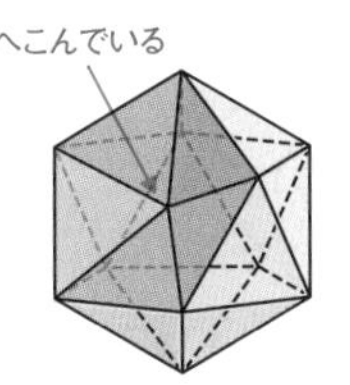

正多面体
(正二十面体)

へこみがあるので
「正多面体」ではない

この3つの性質を全部もっている
多面体を「**正多面体**」といいます。
❶, ❷の性質を満たしていても,
頂点の1つがへこんでいるような
多面体は, 「**正**多面体」とはいえない
んですね。

ふーん…

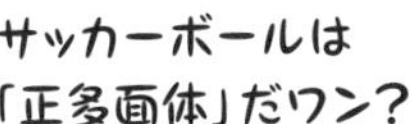

サッカーボールは
「正多面体」だワン?

正六角形
正五角形

❷・❸を満たしているのでそう思ってしまう
人が多いんですけど, ❶を満たしていないの
で, 「正多面体」とはいえないんですよ。

ちなみに, 下図のように,
すべての面が正三角形である
六面体があります。これは,
正多面体といえるでしょうか。
考えてみてください。

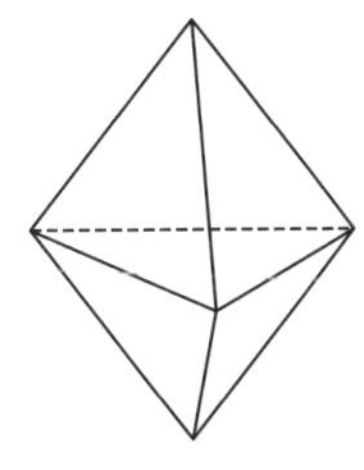

考えて

この図は，❶・❸の性質を満たしているので「正多面体」と思われがちなんですが，よく見ると，3つの面が集まる頂点と，4つの面が集まる頂点があって，❷の性質を満たしていませんよね。したがって，**正多面体ではありません。** まちがえないように注意しましょう。

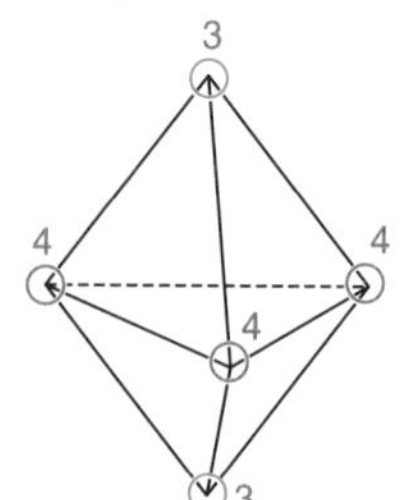

3
4
4
4
3

実は，「正多面体」は，以下のとおり**5種類**しかないことが2000年以上前から知られています。この表をじっくりと見て，**面の数**や**辺の数**を実際に数えてみてください。

POINT

「正多面体」の面・辺・頂点の数

じっくり
見て

名前	正四面体	正六面体（立方体）	正八面体	正十二面体	正二十面体
面の形	正三角形	正方形	正三角形	正五角形	正三角形
面の数	4	6	8	12	20
辺の数	6	12	12	30	30
頂点の数	4	8	6	20	12
1つの頂点に集まる面の数	3	3	4	3	5

ちなみに，細かく説明すると難しくなるので省(はぶ)きますが，正多面体にはこのような法則が成り立つんです。上の表の値を使って，確かめてくださいね。

法則

$$(\text{面の数})-(\text{辺の数})+(\text{頂点の数})=2$$

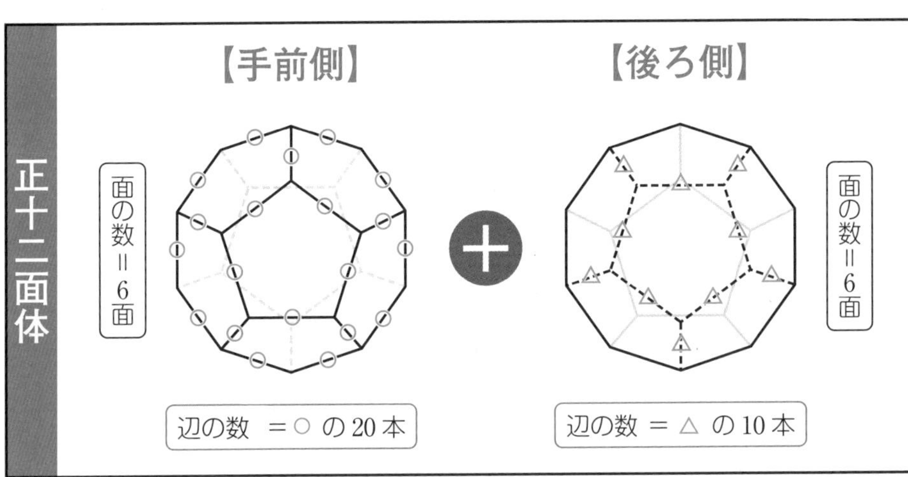
正十二面体
【手前側】
【後ろ側】
面の数＝6面
面の数＝6面
辺の数　＝○ の20本
辺の数　＝ △ の10本

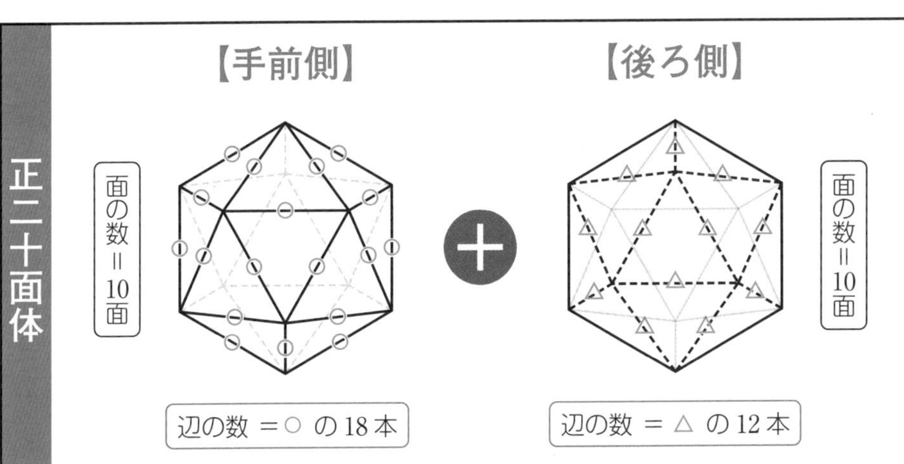
正二十面体
【手前側】
【後ろ側】
面の数＝10面
面の数＝10面
辺の数　＝○ の18本
辺の数　＝ △ の12本

「正十二面体」と「正二十面体」は一見複雑ですが，よく見ると，**すべての面と辺が見えてます**よね。どこも隠れていません。
あれこれ考えすぎず，「手前側」と「後ろ側」に分けて，1つ1つ印をつけながら数えればいいんですよ。

確かに…

さあ，今回はいろいろな立体の種類をおさえました。これから学ぶ「空間図形」の基礎になりますから，しっかり覚えておきましょう！

ニャ〜い
END

2 直線や平面の平行と垂直

問 1 **(2 つの平面の位置関係)**

右の図の直方体 ABCD-EFGH について，次の問いに答えなさい。

(1) 平面 EFGH と平行な平面を答えなさい。

(2) 平面 EFGH と交わる平面をすべて答えなさい。

(3) 平面 EFGH と平行な直線をすべて答えなさい。

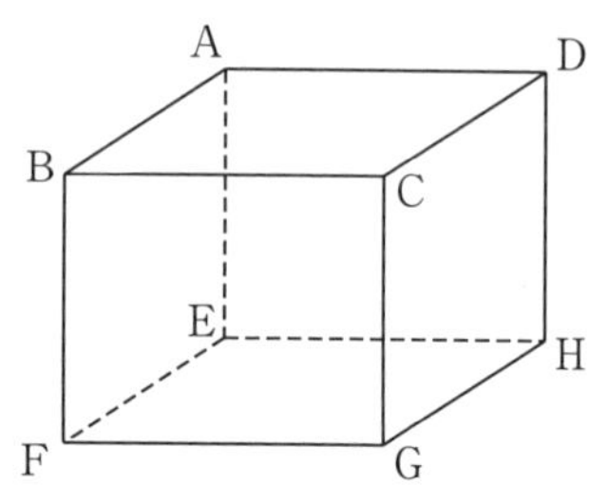
A
D
B
C
E
H
F
G

黒板や紙に書かれた「直線」は，**両方に限りなく（無限に）のびているもの**だと考えましたよね。

かかれた直線には
「両端」がありますけど…

←無限にのびている→

（と考える）

「平面」も同じように，その範囲が枠線でかかれていますが，

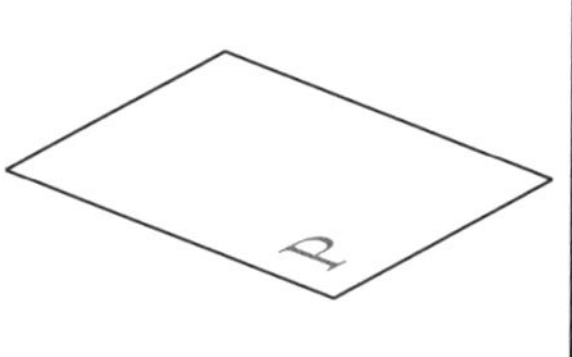
P

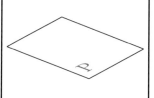

実際には，まわりに限りなく広がっているものだと考えます。

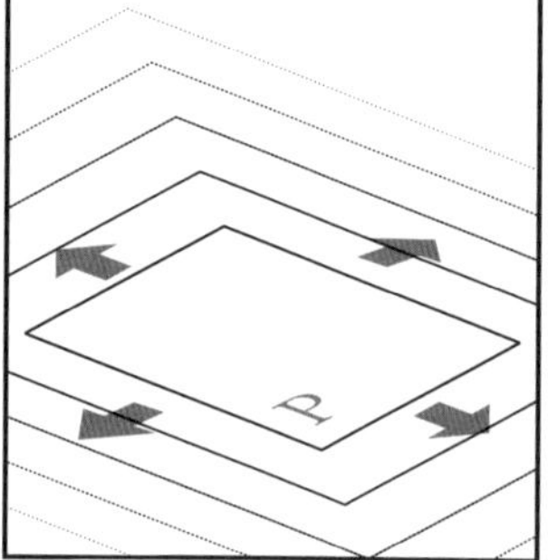
P

さて，平面 P 上に，2 点 A，B があります。

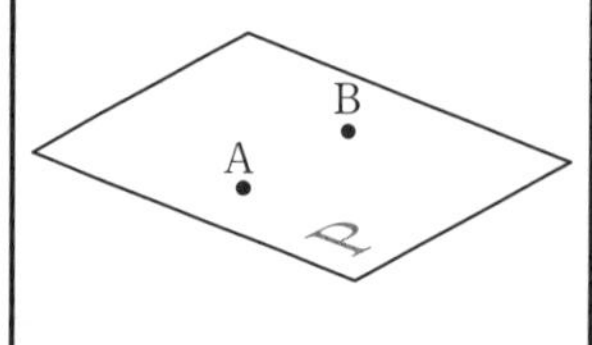
B
A
P

点 A，B を通る直線 ℓ があるとします。このとき，直線 ℓ は平面 P にふくまれ，「平面 P 上にある」といいます。

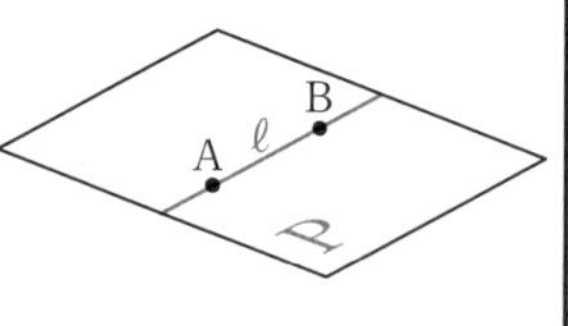
A
ℓ
B
P

直線 ℓ をふくむ平面は，下図の平面 Q，R などのように，いくつもありますよね。

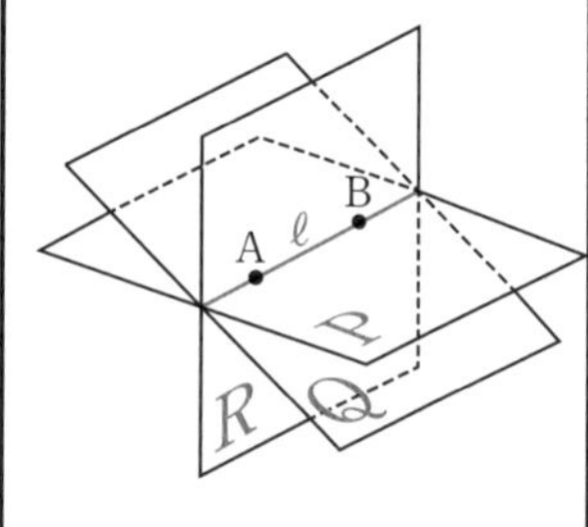
B
A
ℓ
P
R
Q

ただ，直線 ℓ と
（ℓ 上にない）点 C を
ふくむ平面は，
1 つしかありません。

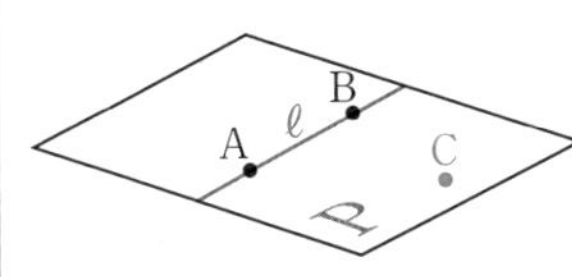

B
ℓ
A
C
P

つまり，**2 点**があれば
「**直線**」が決まるように，

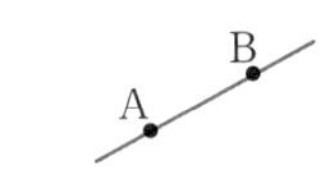

B
A

3 点があれば「**平面**」が
決まるわけです。

※ただし「同じ線上にある 3 点」では平面は決まらない。

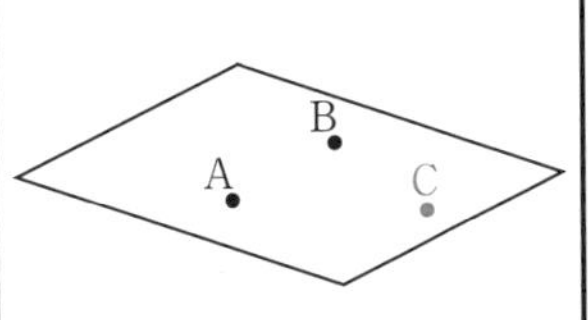

B
A
C

ほかにも，平行な 2 直線，交わる 2 直線も平面が決まる条件となります。空間内に無限にある平面の中で，どのようにして 1 つの平面が決まるのか，まずはこれをおさえてください。

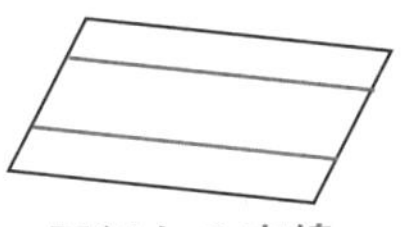
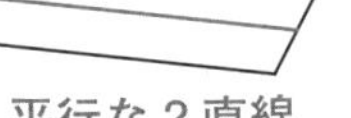

平行な 2 直線

交わる 2 直線

さて，**問 1** は **2 つの平面の位置関係**を考える問題です。

2 つの平面の位置関係

POINT

空間内の 2 つの平面の位置関係は，必ず「**交わる**」か「**平行（＝交わらない）**」かのどちらかになります。

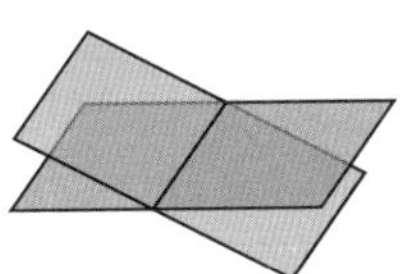

① 交わる

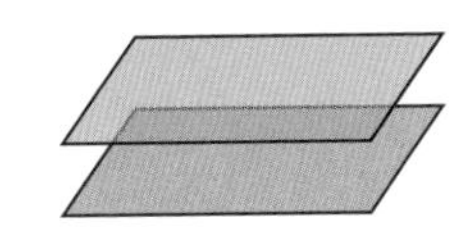

② 平行（＝交わらない）

交わっていないように見える平面でも，その平面が限りなく広がっていることを考えると，どこかでは必ず交わるんですよ。「平行」でない限りは。

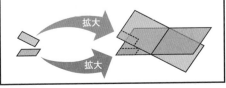

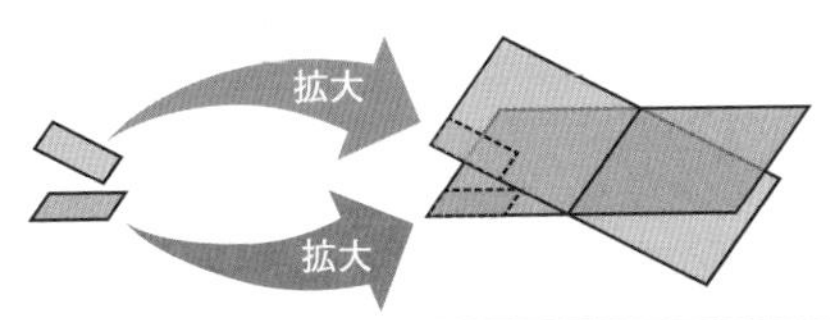

拡大
拡大

平面と平面が交わったところにできる線は直線となります。
この線を「**交線**」といいます。

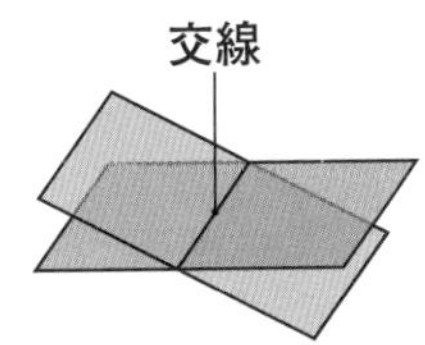

交線

交わらない2つの平面を「平行な平面」といい，「**P // Q**」と表します。

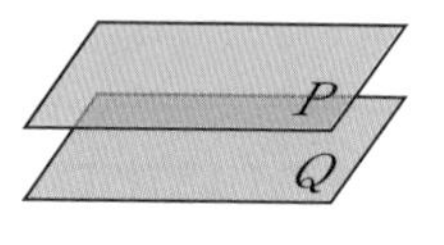
←どこまで広がっても交わらない→
P
Q

P // Q

さあ，これをふまえて，**問1**の直方体ABCD-EFGHについて考えましょう。
「**直方体**」というのは，すべての面が**長方形**でできた六面体のことで，隣り合う平面のなす角がすべて**直角**(90°)である立体のことです。

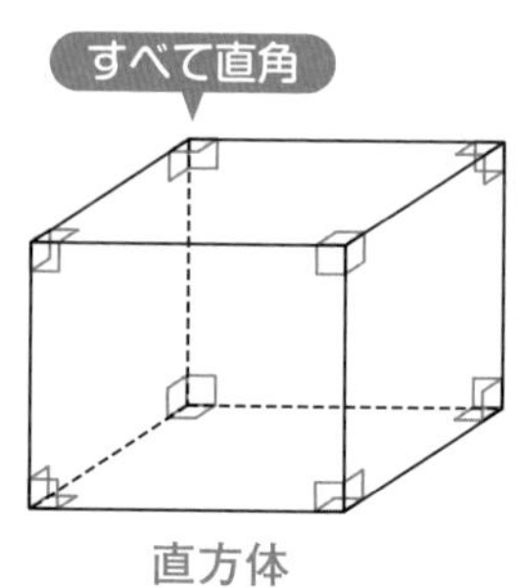
すべて直角

直方体

2つの**平面のなす角**とは，2つの平面から交線 ℓ にひいた垂線のつくる角のことです。

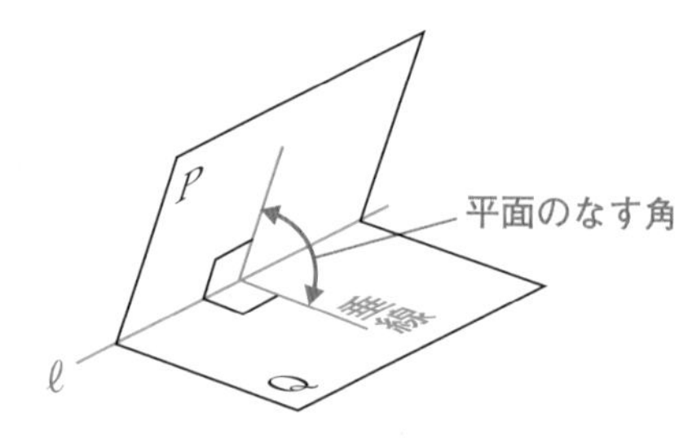
P
平面のなす角
垂線
ℓ
Q

特に，2つの平面P，Qのつくる角が**直角(90°)**のとき，その2つの平面P，Qは**垂直**であるといい，「**P⊥Q**」と表します。

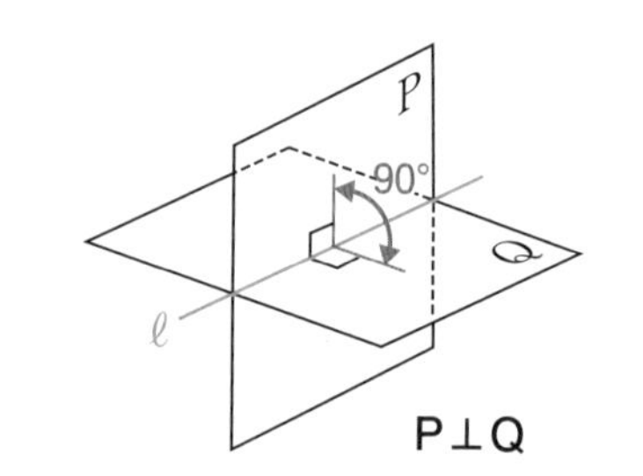
P
90°
Q
ℓ

P⊥Q

(1)を考えましょう。
平面EFGHと**平行**な平面は，

平面 ABCD 答

ですね。

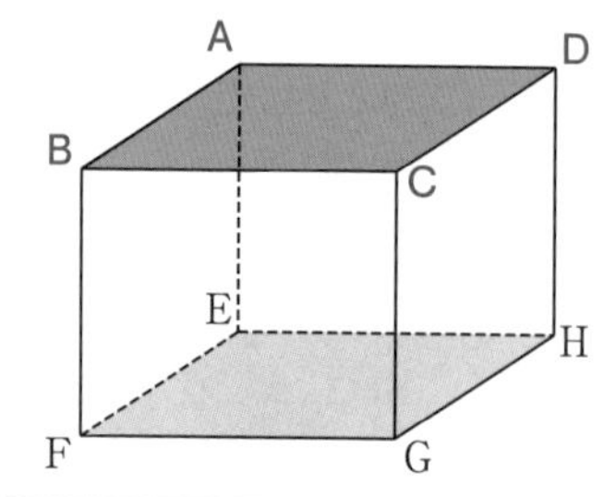
A
D
B
C
E
H
F
G

(2)の平面EFGHと**交わる**平面は次の4つです。

平面 AEHD，BFEA，BFGC，CGHD 答

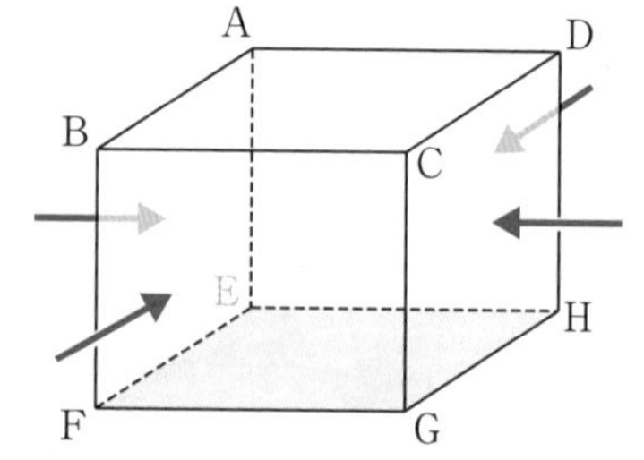
A
D
B
C
E
H
F
G

(3)は，平面 EFGH と「**平行**」な直線はどれか，という問題ですね。

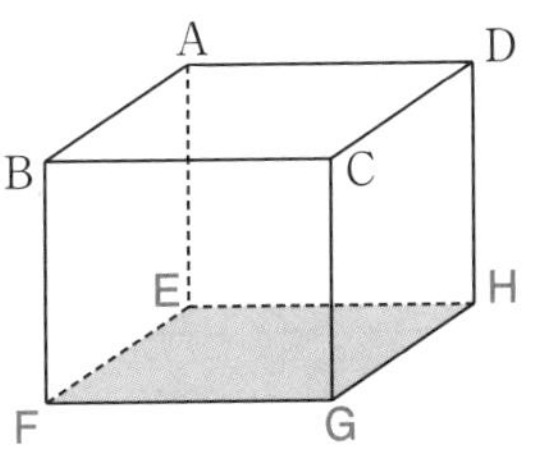
A
D
B
C
E
H
F
G

空間内の直線と平面の位置関係としては，次の３パターンがあります。まずはこれをしっかり見て，理解してください。

平面と直線の位置関係

POINT

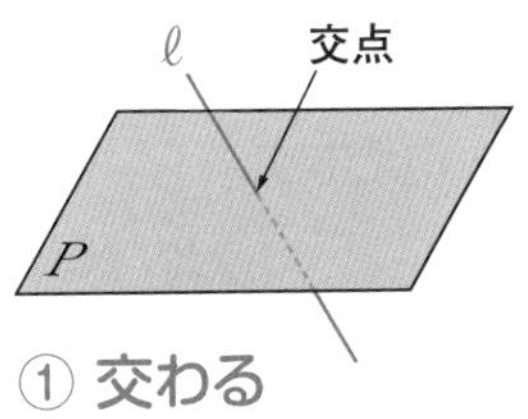
ℓ
交点
P

① 交わる

▶直線と平面がただ１つの点（＝**交点**）で交わっている。

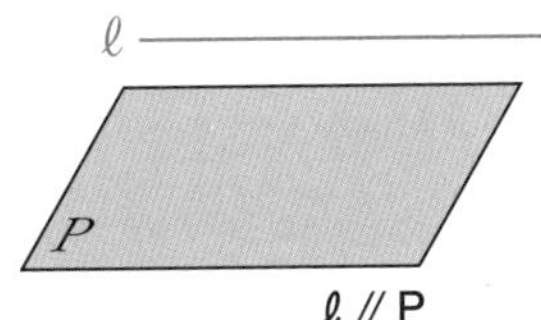
ℓ
P
ℓ // P

② 平行

▶直線が平面に平行で，直線はどこまで行っても平面に出合わない。

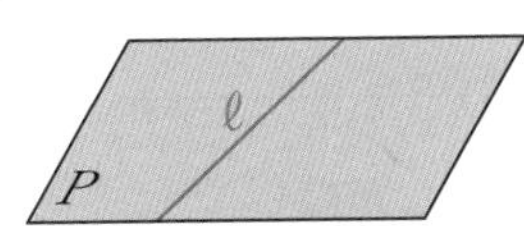
ℓ
P

③ 平面上にある

▶直線が平面上にある（平面にふくまれる）。直線はどこまで行っても平面から離れない。

平面 ABCD 上にある，

直線 AB，AD，BC，CD 答

が平面 EFGH と**平行**な直線ですね。

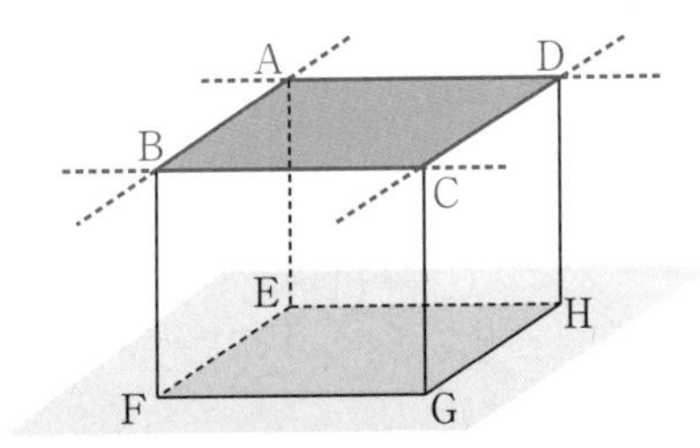
A
D
B
C
E
H
F
G

なお，平面 EFGH と「**交わる**」直線は，直線 AE，BF，CG，DH になります。

※直線が平面と「交わる」というのは，１点（＝交点）だけで交わるという意味。直線 EF，FG，GH，HE は「平面上にある」直線なので，「交わる」直線ではない。

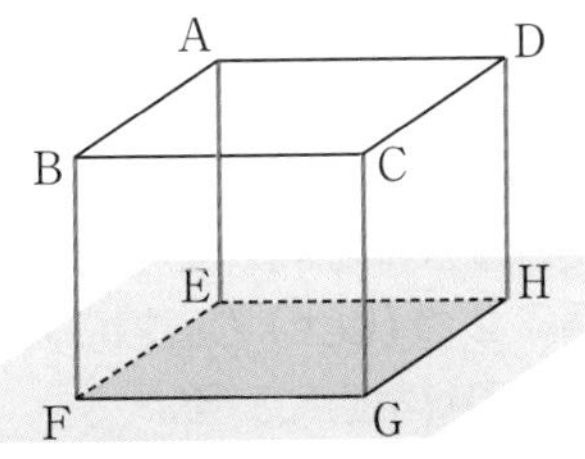
A
D
B
C
E
H
F
G

問2 （点と平面，平面と平面との距離）

右の図の直方体 ABCD-EFGH で，
AB = 4cm，AD = 6cm，AE = 5cm
のとき，次の問いに答えなさい。

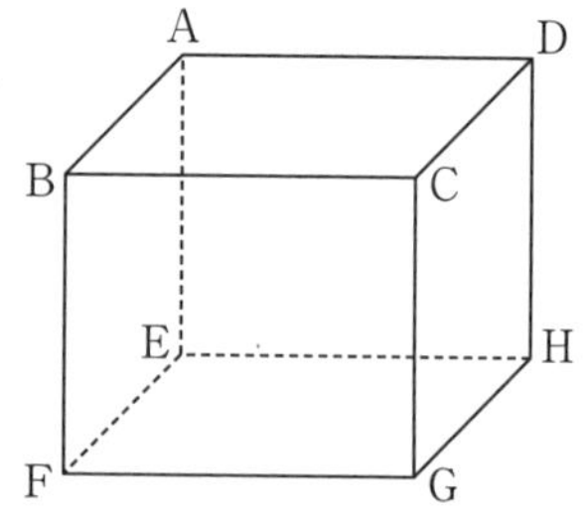

A
D
B
C
E
H
F
G

(1) 点 B と平面 EFGH との距離を答えなさい。

(2) 平面 BFEA と平面 CGHD との距離を答えなさい。

数学でいう「距離」とは，「2点間をまっすぐ直線で結んだ**最短距離**」のことです。

距離

つまり，**点と平面の距離**というのは，点から平面にひいた**垂線**の長さなんです。

これが最短距離!

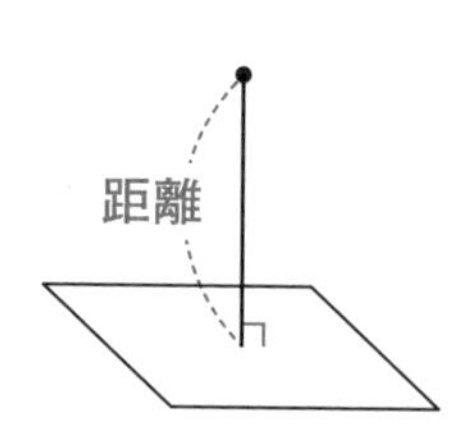

距離

平面上にある2つ（以上）の直線に対して垂直であれば，その直線は平面に垂直な垂線だといえます。

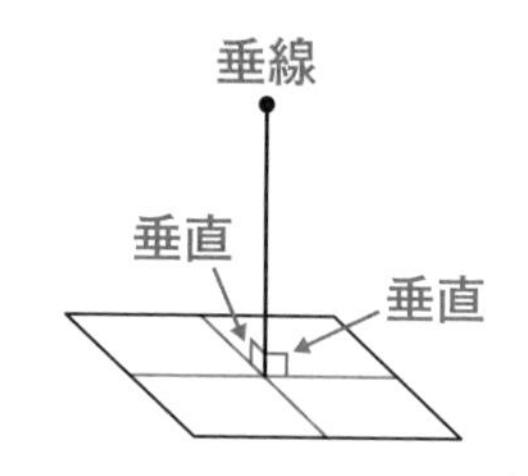

垂線
垂直
垂直

直線が平面の「垂線」になる条件

POINT

下記❶・❷の条件を満たすとき，
直線 ℓ と平面 P は**垂直**であるといい，
直線 ℓ を平面 P の**垂線**といいます。

❶ 直線 ℓ が，平面 P とただ1つの点（＝交点 O）で交わる。

❷ 直線 ℓ が，平面 P 上にあり交点 O を通る**2つ（以上）の直線**に対して，それぞれ垂直である。

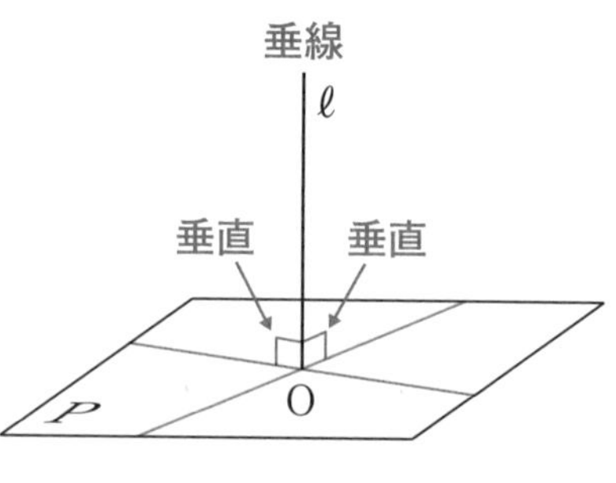

垂線
ℓ
垂直
垂直
O
P

(1)を考えましょう。直方体ですから，「点Bと平面EFGHとの距離」とは，線分BFの長さのことですよね。

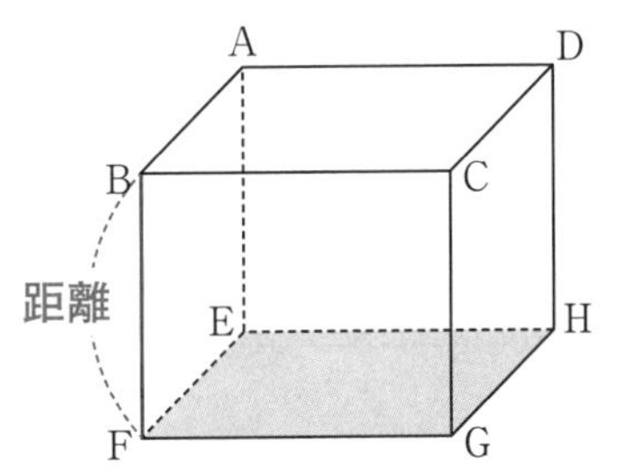
A
D
B
C
距離
E
H
F
G

問題文より，AB＝4cm，AD＝6cm，AE＝5cmですから，BF＝AEより，

5cm 答

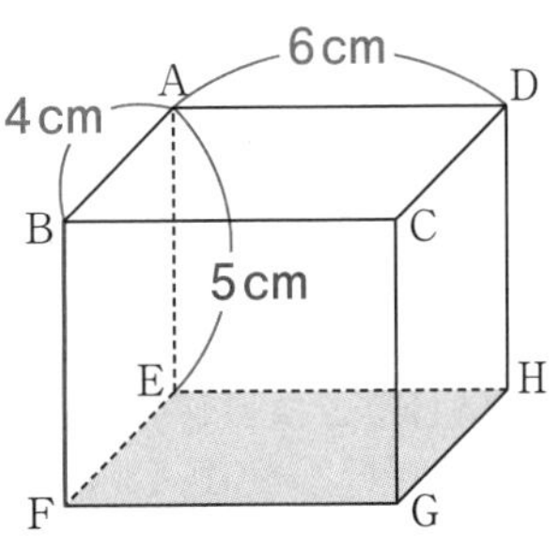
6cm
A
D
4cm
B
C
5cm
E
H
F
G

(2)は，平面BFEAと平面CGHDとの距離を答える問題ですね。

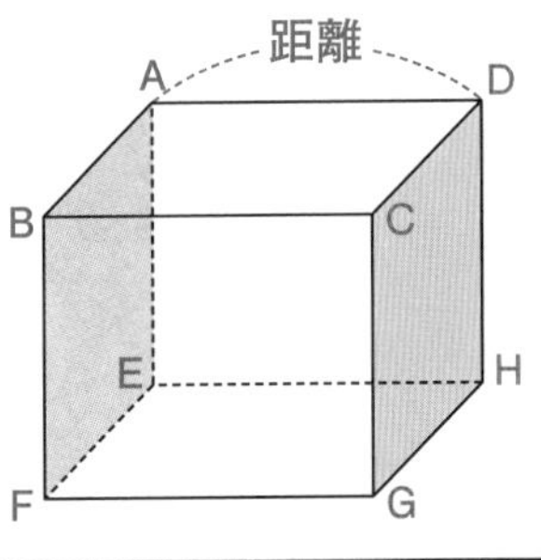
距離
A
D
B
C
E
H
F
G

平行な平面では，平面どうしを結ぶ**垂線**の長さが「距離」となりますが，その距離はどこも同じです。

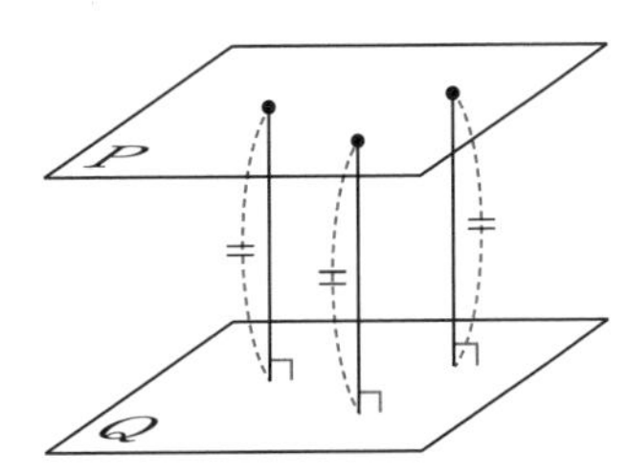
P
Q

直方体なので，平面BFEAと平面CGHDとの距離は線分ADの長さと等しいので，AD＝6cmより，

6cm 答

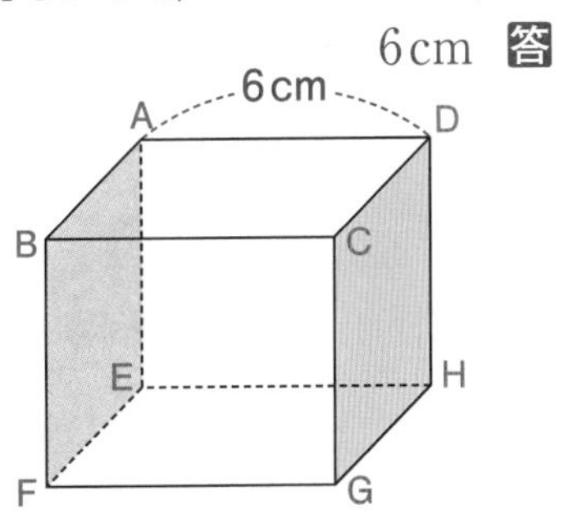
6cm
A
D
B
C
E
H
F
G

ちなみに，角柱や円柱では，2つの底面は平行であり，「1つの底面上の点ともう一方の底面との距離＝その角柱や円柱の高さ」になります。

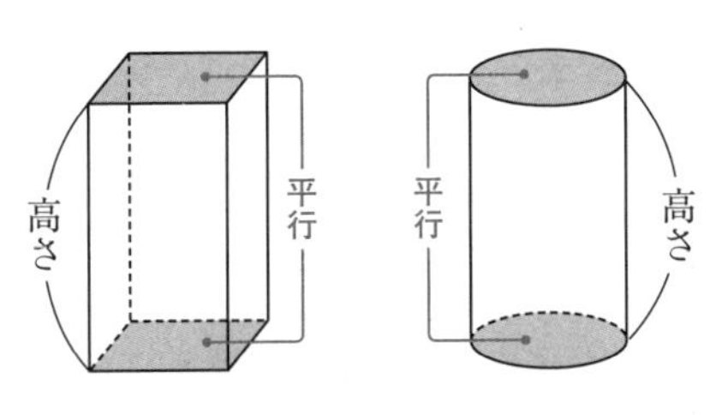
高さ
平行
平行
高さ

Chapter 6 空間図形 2 直線や平面の平行と垂直

問3 (直線と直線との位置関係)

右の図の直方体 ABCD-EFGH について，
次の(1)~(3)にそれぞれあてはまる直線を
すべて答えなさい。

(1) 直線 BC と平行な直線

(2) 直線 BC と交わる直線

(3) 直線 BC とねじれの位置にある直線

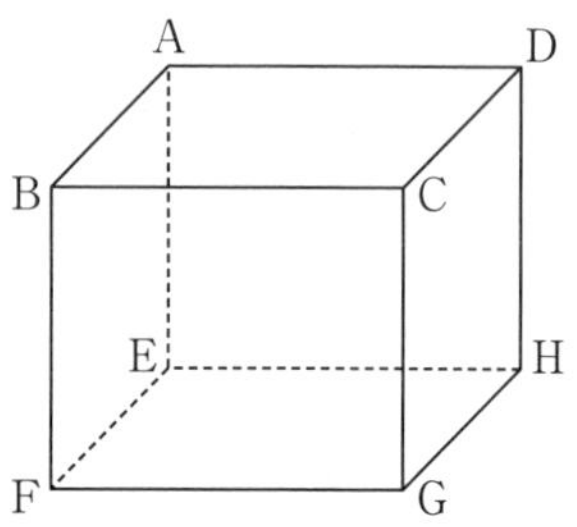

A
D
B
C
E
H
F
G

直線と直線の位置関係

POINT

空間内の直線と直線の位置関係としては，次の３パターンがあります。

同じ平面上にある

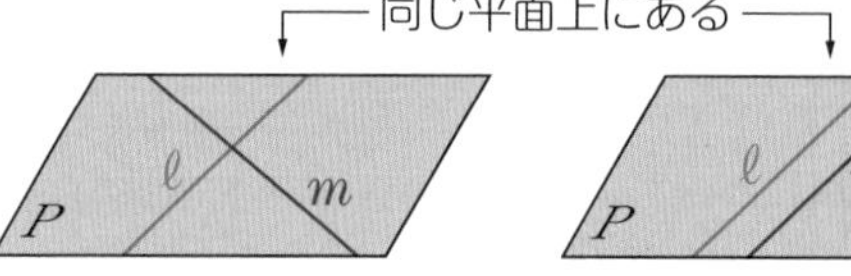

ℓ
m
P

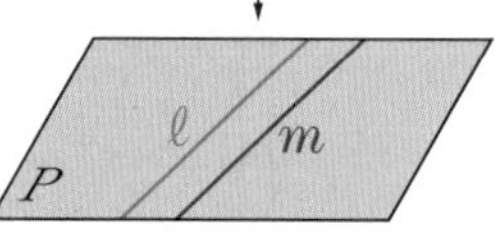

ℓ
m
P

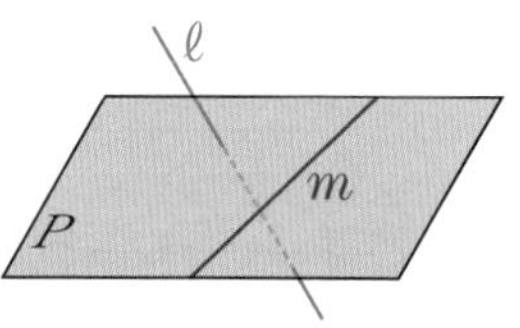

ℓ
m
P

① 交わる

▶2 直線が同じ平面上の 1 点で交わる。

② 平行

▶同じ平面上にある 2 直線が，交わらず，どこまで行っても平行である。

③ ねじれの位置

▶交わらず，平行でない位置にあること。同じ平面上にない。

ねじれの位置？
なんのことニャ？
ねじれ
ねじれの位置
空間内でねじれてしまったように，
交わらず，平行でない位置関係のことを
「**ねじれの位置**」というんです。

ニャン吉とウサ子の関係みたいなものかワン？
ウサ子
そう，関係がねじれて…ってうるさいニャ!!

(1)は，直線 BC と**平行**な直線をすべてあげる問題ですね。

※下図の辺（＝線分）は，それぞれ両端のない「直線」だと考えること（以下同）。

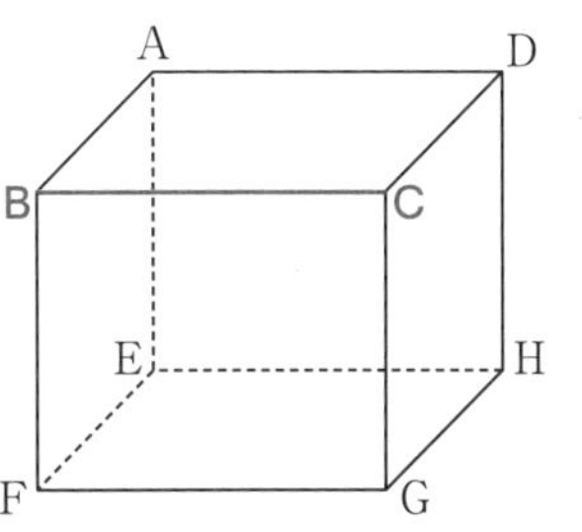

A
D
B
C
E
H
F
G

冷静に見て考えれば，答えは

直線 AD，EH，FG 答

だとわかります。

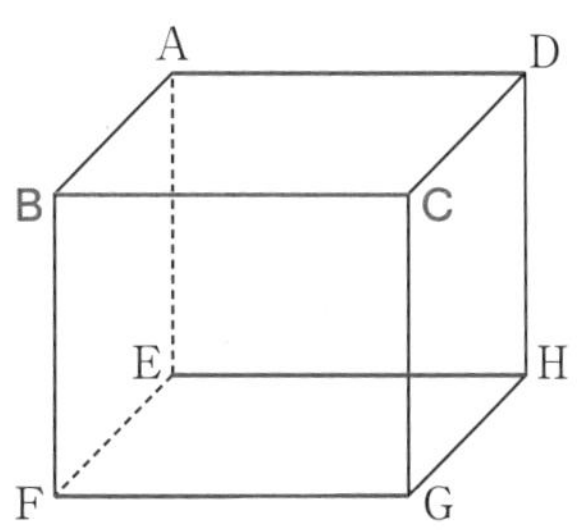

A
D
B
C
E
H
F
G

(2)の，直線 BC と**交わる**直線は，

直線 AB，BF，CD，CG 答

です。

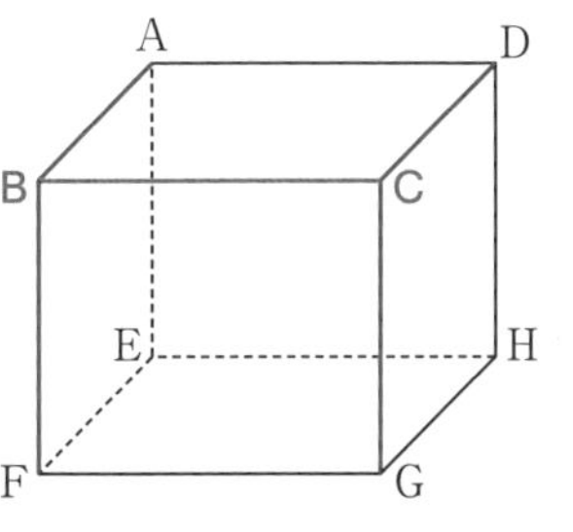

A
D
B
C
E
H
F
G

(3)の，直線 BC と**ねじれの位置**にある直線とは，平行でなく，交わってもいない直線（＝(1)・(2)で答えた直線**以外**）だということです。

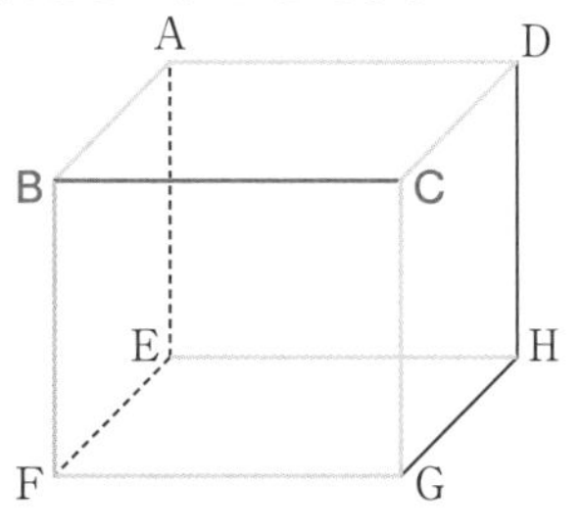

A
D
B
C
E
H
F
G

したがって，答えは

直線 AE，EF，DH，GH 答

となります。

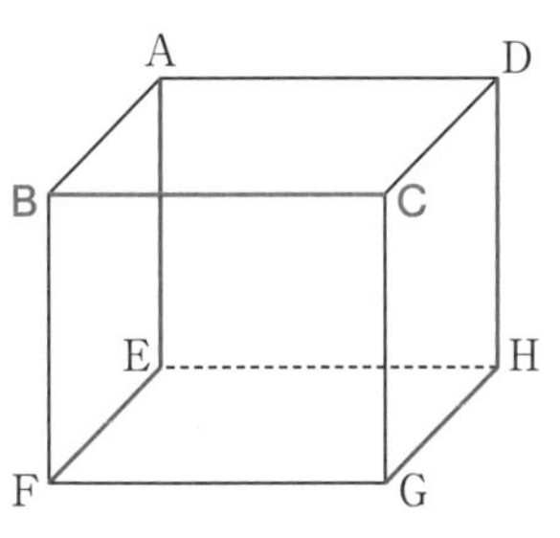

A
D
B
C
E
H
F
G

さて，今回は空間内における直線や平面の位置関係をおさえました。
試験でもよく問われるところなので，しっかり復習しておきましょうね。

ニャ～い
END

Chapter 6 空間図形 2 直線や平面の平行と垂直

3 面の動き

面や線が動いたときに，どんな立体ができるのか。今回はそれがしっかりイメージできるように，学習していきましょう。

面が動く？

例えば，平面上に1つの三角形があります。

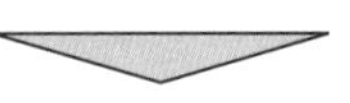

これを，少しずつ真上に動かしてみましょう。

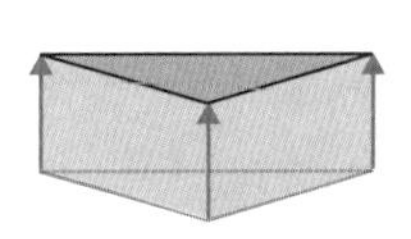

三角形の通ったあとは，そのまま色（軌跡）が残るものとします。

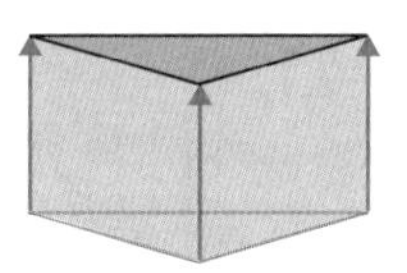

すると，このような**三角柱**ができます。

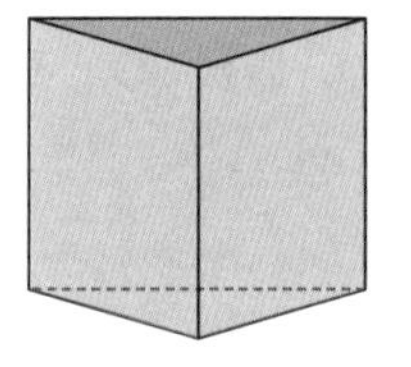

また，例えば四角形の周上に，直線が1本あります。

※四角形の面に垂直な直線。

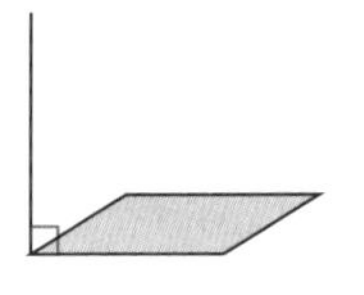

その直線が四角形の周上を動いて，

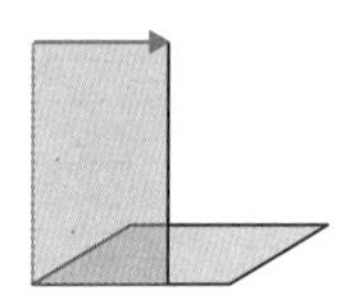

四角形の周上をぐるりと

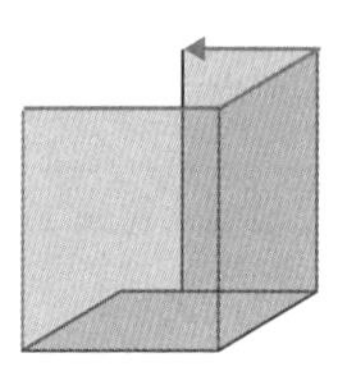

1周すると，

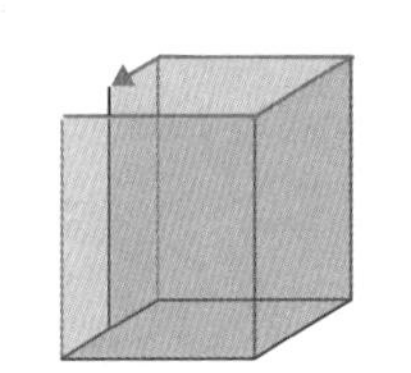

はい，**四角柱**（の側面）のできあがりです！

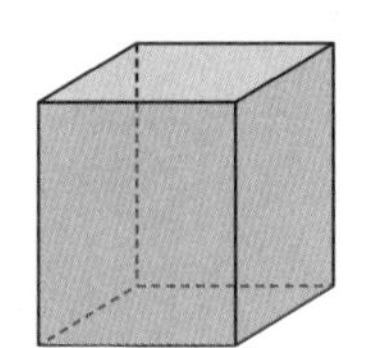

このように，面や線を動かして，その通ったあとで**立体**をつくることができるんですね。

ふーん…

問1 （回転体①）

右の図の長方形ABCDを，直線ℓを軸として1回転させると，その通ったあとは，どんな立体になるでしょうか。

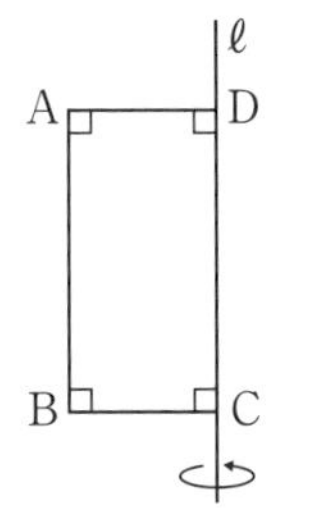

ℓ
A
D
B
C

…ふぁ!?
1回転させる…？
どういうことニャ？

!?

「回転体」の問題ですね。
実際に1回転させる様子を見てみましょう。

直線ℓを軸として，長方形ABCDを少しずつ回転させてみましょう。

少し上から見てますよ

じっくり見て

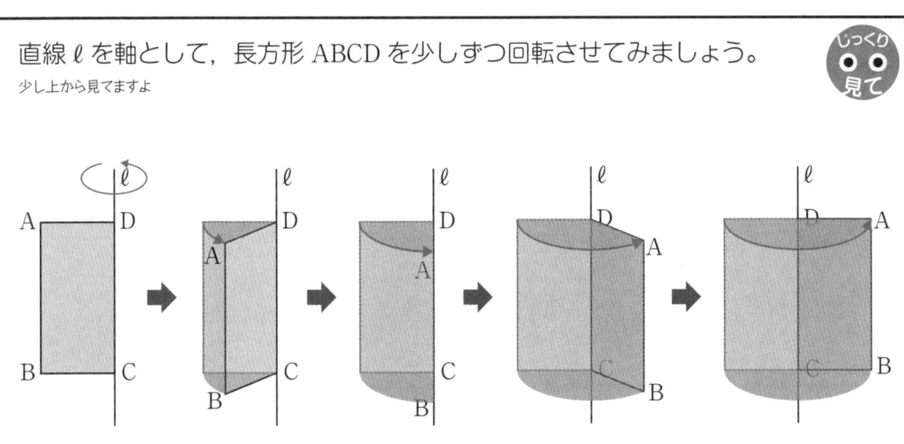

ℓ
A
D
B
C

さあ，反時計回りに45°ずつ回転してますよ。
最後はどんな立体になるでしょうか？

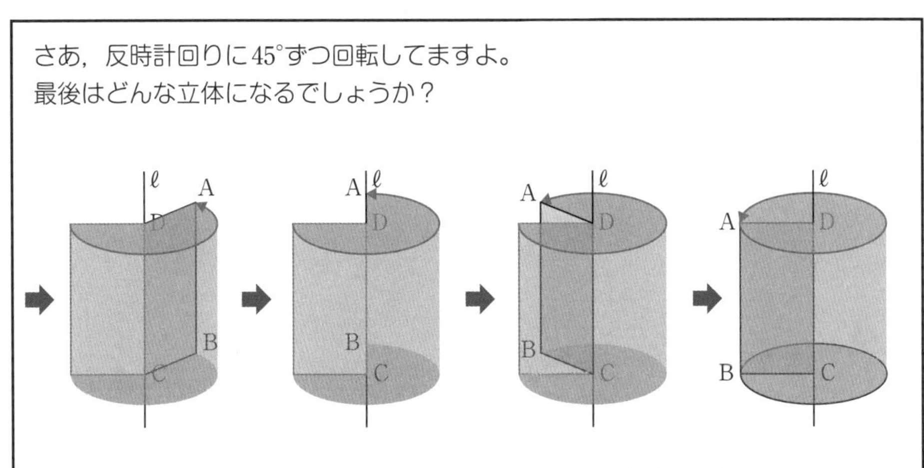

ℓ
A
D
B
C

「1 回転」してできた立体は，
そう，底面が**円形**の**柱体**なので，

円柱 **答**

ですね。

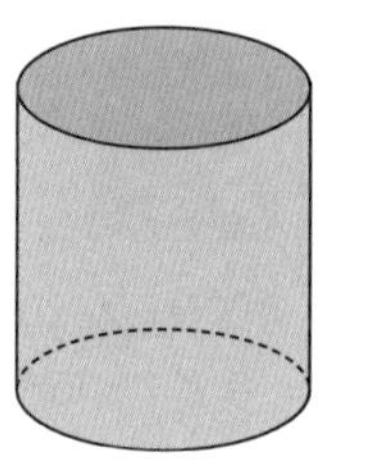

このように，1 本の直線を軸にして，
長方形を 1 回転させると，
その通ったあとが**円柱**になると
考えることができるわけです。

紙のついた棒を高速回転させると残像で立体的に見える感じニャ？

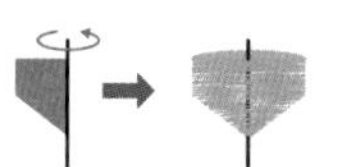

問2 （回転体②）

右の図の三角形 ABC を，直線 ℓ を軸として 1 回転させると，その通ったあとは，どんな立体になるでしょうか。

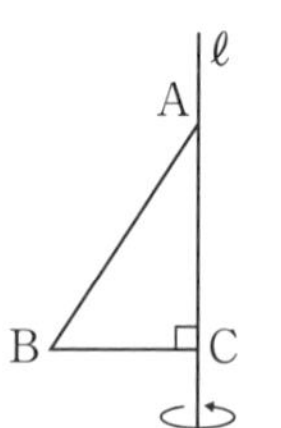

ℓ
A
B
C

さあ，今度は**三角形**を
回転させたときに，
どんな立体ができるか。
見てみましょう！

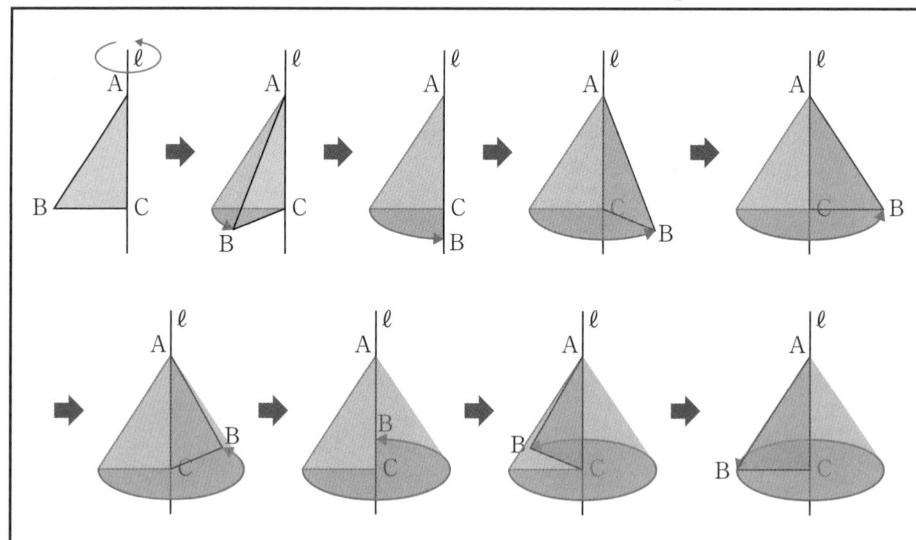

ℓ
A
B
C

1回転してできた立体は，底面が**円形**の**錐体**なので，

円錐 答

ですね。

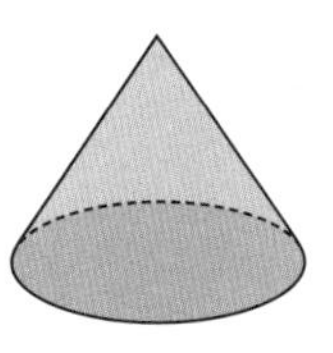

このように，1つの平面図形を，その平面上の直線 ℓ を軸として1回転させてできる立体を「**回転体**（かいてんたい）」といいます。また，直線 ℓ を「**回転の軸**（じく）」といいます。

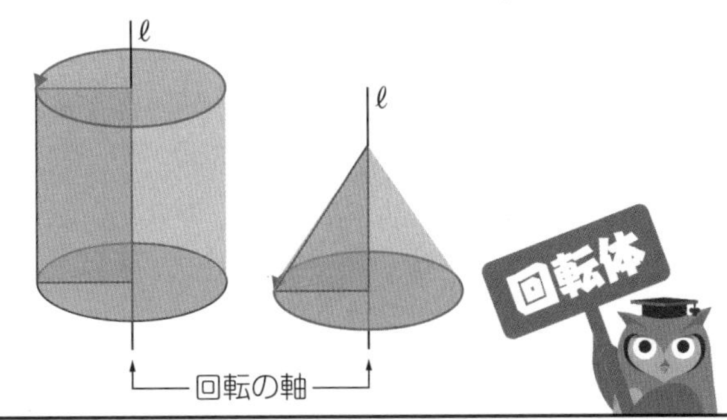

ℓ
ℓ
回転の軸
回転体

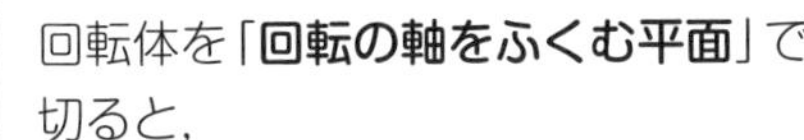

回転体を「**回転の軸をふくむ平面**」で切ると，

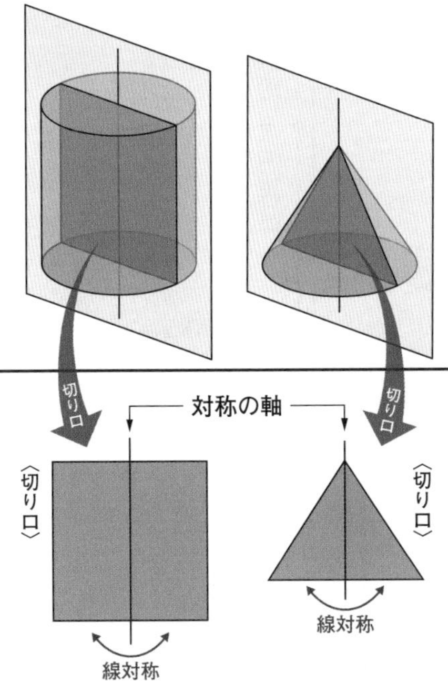

切り口
切り口
対称の軸
〈切り口〉
〈切り口〉
線対称
線対称

その切り口は，回転の軸を**対称の軸**とする**線対称**な図形になります。

※線対称…1本の直線（対称の軸）を折り目として，ある図形が完全に重なり合うこと。

回転体を「**回転の軸に垂直な平面**」で切ると，

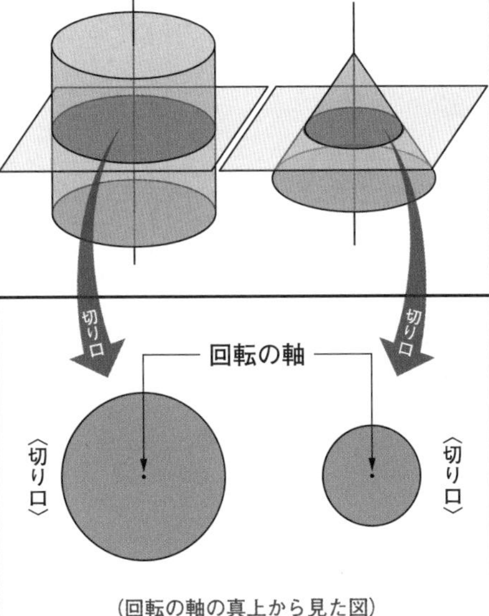

切り口
切り口
回転の軸
〈切り口〉
〈切り口〉

（回転の軸の真上から見た図）

その切り口は必ず，回転の軸を中心とする**円形**になります。

ちなみに，回転体の「**側面**」をえがく**辺（線分）**のことを「**母線**（ぼせん）」といいます。

※英語 generating line（〔新しい図形を〕生み出す線）の訳語として「母線」と名づけられた。なお，球には母線がない。

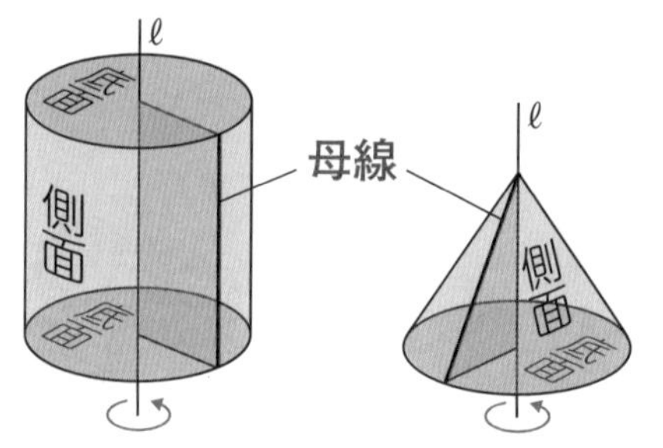

ℓ
底面
側面
母線
ℓ
側面
底面

回転体はとにかく「イメージ」できるようにすることが大切です。どんな平面図形がどんな回転体になるのか，しっかりと想像できるようにしましょう。

「双円錐」や「円錐台」という名前は別に覚えなくてもいいですからね

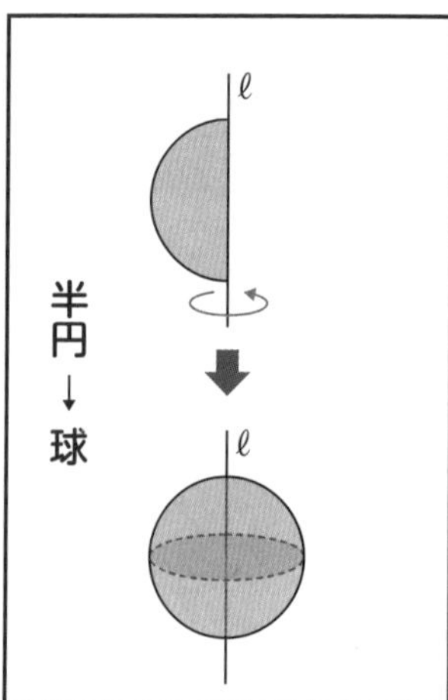

ℓ
半円
↓
球
ℓ

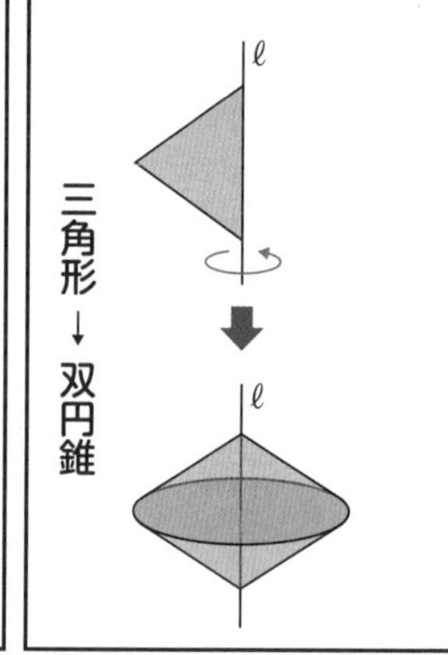

ℓ
三角形
↓
双円錐
ℓ

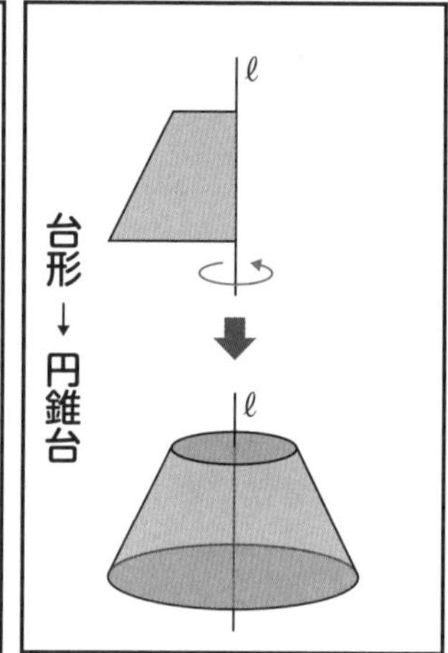

ℓ
台形
↓
円錐台
ℓ

問3　（いろいろな回転体）

右の四角形 ABCD で，∠BCD, ∠CDA は直角です。この四角形を，直線 ℓ を軸として回転させてできる立体の見取図*をかきなさい。

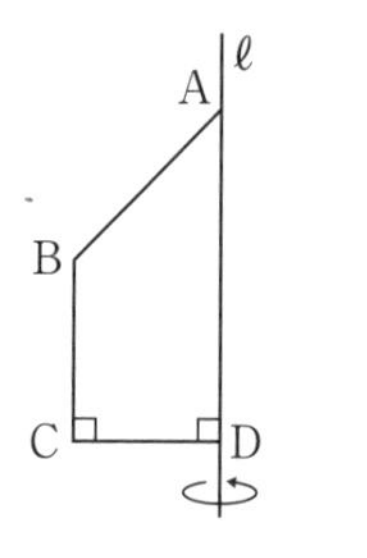

ℓ
A
B
C
D

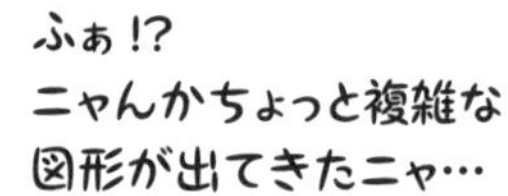

ふぁ!?
ニャんかちょっと複雑な
図形が出てきたニャ…

!?
一見わかりづらいですよね。
でも，図形を「分けて」
考えれば簡単なんですよ。

＊見取り図…立体図形を立体図形らしく平面上に表した（見かけの図）。後ろ側の見えない線も点線で表す。

この四角形は，三角形と四角形に分けられますよね。

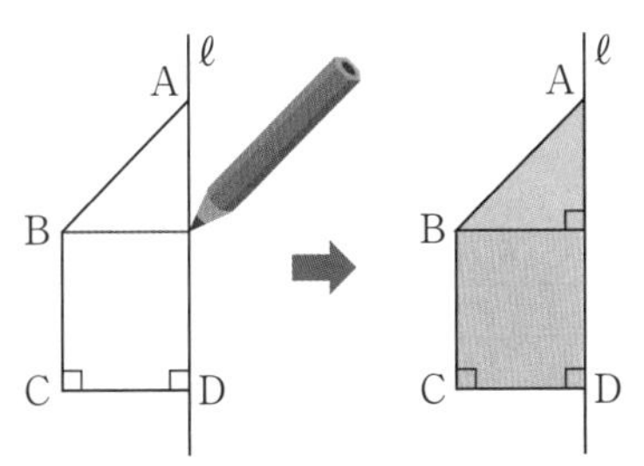
ℓ
A
B
C
D
ℓ
A
B
C
D

三角形の方は，1回転させると円錐になります。

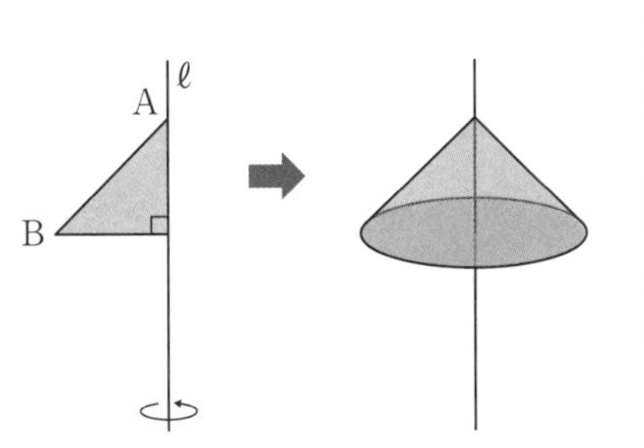
ℓ
A
B

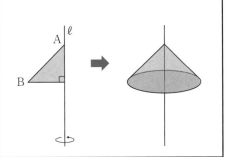

四角形の方は，1回転させると円柱になります。

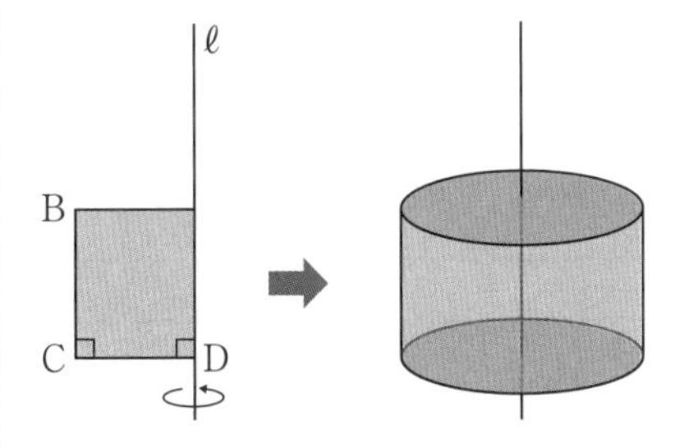
ℓ
B
C
D

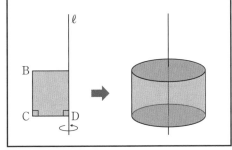

この2つを合体させればいいんです。答えの見取図としては，輪郭線だけかきます。手前から見えない線は点線でかきましょう。

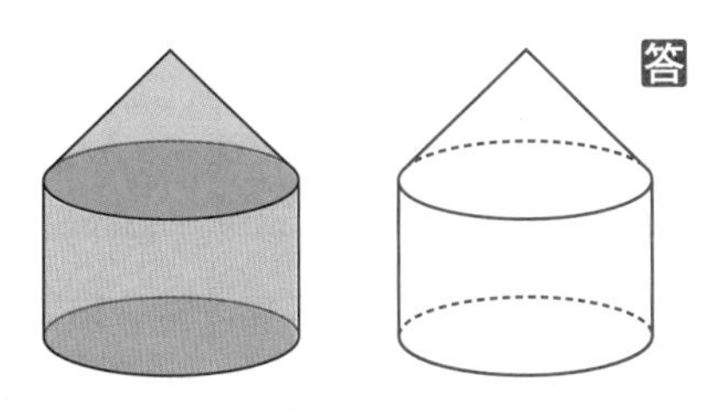
答

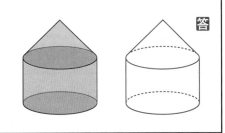

複雑な回転体でも，このように，三角形や四角形，台形などに分けて考えればいいんですね。この発想は今後大切になってきますから，覚えておいてください。

ワン太も回転体にしてみるニャ!
ℓ
ℓ
目が回るワン〜
やめなさい!
END

4 立体の投影図

いきなりですが，今回は最初に，
君たちの「**物の見方**」について
重要なお話をしたいと思います。

……ニャンか
急にかっこつけ
出したニャ…

たいして
かっこよくないくせに…

はい！
話はちゃんと
最後まで
聞きましょうね！

今から君たちに
「**同じもの**」を見せます
から，それが何かを
答えてください。

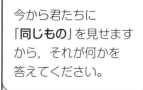

同じもの？

はい，これは何？

四角形！

え？…「しかく」だニャ…

では，これは何？

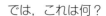

円形！

…「まる」だワン！

四角と円…答えは全くちがいますが，
実はこれ，両方とも「**同じもの**」
なんです。

ふぁ？
同じもの!?

……ついに
先生の頭が
おかしくなって
きたニャ…

こわれたかニャ？

実はですね，
君たちに見て
もらったのは，
何を隠そう…

ドン
これ
なんです！
円柱

円柱!?

円柱は，**正面**から見ると「四角」に見えますが，

少しずつ見る位置を**下げて**いく → **正面**

真上から見ると「円」に見えますよね。

少しずつ見る位置を**上げて**いく → **真上**

同様に，円柱に**正面**から光を当てると，その影は「**四角**」になりますし，**真上**から光を当てると，その影は「**円**」になるわけです。

確かに…

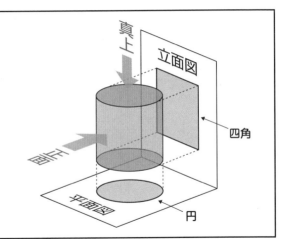

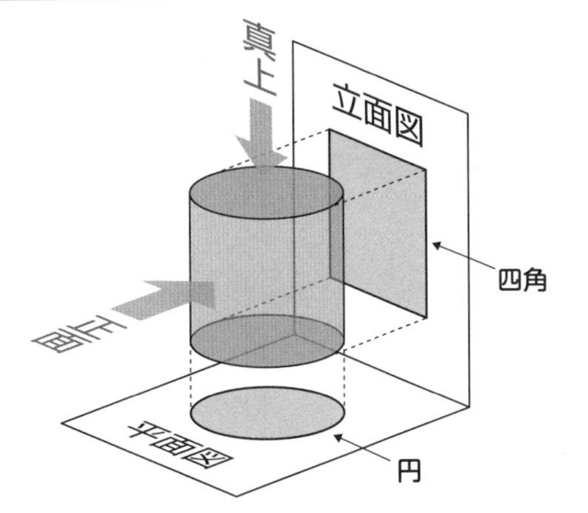
真上
立面図
四角
正面
平面図
円

つまり，ここで1ついいたいのは，「**自分から見える面だけで物事を判断するのは危険**」ということです。ちょっと見る角度を変えるだけで，同じものでも全くちがうように見えることがあります。

物でも人でも事件でも数学でも，自分からの一面的な見方だけですべてを決めつけてはいけません。必ず**複数の角度**から見て，総合的に判断する。それを意識すれば，判断を誤る確率は格段に下がりますからね。

にゃるほど…
人生の
教訓だニャ…

さて，立体をある方向から見て
平面に（平面図形として）表した図
のことを**投影図**（とうえいず）といいます。

※投影…立体に平行な光線を当てて，平面上にその影を映すこと。また，その影。

投影図

投影図の中でも特に，
正面から見た図を**立面図**（りつめんず）といい，
真上から見た図を**平面図**（へいめんず）といいます。

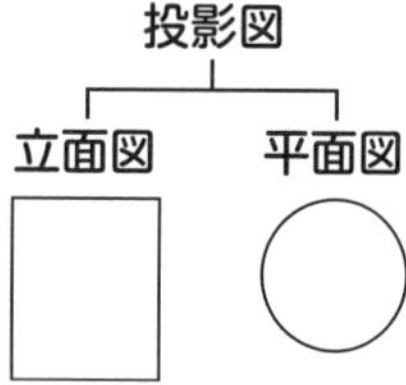
投影図
立面図
平面図

投影図をかくときには
決まりがあります。
まず，横線をかきますが，

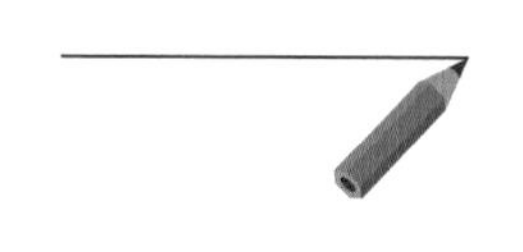

この横線の「**上**」に
「**立面図**」をかきます。

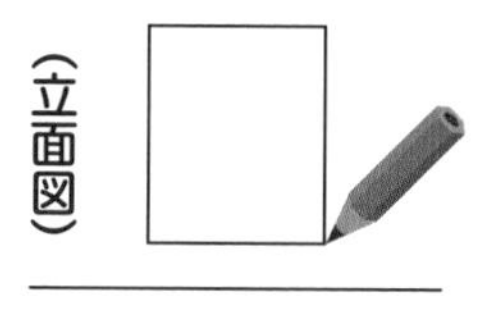
（立面図）

横線の「**下**」に
「**平面図**」をかきます。

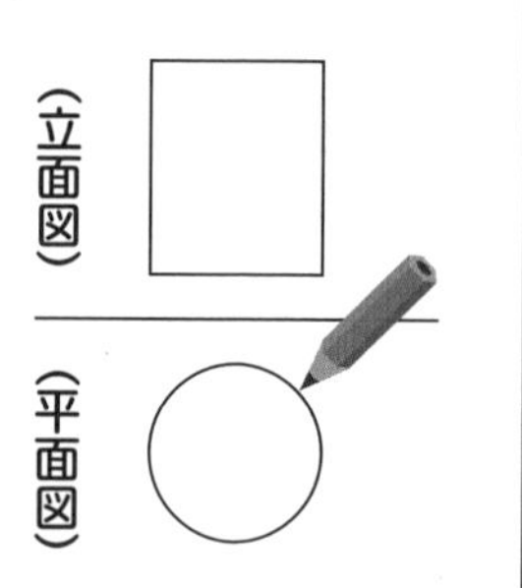
（立面図）
（平面図）

対応している部分を
点線で結びます。
これで完成です。

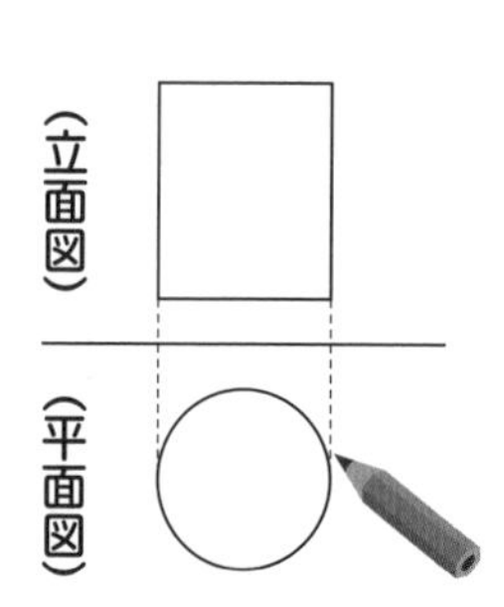
（立面図）
（平面図）

「真上」から見た平面図は「上」ではなく「下」にかきます。ここ，まぎらわしいので注意しましょう。

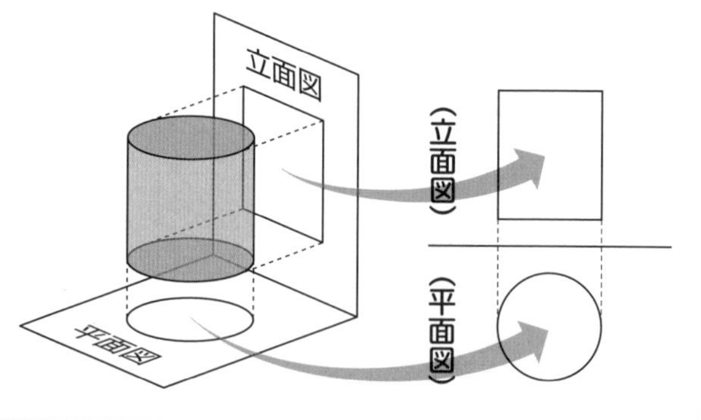
立面図
平面図
（立面図）
（平面図）

問 1 **（投影図）**

右の(1)〜(3)の投影図は，どんな立体を表しているか答えよ。

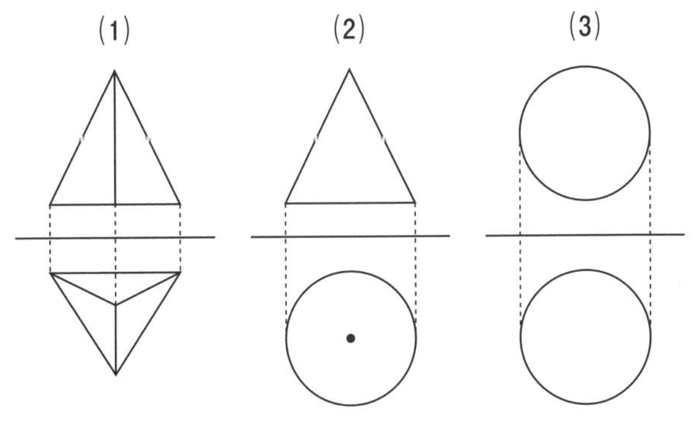

(1)
(2)
(3)

投影図を見て，どんな立体なのかを判断する問題ですね。
(1)は，正面から見ると三角形，真上から見ても三角形ですから，下図のような**三角錐**になります。

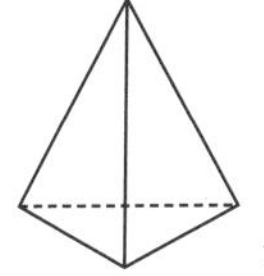

三角錐 **答**

(2)は，正面から見ると三角形，真上から見ると中央に頂点のある円形ですから，下図のような**円錐**になります。

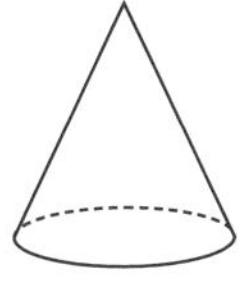

円錐 **答**

(3)は，正面から見ても真上から見ても円形ですから，下図のような**球**であると判断できます。

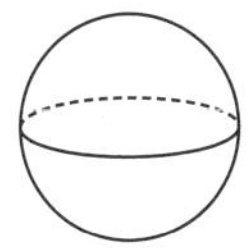

球 **答**

「投影図⇔立体」の変換は，立体とその見え方をイメージする力も必要です。日頃から様々な立体をいろいろな角度から見て，訓練しておきましょうね！

ニャ〜い
END

5 立体の展開図

問1 **(展開図①)**

下図(1)〜(3)の展開図をかきなさい。

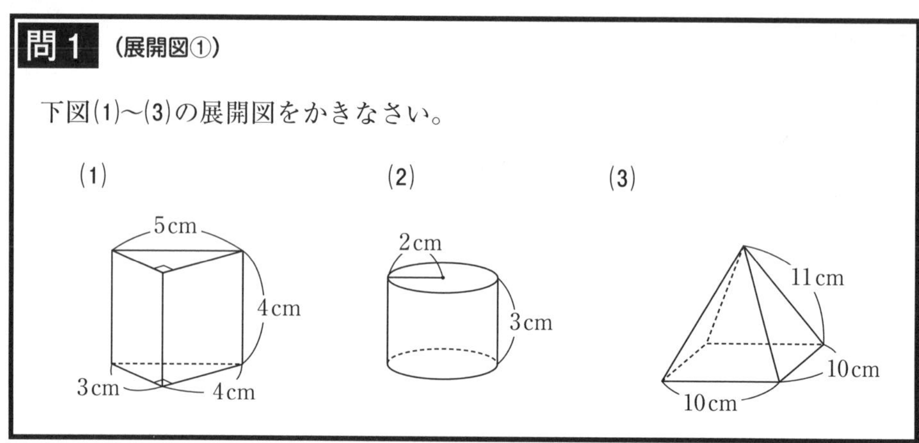

(1)
5cm
4cm
3cm
4cm
(2)
2cm
3cm
(3)
11cm
10cm
10cm

展開図とは，**立体を切り開いて，1つの平面上に広げた図**のことです。小学校で学習しましたよね。

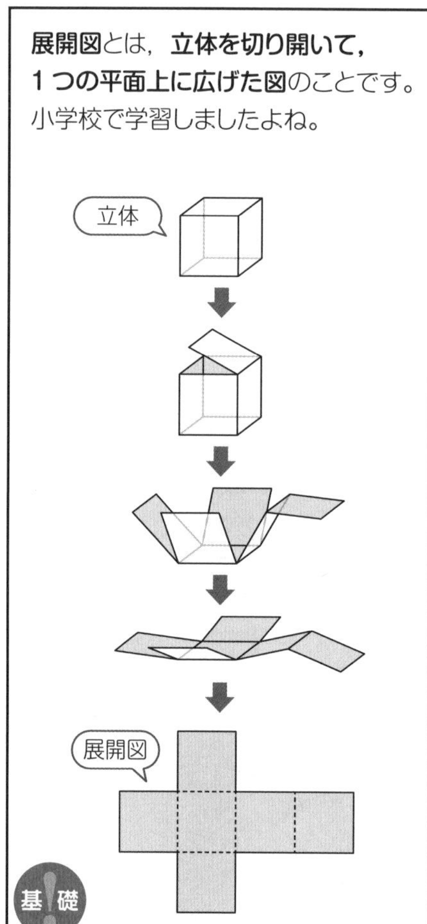

立体
展開図
基礎

同じ立体でも，「どの辺を切り開くか」によって，展開図は変わってきます。ではちょっと，(1)の図を切り開いてみてください。

切り開くワン？

ここかワン？
ビリビリ
そこニャ？

(1)を考えましょう。
立体は基本的に「**辺**」に沿って切れ目を入れて，展開しなければいけません。

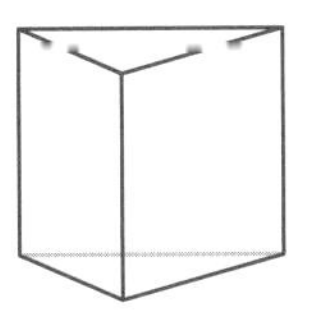
↓赤線上が切れ目を入れていいところ。
(箱をきれいに開けるイメージ)

ここでは，下図の**赤線部**を切ったときの展開図をかいていきますよ。

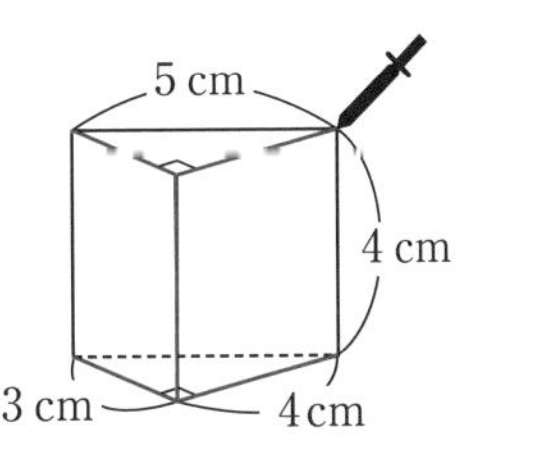
5 cm
4 cm
3 cm
4 cm

このように展開していきます。
しっかりとイメージしてください。

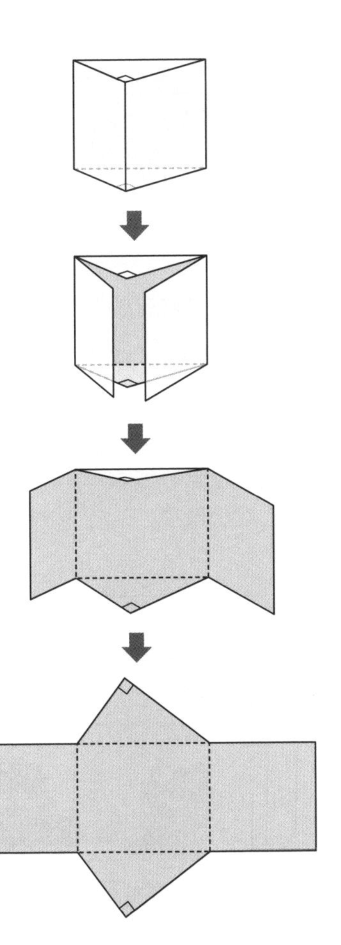

対応関係がわかるよう，答えの展開図には**辺の長さ**をかき入れます。

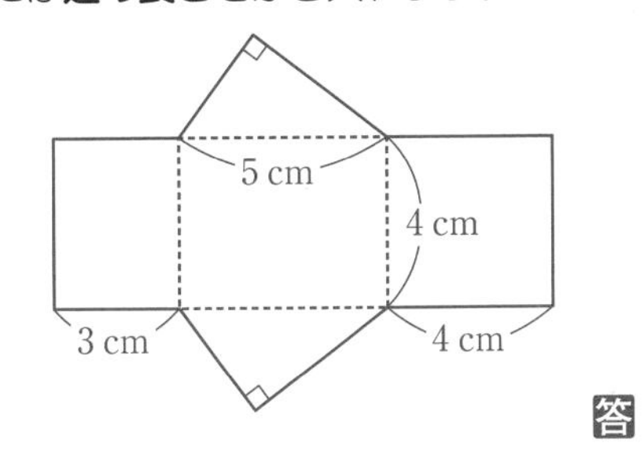
5 cm
4 cm
3 cm
4 cm
答

別解

ちなみに，別の切り口で展開すると，ちがう展開図になりますからね。

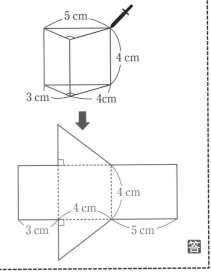

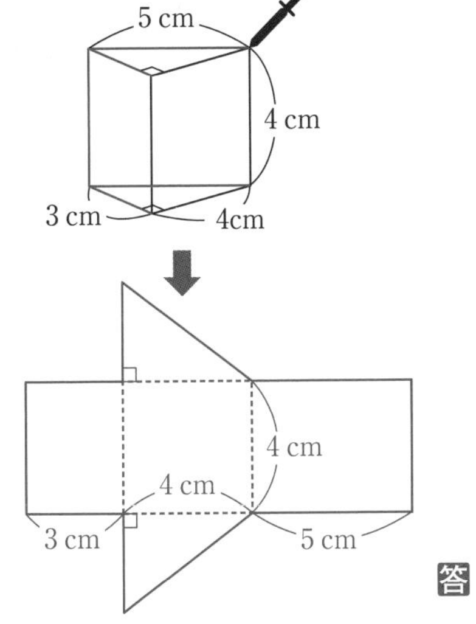
5 cm
4 cm
3 cm
4cm
4 cm
4 cm
3 cm
5 cm
答

Chapter 6 空間図形 5 立体の展開図

(2)を考えましょう。円柱の展開図は，小学校で習いましたよね。

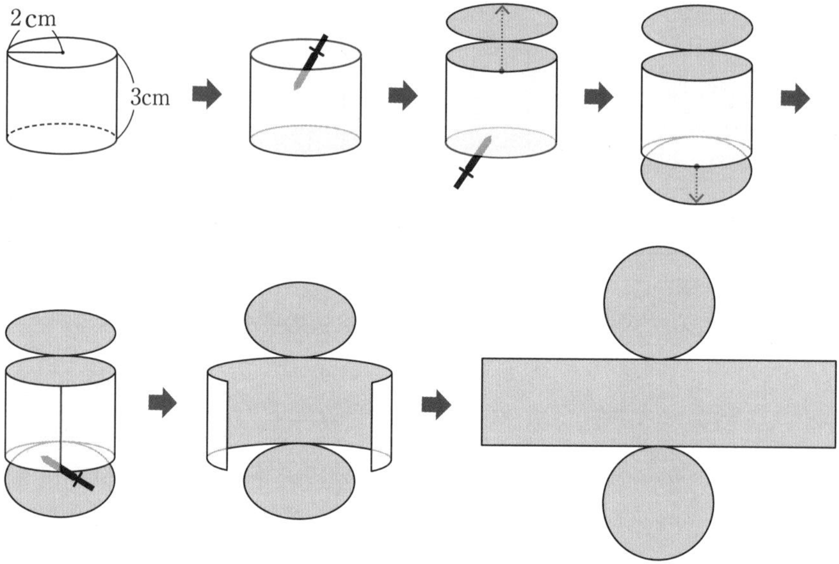

2cm

3cm

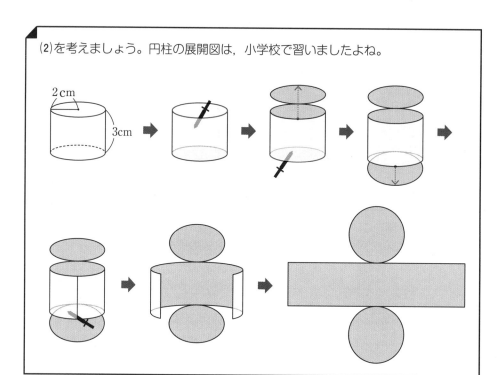

円柱の展開図では，この青線と緑線の部分は**同じ長さ**になりますよね。

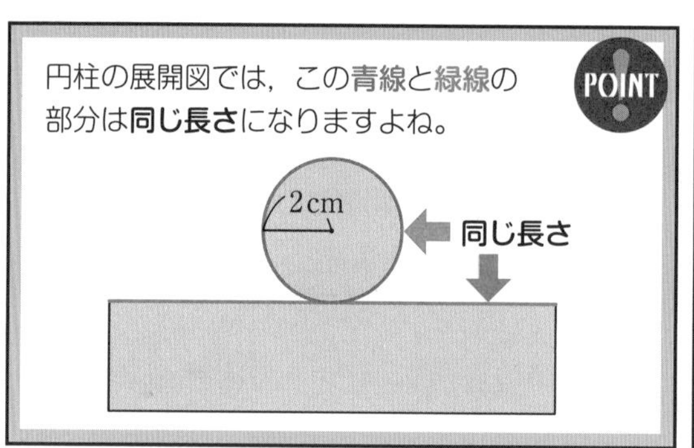
POINT
2cm
同じ長さ

円周の長さを求める公式は

$$2\pi r$$

です。$r = 2$ (cm) なので，この青線・緑線部分の長さは

$2\pi \times 2 = 4\pi$ (cm)

となります。

展開図には各辺の長さをかきます。

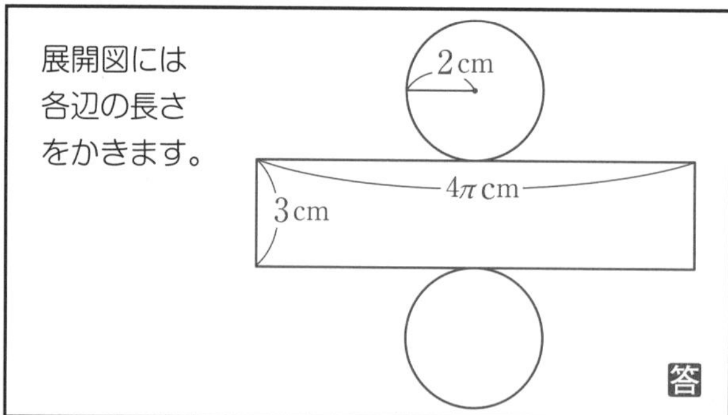
2cm
4π cm
3cm
答

円と長方形はちょっと触ったらとれちゃいそうだニャ。

そうですね。「1点」でつながっているだけですからね。

(3)を考えましょう。
四角錐の展開図ですね。

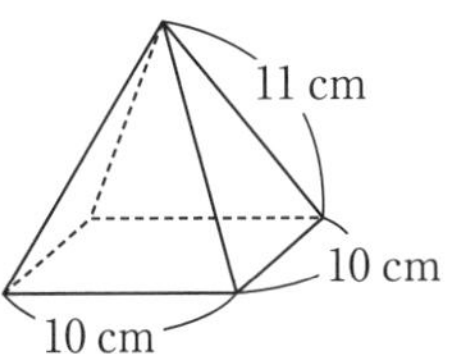
11 cm
10 cm
10 cm

切り方はいくつかありますが，今回はオーソドックスに，頂点をふくむ4辺に切れ目を入れましょう。

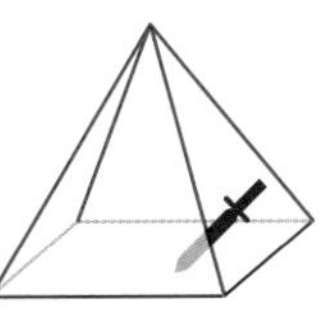

このように展開していきます。
しっかりとイメージしてください。

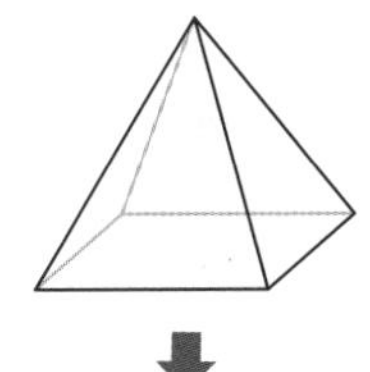

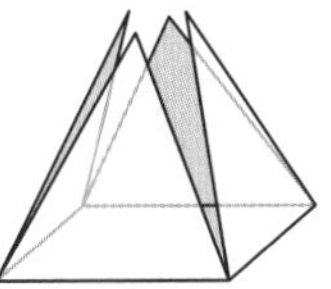

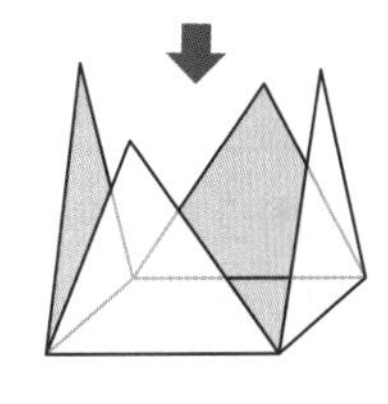

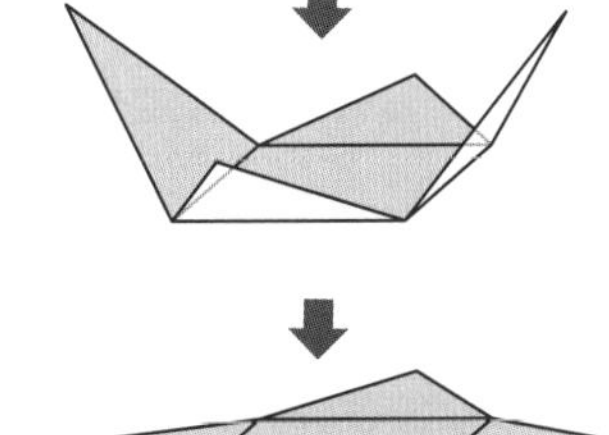

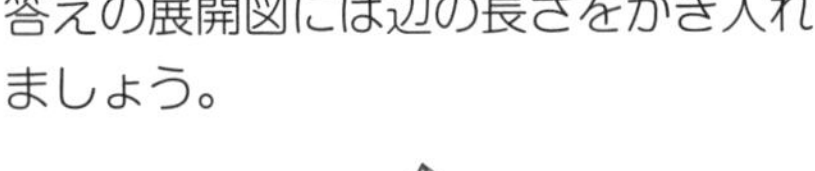

答えの展開図には辺の長さをかき入れましょう。

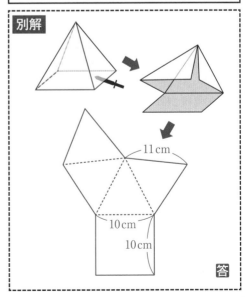

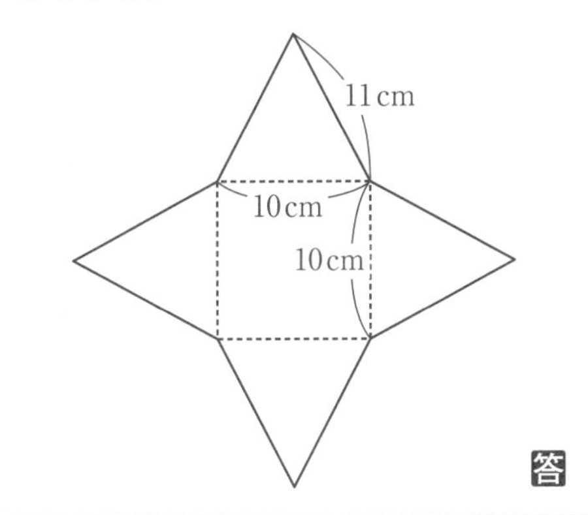
11 cm
10 cm
10 cm
答

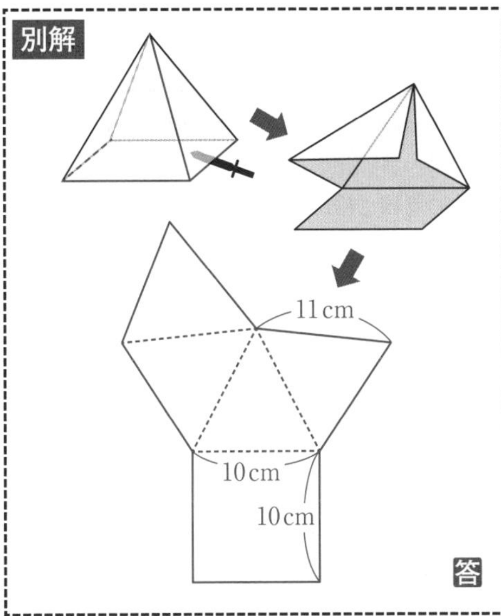
別解
11 cm
10 cm
10 cm
答

問2　**(展開図②)**

右の図にある円錐の展開図をかきなさい。

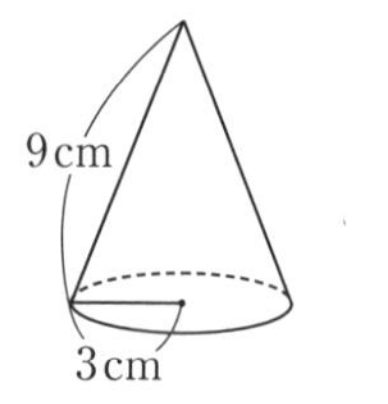

9cm
3cm

円錐?
どうやって
切るニャ!?
!?

円錐の展開図に関してはよく問われます。
しっかりイメージできるように，展開を1つずつ見てみましょう。

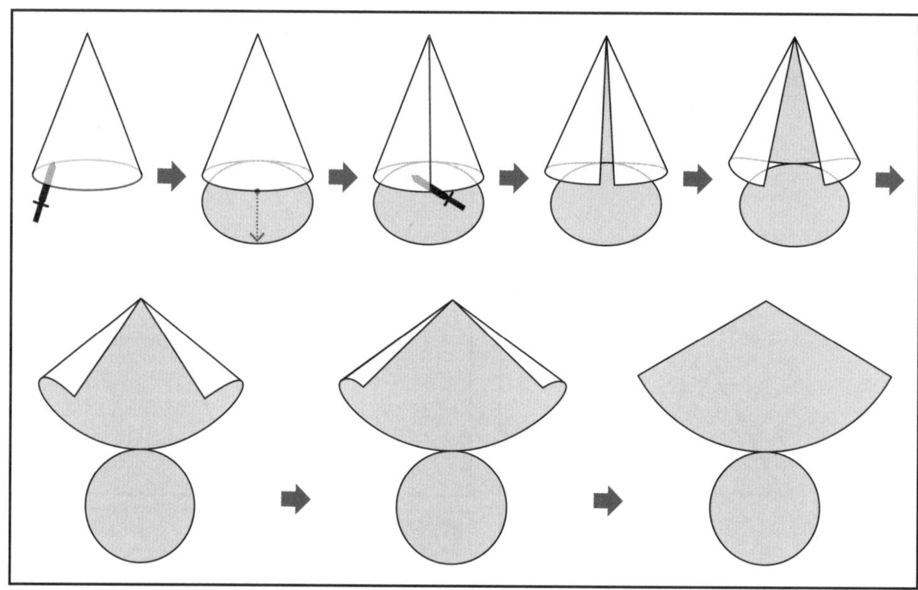

円錐の展開図では，
この青線と緑線の部分は
同じ長さになります。
ここ重要ですよ!!

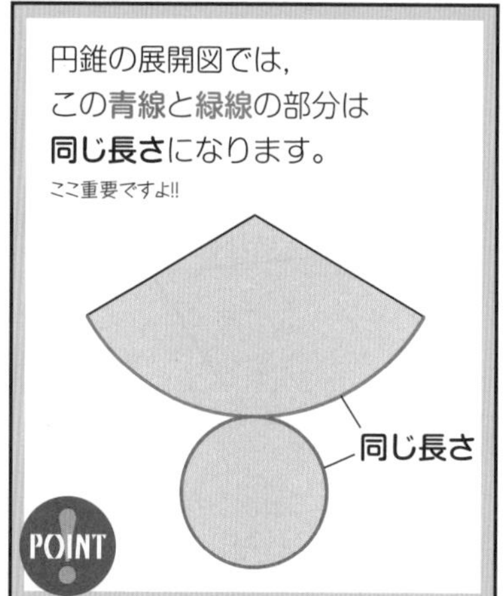

同じ長さ
POINT

さて，円錐の展開図は**おうぎ形**と**円**に分かれますが，おうぎ形は**中心角**の大きさよって形が変わるので，中心角が決まらないと正しい展開図をかけませんよね。

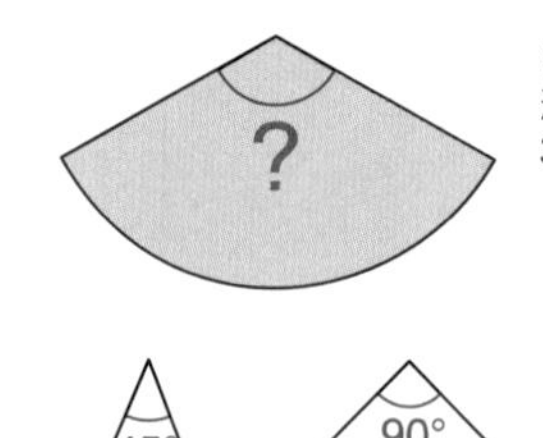

?
45°
90°

※円錐の側面をつくるおうぎ形の中心角は，0°より大きく360°より小さくなります。

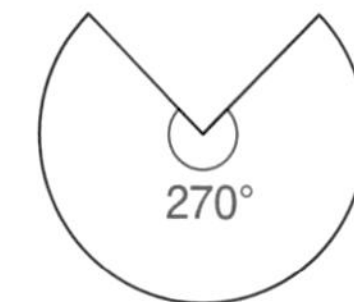

270°

問2の円錐は，円の半径 r が 3cm です。
円周の長さは「$2\pi r$」で求められますから，
$2\pi\times3=6\pi$ (cm)

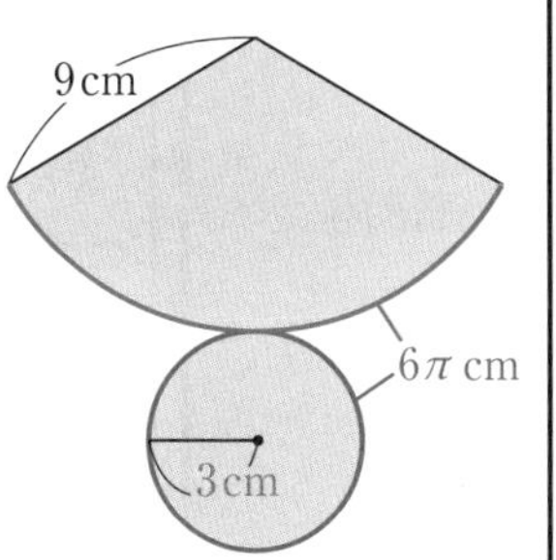

9cm
6π cm
3cm

おうぎ形の弧の長さもこれと同じ 6πcm なんです。

もともとはくっついてたから，同じ長さなニョね？

半径 r，中心角 a°のおうぎ形の弧の長さを ℓ とすると，

$$\ell=2\pi r\times\frac{a}{360}$$

という公式が成り立ちますよね。(☞P.173)

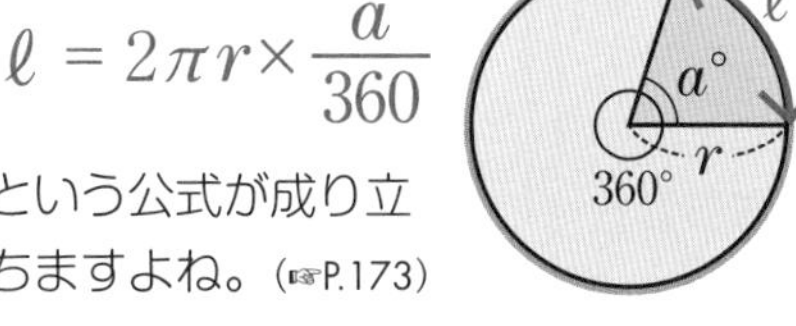

ℓ
a°
360°
r

この公式に，$\ell=6\pi$，$r=9$ を代入すれば，a の値（＝おうぎ形の中心角）がわかります。

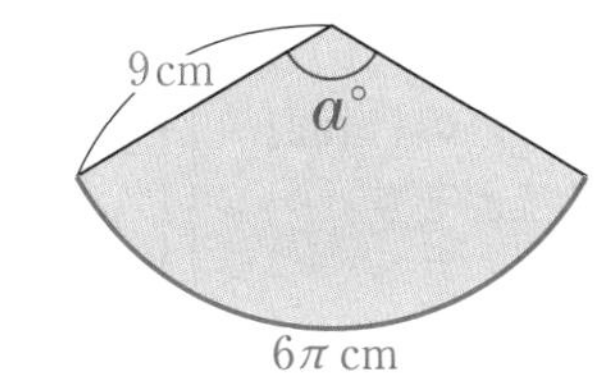

9cm
a°
6π cm

$$6\pi=2\pi\times9\times\frac{a}{360}$$

$$6\pi=18\pi\times\frac{a}{360}$$

$$\overset{1}{\cancel{6\pi}}=\overset{3}{\cancel{18}}\cancel{\pi}\times\frac{a}{360}$$

$$1=3\times\frac{a}{360}$$

$$1=\overset{1}{\cancel{3}}\times\frac{a}{\underset{120}{\cancel{360}}}$$

$$1=\frac{a}{120}$$

$$a=120$$

おうぎ形の中心角は120°だとわかったので，展開図に，各部の長さと角度をかき入れ，答えとします。

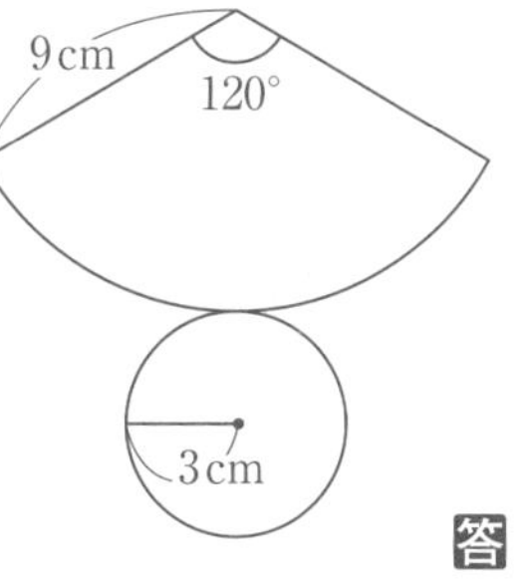

9cm
120°
3cm

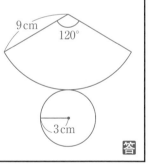

答

展開図は，次に学習する「立体の表面積」を計算するときによく出てきます。
また，展開図から立体にもどして，辺や面の位置関係を問う問題などもよく入試に出題されますので，しっかり理解しておきましょう。

END

6 立体の表面積

問1 （角柱の表面積）

下図の三角柱について，底面積，側面積，表面積の数量をそれぞれ求めなさい。

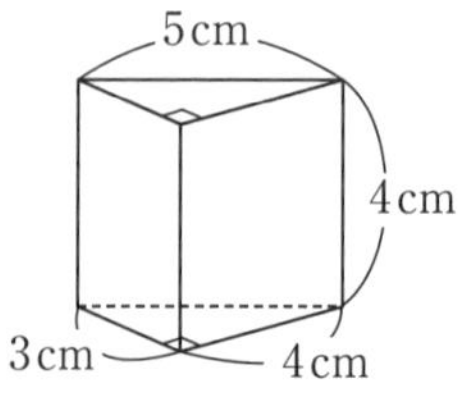

5cm
4cm
3cm
4cm

面積・面積・面積って…一度にいろいろな面積をきいてくるニャ〜
面積マニアか！

立体の面積には，3つの種類があるんですよ。

まず，「底面積（ていめんせき）」というのは，**「1つ」の「底面」の面積**のことです。

底面
側面
側面
側面
底面

角柱は底面が2つありますが，「底面積」といわれたら，**どちらか**1つの底面の面積のことだと考えましょう。

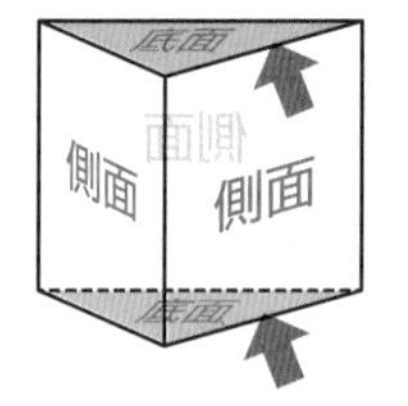

底面
側面
側面
側面
底面

この角柱の底面は直角三角形なので，底面積は，

$4 \times 3 \times \frac{1}{2} = 6\,(\text{cm}^2)$

※三角形の面積
＝ 底辺 × 高さ × $\frac{1}{2}$

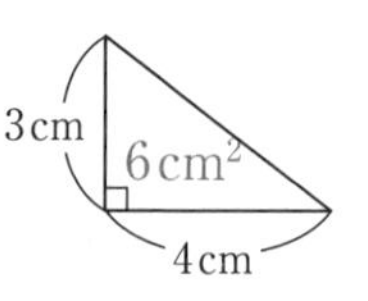

3cm
6cm²
4cm

次に，「側面積（そくめんせき）」というのは，**「側面全体」の面積**のことです。

底面
裏側にも
側面があるよ
側面
側面
側面
底面

側面積は側面**全体**の面積なので，展開図で考えるとわかりやすいですね。下図の青い長方形の面積を求めればいいわけです。

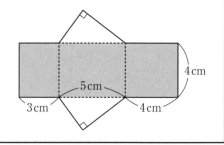

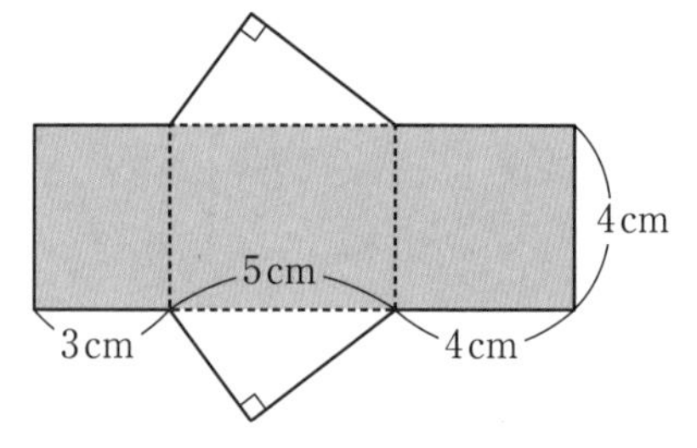

4cm
5cm
3cm
4cm

青い長方形の横の長さは
3＋5＋4＝12（cm）
となるので，側面積は，
12×4＝48（cm^2）

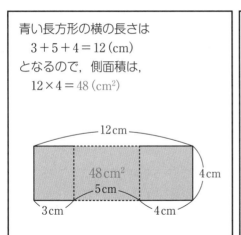

12cm
48 cm^2
4cm
5cm
3cm
4cm

最後，「表面積（ひょうめんせき）」というのは，
立体の表面全体の面積のことです。
つまり，2つの**底面積**と**側面積**の**和**が表面積になります。

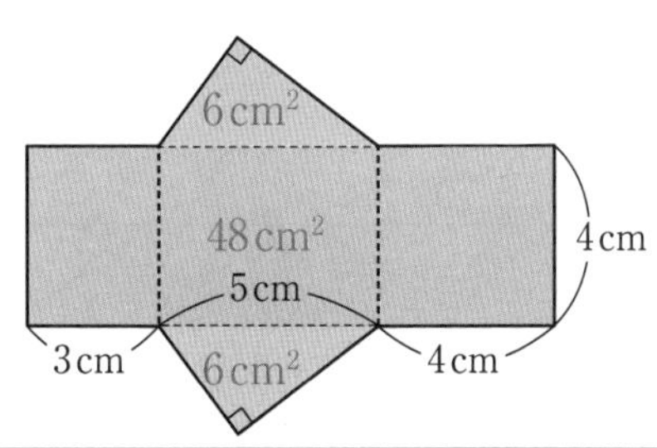

6 cm^2
48 cm^2
4cm
5cm
3cm
6 cm^2
4cm

6×2＋48＝60（cm^2）
ということで，答えは以下のとおりです。

底面積　6 cm^2
側面積　48 cm^2
表面積　60 cm^2 答

立体の「表面積」の求め方

POINT

❶ **立体を「展開図」にする。**（できるだけ）
❷ **各面の面積（底面積・側面積）を求める。**
❸ **各面の面積の「和」を求める。**

表面積はできるだけ「展開図」で考えましょう。

問2　**（円柱の表面積）**

下図の円柱の表面積を求めなさい。

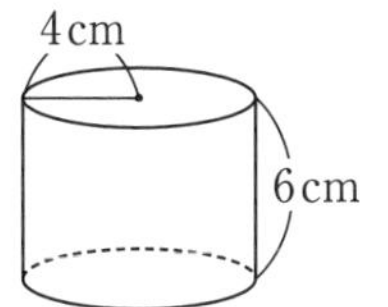

4cm
6cm

円柱も角柱と同じ。
まずは展開図をかいて，各面の面積を求め，それを全部合わせればいいんですね。

円柱はこのような展開図になります。

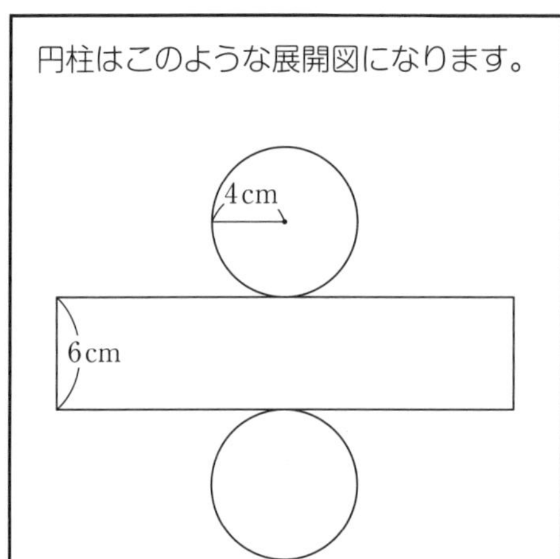
4cm
6cm

橙線と緑線部分の長さは等しく，

$2\pi \times 4 = 8\pi$(cm)

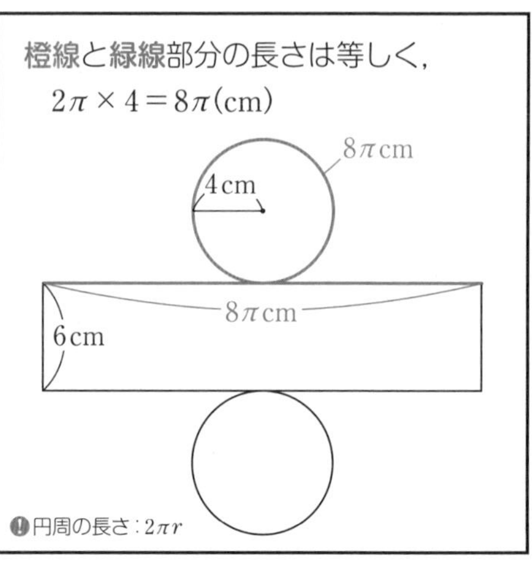
8πcm
4cm
8πcm
6cm
円周の長さ：2πr

底面積は，

$\pi \times 4^2 = 16\pi$(cm²)

底面は 2 つあるので，

$16\pi \times 2 = 32\pi$(cm²)

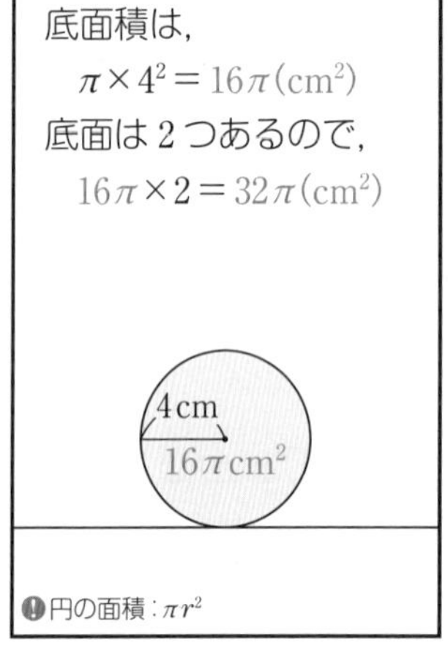
4cm
16πcm²
円の面積：πr²

側面積は，

$8\pi \times 6 = 48\pi$(cm²)

表面積は
2 つの底面積と
側面積の和
なので，

$32\pi + 48\pi = 80\pi$(cm²)

80π cm² 答

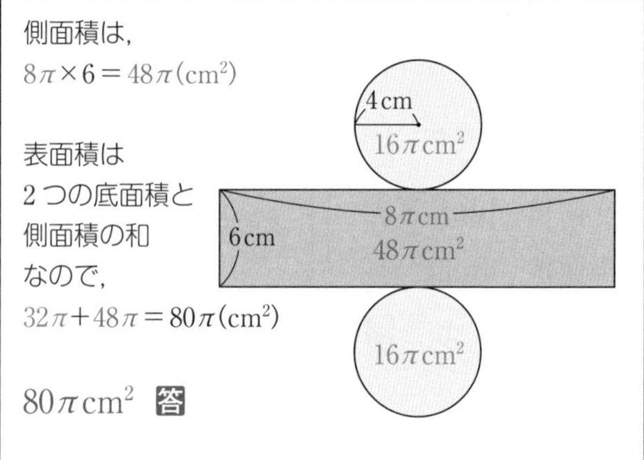
4cm
16πcm²
8πcm
6cm
48πcm²
16πcm²

問3 （角錐の表面積）

下図にある正四角錐の表面積を求めなさい。

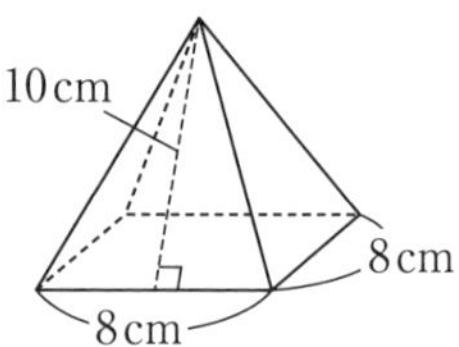
10cm
8cm
8cm

※正四角錐…底面が正方形で，側面がすべて二等辺三角形の四角錐。

これも…展開図にして
全部の面の面積を
合計すればいいニョ？

そのとおり！
もうわかりますよね。
展開図をかいて，計算
すればいいだけです。

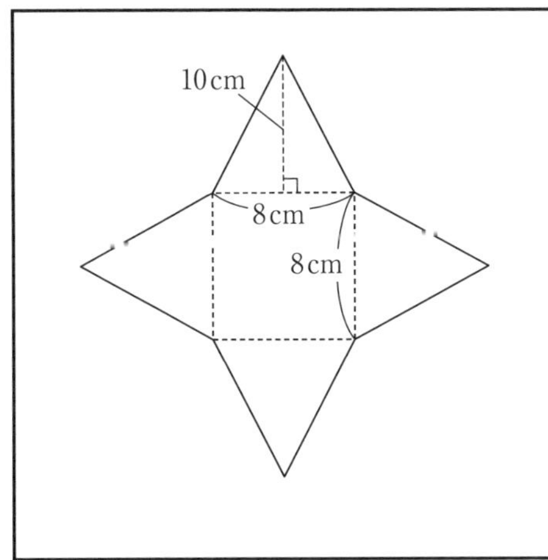
10cm
8cm
8cm

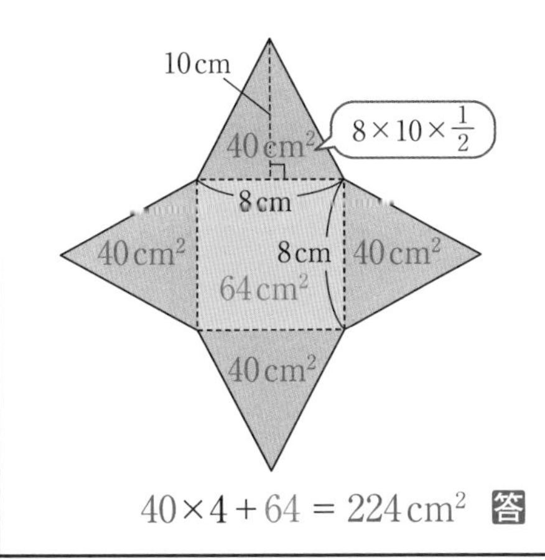
10cm
40cm²
8×10×1/2
8cm
40cm²
8cm
40cm²
64cm²
40cm²

$40\times4+64=224\text{cm}^2$ 答

問4 **(円錐の表面積)**

下図にある円錐の表面積を求めなさい。

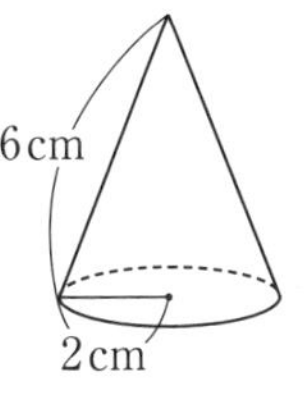
6cm
2cm

……おうぎ形は中心角を求めなきゃダメだったかニャ?どうやるか忘れたニャ…

中心角を求める方法は少し難解ですよね。もう一度やりましょう。

おうぎ形の中心角 a と弧の長さ ℓ の関係は，次の式で表されます。

$$\ell=2\pi r\times\frac{a}{360}$$

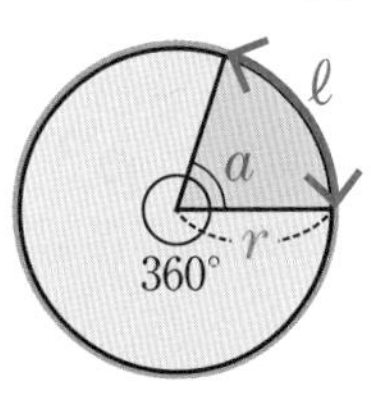
ℓ
a
360°
r

この式に，すでにわかっている r と ℓ の値を代入すれば，中心角 a が求められる。これが前回学んだ方法です。

$r=6$, $\ell=4\pi$ の場合,

$4\pi=2\times\pi\times6\times\frac{a}{360}$

$\cancel{4}^{1}\cancel{\pi}=\cancel{12}^{3}\pi\times\frac{a}{360}$

$1=\frac{a}{120}$

$a=120$

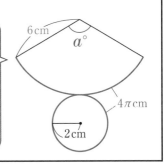

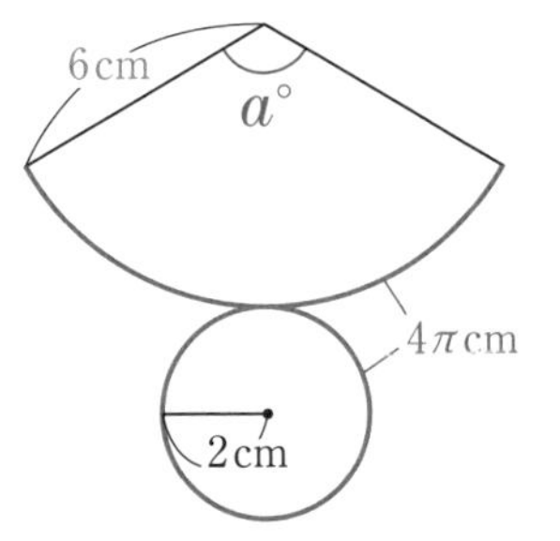
6cm
a°
4πcm
2cm

ニャんか…
計算がめんどうだニャ〜
分数とかあるし…

…ということで，
実はもう少し簡単に
中心角を求める方法が
あるんですよ。

円錐の展開図で
おうぎ形の中心角を
$a°$とします。

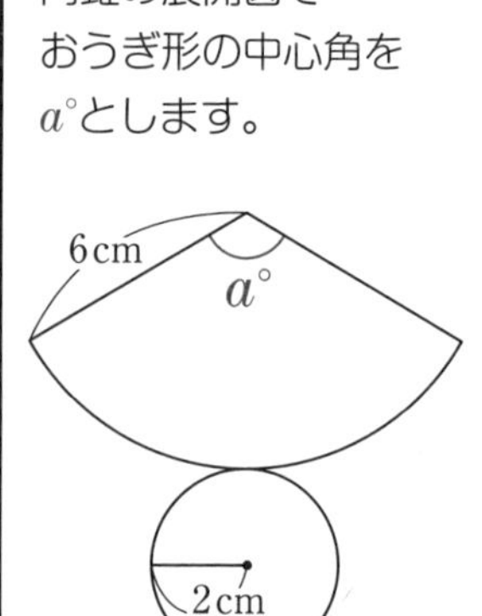
6cm
a°
2cm

おうぎ形の弧の長さは，
底面の円周と同じ，
4πcm ですよね。

6cm
a°
4πcm
2cm

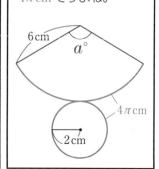

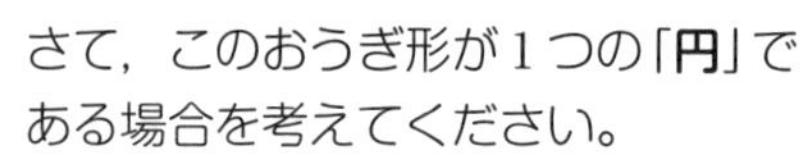

さて，このおうぎ形が1つの「**円**」で
ある場合を考えてください。

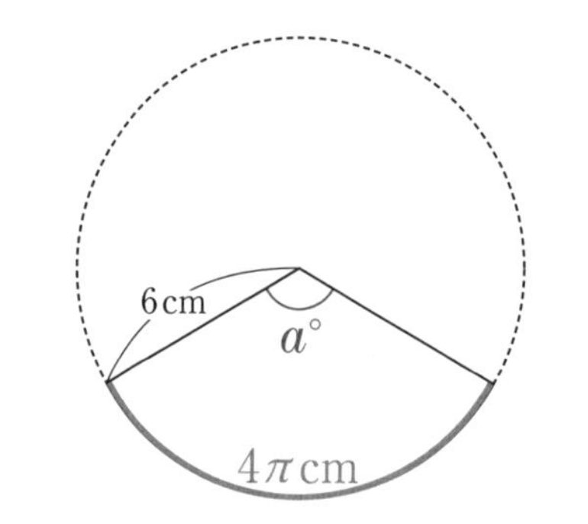
6cm
a°
4πcm

この円の半径は6cm ですから，
円周は 12πcm になります。

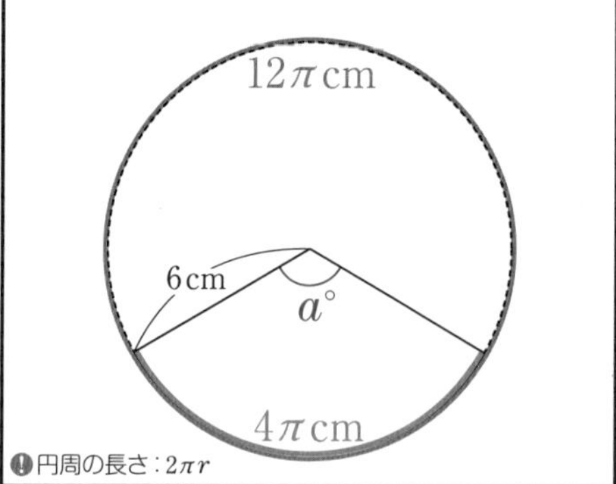
12πcm
6cm
a°
4πcm

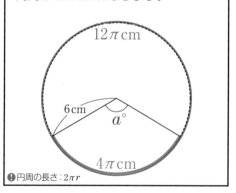

❶円周の長さ：$2\pi r$

また，「円」ですから，
中心角は360°です。

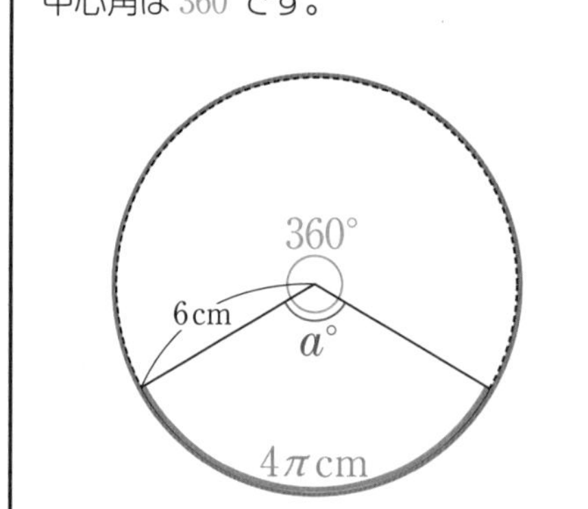
360°
6cm
a°
4πcm

つまり，円全体に対するおうぎ形の
部分の割合は，次のようになります。

弧の長さ おうぎ形▶／円全体▶ $\dfrac{4\pi}{12\pi}$

中心角 おうぎ形▶／円全体▶ $\dfrac{a°}{360°}$

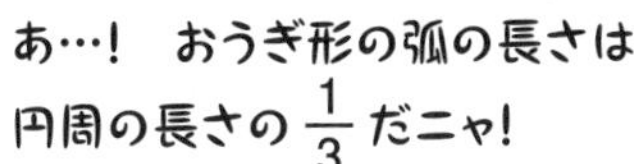

あ…！　おうぎ形の弧の長さは
円周の長さの $\frac{1}{3}$ だニャ！

$\frac{4\pi}{12\pi} \rightarrow \frac{1}{3}$
そのとおりです！

おうぎ形の弧の長さが増減すると，
中心角もそれに比例して増減しますよね。
この２つは比例関係にあるわけです。

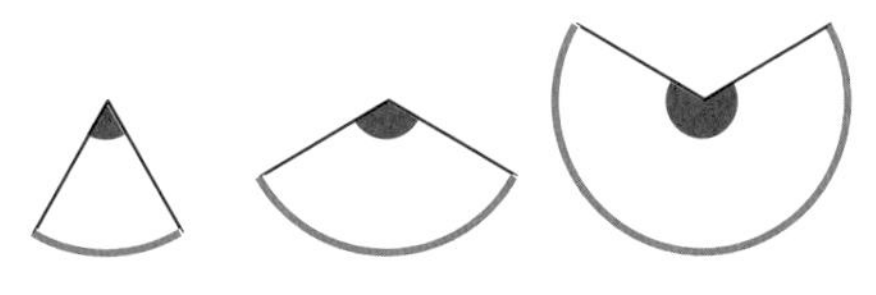

つまり，おうぎ形の弧が円周の $\frac{1}{3}$ なら，
おうぎ形の中心角も円全体の中心角（360°）
の $\frac{1}{3}$ になるわけです。

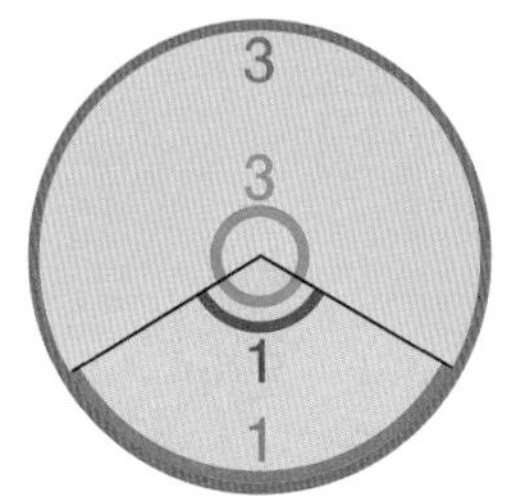

3
3
1
1

したがって，
おうぎ形の中心角は，

$$360° \times \frac{1}{3} = 120°$$

とわかります。

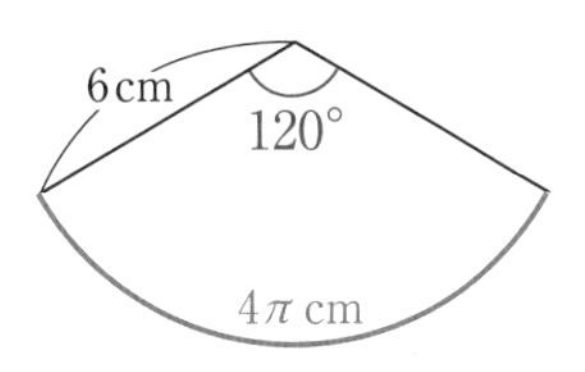

6 cm
120°
4π cm

このことを比例式で一般化すると，

$$2\pi r : 2\pi R = a : 360$$

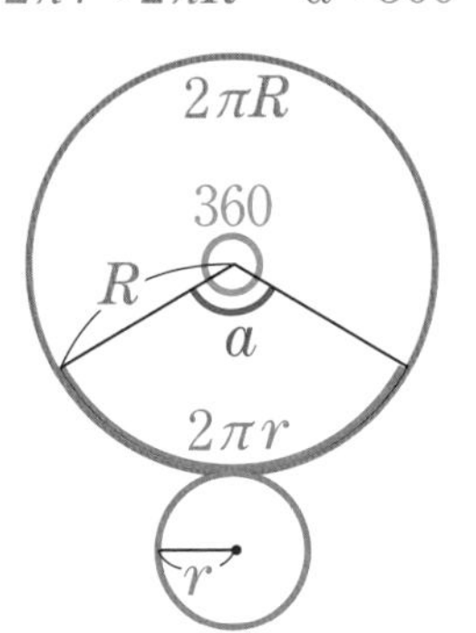

2πR
360
R
a
2πr
r

これを方程式に直すと，

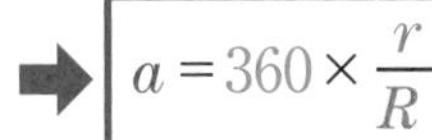

POINT

$$2\pi R \times a = 360 \times 2\pi r$$

$$a = 360 \times \frac{2\pi r}{2\pi R}$$

$$\rightarrow \boxed{a = 360 \times \frac{r}{R}}$$

これが，円錐の展開図で**おうぎ形の中心角を求める公式**になります。
便利なので覚えておきましょう。

❶ 比例式の性質（$a : b = m : n$ ならば $an = bm$）

この公式に，問題にある
$r=2$，$R=6$ を代入すれば，
おうぎ形の中心角 a が
一発でわかるんです。

$$a = 360\times\frac{2}{6}$$

$$a = 120$$

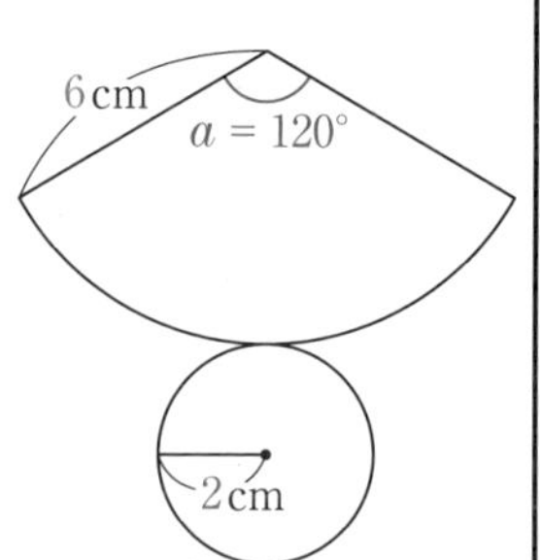
6cm
a = 120°
2cm

ふぁ!?
こっちの方が
はるかに簡単だニャ!
これが「数学」なんです。

論理的に考えて式を立て，
その式をより簡単な形に変形する。
すると，複雑で難しい問題でも，
すぐに正しい答えが導き出せたりする。
これが数学のスゴイところの１つなんですね。

数学って
便利ニャ…

では，**問４**の円錐の表面積を
考えましょう。
まず，底面の円の面積は，

$$2^2\times\pi = 4\pi\ (\mathrm{cm}^2)$$

❗円の面積：πr^2

おうぎ形部分の面積は，

$$6^2\times\pi\times\frac{120}{360}$$

$$= 36\pi\times\frac{1}{3}$$

$$= 12\pi(\mathrm{cm}^2)$$

❗おうぎ形の面積 ($S=\pi r^2\times\frac{a}{360}$)

円とおうぎ形を合わせた
「表面積」は，

$$4\pi + 12\pi = 16\pi\,\mathrm{cm}^2$$

答

となります。

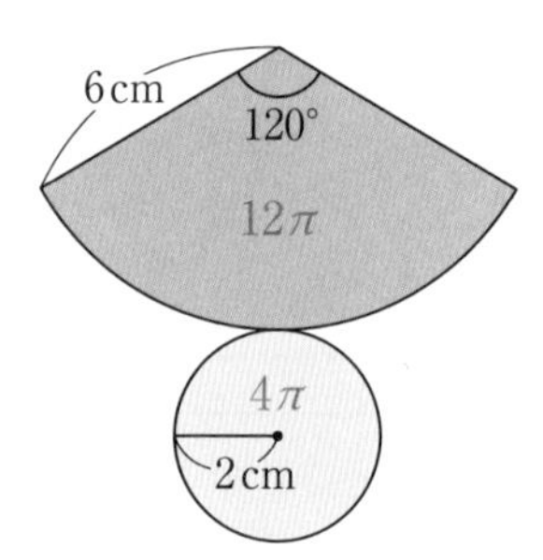
6cm
120°
12π
4π
2cm

問５ （球の表面積）

右のおうぎ形を，直線 ℓ を軸として
１回転させてできる立体の表面積を
求めなさい。

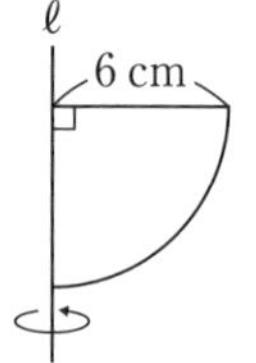
ℓ
6 cm

図の回転体は，球の半分，
つまり「半球（はんきゅう）」になりますよね。

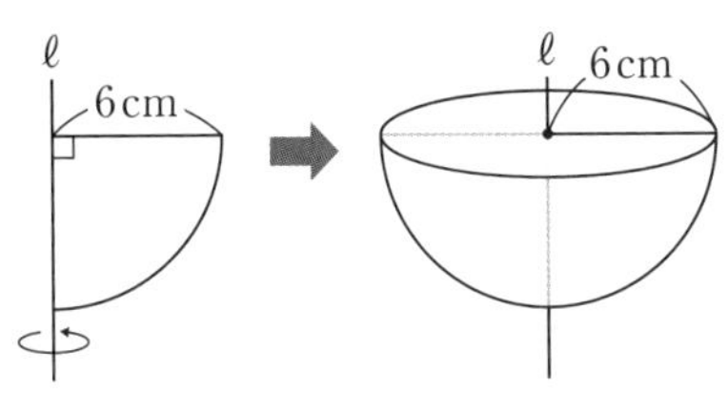
ℓ
6cm
ℓ
6cm

よって，**球の表面積**を求める必要があるのですが，その理屈を説明すると難しい（高校数学の積分の知識が必要になる）ので，とにかくこの公式を覚えて使いましょう！

球には展開図がないによね…

「球の表面積」を求める公式

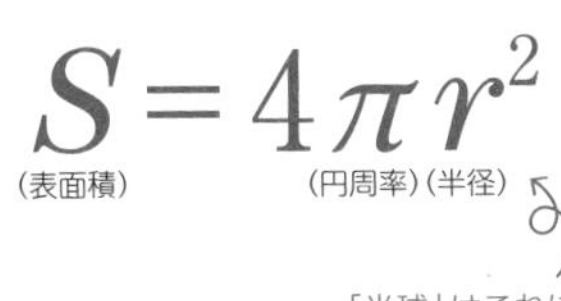
$S = 4\pi r^2$
(表面積)
(円周率)(半径)
「半球」はこれに $\frac{1}{2}$ をかける

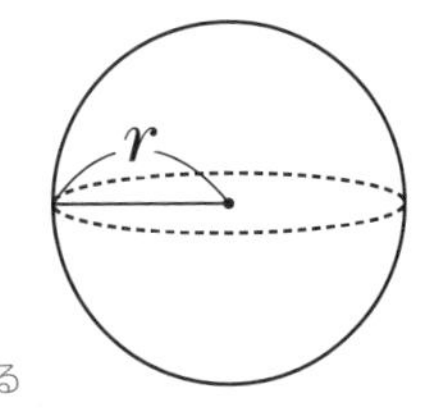
r

【参考】円の面積：πr^2
※球の表面積は（同じ半径の）円の面積の4倍

さて，下図の青色部分は，
球の表面積の半分なので，

$4\pi \times 6^2 \times \frac{1}{2}$
$= 72\pi(\text{cm}^2)$

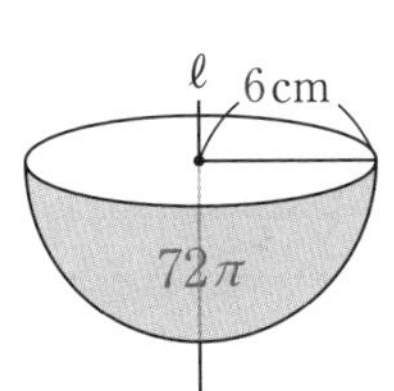
ℓ
6cm
72π

球の「切り口」にあたる円の面積も
表面積にふくまれますので，

$\pi \times 6^2$
$= 36\pi(\text{cm}^2)$

ℓ
6cm
36π
72π

この2つを加えれば，
半球の表面積が
求められます。

$72\pi + 36\pi$
$= 108\pi \text{cm}^2$ 答

はい，立体の表面積を求める方法がわかりましたね。立体の展開図はイメージしてかけるようにしておききましょう。また，おうぎ形の中心角の求め方も，その理屈をちゃんと理解しておきましょうね。

END

Chapter 6 空間図形 6 立体の表面積

7 立体の体積

問1 （角柱・円柱の体積）

下の図にある三角柱，円柱の体積を求めなさい。

(1)　　　　(2)

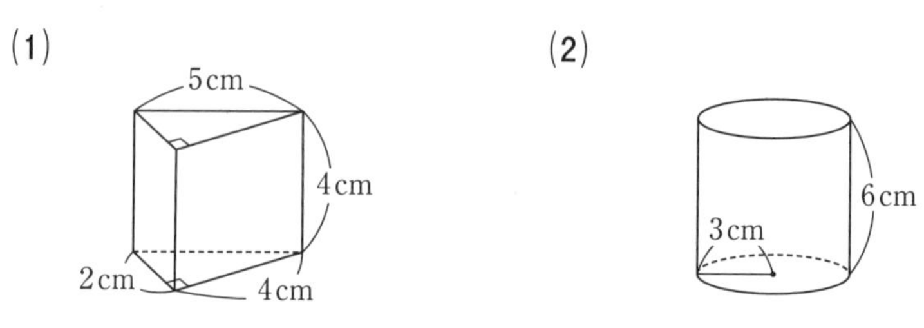

5cm
4cm
2cm
4cm
6cm
3cm

体積？
体積って
何ニャ？
席を離れて
帰ってしまう
ことだワン！
それは「退席（たいせき）」
…ですかね…？

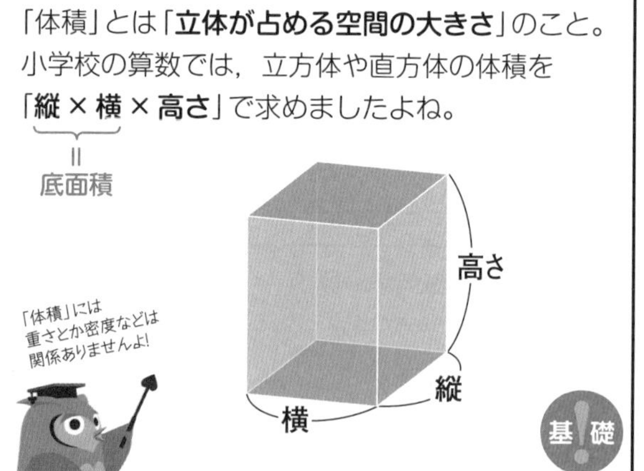

「体積」とは「**立体が占める空間の大きさ**」のこと。
小学校の算数では，立方体や直方体の体積を
「**縦×横×高さ**」で求めましたよね。
＝
底面積
「体積」には
重さとか密度などは
関係ありませんよ！
高さ
縦
横
基礎

角柱・円柱の体積

POINT

中学では，体積を「**底面積×高さ**」で求めます。
底面積をS，高さをh，体積をVとすると，

$$V = Sh$$

（体積）　（底面積×高さ）

とスマートに表すことができます。

※Vは Volume（体積；音量），Sは Surface（表面，〔立体の〕面），hは height（高さ）の頭文字。

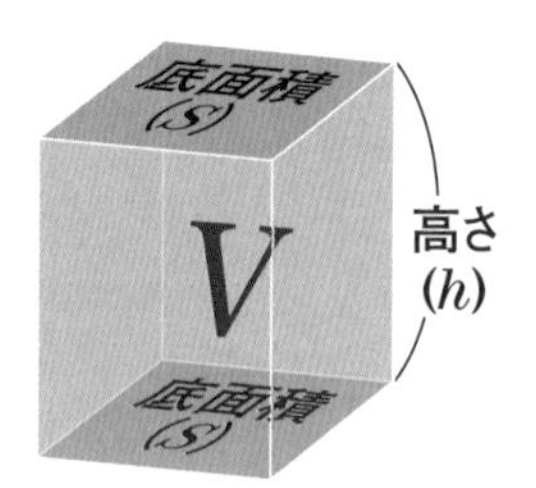

底面積
(S)
V
高さ
(h)
底面積
(S)

(1)を考えましょう。
この三角柱の底面積は，

$$4\times2\times\frac{1}{2}=4\,\mathrm{cm}^2$$

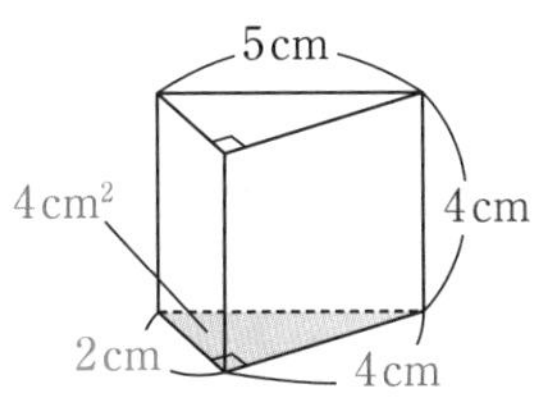
5 cm
4 cm²
4 cm
2 cm
4 cm

❶三角形の面積：底辺 × 高さ × $\frac{1}{2}$

高さは 4 cm なので，
体積（＝**底面積** × **高さ**）は

$$4\times4=16\,\mathrm{cm}^3$$ **答**

となります。

面積の単位は「**平方**センチメートル（cm^2）」でしたが，**体積**の単位は「**立方**センチメートル（cm^3）」なので注意しましょう。

(2)を考えましょう。
この円柱の底面は，半径 3 cm の円ですから，
底面積は，

$$\pi\times3^2=9\pi\,\mathrm{cm}^2$$

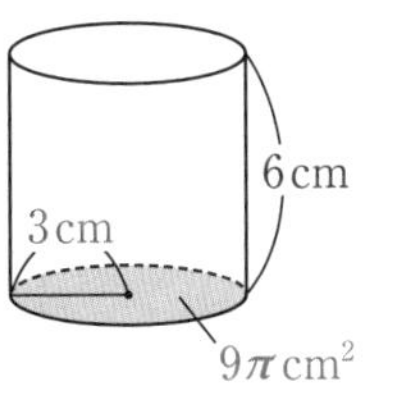
6 cm
3 cm
9π cm²

❶円の面積：πr^2

高さは 6 cm なので，
体積（＝**底面積** × **高さ**）は

$$9\pi\times6=54\pi\,\mathrm{cm}^3$$ **答**

となります。

問2 （角錐・円錐の体積）

下の図にある正四角錐，円錐の体積を求めなさい。

(1)

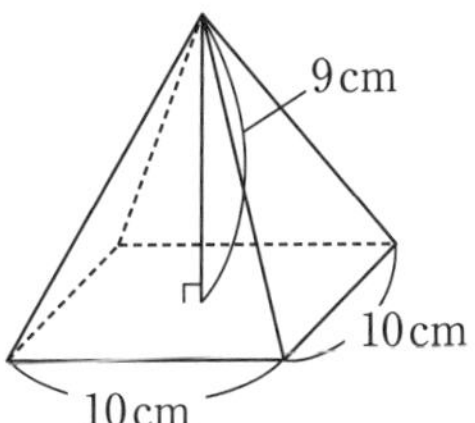
9 cm
10 cm
10 cm

(2)

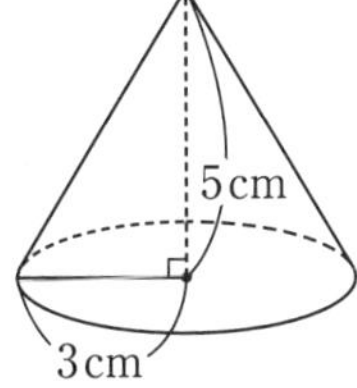
5 cm
3 cm

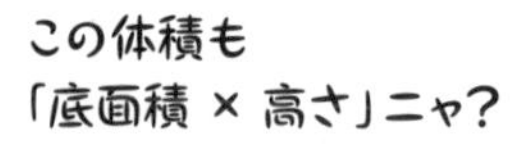
この体積も
「底面積 × 高さ」ニャ?

これはですね,
まずは実際に比べてみる
とわかりやすいんです。

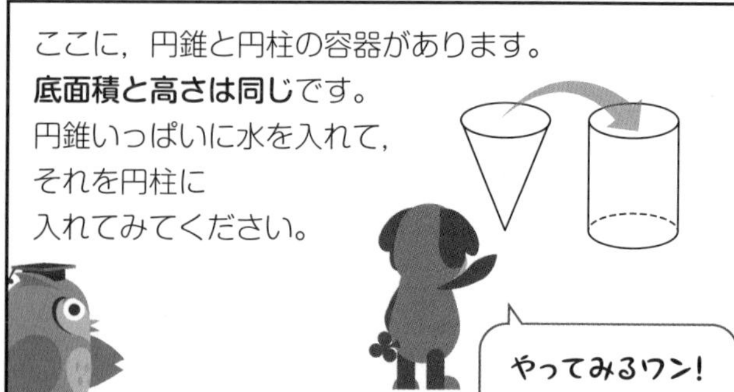
ここに,円錐と円柱の容器があります。
底面積と高さは同じです。
円錐いっぱいに水を入れて,
それを円柱に
入れてみてください。
やってみるワン!

円錐いっぱいに
水を入れて…

のどが
かわいたワン
飲むんかい!

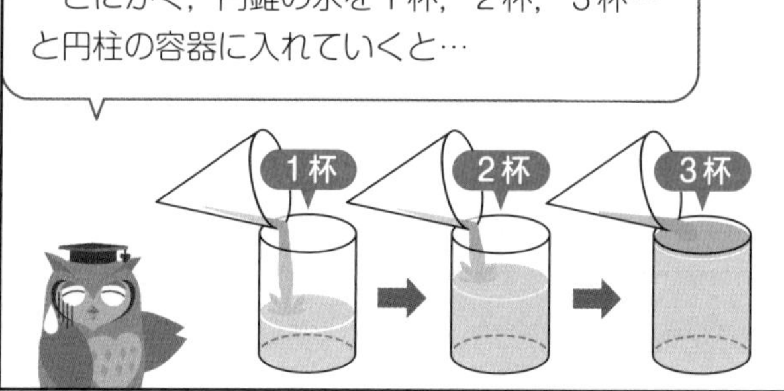
…とにかく,円錐の水を1杯,2杯,3杯…
と円柱の容器に入れていくと…
1杯
2杯
3杯

あら不思議!
ぴったり**3杯**で円柱が
満たされるんです。
ぴったり

このことから,円錐の体積は,円柱の体積の $\frac{1}{3}$ だとわかるんです。
つまり,円柱の体積($V=Sh$)に $\frac{1}{3}$ をかければ,円錐の体積になるわけです。

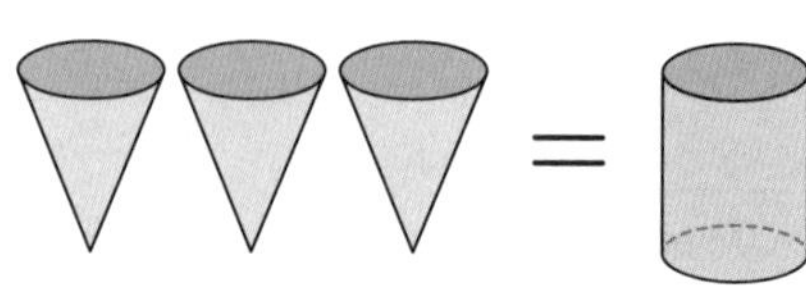
=

※この説明(証明)には高校数学の「積分」を使う必要があって難しいので,今は「$\frac{1}{3}$ になる」とだけ覚えておけばよい。

角錐・円錐の体積

錐体の体積 (V) は，
「**底面積** (S) × **高さ** (h)」に
$\frac{1}{3}$ をかけて求める。

$$\underset{(体積)}{V} = \frac{1}{3}\underset{(底面積×高さ)}{Sh}$$

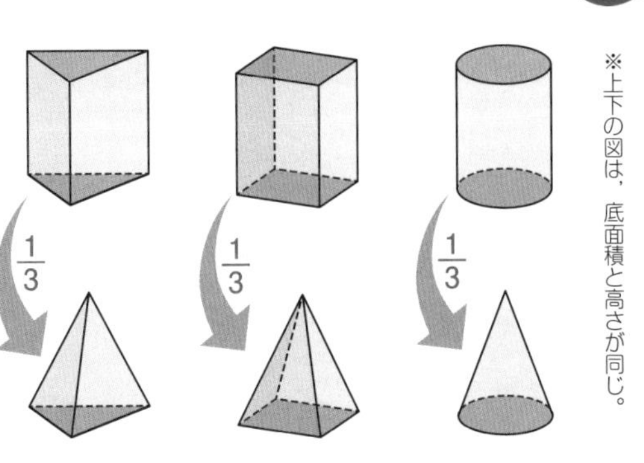
1/3
1/3
1/3
※上下の図は，底面積と高さが同じ。

ちなみに，立方体を切断すると，**3つの合同な四角錐**ができます。
このことからも，錐体の体積は柱体の $\frac{1}{3}$ である理由がわかりますね。

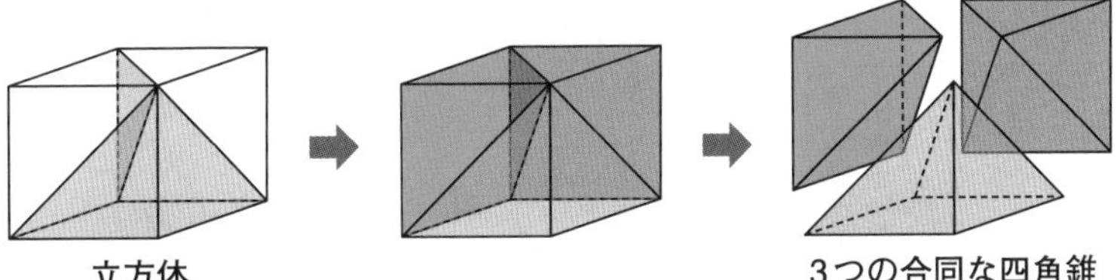
立方体
3つの合同な四角錐

(1)を考えましょう。
底面積 (S) は，$10\times10=100\text{cm}^2$
高さ (h) は 9cm だから，
$S=100$，$h=9$ を
$V=\frac{1}{3}Sh$ に代入して，

$$\frac{1}{3}\times100\times9=300$$

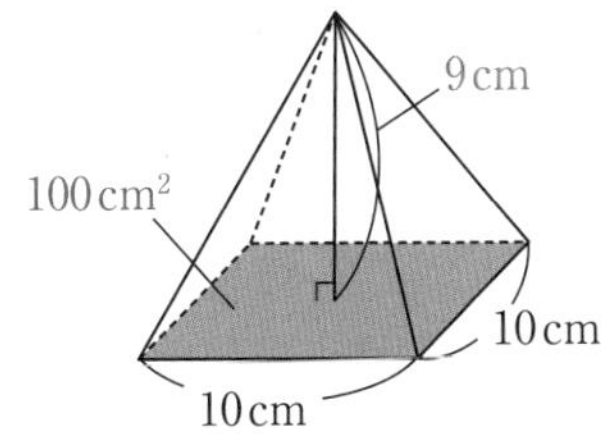
9cm
100cm²
10cm
10cm

300cm^3 答

(2)を考えましょう。
底面積 (S) は，$\pi\times3^2=9\pi\text{cm}^2$
高さ (h) は 5cm だから，
$S=9\pi$，$h=5$ を
$V=\frac{1}{3}Sh$ に代入して，

$$\frac{1}{3}\times9\pi\times5=15\pi$$

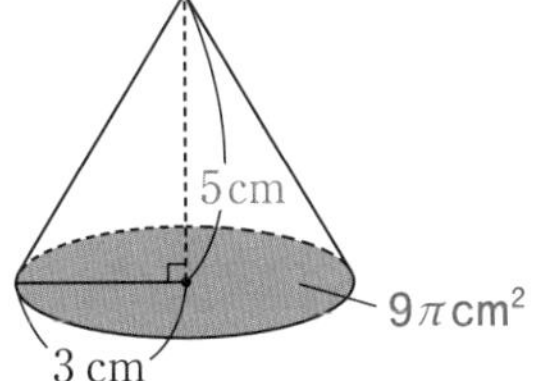
5cm
9πcm²
3cm

❶円の面積：πr^2

$15\pi\text{cm}^3$ 

Chapter 6 空間図形 7 立体の体積

問3 **（球の体積）**

下の図形を直線 ℓ を軸として回転させたときにできる立体の体積を求めなさい。

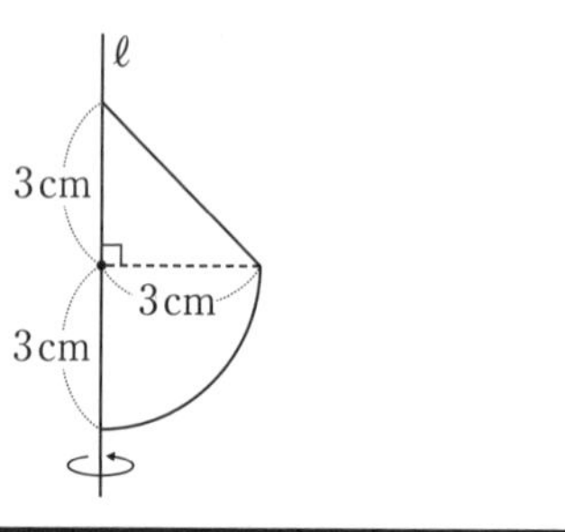

ℓ
3cm
3cm
3cm

この図形を回転させると，上の三角形の部分は「円錐」になり，下のおうぎ形の部分は「半球」になりますよね。

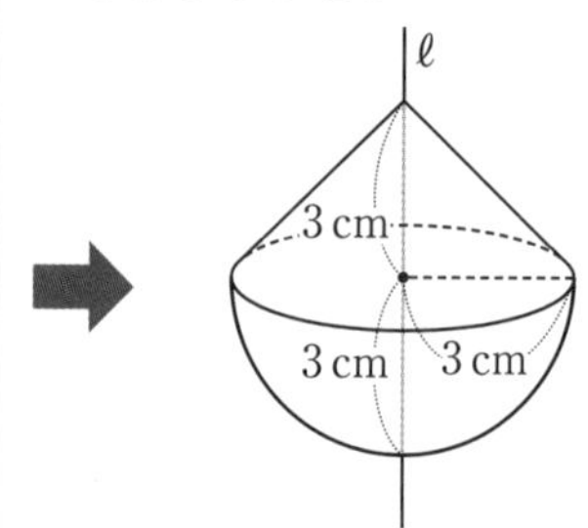

ℓ
3cm
3cm
3cm

……半球？
円錐の体積はやったけど
半球の体積はどうやって
求めるニャ？

!?

「半球」は，「球」の体積を求めて，それを半分にすればいいんです。

球の体積

POINT

「球」の体積（V）を求めるときは，
この公式をそのまま覚えて使いましょう。

※この式になる理由は高校数学（積分）の範囲なので省略。

$$V = \frac{4}{3}\pi r^3$$

（体積）（円周率）（半径）

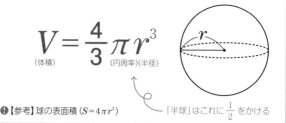

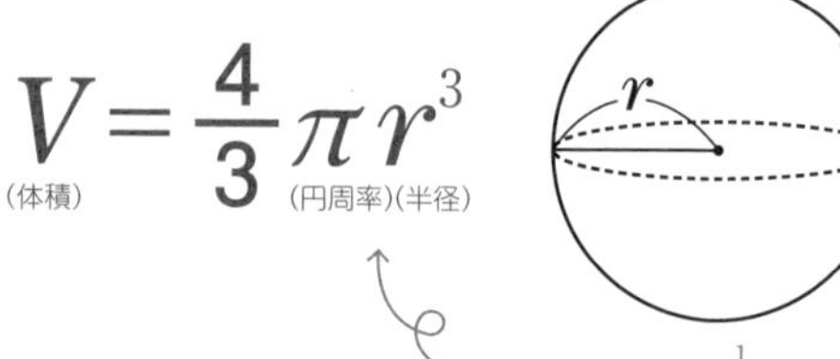

r

「半球」はこれに $\frac{1}{2}$ をかける

【参考】球の表面積（$S = 4\pi r^2$）

- 円周の長さ（$2\pi r$）
- 円の面積（πr^2）
- 球の表面積（$S = 4\pi r^2$）
- 球の体積（$V = \frac{4}{3}\pi r^3$）

…πを使う
公式が多すぎて
覚えきれないニャ…

基本的に，**面積**は「二次元」なので「**二乗**」，
体積は「三次元」なので「**三乗**」するんです。
m^2，r^2 と m^3，r^3 の区別はこれでつきますよね。

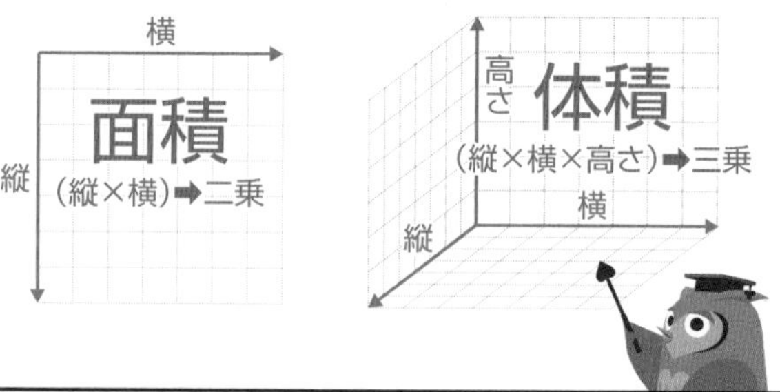

横
縦
面積
（縦×横）➡二乗
高さ
体積
（縦×横×高さ）➡三乗
横
縦

あとは強引にでもゴロ合わせなどで
覚えてしまうのが早いと思います！

（球の表面積）$S=4\pi r^2$

表面に心配ある事情，
（4 π r 2乗）

（球の体積）$V=\frac{4}{3}\pi r^3$

退席三分の４敗ある惨状（さんじょう）。
（体積 3分の 4 π r 3乗）

【意訳】表面的に心配がある事情は，私が退席したあとの3分間で4敗したことがあるという惨状です。

……ふぁ!?
かなり強引だニャ…!

何いってるのか
わかるようニャ，わからんようニャ…

!?
Yo!

まあまあ…
こういうのは覚えたもの
勝ちですからね！ ラップふうに読んでください

上の「円錐」の部分の体積は，

$V=\frac{1}{3}\pi r^2h$ ←円錐の体積を求める公式

に $r=3$，$h=3$ を代入して求めます。

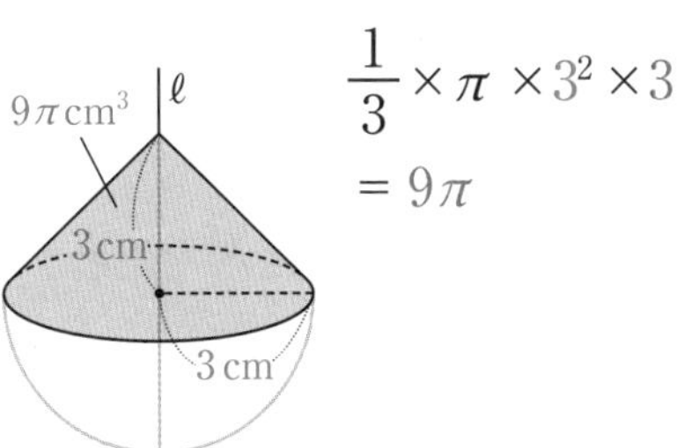
ℓ
9πcm³
3cm
3cm

$$\frac{1}{3}\times\pi\times3^2\times3$$
$$=9\pi$$

下の「半球」の部分の体積は，

まず，$V=\frac{4}{3}\pi r^3$ ←球の体積を求める公式

に $r=3$ を代入して求めます。

$$\frac{4}{3}\times\pi\times3^3=36\pi$$

「半球」なので，

これに $\frac{1}{2}$ をかけると，

$$36\pi\times\frac{1}{2}=18\pi$$

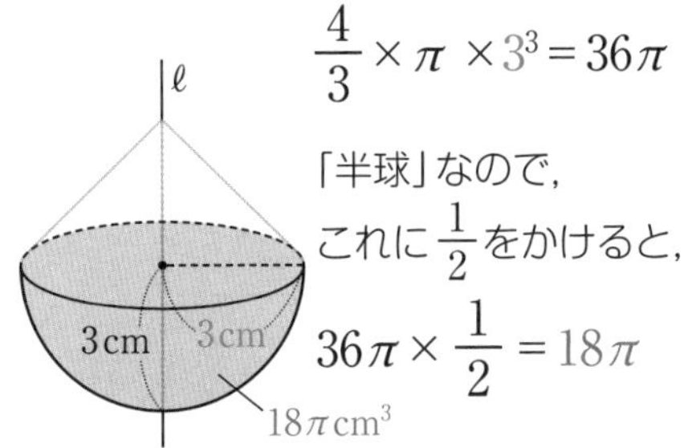
ℓ
3cm
3cm
18πcm³

「円錐」と「半球」を合わせた体積は，

$$9\pi+18\pi=27\pi$$

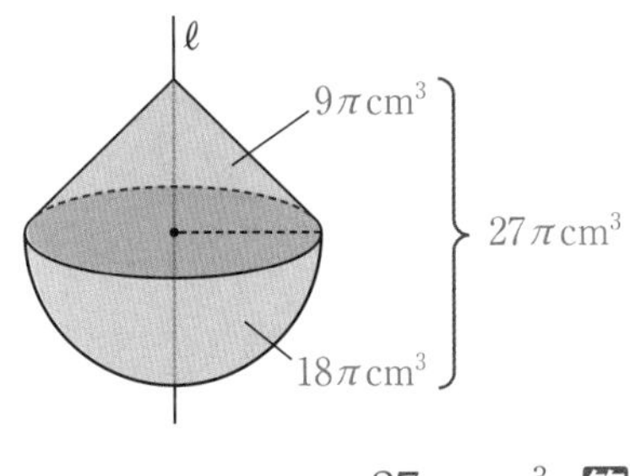
ℓ
9πcm³
27πcm³
18πcm³

$27\pi\text{cm}^3$ 答

このように，「回転体」の体積を
求める問題も試験では頻出です。
複雑な回転体は，各部分ごとに体積
を計算し，各部分をたしたりひいた
りして全体の体積を求めましょう。
体積を求める公式は，
しっかり覚えておいてくださいね。

END

高校入試問題にチャレンジ！

空間図形【実戦演習】

考えて

問1

〈徳島県〉

右の図は，三角柱の展開図である。この展開図を組み立ててできる三角柱の表面積を求めなさい。

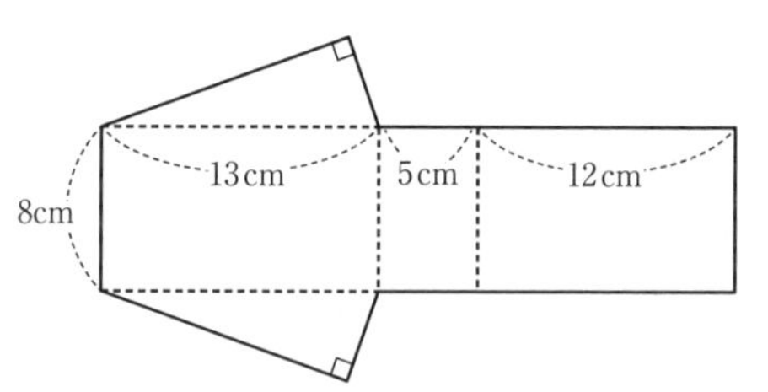
13cm
5cm
12cm
8cm

問2

〈石川県〉

下の図は円柱の投影図である。立面図は一辺の長さが8cmの正方形で，平面図は円である。このとき，この円柱の側面積を求めなさい。ただし，円周率はπとする。

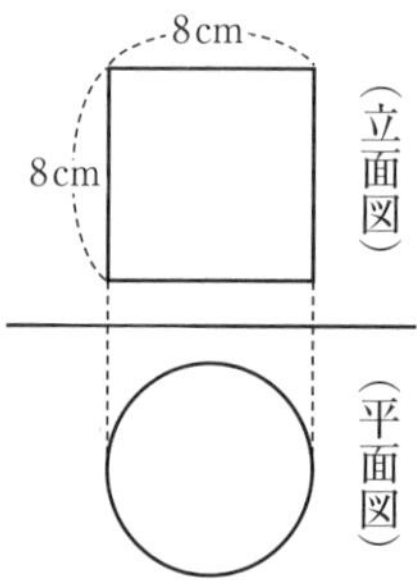
8cm
8cm
（立面図）
（平面図）

問3

〈佐賀県〉

下の図のように，底面の半径が3cm，母線の長さが12cmの円錐がある。このとき，円錐の側面となるおうぎ形の中心角の大きさを求めなさい。

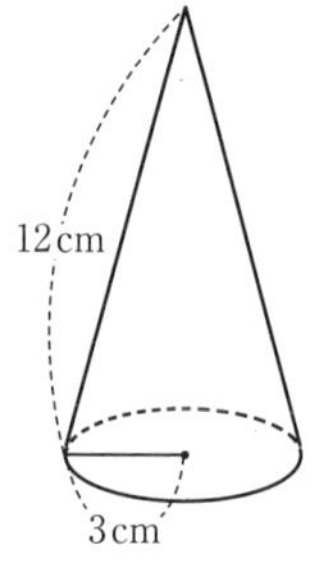
12cm
3cm

問4

〈東京都㊇〉

右の図に示した立体は，底面の半径が3cm，高さが4cm，母線の長さが5cmである円錐と，半径が3cmの半球を合わせた立体である。この立体の表面積と体積を求めなさい。

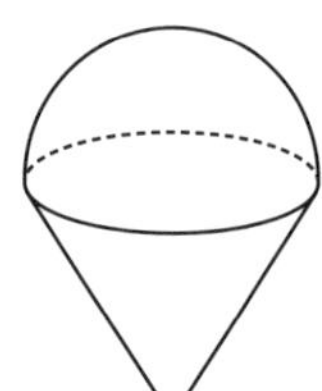

立体の面積・体積を求める公式は，しっかりおさえておきましょう。

❗円の面積：πr^2　❗角錐・円錐の体積（$V=\frac{1}{3}Sh$）　❗球の表面積（$S=4\pi r^2$）　❗球の体積（$V=\frac{4}{3}\pi r^3$）

答1

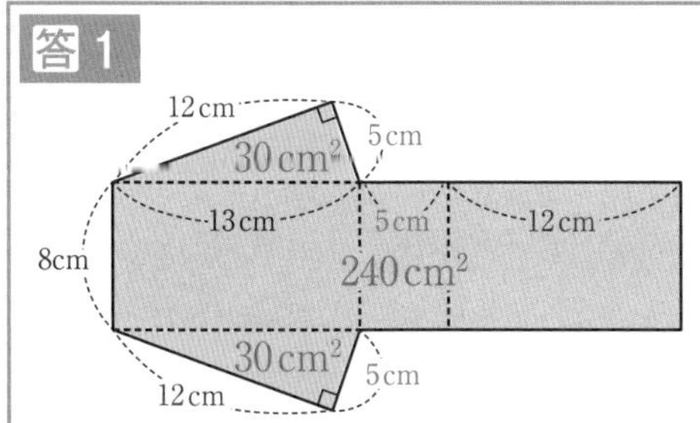

12cm
5cm
30cm²
13cm
5cm
12cm
8cm
240cm²
30cm²
12cm
5cm

底面は直角三角形なので，底辺5cm，高さ12cmと考えることができる。

底面積＝$(5\times12\div2)\times2=60$

側面積＝$(13+5+12)\times8=240$

表面積＝$60+240=300$

300cm² 答

答2

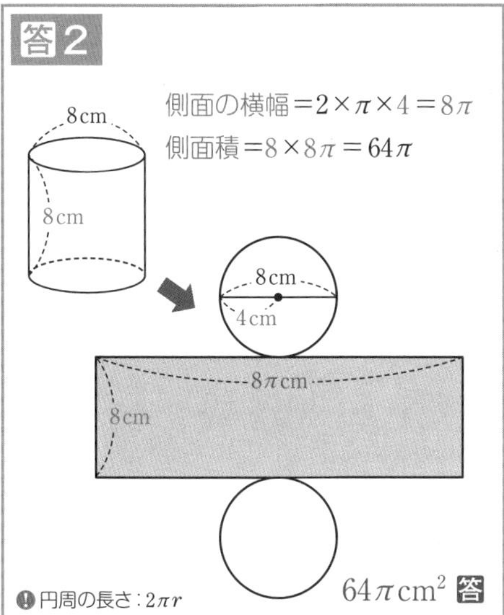

8cm
8cm
8cm
4cm
8πcm
8cm

側面の横幅＝$2\times\pi\times4=8\pi$

側面積＝$8\times8\pi=64\pi$

❗円周の長さ：$2\pi r$

64πcm² 答

答3

求める中心角をaとおくと，

$a=360\times\frac{3}{12}$ ←底面の半径（r） ←円錐の母線の長さ（R）

$a=90$

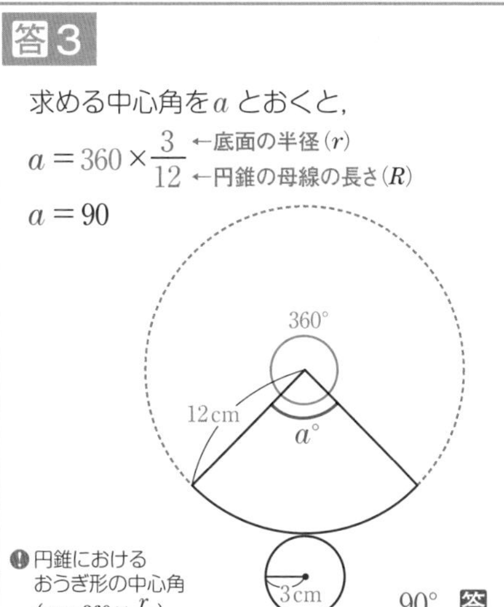

360°
12cm
a°
3cm

❗円錐における おうぎ形の中心角（$a=360\times\frac{r}{R}$）

90° 答

答4

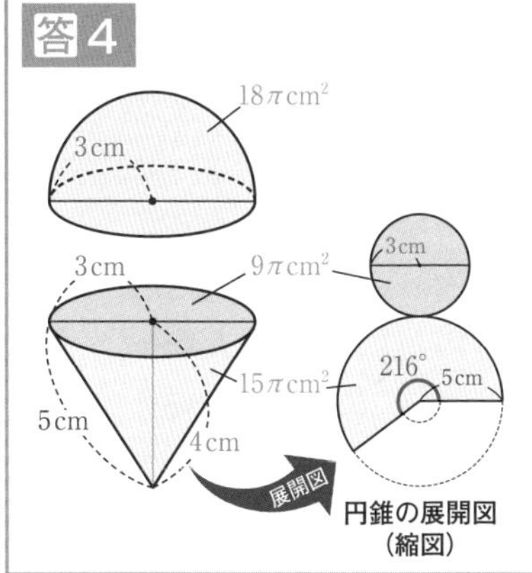

18πcm²
3cm
3cm
9πcm²
15πcm²
5cm
4cm
3cm
216°
5cm
展開図
円錐の展開図
（縮図）

半球の表面積＝$4\times\pi\times3^2\times\frac{1}{2}=18\pi\text{cm}^2$ …❶

円錐におけるおうぎ形の中心角＝$360\times\frac{3}{5}=216°$

円錐の側面積＝$\pi\times5^2\times\frac{216}{360}=15\pi\text{cm}^2$ …❷

半球の体積＝$\frac{4}{3}\times\pi\times3^3\times\frac{1}{2}=18\pi\text{cm}^3$ …❸

円錐の体積＝$\frac{1}{3}\times9\pi\times4=12\pi\text{cm}^3$ …❹

❶＋❷＝表面積：33πcm² 答

❸＋❹＝体積：30πcm³ 答

COLUMN-6

二次元から三次元を想像する

計算問題は得意！　平面図形もいい感じ！　でも空間図形は…という方，結構多いです。空間図形が苦手な人は，問題を解く際，解答を見る際に，教科書や参考書の図を真似してかいてみてください。手前の線を実線で，奥側の線を破線でかくなど基本的なかき方を忠実に真似ることで空間把握能力が上がってきます。複雑な空間図形の問題を解くときは，立体の投影図で学んだ要領で，「真上」や「真下」から見た図や，必要ならば斜めに切断した「断面図」をかいてください。三次元から二次元を切り取ることで，得点力が高まります。

とはいえ，ここで二次元から三次元を想像する能力をしっかり養っておかないと，高校で学ぶ「空間ベクトル」の分野で「ちんぷんかんぷん」になりかねません。公務員試験などの就職試験でも空間把握能力は求められますし，三次元の建物を二次元の設計図にかき込む設計士，二次元のモニターを見ながら三次元の肉体を手術する医師・歯科医師などと，空間把握能力が必要とされる仕事も多々あります。なりたい自分になるためにも，今ここで空間図形をしっかりと学習してほしいと思います。

多くの人が空間図形を苦手としている原因は様々あると思いますが，人生において三次元空間を意識的に把握しようとする時間がほとんどないことが最大の原因かと思います。手前味噌ですが，本書の空間図形の章は豊富な素材に，ふんだんな色使いで参考書として超最高レベルと思います。しかしながら，二次元の紙媒体に三次元の空間図形を描出するのには，どうしても限界があります。

医師，歯科医師は大学時代に解剖実習を経験します。現代においてはカラー写真や詳しい解説がついた解剖書，人体模型，コンピューターなどの映像メディア機器を使った代替教育手段はありますが，やはり実際に本物の肉体を見て触る解剖実習は未熟な学生にとってそれらの何百倍も価値あるものです。ぜひ，みなさんも本書で学ぶと共に，ふだんから身の回りにある物を「意識的に」見るなどして空間図形のセンスを養ってください。

（文：沖田一希）

Chapter 7

データの分布

この単元の位置づけ

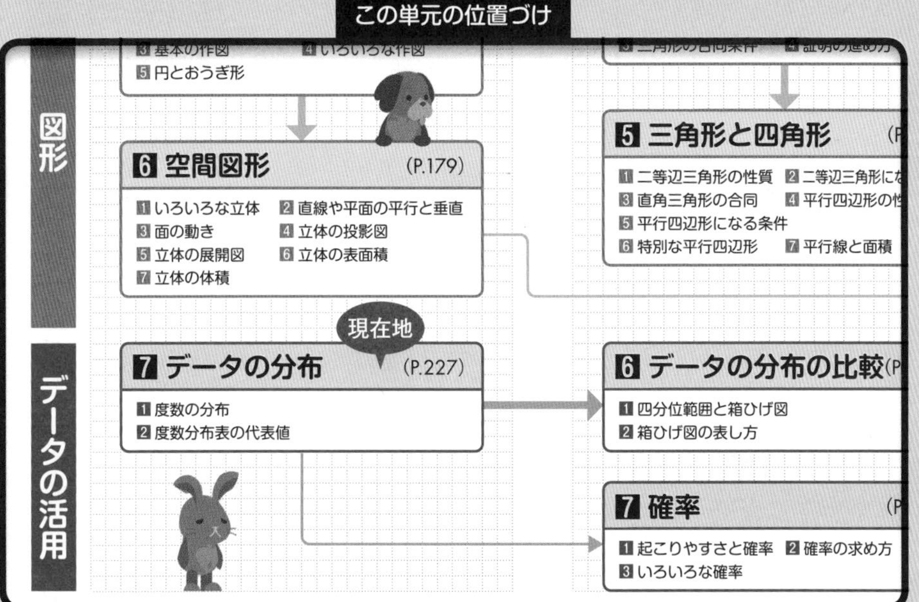
図形
3 基本の作図 4 いろいろな作図
5 円とおうぎ形
6 空間図形 (P.179)
1 いろいろな立体 2 直線や平面の平行と垂直
3 面の動き 4 立体の投影図
5 立体の展開図 6 立体の表面積
7 立体の体積
5 三角形と四角形
1 二等辺三角形の性質
3 直角三角形の合同
5 平行四辺形になる条件
6 特別な平行四辺形 7 平行線と面積
データの活用
現在地
7 データの分布 (P.227)
1 度数の分布
2 度数分布表の代表値
6 データの分布の比較
1 四分位範囲と箱ひげ図
2 箱ひげ図の表し方
7 確率
1 起こりやすさと確率 2 確率の求め方
3 いろいろな確率

この「データの活用」の分野では，目的に合わせてデータを整理し，その傾向や特徴を読み取って活用する術(すべ)を学びます。階級値，度数，ヒストグラム，中央値（メジアン）など，ふだん使わない用語がたくさん出てきますが，実は簡単なことを難しそうに表しているだけ。意味をきちんと理解しておけば入試でも得点源にしやすい分野ですから，各用語をしっかりおさえましょう。

I 度数の分布

さあ，今度は，多くの「**データ**（資料）」を集めて，それを**整理**し，その傾向や特徴をつかんで**活用**する，という方法について勉強していきますよ。

※データ…物事の推論の基礎となる事実。または参考となる資料や情報のこと。

データ？
男女が約束をして会うことかワン？
それは**データ**！

例えば，クラスの男子20人全員で，柔道(じゅうどう)の大会をやるときを考えてみましょうか。

ジュードー？

「体重別」に組み合わせを考えたいので，全員に自分の体重（kg）を紙に書いて提出してもらいました。
これが「データ」になります。

56	41	47	50
49	63	56	53
44	58	64	51
53	55	46	59
54	52	54	45

データ

次に，体重を**5kg**ごとの区間で，グループ分けをしましょう。

※「1kgごと」の区間では，細かすぎて「グループ」ができません。目的に合わせて，なるべくきりのいい値で均等に区間を設定します。

体重（kg）
以上　未満
40～45
45～50
50～55
55～60
60～65

このように整理した1つ1つの区間を**階級**(かいきゅう)といいます。

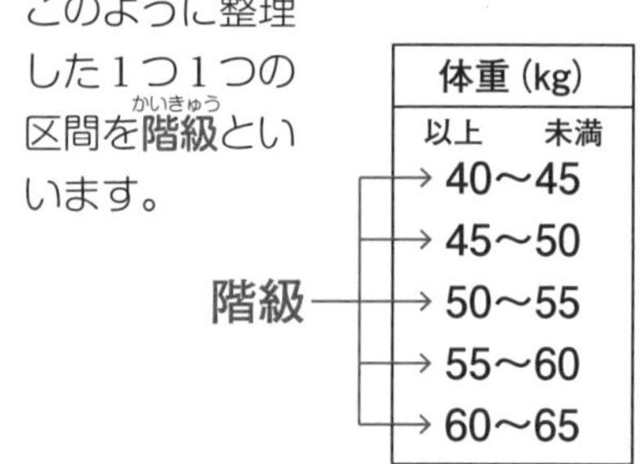

階級
体重（kg）
以上　未満
40～45
45～50
50～55
55～60
60～65

また，**階級の数値の範囲**を**階級の幅**(はば)といい，

階級の幅

40　45

※「5kgごと」の区間なので階級の幅は5kg。

階級の真ん中の値を**階級値**(かいきゅうち)といいます。

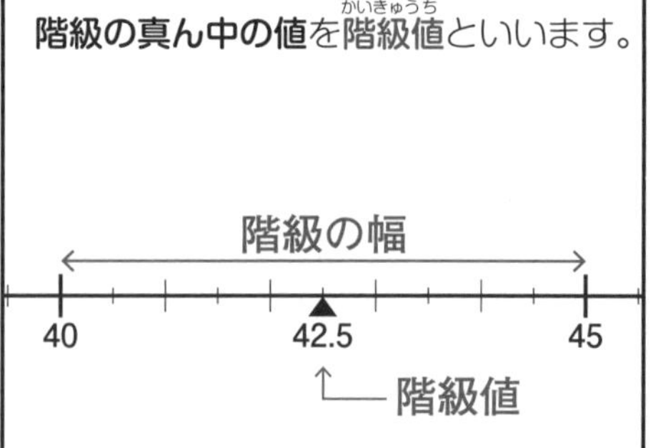

階級の幅
40
42.5
45
階級値

さて，階級が決まったら，データを
それぞれの階級に振り分けていきます。

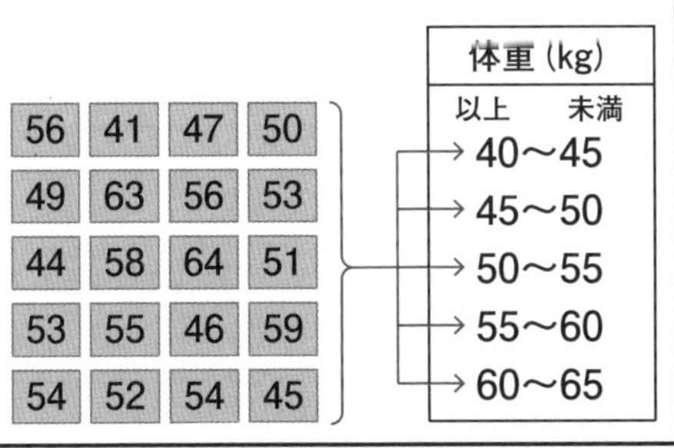

56 41 47 50
49 63 56 53
44 58 64 51
53 55 46 59
54 52 54 45
体重（kg）
以上 未満
40～45
45～50
50～55
55～60
60～65

例えば，「40～45」の階級に
あてはまる人は 2 人なので，

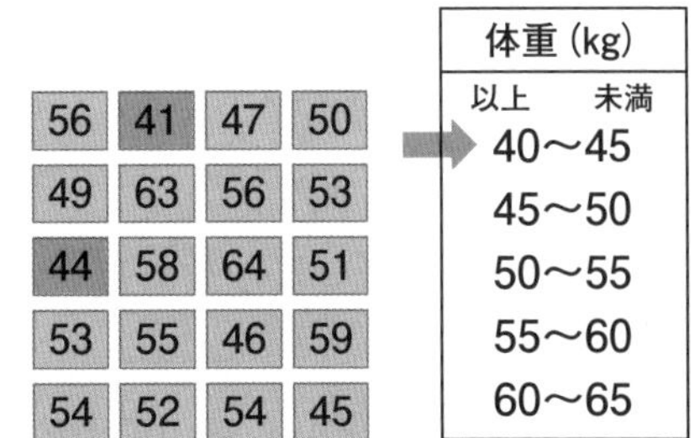

56 41 47 50
49 63 56 53
44 58 64 51
53 55 46 59
54 52 54 45
体重（kg）
以上 未満
40～45
45～50
50～55
55～60
60～65

「40～45」の階級の右側
に 2（人）と記入します。

体重（kg） 以上　未満	度数（人）
40～45	2
45～50	
50～55	
55～60	
60～65	

同じように，それぞれの階級にあてはまる人数を右
側にかき，下の欄に合計をかきましょう。
※振り分けがわかりやすいように色分けしています。

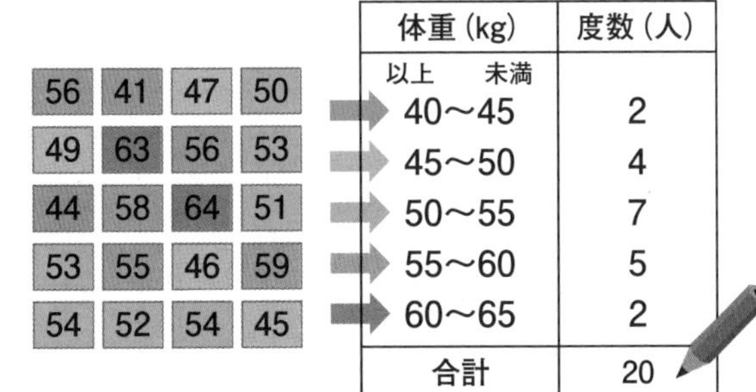

56 41 47 50
49 63 56 53
44 58 64 51
53 55 46 59
54 52 54 45

体重（kg） 以上　未満	度数（人）
40～45	2
45～50	4
50～55	7
55～60	5
60～65	2
合計	20

このように，各階級に入る**データの個数**
をその階級の**度数**（どすう）といいます。
そして，階級ごとの度数を整理した表を
度数分布表（どすうぶんぷひょう）といいます。
まずはこういった用語をしっかりおさえ
ましょう。

度数分布表

体重（kg） 以上　未満	度数（人）
40～45	2
45～50	4
50～55	7
55～60	5
60～65	2
合計	20

←度数

度数の分布を
示した表ね…

問 1 （度数の分布）

あるスポーツクラブ A に所属する 20 人の小，中，高生の年齢を調べると，右の表のようになりました。これについて，次の問いに答えなさい。

所属する小，中，高生の年齢（単位：歳）

10，15，12，　8，13，12，16，
17，14，11，16，12，14，17，
13，　9，15，12，10，16

(1) 右の度数分布表を完成させなさい。

(2) 最も度数が多い階級の階級値を答えなさい。

(3) この表の分布の範囲を求めなさい。

年齢の度数分布表

年齢（歳）	度数（人）
以上　　未満	
6 ～ 8	
8 ～ 10	
10 ～ 12	
12 ～ 14	
14 ～ 16	
16 ～ 18	
合計	

では，度数分布表の問題をやってみましょう。まず，(1)を考えます。「度数」の列が空欄なので，ここをうめれば完成しますね。

データを各階級に振り分けましょう。階級別に＼ □ ○ △ ×などの印を入れながら数えると，正確に数えられますよ。

10，15，12，　8，13，12，16，
17，14，11，16，12，14，17，
13，　9，15，12，10，16

6 歳以上 8 歳未満の階級にあてはまる人はいないので，度数は 0 です。
その他の階級にも，数えた度数をかき，合計も出しましょう。

年齢の度数分布表

年齢（歳）	度数（人）
以上　　未満	
6 ～ 8	0
＼ 8 ～ 10	2
□ 10 ～ 12	3
○ 12 ～ 14	6
△ 14 ～ 16	4
× 16 ～ 18	5
合計	20

答

(2)を考えましょう。
度数分布表で
「最も度数の多い階級」は,
度数が6の「12 ～ 14」ですね。

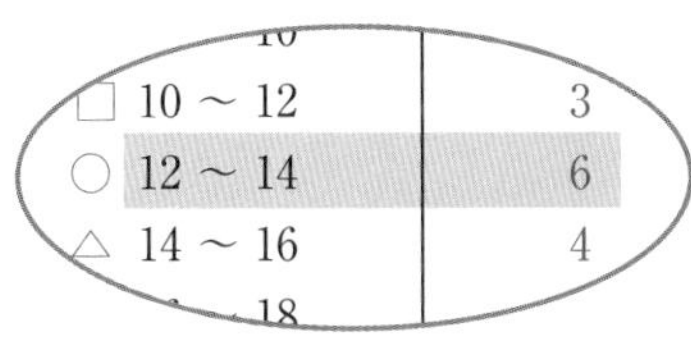

□ 10 ～ 12 3
○ 12 ～ 14 6
△ 14 ～ 16 4

「階級値」というのは,
その階級の真ん中の値です。
「12 ～ 14」の階級の真ん中の値は,

$$\frac{12+14}{2}=13$$

階級
⑫—⑬—⑭
↑階級値

ということで，階級値は,

13(歳) 答

(3)を考えましょう。
「分布の範囲」というのは,
データが分布している
範囲のことです。

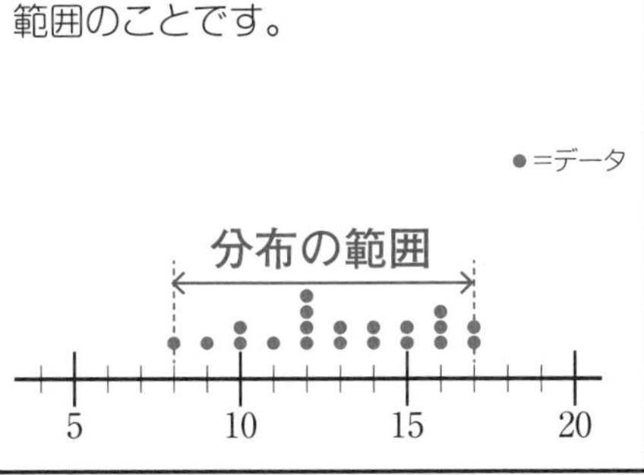

●=データ
分布の範囲
5
10
15
20

データの最大値から最小値をひくと,
「分布の範囲」が求められます。

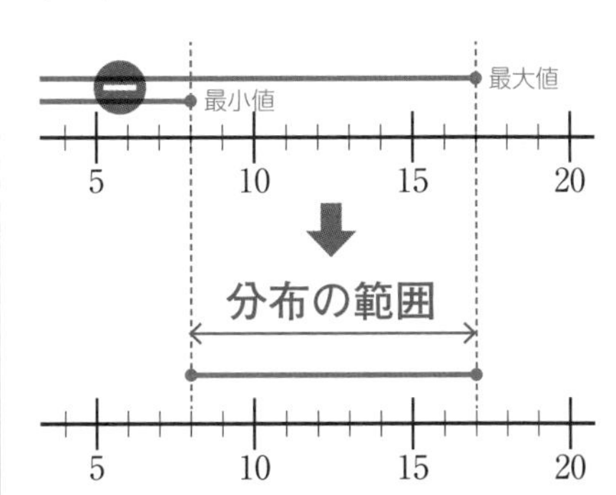

最大値
最小値
5
10
15
20
分布の範囲
5
10
15
20

このデータでは,
最大の値は17で,
最小の値は8なので,

$$17-8=9$$

したがって，分布の範囲は,

9(歳) 答

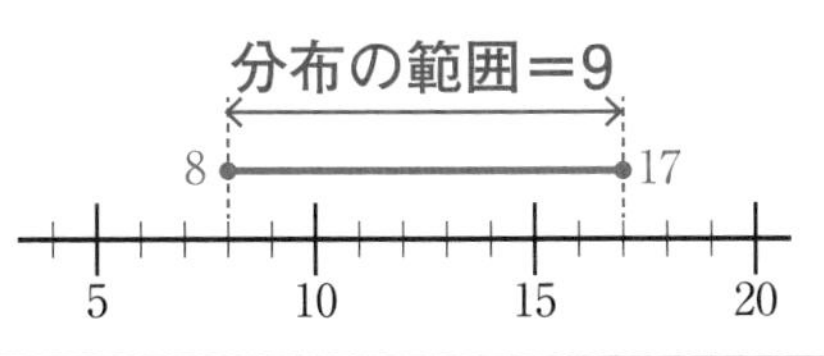

分布の範囲=9
8
17
5
10
15
20

さて，度数分布表の見方やつくり方がわかりましたね。
今度はこの表の「分布の様子」が一目でわかりやすくなるよう,
ヒストグラムをつくってみましょう。

ヒストグラム?

「**ヒストグラム**」というのは**柱状グラフ**(ちゅうじょう)
(長方形の柱を並べたグラフ)のことです。
横軸で**階級の幅**を，縦軸で**度数**を表します。

↑度数

階級→

柱状グラフ？
……ふぁ !?
どういうことニャ !?
!?

ことばだけだと
わかりづらいですよね。
では実際に，**問1**の度数分布表
をつくってみましょう。

まず，階級の幅
(年齢)を横軸に
連続して並べます。
横軸の右端には，
それらが何の数値
なのかわかるよう
に，単位(歳)を
かきます。

年齢の度数分布表

年齢(歳)	度数(人)
以上　未満	
6 ～ 8	0
8 ～ 10	2
10 ～ 12	3
12 ～ 14	6
14 ～ 16	4
16 ～ 18	5
合計	20

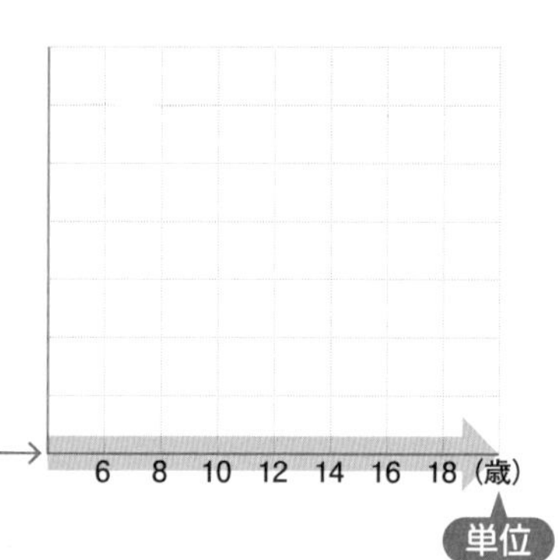

6
8
10
12
14
16
18
(歳)
単位

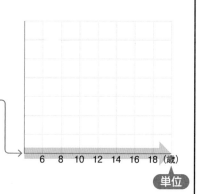

次に，度数を縦軸
にかきます。
下から上に数値が
上がっていくよう
にしますよ。
一番上には単位
(人)をかきます。

年齢の度数分布表

年齢(歳)	度数(人)
以上　未満	
6 ～ 8	0
8 ～ 10	2
10 ～ 12	3
12 ～ 14	6
14 ～ 16	4
16 ～ 18	5
合計	20

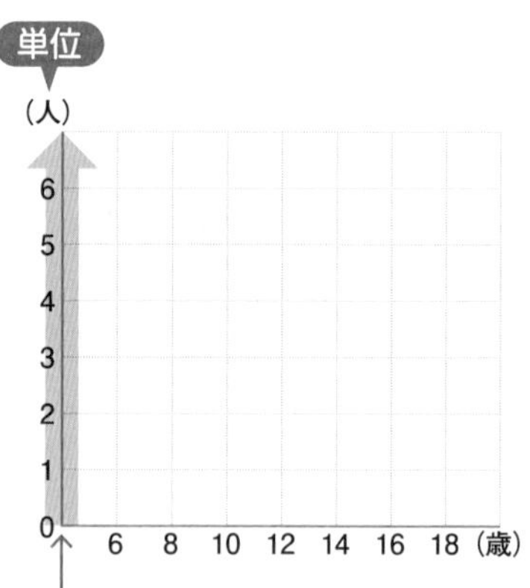

単位
(人)
6
5
4
3
2
1
0
6
8
10
12
14
16
18
(歳)

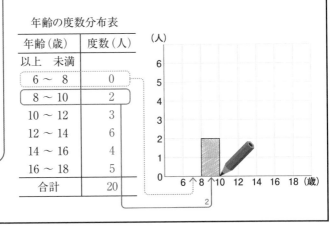

「6〜8」の階級は 0 人なのでかきません。「8〜10」の階級は 2 人なので，横軸の 8〜10 の間に度数 2 の柱（長方形）をかきます。

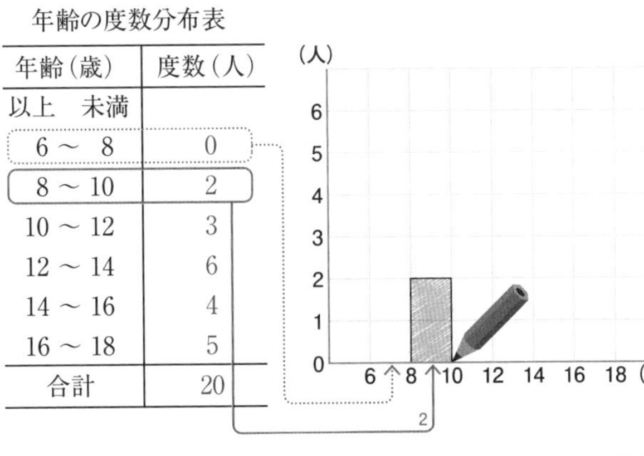

年齢の度数分布表

年齢（歳） 以上　未満	度数（人）
6 〜 8	0
8 〜 10	2
10 〜 12	3
12 〜 14	6
14 〜 16	4
16 〜 18	5
合計	20

(人)
0
1
2
3
4
5
6
6
8
10
12
14
16
18
(歳)
2

同じように，それぞれの階級で度数に応じた柱をかけば完成です。

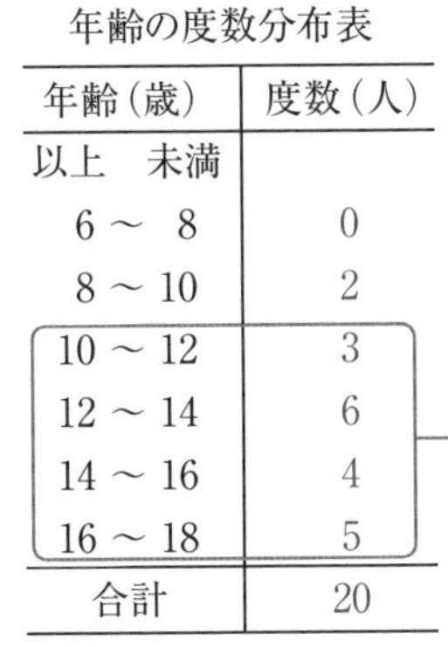

年齢の度数分布表

年齢（歳） 以上　未満	度数（人）
6 〜 8	0
8 〜 10	2
10 〜 12	3
12 〜 14	6
14 〜 16	4
16 〜 18	5
合計	20

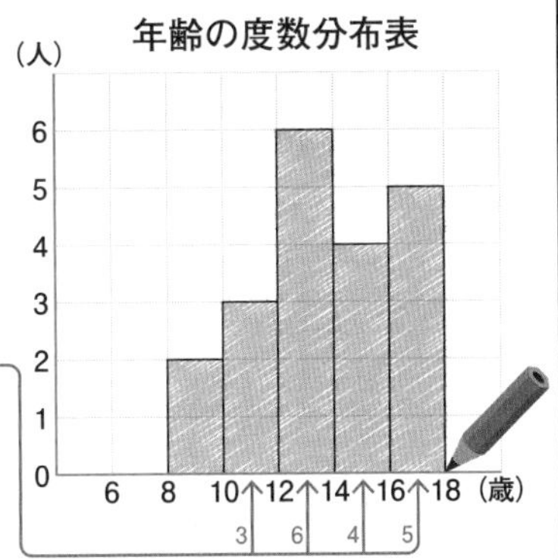

年齢の度数分布表
(人)
0
1
2
3
4
5
6
6
8
10
12
14
16
18
(歳)
3
6
4
5

棒グラフとちがい，ヒストグラムは柱（長方形）の**底辺**が連続した**階級の幅**を表しているので，**柱と柱の間はあけないように注意**＊しましょう。

棒グラフ（例）

(人) 0 1 2 3 4 5 6

あける

8 9 10 11 12 (歳)

1 つ 1 つの項目

ちがう

ヒストグラム（柱状グラフ）

(人) 0 1 2 3 4 5 6

あけない

6 8 10 12 14 16 18 (歳)

階級の幅

＊1 つ 1 つの項目の数値の大きさを示す「棒グラフ」は間をあけるが，柱状グラフ（ヒストグラム）は間をあけないので注意！

なお，各長方形の「**上の辺の中点**」を**線分**で結んでできる折れ線グラフのことを**度数折れ線**(どすうおれせん)**（度数分布多角形**(どすうぶんぷたかくけい)**）**といいます。

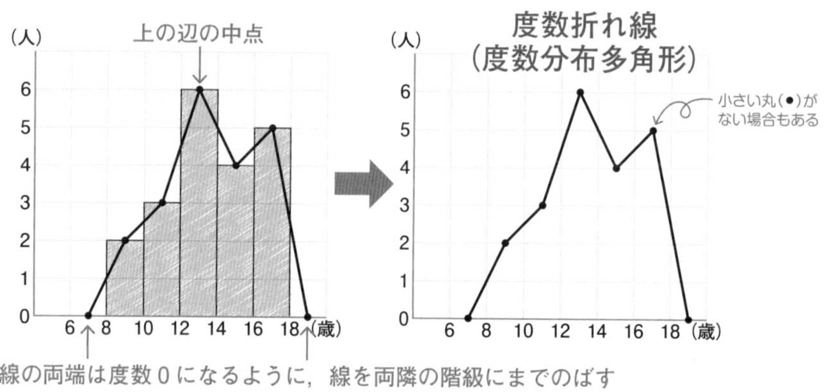

(人)
上の辺の中点
6
5
4
3
2
1
0
6 8 10 12 14 16 18 (歳)
度数折れ線
（度数分布多角形）
小さい丸(●)がない場合もある
折れ線の両端は度数 0 になるように，線を両隣の階級にまでのばす

度数折れ線を使うと，**分布の特徴**が簡潔でわかりやすく，また**複数のデータを比べられる**という点で便利なんですよ。ヒストグラムと度数折れ線のつくり方は，しっかり覚えておきましょうね！

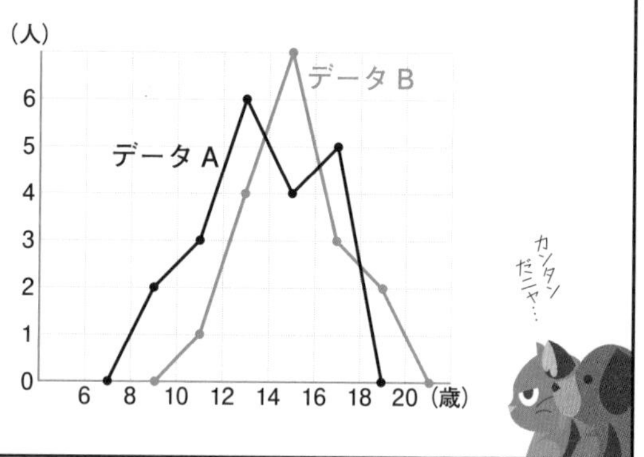

(人)
データ B
データ A
6 8 10 12 14 16 18 20 (歳)
カンタンだニャ…

問2 **(相対度数)**

問1で求めた右の度数分布表から，相対度数を求め，右の表を完成させなさい。

年齢（歳）	度数（人）	相対度数
以上　　未満		
6 ～ 8	0	
8 ～ 10	2	
10 ～ 12	3	
12 ～ 14	6	
14 ～ 16	4	
16 ～ 18	5	
合計	20	

「相対度数」？どういう意味かニャ？
学校が終わる前に，早く帰った回数のことだワン
そうたい…
…えーと，「早退」の度数ではないですからね…

MEMO 相対度数（そうたいどすう）

それぞれの階級の度数の，全体に対する割合のこと。各階級が全体に対してどのくらいの割合を占めているのかを（小数で）示したもので，データの散らばり具合などをつかむことができる。相対度数の合計は1（100%）になる。

$$相対度数 = \frac{その階級の度数}{度数の合計}$$

(例) 相対度数 ＝ 0.1 → 全体の 10%
相対度数 ＝ 0.5 → 全体の 50%

これをふまえて，**問2**を考えましょう。「度数の合計」は20で，「6～8」の階級の度数は0なので，相対度数は，

$$\frac{0}{20} = 0$$

となります。

年齢（歳）	度数（人）	相対度数
以上　　未満		
6 ～ 8	0	0.00
8 ～ 10	2	

「8～10」の階級の度数は2なので，相対度数は，

$$\frac{2}{20} = 0.1$$

となります。
これは，この階級が全体の1割（10%）を占めているということです。

年齢（歳）	度数（人）	相対度数
以上　　未満		
6 ～ 8	0	0.00
8 ～ 10	2	0.10

同じように，それぞれの階級の計算をしていき，右のように表を完成させます。

※0.00や0.10などの0は，かかなくてもまちがいではありません。ただ，0.15や0.25など，ほかに小数第二位の数がある場合は，けた数をそろえる（小数第二位が0の場合は0までかく）のが一般的です。

年齢（歳）	度数（人）	相対度数
以上　　未満		
6 ～ 8	0	0.00
8 ～ 10	2	0.10
10 ～ 12	3	0.15
12 ～ 14	6	0.30
14 ～ 16	4	0.20
16 ～ 18	5	0.25
合計	20	1.00

答

問3 （相対度数とそのグラフ）

スポーツクラブＡに所属する小，中，高生の年齢を調べると下の表のようになりました。これについて，次の問いに答えなさい。

年齢（歳）	度数（人）	相対度数	累積度数
以上　　未満			
6 ～ 8	0	0.00	0
8 ～ 10	8	0.08	8
10 ～ 12	32	0.32	（ ⓐ ）
12 ～ 14	29	0.29	（ ⓑ ）
14 ～ 16	18	0.18	87
16 ～ 18	13	0.13	（ ⓒ ）
合計	100	1.00	−

(1) 上の表の空欄ⓐ～ⓒに入る数値をそれぞれ答えなさい。

(2) 右のグラフに，スポーツクラブＡの相対度数折れ線のグラフをかき入れなさい。

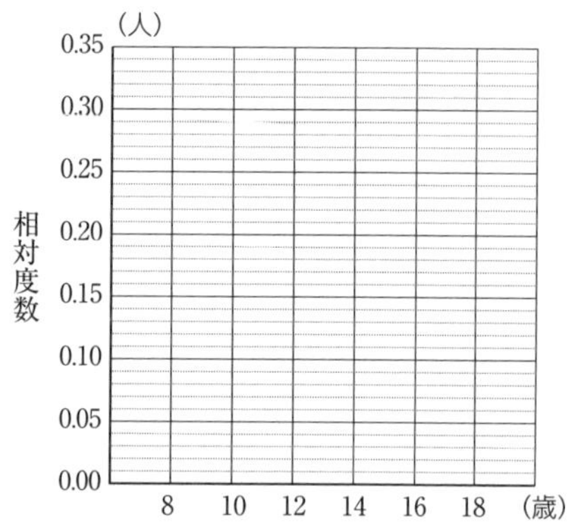

（人）
0.35
0.30
0.25
0.20
0.15
0.10
0.05
0.00
相対度数
8
10
12
14
16
18
（歳）

「累積度数」って何ニャ!?

累積度数（るいせきどすう）というのは，**最初の階級からある階級までの度数を全部加え合わせた値**のことです。

例えば，「8～10」の階級の累積度数は，最初の階級（6～8）の度数（0）と，「8～10」の階級の度数（8）を加え合わせた値になります。

年齢（歳）	度数（人）	相対度数	累積度数
以上　　未満			
6 ～ 8	0	0.00	0
8 ～ 10	8	0.08	8
10 ～ 12	32	0.32	（ ⓐ ）
12 ～ 14	29	0.29	（ ⓑ ）

(1)のⓐには，最初の階級（6～8）から「10～12」の階級までの度数を全部加え合わせた値が入るので，

$0+8+32=40$ 答

年齢（歳）	度数（人）	相対度数	累積度数
以上　未満			
6 ～ 8	0	0.00	0
8 ～ 10	8	0.08	8
10 ～ 12	32	0.32	（ 40 ）
12 ～ 14	29	0.29	（ ⓑ ）
14 ～ 16	18	0.18	87

同じように考えて，
ⓑは，

$40+29=69$ 答

ⓒは，

$87+13=100$ 答

となります。

(2)を考えましょう。
縦軸が，「度数」ではなく「相対度数」になっていますが，度数折れ線のかき方は全く同じです。
折れ線は，両端が相対度数 0 になるように，両脇に延長しましょう。

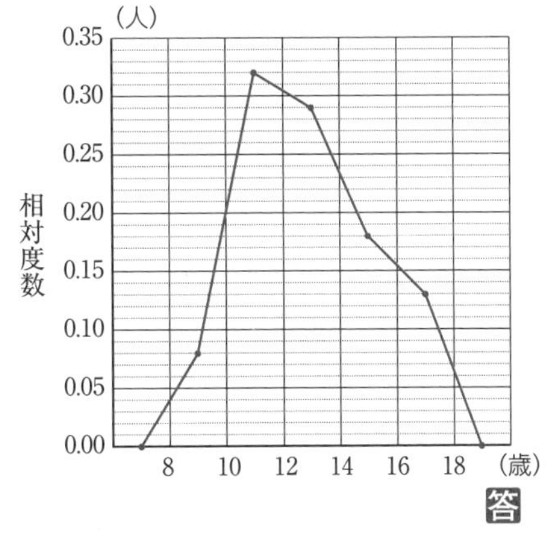

（人）
相対度数
0.35
0.30
0.25
0.20
0.15
0.10
0.05
0.00
8
10
12
14
16
18
（歳）

答

※このグラフから，スポーツクラブ A には，10～14 歳の小・中学生が比較的多いということが一目でわかる。

このように，表は「グラフ」にすることで，非常に見やすくわかりやすい（情報が伝わりやすい）ものになるんですね。

確かに，グラフだと，データの分布の様子が一目でわかるニャ…

特に大学生や社会人になると，表やグラフの作成・分析の機会が格段に増えてきます。
この「データの活用」はその基礎の基礎ですから，しっかりと着実に身につけていきましょう。

END

2 度数分布表の代表値

問1 （代表値）

テニスクラブに所属する20人の学生の年齢を調べると，右の表のようになった。次の値を求めなさい。

(1) 平均値

(2) 中央値（メジアン）

(3) 最頻値（モード）

テニスクラブに所属する学生の年齢

10,	13,	12,	8,	14,
12,	16,	17,	14,	11,
18,	14,	14,	17,	13,
9,	15,	13,	10,	16,

突然質問ですが，自分の家から学校まで歩くと何分ですか？

…え？
…10分かニャ？

9分とか11分のときもあるけど…

この前の体力測定で，50m走は，みんな何秒でしたか？

…えーと……
8秒くらいかニャ？

遅いヤツもいたけど…

ネコの体重はふつうどれくらいですか？

…うーん…
4kgくらいかニャ〜

ピンキリだけど…

このように，たくさんの値（データ）がある中で，それらの代表として1つの値で表す場合がありますよね。このようなときに使う，**データ全体の特徴・傾向を表す1つの値**のことを「**代表値**」というんですよね。

代表
値
代表値
小学6年で
習ったはずですよ

代表値は，主に3種類あります。

基礎

代表値
- 平均値 ― データ全体の平均の値
- 中央値（メジアン） ― データを大きさの順に並べたときの中央の値
- 最頻値（モード） ― データの中で最も多く出てくる値

(1)の**平均値**とは，個々の「**データの値の合計**」を「**データの総数**」でわった値のことです。これが，代表値として最も使われる値なんですよ。

$$平均値 = \frac{データの値の合計}{データの総数}$$

平均の計算の仕方は，小学校で習いましたね。まず，「**データの値の合計**」を計算しましょう。

10＋13＋12＋8＋14＋
12＋16＋17＋14＋11＋
18＋14＋14＋17＋13＋
9＋15＋13＋10＋16
＝266

めんどーだニャ～

「**データの総数**」は20（人）なので，平均値は，

$$\frac{266}{20} = 13.3$$

となります。

13.3（歳）答

(2)の**中央値**とは，データを**大きさの順（小さい順）**に並べたときの「**中央の値**」のことです。英語では median（中位数，中央値）というので，**メジアン**ともいいます。

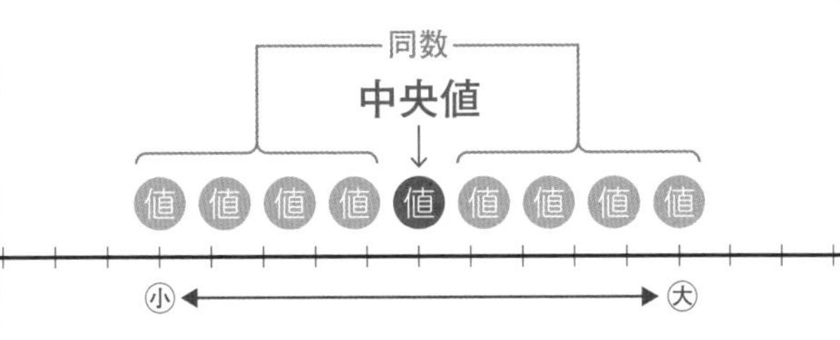

同数
中央値
値 値 値 値 値 値 値 値 値
小
大

アジアン？
「メジアン」です。
アジアは関係ありません

例えば，5つの値を並べたとき，中央値は（小さい順で）3番目の値です。7つの値を並べたときは，中央値は4番目の値になります。

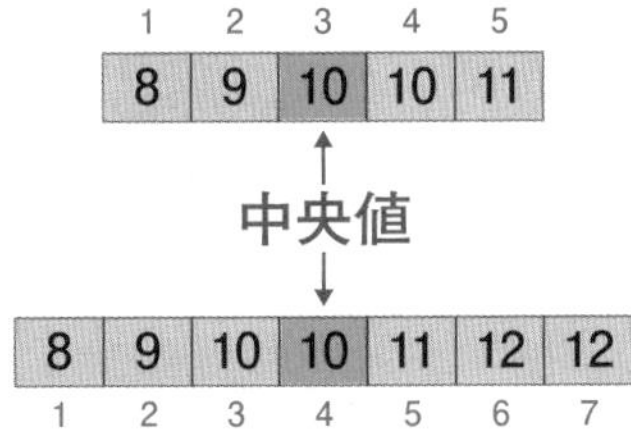

1 2 3 4 5
8 9 10 10 11
中央値
8 9 10 10 11 12 12
1 2 3 4 5 6 7

Chapter 7 データの分布 2 度数分布表の代表値

ただ，この問題のデータの総数は 20（人）です。
このように，データの総数が「**偶数**」のときは，
中央の値が 2 つの値の間になってしまい，
一発で決まらないので，注意が必要です。

1	2	3	4	5	6	7	8	9	10	11	12	13	14	15	16	17	18	19	20
8	9	10	10	11	12	12	13	13	13	14	14	14	14	15	16	16	17	17	18

↑
中央

データの総数が偶数の場合は，中央にある「**2 つの値の平均値**」を中央値とします。

13	14

つまり，「**2 つの値**」をたして 2 でわれば，中央値が出るわけです。

$$\frac{(13+14)}{2} = 13.5$$

13.5（歳） 答

数直線で考えたとき「**2 つの値**」のちょうど中間が中央値であるともいえます。

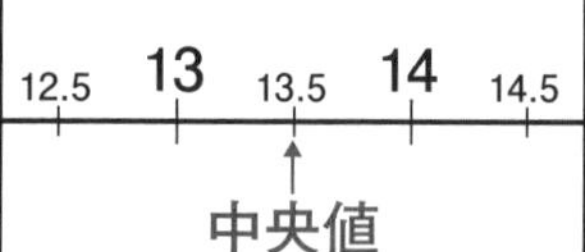
12.5
13
13.5
14
14.5
中央値

平均値とほぼ同じ値だニャ…
平均値と中央値は
何がどうちがうニャ？

平均値は，**極端な数値**の影響を受けやすいので，そのまま信じるのは少し危険なんですよ。

例えば，この前の 50 m 走で，ワン太くんが途中で眠ってしまって，通常は 8.5 秒くらいのところ，ゴールまで 45.5 秒かかったことがありましたよね。
それはそれでスゴイのですが…

あったニャ…
完全にホラーだったニャ…

その結果,
通常なら平均値は8.3秒なのに,
異常な値の影響を受けて,
なんと平均値が15.7秒に
なってしまったわけです。

「平均値」というのは,
こういう異常な値をふくむ
可能性もあるんですね。

▼通常

名前	時間（秒）
ネコ	8.0
ウサギ	7.4
ヒヨコ	9.4
イヌ	8.5
クマ	8.2
平均値	8.3

▼異常

名前	時間（秒）
ネコ	8.0
ウサギ	7.4
ヒヨコ	9.4
イヌ	45.5
クマ	8.2
平均値	15.7

一方,「中央値」は,値を大きさの順に並べるので,
こうした異常値の影響を受けにくいという利点が
あるんです。

※ただし,すべてのデータを考慮した値にはならない（異常な値は無視される）という欠点もある。

名前	時間（秒）
ウサギ	7.4 ㊙小
ネコ	8.0
クマ	→8.2
ヒヨコ	9.4
イヌ	45.5 ㊚大

中央値

データに異常な（極端な）値がある場合は,
平均値よりも**中央値**を
使った方が,より実情
に近い値が出せるとい
うことですね。

そうやって使い分けるんです

ニャるほど…

(3)の**最頻値**とは,文字どおり,
データの中で**最も多く出てくる値**のことです。
英語ではmode（最頻値；流行）
というので,**モード**ともいい
ます。

ドーモ?
モード!!

小→大			
8			
9			
10	10		
11			
12	12		
13	13	13	
14	14	14	14 ←最頻値
15			
16	16		
17	17		
18			

最頻値を求めるときも,
データを大きさの順に並
べ直しますが,同じ値ご
とにまとめながら並べる
とわかりやすくなります。

データの中で最も多く出てく
る最頻値は,14ですね。

14（歳）　答

Chapter 7 データの分布　2 度数分布表の代表値

問2 （度数分布表の代表値）

スイミングクラブに所属する30人の学生の年齢を調べて度数分布表にすると，右の表のようになった。次の値を求めなさい。

(1) 平均値

(2) 中央値（メジアン）

(3) 最頻値（モード）

年齢（歳） 以上 未満	度数（人）
6 ～ 8	2
8 ～ 10	5
10 ～ 12	8
12 ～ 14	10
14 ～ 16	4
16 ～ 18	1
合計	30

さあ，最後に**度数分布表**から，それぞれの**代表値**を求める方法を学びましょう。

(1)の**平均値**は，

$$\frac{\text{データの値の合計}}{\text{データの総数}}$$

で求められますが，度数分布表から平均値を求める場合は，「データの値の合計」を出すのに，少し手間がかかります。

年齢（歳） 以上 未満	度数（人）
6 ～ 8	2
8 ～ 10	5
10 ～ 12	8
12 ～ 14	10
14 ～ 16	4
16 ～ 18	1
合計	30

データの値の合計　データの総数

まず，それぞれの階級の**階級値**を出します。

※階級値をかく場所はどこでもいいので，わかりやすいところにメモしましょう。

年齢（歳） 以上 未満	階級値	度数（人）
6 ～ 8	7	2
8 ～ 10	9	5
10 ～ 12	11	8
12 ～ 14	13	10
14 ～ 16	15	4
16 ～ 18	17	1
合計		30

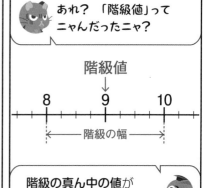

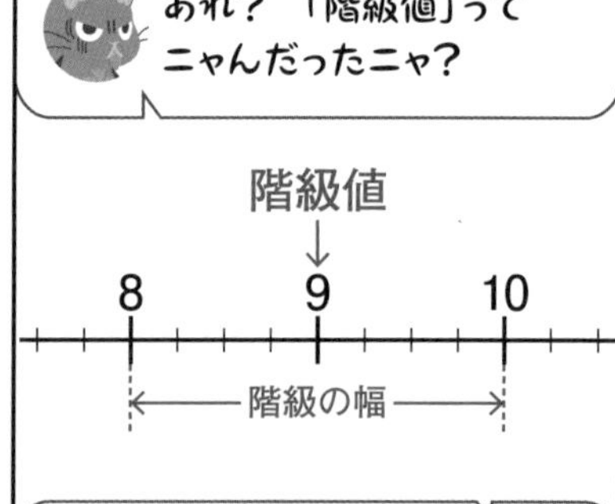
あれ？「階級値」ってニャんだったニャ？
階級値
8
9
10
階級の幅

階級の真ん中の値が**階級値**です。

次に，各階級で，
7×2＝14
9×5＝45
のように，

(階級値)×(度数)

の値を求め，それらの合計を出します。
この合計が
「データの値の合計」
になります。

年齢(歳)	度数(人)		(階級値)×(度数)
以上　未満	階級値		
6 ～ 8	7	2	14
8 ～ 10	9	5	45
10 ～ 12	11	8	88
12 ～ 14	13	10	130
14 ～ 16	15	4	60
16 ～ 18	17	1	17
合計		30	354

30 → データの総数　354 → データの値の合計

平均値は，

$$\frac{\text{データの値の合計}}{\text{データの総数}}$$

で求められるので，

$$\frac{354}{30}=11.8$$

と答えが出ます。

11.8(歳)　答

ただ，注意したいのは，**度数分布表の平均値は，真の平均値ではない**という点です。

ふぁ？
どういうことニャ!?
?

例えば，「8～10 (8 歳以上 10 歳未満)」の階級で考えてみましょう。

この階級の階級値は 9 ですが，極端な場合，5 人全員が 8 歳かもしれませんよね。**度数分布表では，正確な値はわからない**んです。

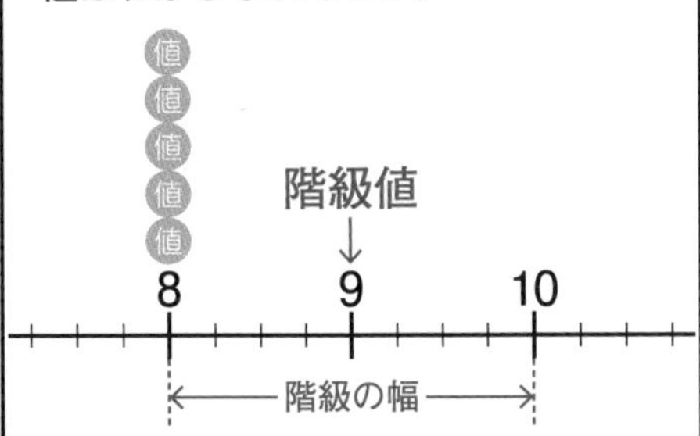
値
値
値
値
値
階級値
8
9
10
階級の幅

そこで，**階級値**（＝**その階級を代表するおおよその値**）を使って，おおざっぱに計算するわけです。
ですから，近い値にはなっても，
真の平均値にはならないんですね。

ふーん…
まあどっちでもいいニャ…

(2)の**中央値**を考えましょう。
データの総数は 30（人）で，**偶数**なので，中央に位置する 15・16 番目，2 つの値の平均値が中央値になります。

1	2	3	4	5	6	7	8	9	10	11	12	13	14	15	16	17	18	19	20	21	22	23	24	25	26	27	28	29	30
7	7	9	9	9	9	9	11	11	11	11	11	11	11	11	13	13	13	13	13	13	13	13	13	13	15	15	15	15	17

度数分布表の中央値も「階級値」で考えるので，データの値は「階級値」で表示。

↑
中央

度数分布表で考えると，15 番目の値は「10～12」の階級（＝階級値は 11）にあり，16 番目の値は「12～14」の階級（＝階級値は 13）にありますね。

年齢（歳）以上　未満	階級値	度数（人）	
6 ～ 8	7	2	
8 ～ 10	9	5	
10 ～ 12	11	8	⬅ 15 番目
12 ～ 14	13	10	⬅ 16 番目

度数分布表では，中央の値の「階級値」が中央値になります。
つまり，中央の値が 2 つある場合は，2 つの値の**階級値どうし**をたして 2 でわれば，中央値が出るわけです。

$$\frac{(11+13)}{2} = 12$$

12（歳）　**答**

(3)の**最頻値**を考えましょう。
度数分布表では，**「最も度数が多い階級の階級値」**が最頻値になります。

この表では，「12～14」の階級が最も度数が多く，その階級値は 13 です。
よって，最頻値は 13 になります。
簡単ですね。

年齢（歳）以上　未満	階級値	度数（人）	
6 ～ 8	7	2	
8 ～ 10	9	5	
10 ～ 12	11	8	
12 ～ 14	13	10	⬅
14 ～ 16	15	4	
16 ～ 18	17	1	
合計		30	

13（歳）　**答**

度数分布表では，代表値はすべて「階級値」で考えるということかニャ？

そのとおりです。階級値は「おおよその値」なので，「真の値」にはならないんですけどね。

では最後に，度数分布表から代表値を求める方法をまとめておくので，しっかり覚えて，テストでは満点を取れるようにしておきましょう！

POINT 度数分布表からの代表値の求め方

平均値

❶各階級の「階級値」を求める

❷各階級の「(階級値)×(度数)」の値を合計する

❸平均値＝$\dfrac{\text{データの値の合計}}{\text{データの総数}}$

中央値

❶データの総数から，中央の値がある階級を見つける

❷中央の値の「階級値」を中央値とする

※データの総数が「偶数」の場合は，２つの階級値の平均値を中央値とする。

最頻値

❶最も度数が多い階級を見つける

❷その階級の「階級値」を最頻値とする

メガネにも「度数」があるワン？

メガネやアルコールなどの度合いの強さを表すときにも「度数」を使いますが，データの「度数」とは別のものですね。

いきなり何の話ニャ？

はい，今回は度数分布表から代表値を求める学習をしました。「平均値」が最もよく活用されますが，中央値や最頻値が求められる場合もあります。データの活用の基礎・基本となる部分ですから，完璧にしておきましょう。

END

高校入試問題にチャレンジ！

データの分布【実戦演習】

考えて

問1

〈愛知県〉

下の表は，あるクラスの生徒 30 人が 1 か月に読んだ本の冊数をまとめたものである。このとき，このクラスの生徒が 1 か月に読んだ本の冊数の平均値を求めなさい。

冊数（冊）	1	2	3	4	5	6	7	合計
度数（人）	3	5	8	3	8	2	1	30

問2

〈岡山県〉

右の度数分布表は，あるクラスの 40 人の通学時間を整理したものである。(1)～(2)を求めなさい。

(1) 50 分以上 60 分未満の階級の相対度数

(2) 通学時間の最頻値

通学時間（分）	度数（人）
0以上 ～ 10未満	3
10 ～ 20	6
20 ～ 30	10
30 ～ 40	14
40 ～ 50	5
50 ～ 60	2
計	40

問3

〈長崎県〉

右の表は，クラスの全生徒 36 人分のハンドボール投げの記録をまとめた度数分布表である。このとき，次の(1)～(3)に答えよ。

(1) 階級の幅は何 m か。

(2) 最頻値（モード）は何 m か。

(3) クラスの生徒 36 人の記録から，平均値を小数第 2 位を四捨五入して求めると 16.8m であった。A さんは，自分の記録と平均値を聞いて，次のように考えた。

階級（m）	度数（人）
以上　未満	
0 ～ 5	1
5 ～ 10	4
10 ～ 15	15
15 ～ 20	8
20 ～ 25	1
25 ～ 30	3
30 ～ 35	2
35 ～ 40	2
合計	36

【A さんの考え】

> 私の記録は 16m で，平均値を下回っているので，私の記録よりも遠くまで投げた生徒が，クラスの生徒 36 人の半分以上いる。

この【A さんの考え】は正しくありません。正しくない理由を右上の表をもとに説明せよ。

ヒント

まずは，度数分布表のつくり方・見方をしっかりおさえましょう。
「階級」や「相対度数」といった用語の意味や定義を覚えることも大切です。

答1

平均値は $\dfrac{資料の値の合計}{資料の総数}$ で求められる。「資料の総数」は度数の合計なので 30。
「資料の値の合計」は，「冊数 × 度数」で求めた値の合計である。

※この度数分布表の階級は階級の幅がないので，各階級の値が階級値となる。

平均値 $= \dfrac{108}{30} = 3.6$

3.6（冊） 答

階級値→

冊数（冊）	1	2	3	4	5	6	7	合計
度数（人）	3	5	8	3	8	2	1	30
（階級値）×（度数）	3	10	24	12	40	12	7	108

答2

(1) 相対度数 $= \dfrac{その階級の度数}{度数の合計} = \dfrac{2}{40} = 0.05$ 答

(2) 度数分布表では「最も度数が多い階級の階級値」が最頻値となる。最も度数が多い階級は，度数が 14 の「30 以上 40 未満」の階級で，その階級値（＝階級の真ん中の値）は 35 である。

35（分） 答

通学時間（分）	度数（人）
0以上 ～ 10未満	3
10 ～ 20	6
20 ～ 30	10
30 ～(35) 40	14
40 ～ 50	5
50 ～ 60	2
計	40

答3

(1) 「階級の幅」とは階級の数値の範囲のこと。表では 5m ごとに階級が分けられているので，階級の幅は 5m となる。

(2) 最も度数が多い階級は，度数が 15 の「10 以上 15 未満」で，その階級値は 12.5 である。

(3) A さんの記録は 16m なので，「15 以上 20 未満」の階級に属する。この階級以上の人（15 以上 40 未満の人）は全部で 16 人（8+1+3+2+2=16）のみ。「クラス 36 人の半分」は 18 人なので，A さんの記録を上回る人が「半分以上いる」は正しくない。

階級（m）以上 ～ 未満	度数（人）	
0 ～ 5	1	❶
5 ～ 10	4	❷❸❹❺
10 ～ 15	15	❻❼❽❾❿⓫⓬⓭⓮⓯⓰⓱⓲⓳⓴
15 ～ 20	8	㉑㉒㉓㉔㉕㉖㉗㉘
20 ～ 25	1	㉙
25 ～ 30	3	㉚㉛㉜
30 ～ 35	2	㉝㉞
35 ～ 40	2	㉟㊱
合計	36	

クラスの半分

↓このどこかにAさんがいる

(1) 5m　(2) 12.5m 答

(3)（説明）表より，15m 以上投げた生徒は 16 人で，クラスの全生徒 36 人の半分未満であるため。答(例)

Chapter 7 データの分布【実戦演習】

COLUMN-7

統計は嘘をつく!?

19 世紀に活躍したイギリスの政治家ベンジャミン・ディズレーリは，次のような名言を残しました。

There are three kinds of lies: lies, damned lies, and statistics.

（嘘には三種類ある。嘘と大嘘，そして統計である）

1936 年のアメリカの大統領選挙は世界恐慌，政情不安の中で行なわれました。総合雑誌『リテラシー・ダイジェスト』は，過去 5 回の大統領選挙において予想をはずしたことはなかったのですが，このときの予想は見事なまでにはずれました。なぜはずれたのか？ 彼らが集めていた回答は，自誌の購読者，自動車保有者，電話保有者のものでした。大恐慌の最中に雑誌を購読したり，自動車や電話を保有できる人というのは，当時としては平均的な収入を相当上回っている富裕層です。同誌の統計は，富裕層という「一部」の声を反映しているに過ぎなかったのです。過去 5 回の大統領選挙では富裕層とそれ以外の階層で投票傾向が一致していたのですが，このときはちがったわけです。

こうしたことは現代社会においても起こる可能性があります。例えば，インターネットにおける膨大な数のアンケート結果は，日本国民全体の意見のように思われがちですが，これらの回答にはインターネットを使いこなせないアナログ人間や，ネット上の投票などに興味がない層の意識が反映されていません。

フランスの数学者ポワンカレ（1854～1912 年）には，統計学を使ってパン屋の不正を見破ったという逸話があります。1000g の重さとして販売されているパンを購入しては毎回重さを量り続けたところ，データの分布が 950g を頂点に左右対称にばらつきました。これは，平均が 950g であるということです。つまり，表示より 50g 少ないパンを売っていたパン屋の嘘を，データの分布とグラフを使って見破ったのです。

情報を発信する側には，必ず何かしらの意図・主張があるものです。情報にあふれたこの時代，真実を見抜く力をみがく必要があります。ポワンカレのように常にデータを冷静に見つめる姿勢が大切です。

（文：沖田一希）

おわりに

はい，みなさんお疲れさまでした。
最後までよくがんばりましたね！
中１数学はよく理解できましたか？

とてもよく
わかったワン！

わかってたニャ!?
あんなボケてばかり
だったニョに？

まだ完全に理解していないところは，
しっかり復習しておきましょうね。

特にこのマークがあるコマは，
教科書でも強調されている
最重要ポイントです。
復習のときはここを見るだけで
もOKですから，完璧に覚えて
おきましょう。

POINT

この授業のあとは
『中２数学コマ送り教室』に
進めばいいニャ？

もちろん，それもオススメです。
中１生でもゼロからわかる内容に
なっていますから，できる人は
どんどん先に進んでください。

また，数学の得点力を上げるには，
本書の【**実戦演習**】のような「**演習**」を
重ねることが必要です。ほかの問題集
などを使って，たくさんの問題に
チャレンジすることも大事ですよ。

演習を重ねなきゃ
ダメなニョね…

円周（えんしゅう）を重ねるワン!!
円周
字がちがうニャ！
やっぱりおまえは
何もわかってないニャ！
END

（続刊『中２数学コマ送り教室』に続く）

INDEX

さくいん

▶この索引（さくいん）では，小見出し（＝もくじ掲載の項目名），重要ポイント，本文内の太字にふくまれる数学的な用語を五十音順に掲載しています。

【ページ数の色分け】
青数字＝小見出し
赤数字＝重要ポイント
黒数字＝本文内の太字ほか

あ行　ページ数↓

か行

さ行

た行

な行

は行

ま行

や行

ら行

わ行

中１数学コマ送り教室

発行日：2021年　3月12日　　初版発行

編著：東進ハイスクール中等部・東進中学NET
監修：**沖田一希**
発行者：**永瀬昭幸**

編集担当：八重樫清隆
発行所：株式会社ナガセ
〒180-0003 東京都武蔵野市吉祥寺南町 1-29-2
出版事業部（東進ブックス）
TEL：0422-70-7456 ／ FAX：0422-70-7457
URL：http://www.toshin.com/books（東進 WEB 書店）
※東進ブックスの最新情報（本書の正誤表を含む）は東進 WEB 書店をご覧ください。

編集協力：金子航　栗原咲紀　竹林綺夏　板谷優初　市橋明季　土屋岳弘
制作協力：㈱群企画　大木誓子
装丁・DTP：東進ブックス編集部
印刷・製本：シナノ印刷㈱

Printed in Japan
ISBN978-4-89085-859-0 C6341

「独立自尊の社会・世界に貢献する人財を育成する」ナガセのネットワーク

日本最大規模の民間教育機関として
幼児から社会人までの一貫教育によるリーダー育成に取り組んでいます。

心知体を鍛え、未来のリーダーへ

日本最大のナガセの民間教育ネットワークは「独立自尊の社会・世界に貢献する人財」の育成に取り組んでいます。

シェア No.1 の『予習シリーズ』と最新の AI 学習で中学受験界をリードする「四谷大塚」、有名講師陣と最先端の志望校対策で東大現役合格実績日本一の「東進ハイスクール」「東進衛星予備校」、早期先取り学習で難関大合格を実現する「東進ハイスクール中学部」「東進中学 NET」、AO・推薦合格日本一の「早稲田塾」、幼児から英語で学ぶ力を育む「東進こども英語塾」、メガバンク等の多くの企業研修を担う「東進ビジネススクール」など、幼・小・中・高・大・社会人一貫教育体系を構築しています。

また、他の追随を許さない歴代 28 名のオリンピアンを輩出する「イトマンスイミングスクール」は、日本初の五輪仕様公認競技用プール「AQIT（アキット）」を活用し、悲願の金メダル獲得を目指します。

学力だけではなく心知体のバランスのとれた「独立自尊の社会・世界に貢献する人財を育成する」ためにナガセの教育ネットワークは、これからも進化を続けます。

これ全部が東進です
●は東進ハイスクール
○は東進衛星予備校

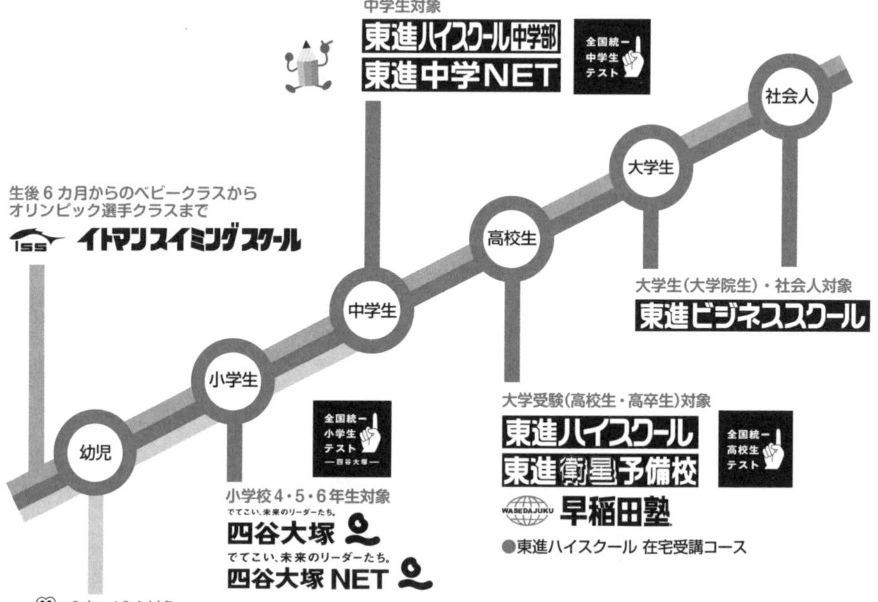

中学生対象
東進ハイスクール中学部
東進中学NET
全国統一中学生テスト
社会人
大学生
高校生
中学生
小学生
幼児
生後6カ月からのベビークラスから
オリンピック選手クラスまで
ISS イトマンスイミングスクール
大学生（大学院生）・社会人対象
東進ビジネススクール
大学受験（高校生・高卒生）対象
東進ハイスクール
東進衛星予備校
全国統一高校生テスト
WASEDAJUKU 早稲田塾
●東進ハイスクール 在宅受講コース
全国統一小学生テスト
四谷大塚
小学校4・5・6年生対象
でてこい、未来のリーダーたち。
四谷大塚
でてこい、未来のリーダーたち。
四谷大塚 NET
3才～12才対象
東進こども英語塾